ÉCOLE D'APPLICATION DE L'ARTILLERIE ET D

COURS DE SCIENCES APPLIQUÉES

LEÇONS

SUR

L'ÉLECTRICITÉ

PAR

le Capitaine du Génie DUMON

PARIS

LIBRAIRIE MILITAIRE R. CHAPELOT et Ce

IMPRIMEURS-ÉDITEURS

SUCCESSEURS DE L. BAUDOIN

30, Rue et Passage Dauphine, 30

1900

LEÇONS

SUR

L'ÉLECTRICITÉ

PARIS. — IMPRIMERIE R. CHAPELOT ET Cᵉ, 2, RUE CHRISTINE.

ÉCOLE D'APPLICATION DE L'ARTILLERIE ET DU GÉNIE

COURS DE SCIENCES APPLIQUÉES

LEÇONS

SUR

L'ÉLECTRICITÉ

PAR

le Capitaine du Génie DUMON

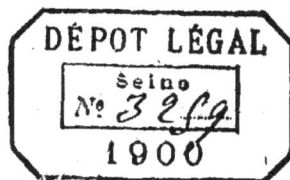

PARIS

LIBRAIRIE MILITAIRE R. CHAPELOT ᴇᴛ Cᵉ

IMPRIMEURS-ÉDITEURS

Successeurs ᴅᴇ L. BAUDOIN

30, Rue et Passage Dauphine, 30

1900

AVANT-PROPOS

Les leçons qui suivent font partie du cours de sciences appliquées aux arts militaires, professé à l'École d'application de l'artillerie et du génie, et sont rédigées conformément au programme d'études des officiers-élèves des deux armes.

A ce titre, elles ont pour but de passer en revue la formation, l'utilisation et la distribution de l'énergie électrique ; elles doivent donc rester essentiellement pratiques et industrielles. Les lois générales et les principes sont sommairement rappelés pour laisser la plus large place aux applications diverses ; d'ailleurs, ces applications sont aujourd'hui si nombreuses, qu'il paraît superflu d'insister sur la nécessité de se familiariser avec des notions qui commencent, du reste, à être comprises de tout le monde.

Cependant, quelques compléments, réunis à la fin du volume dans un chapitre spécial, résument les principaux progrès réalisés dans la science électrique durant ces dernières années ; cette addition a paru nécessaire, bien que faisant appel à certaines considérations théoriques, car il était bien difficile de passer sous silence des applications récentes, telles que la télégraphie sans fil. Cet appendice n'enlève donc en rien à l'ouvrage son but essentiellement pratique.

Qu'il me soit permis d'adresser ici l'hommage de ma profonde reconnaissance à M. le commandant du génie Boulanger pour ses précieux conseils et ses savantes Conférences du Dépôt central de télégraphie militaire, et mes bien sincères remerciements à M. le capitaine du génie Simon pour sa collaboration si dévouée au travail de correction des épreuves.

Capitaine DUMON.

Fontainebleau, septembre 1900.

PRINCIPAUX DOCUMENTS

CONSULTÉS POUR LA RÉDACTION DE L'OUVRAGE

Commandant Boulanger, *Conférences sur l'électricité* (Dépôt central de télégraphie militaire).

Capitaine Villeclère, *Conférences sur la télégraphie et la téléphonie* (Dépôt central de télégraphie militaire).

Cornu, *Cours de physique de l'École polytechnique*.

Capitaine Pierard, *Cours d'électricité* (École d'application de l'artillerie et du génie).

Leçons sur l'électricité industrielle (École des mines).

Paul Janet, *Principes d'électricité industrielle*.

Joubert, *Traité élémentaire d'électricité*.

Eric Gérard, *Leçons sur l'électricité*.

Gossart et Pionchon, *Cours d'électricité industrielle* (Faculté des sciences de Bordeaux et de Grenoble).

Hospitalier, *Formulaire de l'électricien*.

Chappuis et Berget, *Leçons de physique générale*.

Maxwell, *Traité élémentaire d'électricité*.

Sir William Thomson, *Conférences scientifiques et allocutions*.

Balfour Stewart, *La conservation de l'énergie*.

Minel, *Introduction à l'électricité industrielle*.

Poincaré, *La théorie de Maxwell et les oscillations hertziennes*.

Broca, *La télégraphie sans fil*.

Bochet, *Les projecteurs électriques à la guerre*.

Capitaine Colson, *Traité élémentaire d'électricité*.

Capitaine Voyer, *Théorie élémentaire des courants alternatifs*.

L'industrie électrique (articles divers).

Annales télégraphiques (articles divers).

Revue générale des sciences (articles divers).

Revue du génie (articles divers).

SIGNES CONVENTIONNELS

Clef ou interrupteur.

Commutateur.

Dynamo.

Piles ou accumulateurs.

Résistance.

Résistance réglable.

Deux fils qui se soudent.

Deux fils qui se croisent.

Terre.

Sonnerie.

Ampèremètre, voltmètre et galvanomètre.

{ Bobine.
{ Électro-aimant.

Transformateur.

Courant déviateur

Courant alternatif

Ligne de force.

Courant continu.

Lampe à arc.

Lampe incandesce

Alternateur.

Coupe-circuit.

{ Aiguille aimantée
{ Indicateur de cou

CHAPITRE PREMIER

INTRODUCTION

Quelques mots d'historique jusqu'aux lois de Coulomb.

Tout le monde sait aujourd'hui que le mot *électricité*, par lequel on est convenu de désigner l'agent inconnu de l'ensemble des phénomènes qui nous occupent, vient du mot grec ηλεκτρον, qui signifie *ambre*, en souvenir de la plus ancienne de toutes les manifestations électriques. Cette expérience classique de l'*attraction des corps légers* par l'ambre frotté devait d'ailleurs rester, pendant vingt siècles, une pure singularité de ce corps, un simple jeu d'enfant, depuis *Thalès*, 600 ans avant notre ère, jusqu'à *Gilbert*, qui découvrit vers 1600 que beaucoup d'autres corps possédaient la même propriété. En 1737, *Stephen Grey* compléta ces notions en montrant que, si l'on prenait des précautions convenables, tous les corps étaient susceptibles de prendre cet état particulier, mais qu'ils se comportaient différemment au point de vue de la transmission des phénomènes. Certains corps furent dits *conducteurs*, pour exprimer que cette propriété spéciale se répandait immédiatement sur toute leur étendue ; dans les autres, cette transmission se faisait lentement : ce furent les *mauvais conducteurs* ou *isolants*, ceux que *Faraday* appellera plus tard les *diélectriques ;* il est clair que c'est grâce à ces corps, l'air étant lui-même un isolant, que purent se localiser, et dès lors se manifester, les premiers phénomènes électriques.

Le physicien français *du Fay*, contemporain de Grey, montra à son tour que les actions pouvaient se produire de deux manières différentes, en opérant sur le *verre* et sur la *résine*. On avait déjà, en quelque sorte, personnifié la cause efficiente de ces diverses expériences sous le nom d'*électricité*; on lui donna une réalité objective en la concevant comme *Franklin* sous la forme d'un *fluide subtil* impondérable, comme *Symmer* sous la figure de *deux fluides*, et l'on eût de l'*électricité vitrée* ou *positive* et de l'*électricité résineuse* ou *négative*, ces fluides s'attirant quand ils étaient de signes contraires, se repoussant quand ils étaient de même signe.

Si l'on ajoute à ces manifestations électriques, obtenues comme on le sait, par *frottement* et par *contact*, celles découvertes par *Canton* en 1738, paraissant se produire à faible distance, et désignées sous le nom de *phénomènes d'influence*, on aura presque tout le bagage scientifique du siècle dernier, la pile de Volta n'existant pas encore. Il faut arriver jusqu'en 1785, date de la publication des expériences de *Coulomb*, pour être au véritable point de départ des théories actuelles sur l'électricité.

Lois de Coulomb. — Notion de quantité d'électricité.

Coulomb étudia les forces, soit attractives, soit répulsives, qui s'exerçaient entre les corps électrisés, sur deux petites sphères disposées de façon convenable dans sa *balance de torsion*. En admettant que l'action avait lieu suivant la droite qui joignait leurs centres, il reconnut que, quel que fût son sens, cette action variait *en raison inverse du carré de la distance.*

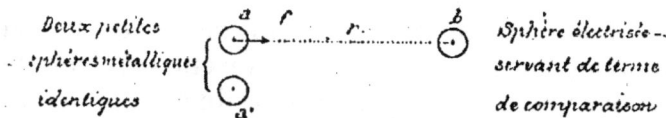

Expériences de Coulomb.

Considérons maintenant, avec Coulomb, deux petites sphères métalliques électrisées a et b, et mesurons l'intensité de la force f qui agit entre elles à la distance r; amenons une sphère a' matériellement identique à a, mais non électrisée, au contact de la sphère a. Par raison de symétrie, nous pouvons admettre que l'état électrique de a est le même que celui de a'. Si maintenant nous éloignons a', nous constatons que l'action entre a et b n'est plus que $\frac{f}{2}$; en substituant a' à a, nous trouvons que l'action entre a' et b est aussi $\frac{f}{2}$. On dit alors que les deux sphères a et a' possèdent des *quantités* ou *charges* d'électricité, égales chacune à la moitié de la quantité qui se trouvait primitivement sur a. On conçoit dès lors que deux quantités d'électricité puissent être entre elles dans un rapport quelconque $\frac{m}{n}$, ce rapport étant celui des actions exercées séparément par les deux quantités sur une troisième, fixe et à la même distance, servant de terme de comparaison. Nous arrivons ainsi à la notion de *quantité d'électricité :* c'est une grandeur mesurable, c'est-à-dire qu'on peut la représenter par un nombre, à la condition de choisir comme unité une autre quantité d'électricité déterminée.

La loi de Coulomb peut donc s'écrire : $f = k\frac{qq'}{r^2}$, formule dans laquelle k représente une constante, à condition d'opérer toujours dans le même milieu ; de récentes expériences ont, en effet, démontré que ce coefficient peut prendre des valeurs différentes suivant le milieu interposé. Cette loi offrant la plus grande analogie avec la « loi de la nature », mots par lesquels M. Bertrand désigne la loi de l'attraction universelle, on appelle souvent *masse électrique* une quantité d'électricité. Il est évident qu'il ne faut voir là qu'un terme rappelant une simple analogie de formule et n'ayant aucune signification au point de vue de la nature de l'agent appelé électricité, nature qui nous est encore totalement inconnue. Quant aux dénominations d'électricité *positive* et d'électricité *négative* dues à Symmer, par assimilation de l'électricité à deux fluides, elles ont été conservées dans le langage courant comme expressions commodes ; il faut seulement y voir, indépendamment de toute hypothèse, deux états électriques particuliers, états mesurables par leurs effets.

Notion de densité électrique.

Comme conséquence analytique de la loi de Coulomb, conséquence démontrée par *Laplace* et *Poisson, l'électricité se porte à la surface des corps conducteurs ;* ce fait a été, d'autre part, l'objet de nombreuses vérifications expérimentales. L'électricité ne peut se concevoir, en effet, sans un corps qui lui sert de support, ce corps fût-il réduit aux très faibles dimensions d'une petite sphère, constituant ce qu'on pourrait appeler un *point physique.* Si, dans ce support, l'électricité ne se répartit qu'avec une extrême lenteur et si elle se localise au point où elle a été développée, on a affaire à un mauvais conducteur ; mais si l'électricité se répand presque instantanément et prend immédiatement un état d'équilibre définitif, si elle a été développée sur un corps conducteur, elle réside entièrement à la surface, où elle forme dans le diélectrique une couche d'épaisseur constante, dont la *densité* σ, limite de $\frac{dq}{ds}$, peut varier en chaque point ; comme nous le savons, c'est au moyen du *plan d'épreuve,* que l'on explore à la surface des corps le mode de distribution de l'électricité, lequel dépend de leur forme. L'expérience montre que cette charge électrique se dissipe à la longue à travers l'air et les autres isolants qui l'entourent.

Le champ électrique.

La charge électrique distribuée sur un conducteur, ou répartie d'une façon quelconque dans un diélectrique, exerce

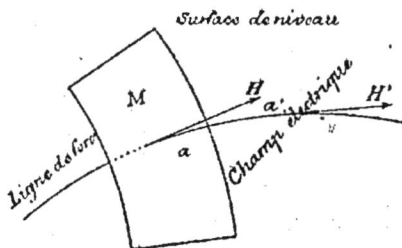

son action dans un espace qui, théoriquement, s'étend jusqu'à l'infini et qui, pratiquement, se circonscrit à une région d'assez faible étendue. Cette région s'appelle le *champ électrique ;* elle est telle, d'après la loi de Coulomb, que, si l'on y introduit un point physique électrisé, ce point est soumis à une *force électrique.* Supposons que ce point électrisé, introduit pour étudier le champ, n'y apporte aucune perturbation (quand on plonge un thermomètre dans un milieu quelconque pour en étudier la température, on fait une hypothèse analogue) ; si sa charge est positive et égale à l'unité, la force H à laquelle il est soumis représente par définition, l'*intensité du champ* au point considéré : la force exercée est mesurée en *dynes*.

On appelle *ligne de force*, la trajectoire d'une masse électrique positive dans le champ électrique, quand cette masse se

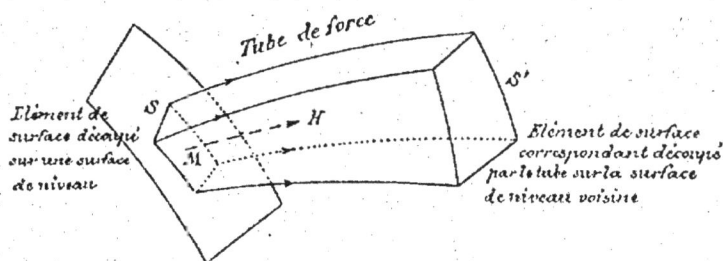

Tube de force

Élément de surface découpé sur une surface de niveau

S

M

H

S'

Élément de surface correspondant découpé par le tube sur la surface de niveau voisine

déplace sous l'action des forces électriques. Il résulte de cette définition que la ligne de force est toujours tangente à la direction de la force en chacun de ses points.

On nomme *surface de niveau*, une surface normale en chacun de ses points à la ligne de force qui y passe, et *tube de force*, une sorte de surface tubulaire obtenue en menant, par chaque point du contour d'une petite surface fermée découpée sur une surface de niveau, la ligne de force qui y passe. Prenons un tube ou canal de force ayant pour directrice un élément de surface dA ainsi découpé sur une surface de niveau et soit H l'intensité du champ sur cette surface, on appelle alors *flux de force* correspondant à l'élément dA le produit HdA.

Prenons encore un élément de surface quelconque dS, sur lequel se trouve le point M. Cet élément de surface fait un certain angle α avec sa projection dA sur la surface de niveau passant par le point M, de sorte que l'on a $dA = dS \cos \alpha$ et le flux de force s'exprime par $HdS \cos \alpha$; or $H \cos \alpha$ n'est pas autre chose que la composante de la force électrique suivant la normale à l'élément dS. Le flux de force traversant une surface est donc, d'une façon générale, exprimé par le produit de la surface par la composante de la force, suivant la normale à l'élément.

Faraday, à qui sont dues ces considérations, appelait *nombre de lignes de force* ce que nous appelons ici *flux de force*. Dans le cas d'une surface fermée, le flux est dit *sortant ou positif* lorsque les lignes de force sont dirigées vers l'extérieur de la surface; le flux est dit *rentrant ou négatif* quand il est dirigé vers l'intérieur.

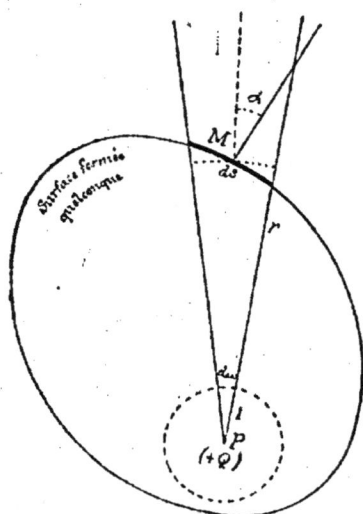

Théorème de Green.

Green a démontré sur le flux de force le théorème suivant, rappelé ici sommairement pour mémoire. Le flux total de force qui sort d'une surface fermée est égal à la quantité d'électricité contenue dans son intérieur multipliée par le facteur $4\pi k$. Ce théorème nous est nécessaire pour donner une propriété capitale des tubes de force. — Soit une masse électrique positive unique Q concentrée en un point physique P, situé à l'intérieur d'une surface fermée S. De ce point P comme sommet, traçons un cône élémentaire interceptant sur la surface S un élément dS, et soit $d\Omega$ l'élément de surface intercepté par le même cône sur une sphère de rayon 1 ayant son centre au point considéré. L'intensité du champ produite par la quantité Q au point M n'est autre que la force qui agit sur la masse positive égale à l'unité placée en ce point; c'est donc $k\frac{Q}{r^2}$; par définition le flux de force qui traverse dS est $k\frac{Q}{r^2}\cos\alpha\,dS$. Or $\frac{dS\cos\alpha}{r^2}=d\Omega$,

Théorème de Green.

donc le flux a pour valeur $kQd\Omega$.

Si la surface S présentait des parties rentrantes, le cône élémentaire partant du point P la rencontrerait toujours un nombre impair de fois; grâce à la convention des flux sortants positifs et flux rentrants négatifs, il est facile de voir que les flux correspondants à un même cône se détruisent deux à deux et qu'il n'en reste qu'un seul, égal à $kQd\Omega$, quel que soit le nombre des intersections. Par conséquent, le flux total qui traverse la surface S est égal au produit de kQ par la surface de la sphère de rayon 1 ayant son centre en P, c'est-à-dire à $4\pi kQ$.

Si la masse Q était à l'extérieur de S, on pourrait répéter le même raisonnement; seulement comme le nombre des intersections du cône avec S serait toujours pair, le flux de force correspondant serait constamment nul. Enfin, si l'on suppose dans le champ, des masses Q Q′ Q″..., les unes extérieures à la surface S, les autres intérieures, le flux total à travers S sera $\Sigma 4\pi kQ = 4\pi k\Sigma Q$, la somme algébrique ΣQ s'appliquant seulement aux masses intérieures.

Soit maintenant une surface formée par un tube de force limité par deux éléments dS, dS', appartenant à deux surfaces de niveau et appliquons le théorème de Green. Les parois du tube, ne coupant aucune ligne de force (deux lignes de force ne peuvent en effet se couper, car au point d'intersection la force électrique aurait deux directions différentes, ce qui est absurde), le flux qui traverse la surface se réduit à $HdS - H'd'$. Ce flux est égal à $4\pi k\Sigma Q$.

Si le tube ne renferme aucune masse agissante, ΣQ est nul et l'on a
$H\,dS = H'\,dS'$. Le flux se conserve donc dans un tube de force tant que celui-ci
ne rencontre aucune masse agissante. Cette importante conclusion nous amène
à comparer la propagation du flux dans un tube de force à la circulation d'un
liquide dans un tuyau : c'est même cette analogie qui a fait donner le nom de
flux de force à la grandeur précédemment définie.

Expériences conduisant à une première notion
des différences de potentiels.

On a vu plus haut qu'une petite sphère ou un plan d'épreuve
permettaient d'évaluer la charge et la densité électriques au
point touché, sur un conducteur de forme quelconque, en les
comparant à une charge unité, par exemple dans la balance de
Coulomb ou dans un des nombreux *électromètres* décrits
dans tous les traités de physique. On a vérifié de cette façon
qu'il n'y avait pas trace d'électricité dans une cavité creusée à
l'intérieur du conducteur, que sa charge électrique était variable d'un point à l'autre et que la distribution dépendait de
sa forme. Les indications variables, ainsi obtenues par contact
de la sphère d'épreuve dans la balance de Coulomb, se réduiront, au contraire, à une indication invariable si l'on opère à
distance au moyen d'un *fil long et fin* établissant la communication ; l'expérience montre dans ce cas que, quel que soit le
point touché par le fil, même s'il n'y a pas trace d'électricité
en ce point du conducteur, une indication unique est donnée
par la balance de Coulomb. Les notions de quantité et de densité électriques que l'on vient d'acquérir ne sont donc pas suffisantes pour interpréter ce nouveau phénomène : la charge
électrique placée sur le conducteur possède une qualité carac-
térisant son état électrique ; le phénomène étant indépendant
du point touché, chacun des points du conducteur possède ce
même état électrique : c'est ce qu'on appelle le *potentiel* absolu
du conducteur.

Généralisons cette expérience : prenons deux conducteurs
de forme quelconque et relions-les par un fil métallique long
et fin ; ce fil doit être long et fin pour éliminer les effets d'influence et de capacité, phénomènes qui seront étudiés plus loin
et qui se produisent toujours entre des conducteurs voisins.
Si l'un de ces conducteurs A est seul électrisé, l'autre conducteur B, relié au premier, déterminera toujours à son profit une

diminution de la charge électrique de A. Il n'en est plus toujours de même si le conducteur B est préalablement électrisé.

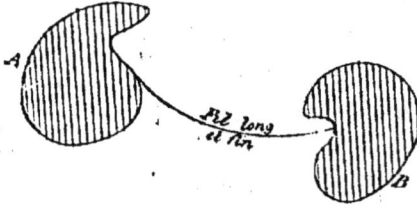

Phénomène fondamental donnant la notion des différences de potentiels.

Trois cas peuvent alors se présenter : 1° les charges de A et B demeurent invariables ; 2° la charge de B augmente aux dépens de celle de A ; 3° la charge de A augmente, au contraire, aux dépens de celle de B. En un mot, ou bien l'état électrique n'est pas troublé et les 2 conducteurs conservent leurs charges respectives, ou bien il y aura *passage* d'électricité de l'un à l'autre jusqu'à ce qu'il se produise un nouvel état d'équilibre, la quantité totale d'électricité restant la même. C'est toujours à la réalisation de cet état d'équilibre électrique qu'aboutissent les diverses modifications des charges. Dans le premier cas, on dit que les deux conducteurs sont au *même potentiel ;* dans le deuxième, qu'ils sont à des *potentiels différents* ou qu'il existe entre eux une *différence de potentiels*, la diminution des charges ayant lieu du potentiel supérieur au potentiel inférieur. La différence de potentiels nous apparaît ainsi comme la cause du passage d'électricité d'un conducteur sur l'autre, passage qui tend à égaliser le potentiel sur les deux corps.

Quelques analogies physiques bien connues peuvent aider à acquérir, d'une façon plus ou moins précise, la notion des différences de potentiels : la *différence de pression* des gaz contenus dans deux récipients réunis par un tube étroit, la *différence de niveaux* dans les vases communiquants, la *différence de température* de deux corps et leur équilibre final par transport de chaleur de l'un sur l'autre. Cette expérience de transport, de transmission de l'électricité est un phénomène de la plus haute importance.

Notion du travail électrique. — Énergie potentielle. Énergie actuelle.

Nous avons déjà appelé *ligne de force* la trajectoire d'une

masse électrique positive dans le champ électrique, quand
cette masse se déplaçait sous l'action de la force du champ au
point qu'elle occupait ; naturellement, cette trajectoire peut
être une courbe quelconque puisque la direction de la force
électrique peut varier d'un point à l'autre du champ : cette
trajectoire n'est une droite que dans des cas particuliers. Si la
masse électrique est libre de se mouvoir, elle obéira à la force
à laquelle elle est soumise et, dans ce mouvement, il y aura
travail effectué ; le point d'application de la force s'étant
déplacé le long de la ligne de force, qui par définition est
constamment tangente à la direction de la force, ce travail sera
représenté par l'intensité de la force multipliée par le chemin
parcouru, cette intensité ayant pu varier d'ailleurs à chaque
instant avec les différents points du champ. C'est un travail de
ce genre qui s'est effectué dans l'expérience précédente, au
moment du passage d'une certaine quantité d'électricité du
conducteur A au conducteur B à travers le fil de communication. Nous arrivons ainsi à la notion du *travail électrique*.

Considérons un champ électrique s'étendant théoriquement
jusqu'à l'infini, produit par des masses électrisées concentrées
en une certaine région limitée de l'espace, réparties par
exemple dans un diélectrique en des positions fixes, ou constituant des charges sur des conducteurs à la surface de sépa-

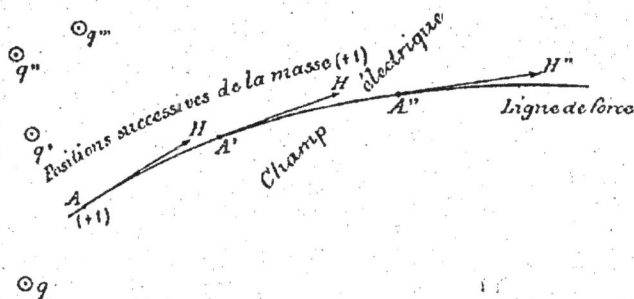

Travail électrique.

ration de ces conducteurs avec le milieu diélectrique ; nous
savons que les diélectriques ou isolants sont tels que les masses
électriques restent aux points où elles sont placées ou, du
moins, ne se déplacent que lentement, tandis que, dans un
conducteur, elles peuvent se mouvoir facilement sous l'action

des forces, jusqu'à ce que l'état d'équilibre soit atteint. Quelle que soit cette répartition, plaçons au point A, à une certaine distance de la région où se trouvent les quantités d'électricité agissantes, une quantité d'électricité positive et égale à 1, réduite à un point et susceptible de se mouvoir dans le champ : elle nous servira de masse d'épreuve en vue d'étudier le champ électrique.

Si nous supposons, pour fixer les idées, que la résultante du champ en A soit une répulsion, et si nous sommes placés suffisamment loin des masses agissantes, la ligne de force qui passe par le point A s'épanouira jusqu'à l'infini et l'action sera constamment de même signe, entre le point A et l'infini. Lorsque la masse d'épreuve est à l'infini sur la ligne de force du point A, elle ne subit ni attraction ni répulsion puisque les actions exercées par le champ sont, d'après la loi de Coulomb, en raison inverse du carré de la distance ; la masse d'épreuve peut donc être considérée comme en dehors du champ et n'a aucune tendance à se déplacer. Si on la fait pénétrer dans le champ, elle subit une répulsion infiniment petite qui va croissant jusqu'à la valeur de la résultante en A ; il faudra donc, pour la rapprocher du point A, exercer à chaque instant sur la masse d'épreuve un certain effort ; finalement, il aura fallu dépenser un certain travail V pour forcer la masse d'épreuve à occuper la position A. Cette masse ayant été amenée en A, si on l'abandonne à elle-même elle sera repoussée vers l'infini en produisant un travail extérieur V égal au travail qui aura été dépensé pour l'amener en A. On peut donc considérer le travail dépensé sur la masse d'épreuve pour l'amener en A comme une certaine quantité d'énergie (1), et cette quantité d'énergie reste emmagasinée sur le point électrisé à l'état de puissance, à l'*état potentiel*, tant qu'on maintient la masse d'épreuve au point A. Si on la laisse libre de se mouvoir, son énergie potentielle est intégralement restituée à l'état de travail extérieur : elle devient de l'*énergie actuelle*. La masse

---

(1) Le mot *énergie* a été adopté d'un commun accord par les géomètres et les physiciens. Terme plus général que le mot « travail » ou le mot « puissance », il désigne aussi bien la puissance emmagasinée dans un corps sous forme de *chaleur*, d'*électricité* ou d'*affinité chimique* que sous forme de *force vive dynamique*. (De Freycinet : *Essais sur la philosophie des sciences*.)

d'épreuve a toujours tendance à se mouvoir dans un sens tel qu'il y ait décroissance de l'énergie potentielle qu'elle possède ; à l'infini, l'énergie potentielle possédée par le point sera nulle et le travail accompli maximum.

Nous avons donc ici un exemple des deux formes que peut prendre l'énergie : l'énergie de position ou *potentielle* correspondant à un travail emmagasiné et disponible, l'énergie de mouvement ou énergie *actuelle* correspondant à un travail qui s'effectue réellement sous une forme quelconque. Un exemple classique nous en est donné, d'autre part, en considérant un poids P maintenu immobile à une hauteur II au-dessus du sol ; dans cette position, il représente une énergie potentielle PII sans produire pour cela du travail. Sitôt qu'il tombe, son énergie potentielle se transforme en énergie de mouvement ; l'énergie totale reste constante, ne pouvant être dans un système isolé, ni accrue, ni diminuée, malgré toutes les transformations qu'elle peut subir. On sait que ce principe constitue la loi de la *conservation de l'énergie,* qui domine, en quelque sorte, le *monde de l'énergie,* comme la *conservation de la matière* domine le *monde de la matière.*

La fonction potentielle.

Reprenons notre champ électrique constitué par des masses $qq'q''$ réparties d'une façon quelconque en des points fixes

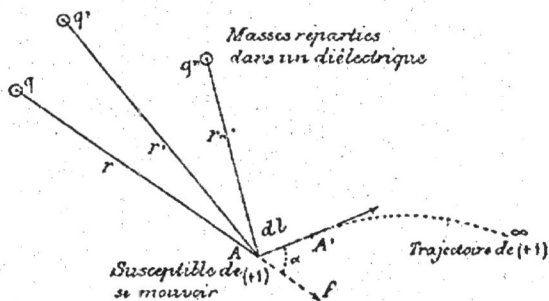

La fonction potentielle.

dans un diélectrique. La masse d'épreuve (+1) étant placée au point A, où nous voulons étudier le champ, il s'exerce entre chacune des masses $qq'q''$ et la masse d'épreuve des

actions dirigées respectivement suivant les droites qA, q'A
q''A et dans un sens ou l'autre, suivant que les masses q son
positives ou négatives. Si la masse q est positive, par exemple
on aura une répulsion de grandeur $k\frac{q}{r^2}$ dans le sens Af, Toute
ces forces passant par le point A, pourront se composer suivan
une résultante unique passant par le même point. Laissons l
masse d'épreuve obéir à cette résultante : il se produira ur
certain travail dans ce déplacement et l'énergie potentielle
que possède cette masse aura diminué précisément de l
quantité de travail produite. Si AA' $= dl$ est le premier élé
ment de la courbe décrite, le travail élémentaire dû à l
masse q, par exemple, sera :

$$k\frac{q}{r^2}\cos\alpha . dl \quad \text{ou} \quad k\frac{q}{r^2}dr,$$

car $dl\cos\alpha = dr$.

Le travail élémentaire sera de même, pour les masse
$q' q''$:

$$k\frac{q'}{r'^2}dr', \quad k\frac{q''}{r''^2}dr''.$$

Ces travaux élémentaires s'ajoutent, puisqu'ils sont compté
dans une même direction AA' ; le travail total est don
exprimé par

$$k\Sigma\frac{q}{r^2}dr.$$

Or, si nous appelons V l'énergie potentielle que possédait l
masse d'épreuve en A, puisque le travail extérieur s'effectu
aux dépens de cette énergie potentielle, il est évident que
est décroissant quand ce travail augmente ; nous poseron
donc :

$$-dV = k\Sigma\frac{q}{r^2}dr.$$

L'intégration donne V $= k\Sigma\frac{q}{r} +$ Cte; la fonction potentiell
est l'expression V $= k\Sigma\frac{q}{r}$. La constante est déterminée quan

il s'agit d'une trajectoire partant du point A pour aboutir en un certain point A_0. Le travail accompli par les forces du champ ne dépend que du point de départ et du point d'arrivée, le chemin parcouru pouvant être quelconque.

Surfaces équipotentielles. — Propriété de la dérivée du potentiel. — Représentation d'un champ.

Chaque point tel que A du champ électrique peut donc être caractérisé par une valeur de V exprimant le travail que serait susceptible de développer la masse d'épreuve allant du point A au point A_0. Cette valeur de V est le potentiel du point A, en prenant cette même valeur au point A_0 comme terme de comparaison. La valeur de V sera fonction des distances $r\,r'\,r''$, c'est-à-dire fonction des coordonnées $x_1 y_1 z_1$ du point A rapportées à trois axes rectangulaires. On pourra donc écrire, en admettant que les intégrations soient possibles et après avoir déterminé la constante par les coordonnées du point de comparaison :

$$V = F(x_1 y_1 z_1) - F(x_0 y_0 z_0).$$

On est convenu de prendre le point A_0 de telle sorte que $F(x_0 y_0 z_0) = 0$; il suffit, pour cela, de supposer ce point à l'infini ; tous les termes de la forme $\frac{q}{r_0}$ s'annulent et l'on a ainsi $V_1 = F(x_1 y_1 z_1)$ pour la valeur absolue du potentiel au point A. Cette valeur représente alors le travail que développerait la masse d'épreuve, c'est-à-dire une quantité d'électricité positive et égale à 1, pour aller du point A au point où le potentiel est nul, c'est-à-dire à l'infini. Faisons maintenant de $x_1 y_1 z_1$ des coordonnées courantes ; l'équation $F(xyz) - V_1 = 0$ représente une surface qui est le lieu des points ayant même potentiel V_1.

Il est facile de voir qu'en un point quelconque de cette surface, la force résultante du champ lui est normale. En effet, si l'on déplace la masse d'épreuve suivant un élément quelconque tracé sur la surface, le travail correspondant est nul puisque le potentiel ne varie pas. Donc, la direction de la force en un point est normale à tous les éléments passant par ce point et faisant partie de la surface ; elle est par suite normale à cette surface. Or, en chaque point, les forces sont tangentes aux lignes de force ; il en résulte que les lignes de force sont les trajectoires orthogonales des surfaces que nous venons de définir analytiquement ; ces surfaces ne sont donc pas autre chose que celles que nous avons déjà précédemment étudiées sous le nom de surfaces de niveau : ce sont des *surfaces équipotentielles*.

La fonction potentielle étant connue, il est facile de calculer en chaque point l'intensité du champ, c'est-à-dire la force agissant sur la masse d'épreuve, ou sa résultante suivant une direction quelconque. Considérons deux surfaces de niveau infiniment voisines, V et V — dV ; la force H résultante du champ étant normale à la surface V, le travail correspondant au travail de la masse d'épreuve de A en A' est H dn ; comme nous l'avons vu, il est aussi — dV ; on a donc :

$$ - dV = H\,dn, $$

d'où

$$ H = - \frac{dV}{dn}. $$

Si maintenant on prend la composante de la force suivant une direction quelconque, suivant l'élément AA', de longueur dl, on aura

$$ F = H \cos \alpha \quad \text{et} \quad \cos \alpha = \frac{dn}{dl} ; $$

on a donc :

$$ F = - \frac{dV}{dn} \times \frac{dn}{dl} = - \frac{dV}{dl}, $$

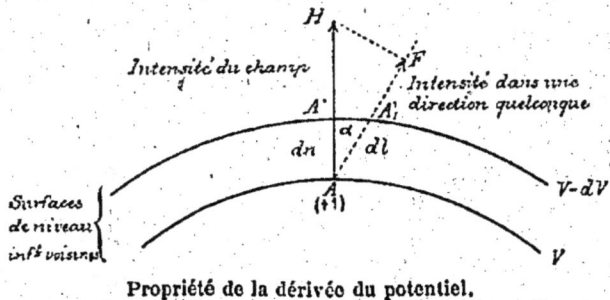

Propriété de la dérivée du potentiel.

c'est-à-dire que la composante de l'intensité du champ suivant

ne direction donnée s'obtient en prenant la dérivée du poten-
el suivant cette direction et la changeant de signe.

Il résulte de tout ce qui précède, qu'un champ électrique
eut être représenté par une suite de surfaces de niveau, de
ême qu'en topographie un terrain est représenté par une
érie de sections horizontales ; c'est le mode de représentation
rdinaire du champ électrique. Il pourrait de même être
eprésenté avec certaines conventions par ses lignes de force ;
'est en effet ainsi, comme nous le verrons, qu'on représente
lus spécialement un champ magnétique.

La théorie du potentiel, exposée ci-dessus, n'est pas particu-
ère à l'électricité ; la fonction potentielle établie par Laplace
n 1799 au sujet de l'attraction universelle, étudiée par Poisson
n 1811, par Green en 1828, par Gauss en 1839, s'étend d'une
anière générale à toutes les forces dites *centrales*, c'est-à-dire
ux forces agissant entre deux masses suivant la droite qui joint
urs centres et ayant une intensité fonction de leur distance ;

our les masses électriques, cette fonction est $\frac{k}{r^2}$ d'après la loi

e Coulomb ; le potentiel électrique ainsi que le potentiel
agnétique, comme nous le verrons, répondent donc à un cas
articulier de cette théorie générale.

CHAPITRE II

ÉLECTRICITÉ

Électricité statique. — Électricité dynamique.

D'après ce que nous venons de voir dans le chapitre précédent, l'état particulier d'un corps, appelé état électrique, peut se montrer à nous de deux façons : l'énergie que possède la charge électrique peut rester à l'état potentiel si un diélectrique s'oppose à sa dispersion : on dit alors que l'électricité est *statique*, en équilibre ; ou bien cette énergie peut se transformer en travail effectif, dans un conducteur, quelquefois au travers d'un diélectrique, et devenir actuelle : l'électricité est alors *dynamique*, en mouvement. L'électricité statique et l'électricité dynamique sont simplement deux manifestations d'une même cause, soit une différence de potentiels dans les diélectriques et les conducteurs.

Étude du champ électrique créé par une sphère électrisée.

On a vu jusqu'ici qu'un conducteur électrisé, unique dans l'espace, possède une certaine charge Q, que la balance de Coulomb, ou tout autre électromètre, nous a permis de mesurer, en la comparant à une autre charge prise pour unité. Par suite de la répulsion des masses élémentaires de même signe, ces masses tendent à s'écarter le plus possible et ne s'arrêtent sur le conducteur qu'après avoir atteint le diélectrique où elles ne peuvent plus se mouvoir ; l'électricité est alors en équilibre et se trouve tout entière à la surface du conducteur; un plan d'épreuve permet par contact de le constater. On vérifie en outre que la distribution de l'électricité change avec la forme du conducteur et qu'on peut l'assimiler à une couche infiniment mince de densité $\sigma = \dfrac{dq}{ds}$ variable en chaque point. Sur une sphère, par exemple, par raison de symétrie, on aura $\sigma = \dfrac{Q}{4\pi R^2}$; la densité sera constante.

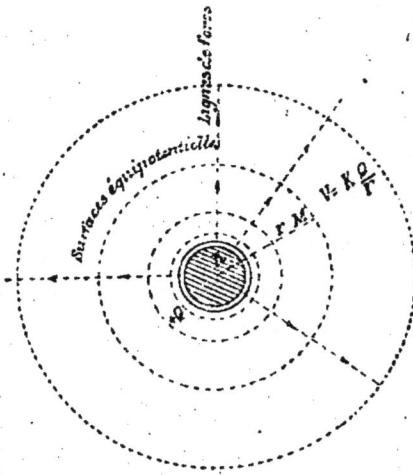

L'expérience de la communication lointaine, au moyen d'un fil fin touchant le conducteur en un point quelconque, nous a permis de constater que tous les points de ce conducteur étaient au même potentiel : il constitue donc, en quelque sorte, un *volume de niveau*, sa surface est une surface de niveau, la force est normale à cette surface en chacun de ses points; donc, enfin, toutes les lignes de force émanent normalement d'un conducteur.

Champ électrique d'une sphère.

Dans le cas de la sphère, Newton a démontré que la couche électrique se comportait comme si toute sa masse Q se trouvait condensée au centre; il en résulte que le potentiel d'un point M extérieur, à une distance r du centre de la sphère, sera :

$$V = k\left(\frac{Q}{r} - \frac{Q}{r_0}\right).$$

Si l'on suppose le point de comparaison à l'infini au lieu de se trouver à la distance r_0, le terme $\dfrac{Q}{r_0}$ disparaît et le potentiel absolu du point M est $V = k\dfrac{Q}{r}$.

Les surfaces équipotentielles sont des sphères concentriques au conducteur sphérique et les rayons des sphères qui correspondent à des potentiels 1, 2, 3 sont entre eux comme les inverses de ces nombres. On peut facilement tracer ces sphères et avoir ainsi une représentation du champ ; les lignes de force, étant les trajectoires orthogonales des surfaces de niveau, se confondent avec les rayons des sphères.

A mesure que le potentiel décroît, les surfaces équipotentielles successives s'écartent de plus en plus ; à une distance suffisamment grande du centre de force, les lignes de force tracées dans une région de peu d'étendue, sont sensiblement parallèles et les surfaces de niveau assimilables à des plans. Par exemple, dans le cas de la pesanteur, on ne commet pas d'erreur sensible en assimilant les verticales à des droites parallèles. Un champ ainsi représenté par des *plans de niveau* et des lignes de force rectilignes et parallèles, dans lequel l'intensité est constante en grandeur et en direction, porte le nom de *champ uniforme ;* comme nous le verrons, le champ magnétique terrestre en offre un exemple.

On sait que le potentiel est constant dans la région du champ électrique intérieure au conducteur, l'intensité du champ y est nulle puisque cette intensité est la dérivée de la fonction potentielle changée de signe. Dans le cas de la sphère, le potentiel en chaque point est le même qu'au centre de la sphère et l'on a évidemment en ce point $V = k\dfrac{Q}{R}$.

Ce sera le potentiel absolu de la sphère électrisée. Si cette sphère était en présence d'autres masses, la distribution ne serait plus uniforme, comme nous le verrons ; mais, pour le centre, le terme du potentiel dû à la couche superficielle aurait encore la même valeur.

Pression électrostatique. — Pouvoir des pointes.

La quantité d'électricité qui recouvre chaque élément de la surface du conducteur est soumise, de la part du reste de la charge, à une répulsion ; on ne peut chercher à calculer la valeur de cette répulsion, ou l'intensité du champ, en prenant la dérivée du potentiel et la changeant de signe, car, à la surface du conducteur, dans la couche même que forme la charge électrique, la fonction potentielle devient discontinue : en effet, certains termes de la somme $k \Sigma \frac{q}{r}$ deviennent infinis, r étant nul. Sir William Thomson a démontré que cette action est égale à $2 \pi k \sigma^2$, σ étant la densité de la couche sur l'élément considéré ; cette force est toujours dirigée vers l'extérieur et l'on est ainsi conduit à se représenter la couche superficielle comme faisant effort sur le diélectrique pour occuper un volume plus grand ; elle entraînerait le conducteur si sa surface était extensible comme une bulle de savon. Le diélectrique s'oppose à l'expansion de la couche et subit une pression à laquelle on donne le nom de *pression électrostatique* (1).

L'étude de la distribution de l'électricité sur un ellipsoïde montre que la densité, au lieu d'être constante comme sur une

---

(1) Voici, du reste, la démonstration dont il est question ci-dessus. Soit F l'action exercée par la charge totale qui recouvre le conducteur sur la quantité d'électricité Q répandue sur une surface limitée S de ce conducteur, la tension électrostatique τ sera la limite du rapport $\frac{F}{S}$ quand S tendra vers O. Soit H l'intensité du champ électrique dans une tranche parallèle à la surface S, infiniment voisine de celle-ci et contenant une quantité d'électricité dQ ; on verra plus loin, à propos des condensateurs plans, que cette intensité est égale à $4 \pi k \sigma$, la densité σ étant la limite du rapport $\frac{Q}{S}$. On a donc :

$$H = 4 \pi k \frac{Q}{S} ;$$

mais, si l'on appelle dF l'action exercée par la charge sur la quantité élémentaire dQ précédemment définie, on pourra écrire

$$dF = H dQ,$$

d'où

$$dF = \frac{4 \pi k}{S} Q dQ,$$

et l'on obtiendra F par intégration

$$F = \frac{4 \pi k}{S} \frac{Q^2}{2} ;$$

on aura enfin, pour la tension électrostatique :

$$\tau = \lim \frac{F}{S} = \lim 2 \pi k \frac{Q^2}{S^2} = 2 \pi k \sigma^2.$$

L'électricité étant pour ainsi dire incorporée au conducteur, si ce dernier est mobile, il pourra prendre un mouvement dans le sens des tensions maxima ; c'est ce phénomène que nous retrouvons dans les attractions et répulsions électriques.

sphère, augmente à l'extrémité du grand axe ; il en est de même de la pression électrostatique, qui est proportionnelle au carré de la densité ; à la limite, si le corps se termine en pointe, c'est-à-dire si le grand axe augmente indéfiniment, cette pression peut être assez forte pour vaincre la résistance opposée par le diélectrique : l'électricité s'échappe alors par la pointe sur les particules de diélectrique qui l'entourent en donnant naissance, dans l'air par exemple, au phénomène de *l'aigrette*. Nous savons que c'est ce *pouvoir des pointes* qu'on utilise dans les *parafoudres*.

Phénomènes d'influence.

Nous avons supposé jusqu'ici que le corps électrisé était le seul conducteur qui occupait l'espace et que rien ne venait troubler le champ électrique jusqu'à l'infini ; il est évident que les choses ne se passent pas ainsi dans la réalité et nous devons nous demander ce que deviennent les surfaces de niveau et les lignes de force lorsque d'autres conducteurs se trouvent plongés dans le champ.

Soit dS un élément de surface du conducteur A qui donne naissance au champ ; cet élément se trouvant chargé de la quantité dq d'électricité, menons le tube de force correspondant. A moins que ce tube de force ne s'épanouisse jusqu'à l'infini, cas théorique impossible, il rencontrera un deuxième conducteur B (les murs, le plafond de la salle d'expériences, le sol ou les nuages) suivant un élément de surface dS' correspondant à dS. Or, si l'on applique le théorème de Green à la surface fermée qu'on obtient en terminant le tube de force par deux surfaces arbitraires entièrement comprises dans l'intérieur de

Éléments correspondants.

A et de B, on voit que le flux entrant est nul ainsi que le flux sortant ; par conséquent, la quantité d'électricité comprise dans la surface considérée est nulle aussi. Or dq est différent de zéro par hypothèse ; il faut donc qu'il y ait, répandue sur l'élément correspondant dS', une quantité d'électricité dq' telle que $dq + dq' = 0$.

Nous voyons ainsi que, partout où nous rencontrons un corps
électrisé isolé, nous sommes certains de trouver aux confins
du milieu isolant, quels qu'ils soient, une quantité d'électricité
égale et d'espèce opposée à celle du corps. Cette manifestation
d'électricité sur les corps voisins constitue le phénomène d'*influence* ou d'induction.

Il résulte de ce qui précède que, si un système électrisé est entouré complètement par un conducteur, il y a sur la
face interne de ce conducteur une charge égale et de signe
contraire à celle du système considéré ; on sait que la vérification expérimentale de cette proposition a été faite par Faraday. Le conducteur qui entoure le système électrisé joue, par
rapport à l'espace, le rôle d'un véritable *écran électrique ;*
tout le monde connaît à ce sujet l'expérience classique de la
cage métallique, dont l'intérieur est soustrait d'une façon
absolue à tous les phénomènes électriques extérieurs.

Examen du potentiel en tenant compte des phénomènes d'influence.

Soit un champ électrique produit par un conducteur électrisé quelconque, par une sphère, par exemple, chargée positivement. Ce champ est caractérisé, comme on le sait, par des
surfaces de niveau sphériques concentriques à la sphère élec-

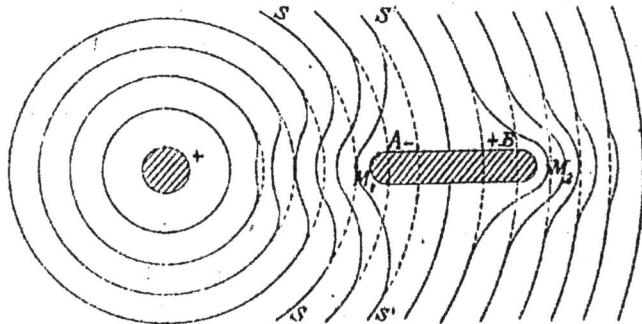

Phénomène d'influence.

trisée. Si nous amenons de l'infini un conducteur AB, ce conducteur prendra le potentiel moyen de la région de l'espace où
il se trouvera placé, et, comme sa surface est une surface de
niveau, qu'il forme un volume de niveau, il en résultera que

sa surface ne sera rencontrée que par une seule surface de niveau du champ primitif. Ce champ sera donc déformé de façon que toutes les surfaces de niveau correspondant à des potentiels supérieurs, s'infléchissent pour passer entre AB et la sphère électrisée et que les autres s'infléchissent en sens inverse, pour contourner l'ensemble des deux corps. La considération des tubes de force et des éléments correspondants nous montre que de l'électricité négative a dû se produire sur la face qui regarde la sphère électrisée ; de l'électricité positive a dû également se manifester sur la face opposée, et en quantité égale à la première, car si l'on soustrait le corps à l'action du champ il retombe à l'état neutre.

Quant au potentiel d'un point situé entre AB et la sphère, ce potentiel s'est évidemment abaissé. On constate, en effet, sur la figure, que le point M_1, qui se trouvait primitivement sur la surface équipotentielle S, se trouve maintenant sur la surface équipotentielle déformée S', plus éloignée que S de la sphère électrisée ; cela s'explique facilement par ce fait que, dans la somme $\Sigma \dfrac{Q}{r}$, certains termes sont devenus négatifs par suite de l'électrisation négative de A. En faisant le même raisonnement pour le point M_2, on trouverait que son potentiel a augmenté et cela en raison de l'électricité positive qui s'est développée en B.

L'expérience montre que les phénomènes électriques ne dépendent que des différences et non des valeurs absolues du potentiel ; dans ces conditions, on a pris comme terme commode de comparaison le potentiel de la terre et l'on admet que ce potentiel est nul.

Potentiel de la Terre.

L'expression de la force électrique en un point $H = -\dfrac{dV}{dn}$ montre qu'elle ne dépend aucunement de la valeur absolue du potentiel, mais de sa variation seulement ; de même la force qui sollicite l'électricité d'un conducteur au potentiel V à se porter sur un conducteur au potentiel V' dépend de la différence V — V' entre les potentiels des corps considérés, et rien ne serait changé si l'on augmentait respectivement les potentiels V et V' d'un même nombre d'unités ; les phénomènes électriques ne dépendent ainsi que des différences et non des valeurs absolues des potentiels. Le choix du point origine pris pour zéro du potentiel est donc indifférent, pourvu qu'il reste invariable pendant une même série d'expériences. Or, si théoriquement il n'y a que le potentiel de l'infini qui soit nul, pratiquement nous sommes obligés de compter avec le conducteur terrestre; il nous sera donc plus commode de prendre le potentiel de la Terre comme terme de comparaison et de l'égaler à zéro, sans affirmer pour cela que ce potentiel soit le même que celui de l'infini. — Remarquons d'ailleurs que le potentiel absolu en un point nous est donné par une intégrale qui reste indéterminée, tant que nous ne connaissons pas la valeur de la constante, et, pour déterminer cette constante, il faudrait tenir compte du potentiel créé par toutes les masses électriques de l'univers. Nous ne pouvons songer à la déterminer, mais comme on vient de le voir, on peut fort bien s'en passer, puisque cette constante disparaît par soustraction dans les seules différences de potentiel dont on ait à s'occuper.

En somme, on admet comme point de départ un objet quelconque en communication métallique avec la terre, tel qu'un système de tuyaux d'eau ou de gaz. On admet que le plancher, les murailles, le plafond de la salle dans laquelle se font les expériences possèdent un pouvoir conducteur suffisant pour ramener au même potentiel toute la surface intérieure de la salle; tout se passe alors comme si l'observateur se trouvait placé dans la cage métallique de Faraday, formant écran protecteur; pour cet observateur, le potentiel zéro serait celui de la cage elle-même, et il estimerait qu'un corps a une charge positive ou négative selon que son potentiel serait plus ou moins élevé que celui de son enveloppe. C'est ce que l'on fait en disant que le potentiel de la Terre est égal à zéro.

Notion de la capacité. — Condensateurs. Pouvoir inducteur spécifique.

L'expérience et le calcul montrent qu'il n'y a qu'un seul état d'équilibre électrique. Il en résulte que, si un corps est soustrait à toute autre influence, si sa charge totale augmente, en chaque point tous les termes q de la somme $V = k\Sigma\frac{q}{r}$ augmentent dans le même rapport et il en est de même, par conséquent, du potentiel. La charge totale et le potentiel sont donc proportionnels et l'on a

$$Q = CV.$$

C représente une constante qui dépend de la forme et des dimensions du conducteur considéré : on lui donne le nom de *capacité* électrostatique. Par exemple, la capacité d'une sphère isolée est proportionnelle à son rayon : en effet, si R est le rayon de la sphère, le potentiel est :

$$V = k\frac{Q}{R},$$

d'où

$$C = \frac{1}{k}R.$$

Mais cette capacité n'est constante pour un conducteur déterminé que s'il s'agit d'un même milieu et s'il n'y a pas à faire intervenir les phénomènes d'influence (1). L'introduction d'un conducteur isolé B non chargé, dans un champ produit par un autre conducteur A électrisé, a pour effet de porter ce conducteur B au potentiel moyen de la région dans laquelle il se trouve placé. Sa surface est devenue une surface équipotentielle et la forme du champ initial a changé; on sait que ce conducteur s'est électrisé négativement sur la face regardant le conducteur A (supposé chargé positivement) et positivement sur l'autre face.

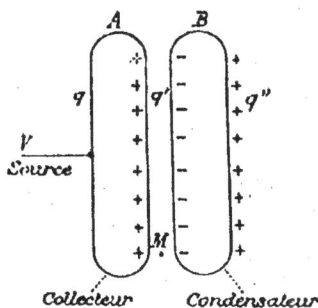

Phénomène de condensation.

Nous avons vu plus haut que cela correspondait à une diminution du potentiel pour l'espace compris entre les deux conducteurs. Si, par exemple, en un point voisin du conducteur A, on avait primitivement $V = k \Sigma \frac{q}{r}$, on aura en présence du conducteur B pour le même point :

$$V' = k \left[\Sigma \frac{q}{r} - \Sigma \frac{q'}{r'} + \Sigma \frac{q''}{r''} \right].$$

Les termes négatifs $\Sigma \frac{q'}{r'}$ l'emportent sur les termes positifs $\Sigma \frac{q''}{r''}$, les r' étant plus petits que les r''; donc on a $V' < V$ et le potentiel a diminué.

Mettons maintenant le plateau B en communication avec le

---

(1) Autant dire que la capacité telle qu'elle vient d'être définie ne correspond à rien au point de vue pratique, la présence d'un conducteur unique dans l'espace étant irréalisable.

sol ; par le libre jeu des forces du champ, l'électricité positive s'y écoule le plus loin possible ; tous les r'' devenant extrêmement grands, le terme $\Sigma \frac{q''}{r''}$ est négligeable et l'on a pour expression du potentiel :

$$V'' = k \left[\Sigma \frac{q}{r} - \Sigma \frac{q'}{r'} \right].$$

Donc V'' est encore plus petit que V' ; *a fortiori* est-il inférieur à V. Or on a $Q = CV$; la charge est restée constante, le potentiel a diminué, donc tout se passe comme si la capacité avait augmenté. Dès lors, si nous remettons le conducteur A en communication avec la source d'électricité au potentiel V qui lui avait fourni sa charge primitive, il y aura passage d'une nouvelle charge d'électricité positive qui le portera du potentiel V'' au potentiel V.

C'est dans ce sens que l'on dit que l'ensemble des deux conducteurs forme un système condensateur : l'un communique avec la source, c'est le *collecteur ;* l'autre communique avec le sol, c'est le *condensateur* proprement dit. On sait qu'une des formes les plus anciennes de condensateur est celle due à *OEpinus*.

Prenons un condensateur formé de deux conducteurs plans dont les surfaces en regard sont égales à S et séparées par l'épaisseur e d'un diélectrique caractérisé par le coefficient k de la loi de Coulomb. Soit σ la densité électrique uniforme répandue sur le collecteur dont le potentiel est V, soit V' le potentiel sur le condensateur.

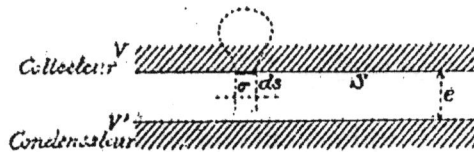

Condensateur plan.

Si H est l'intensité du champ en un point voisin du collecteur, on sait que l'on a :

$$H = -\frac{dV}{dn} = \frac{V - V'}{e}.$$

D'autre part, si l'on découpe un tube de force ayant pour base un élément dS sur le collecteur, limité à une surface quelconque dans l'intérieur du colleceur et à une surface très voisine de ce dernier, la quantité d'électricité nfermée dans ce tube sera σdS; appliquant le théorème de Green, on a dès ors :

$$H dS = 4\pi k \sigma dS,$$

l'où :

$$H = 4\pi k \sigma.$$

Donc

$$\frac{V - V'}{e} = 4\pi k \sigma,$$

l'où :

$$\sigma = \frac{V - V'}{4\pi k e}.$$

La charge totale sera donc :

$$\sigma S = (V - V') \frac{S}{4\pi k e};$$

e facteur $\frac{S}{4\pi k e}$ est tel, que multiplié par la différence des potentiels, il donne 'expression de la charge; c'est donc la capacité électrostatique du condensaeur plan; cette expression est générale, elle s'applique aussi à un condensateur phérique. On voit que le phénomène de condensation dépend du diélectrique à cause de la présence du facteur k, caractéristique du milieu.

D'après les idées de Faraday, les actions se passent uniquenent dans le diélectrique interposé entre les deux conduceurs : en changeant, en effet, la nature des diélectriques, ses recherches l'ont amené à prouver que la capacité devient beaucoup plus considérable que dans l'air avec un diélectrique solide tel que le verre. Il a appelé *pouvoir inducteur spécifique* le rapport de la capacité d'un condensateur à diélectrique quelconque à celle du même condensateur à lame d'air. La *bouteille de Leyde* est, on le sait, un des condensateurs les plus usuels : son diélectrique est le verre.

Travail disponible dans un corps électrisé.

Si l'on fait communiquer avec le sol un corps possédant une charge Q d'électricité dont le potentiel est V, son potentiel devient nul et l'on dit que l'électricité s'écoule dans le sol; nous savons qu'il y a en même temps production de travail. Or V représente ce travail pour une masse égale à 1, ce travail serait donc VQ pour la quantité Q d'électricité si le potentiel restait constant; mais ce dernier varie à chaque instant, le travail ne peut donc s'obtenir que par une intégration. Soit q

la valeur de la charge à un instant déterminé ; C étant la capacité du corps, le potentiel au même instant est $\frac{q}{C}$. Pour une diminution de charge de dq, le travail produit est

$$dW = \frac{q}{C} dq.$$

Le travail total s'obtiendra en intégrant cette expression entre 0 et Q, ce qui donne :

$$W = \int_0^Q \frac{q}{C} dq = \frac{Q^2}{2C} = \frac{VQ}{2} = \frac{CV^2}{2}.$$

L'expression du travail produit, sous cette dernière forme, nous montre que l'énergie disponible dans un corps électrisé croît proportionnellement à la capacité, ce qui justifie l'emploi des condensateurs et proportionnellement au carré du potentiel, ce qui nous fait pressentir les puissants effets de la *foudre*, caractérisés par d'énormes différences de potentiels.

Condensateurs usuels. — Groupement des condensateurs.

Les condensateurs les plus employés aujourd'hui dans la pratique sont constitués par deux séries de *feuilles d'étain* séparées par des feuilles de *papier paraffiné* ou de *mica*; la première série comprend les feuilles de rang pair, qui

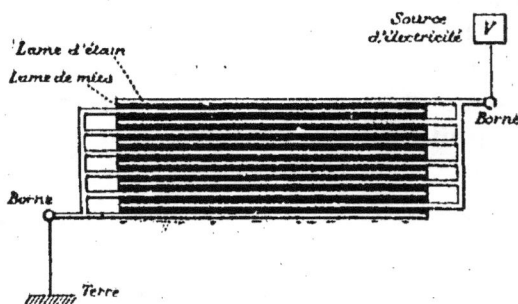

Nota. — L'isolant a été représenté en noir.

Condensateur à lames d'étain et de mica.

communiquent métalliquement ensemble et forment ainsi un conducteur unique; la deuxième série comprend les feuilles de rang impair, réunies de la même manière. Une pression énergique diminue encore l'épaisseur du diélectrique et augmente la capacité; l'isolant a dû, d'autre part, être choisi aussi mauvais conducteur que possible, de façon que la charge électrique cheminant au travers, pénètre infiniment peu à son intérieur pour éviter les phénomènes de *charge résiduelle*, lesquels ont certains inconvénients. Le diélectrique le plus fréquemment employé est le *mica*.

Le système dont il est ici question peut en somme être envisagé comme *n* condensateurs plans, réunis de façon à rendre *n* fois plus grande la surface condensante. Ce sont des condensateurs groupés *en quantité, en parallèle, en dérivation* ou *en surface*. La différence de potentiels entre les deux armatures est V — V' ou simplement V si la deuxième armature communique avec le sol ; la charge est *n* fois plus grande qu'avec un seul condensateur, le travail disponible est de même *n* fois plus considérable.

Le condensateur ainsi constitué offre parfois un désavantage : la différence de potentiels entre deux lames voisines peut devenir assez considérable pour que l'électricité accumulée arrive à percer brusquement le diélectrique et mette ainsi l'appareil hors de service. Dans le cas de différences de potentiels très élevées, on a alors recours à un groupement des condensateurs figuré ci-contre et connu sous les noms de groupement *en série, en tension* ou *en cascade*, disposition qui exige que les éléments successifs soient isolés du sol. Il est facile de montrer que ce groupement est moins avantageux que le précédent et qu'il ne doit être employé que dans des cas spéciaux.

La source d'électricité étant au potentiel V, si *c* représente la capacité de chaque élément, l'armature supérieure du condensateur (I) prend le potentiel V, et l'armature inférieure le potentiel V_1 inférieur à V et une charge $+ Q$ se trouve condensée sur l'armature supérieure. — Mais l'armature inférieure de (I) étant chargée de — Q, l'armature supérieure de (II) sera chargée de $+$ Q et comme cette dernière communique avec l'armature inférieure de (I)

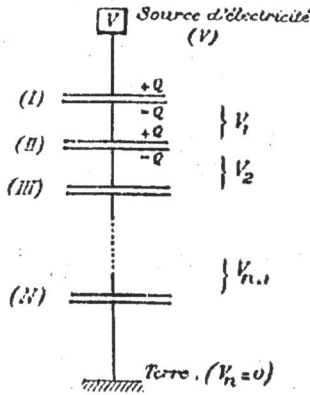

Groupement des condensateurs
en cascade.

laquelle est au potentiel V_1 elle sera aussi au potentiel V_1 et ainsi de suite. On pourra donc écrire :

$$\text{(I)} \quad V - V_1 = \frac{Q}{c},$$

$$\text{(II)} \quad V_1 - V_2 = \frac{Q}{c},$$

$$\cdots \quad \cdots\cdots\cdots\cdots\cdots$$

$$\text{(N)} \quad V_{n-1} - V_n = \frac{Q}{c}.$$

Ajoutant et remarquant que $V_n = 0$, puisque la dernière armature est au sol, on a :

$$V = n \frac{Q}{c},$$

ou :

$$V = \frac{Q}{\frac{c}{n}};$$

et tout se passe comme si la capacité du système était n fois plus petite que la capacité d'un seul élément ; il en est naturellement de même du travail disponible. La disposition en cascade serait donc toujours à rejeter, si l'on n'avait jamais à craindre les décharges brusques au travers du diélectrique; on voit en effet ici que la différence de potentiels totale V entre l'armature supérieure de (I) et l'armature inférieure de (N) se répartit sur tous les éléments, de telle sorte qu'il n'y a plus qu'une différence de potentiels $\frac{V}{n}$ entre les deux armatures d'un même condensateur.

Nous trouverons des applications industrielles des condensateurs dans des cas assez fréquents pour justifier l'étude sommaire qui vient d'être faite de ces appareils.

Notion de la force électromotrice. — Décharge et courant électrique.

Si deux conducteurs A, B, chargés d'électricité, ont des potentiels inégaux et sont mis en relation par un fil métallique, nous avons vu que le potentiel prend la même valeur pour tout l'ensemble qui forme un conducteur unique ; l'électricité qui a passé de l'un sur l'autre a voyagé, du corps au potentiel le plus élevé au corps de potentiel le plus faible ; ce passage d'électricité est accompagné dans le fil de phénomènes caractéristiques, le fil a pris un état particulier : on dit qu'il est parcouru par un *courant électrique* si le phénomène dure un certain temps, par une *décharge électrique* si le phénomène est relativement instantané. Dans le cas qui nous occupe, où l'équilibre électrique s'établit presque instantanément, ce sera une décharge électrique ; mais supposons que, d'une manière quelconque, les deux extrémités du fil réunissant les deux conducteurs soient maintenues à deux potentiels différents mais constants V_1 et V_2, le passage d'électricité se fera d'une manière continue, à la façon d'un

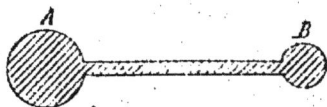

2 conducteurs réunis métalliquement forment un conducteur unique ; Ce conducteur unique a le même potentiel en chacun de ses points.

Phénomène du transport d'électricité.

flux qui s'écoule, et l'on aura un courant électrique dont le *régime permanent* sera démontré par la constance absolue de ses effets quand on opérera dans des conditions identiques.

Dans tous les cas, la différence de potentiels $V_1 — V_2$ peut être considérée comme représentant la cause qui a produit le mouvement des masses électriques et qu'on désigne sous le nom de *force électromotrice* (1). Différence de potentiels et force électromotrice, expressions équivalentes dans le langage, désignent donc des quantités qui ne sont pas identiques : la différence de potentiels, qui est un travail, intervient seule dans les calculs et l'on prend pour mesure de la force électromotrice, précisément cette différence de potentiels.

Effets de la décharge électrique.

La décharge électrique par l'intermédiaire d'un fil conducteur est appelée plus spécialement *décharge conductive;* ce phénomène correspond à un changement d'équilibre électrique qui peut se produire plus ou moins rapidement, suivant la conductibilité du conducteur interposé. La répartition des masses électriques étant changée, on peut en conclure qu'elles se sont déplacées sous l'action des forces électriques qui les sollicitaient. — Les forces électriques du système ont accompli un certain travail, l'énergie totale du champ a donc diminué : d'après le principe de la conservation de l'énergie, l'énergie potentielle qui a ainsi disparu du champ a dû se transformer en une autre forme de l'énergie; l'expérience montre qu'elle s'est transformée principalement en énergie thermique dans le fil de communication. — La décharge pourra donc se manifester par une fusion et même une volatilisation du fil intermédiaire; si le corps interposé est médiocrement conducteur, il pourra se produire un travail mécanique de déchirement et de rupture. Enfin si les conducteurs sont suffisamment rapprochés, l'électricité peut passer directement de l'un à l'autre sans la présence d'un corps intermédiaire; la décharge est alors appelée *disruptive* et l'énergie disponible se transforme tout entière en énergie thermique sous forme d'*étincelle*, sorte de *trait rigide* éblouissant, déchirant le diélectrique lorsque la distance est faible, sorte de *zigzag* à ramifications grêles lorsque la distance est plus considérable; l'étincelle devient une *aigrette* quand on augmente encore la distance, enfin une simple *lueur* dans les *tubes de Geissler* quand on diminue la pression (2). — La longueur de l'étincelle dans l'air à la pression 760^{mm} s'appelle la *distance explosive :* pour une forme déterminée des extrémités des conducteurs en présence, elle est caractéristique de leur différence de potentiels.

(1) La *force électromotrice* ne doit pas être considérée comme étant de même nature qu'une *force mécanique*.

(2) Nous aurons occasion de revenir sur ces phénomènes quand nous étudierons les applications de la bobine de Rhumkorff.

Lois relatives au courant électrique. — Loi d'Ohm.
Notions d'intensité et de résistance.

L'étude des courants électriques, des lois de distribution des potentiels, des intensités des courants et de l'énergie qu'ils dégagent sous forme de chaleur se fait très simplement à l'aide de trois lois appelées : *loi d'Ohm, loi de Kirchhoff, loi de Joule ;* les développements qui suivent ne doivent pas faire oublier que ces lois sont purement expérimentales.

En suivant une marche analogue à celle qu'avait suivie Fourier pour établir la loi de conductibilité thermique dans le cas du mur, Ohm put arriver, en 1827, à établir analytiquement la loi de la distribution linéaire des potentiels dans un fil homogène dont les deux extrémités sont à des potentiels différents mais constants V_1 et V_2. Pouillet trouva expérimentalement cette loi en 1837, sans avoir eu connaissance des travaux d'Ohm, qui dataient de dix ans, mais qui étaient encore inconnus en France.

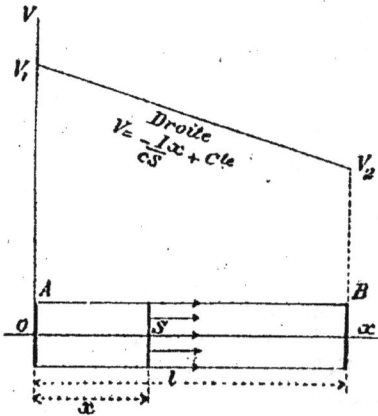

Distribution linéaire des potentiels.

Soit un conducteur cylindrique dans lequel le potentiel n'est pas constant et soient V_1 et V_2 les potentiels en des points A et B à distance l ; rapportons ce conducteur à trois axes rectangulaires dont l'origine est au point A, l'axe du conducteur se confondant avec l'axe des x. Il n'y a pas équilibre et un déplacement d'électricité ou courant se produira de A vers B si nous supposons $V_1 > V_2$. Menons un plan perpendiculaire à l'axe, à une distance x de l'origine, et supposons que le potentiel soit constant dans toute la section s ainsi obtenue : ce sera une surface de niveau ; la force H du champ, qui sollicite l'électricité répandue sur cette section, lui est normale et a pour expression la dérivée du potentiel, prise suivant l'axe des x, changée de signe :

$$H = -\frac{dV}{dx}.$$

Le flux de force à travers cette section est donc représenté par :

$$-S \frac{dV}{dx}.$$

Nous appellerons *intensité du courant* I, la quantité d'électricité qui passe à travers ce plan pendant l'unité de temps, de sorte que la quantité d'électricité qui le traverserait pendant le temps *t*, si le courant était constant, serait donnée par la formule $Q = It$ qui exprime la loi de *Pouillet*.

On peut supposer cette intensité proportionnelle au flux de force et, si c désigne un coefficient dépendant du milieu, nous aurons :

$$I = -cS\frac{dV}{dx} \quad \text{ou} \quad dV = -\frac{I}{cS}dx$$

et en intégrant

$$V = -\frac{I}{cS}x + C^{te}.$$

Dans cette hypothèse, la distribution des potentiels le long du conducteur est donc linéaire, ce que vérifie l'expérience.

On détermine la constante, en faisant $x = 0$, on a $V = V_1$; en faisant $x = l$, on a $V = V_2$ et la relation peut se mettre sous la forme :

$$I = \frac{V_1 - V_2}{\dfrac{l}{cS}}.$$

Or la différence de potentiels $V_1 - V_2$ est équivalente, avec les restrictions déjà vues, à une force électromotrice E ; on peut poser $R = \dfrac{l}{cS}$, R sera la *résistance* du conducteur. On pourra donc écrire :

$$I = \frac{E}{R}$$

et la loi d'Ohm devra s'énoncer ainsi : *L'intensité d'un courant est égale au quotient de la force électromotrice par la résistance interposée.* Cette loi est extrêmement importante et son emploi est général dans les applications de l'électricité.

Le coefficient c, qui dépend du métal dont est formé le conducteur, s'appelle *conductibilité* de ce métal : on considère presque toujours l'inverse, $\rho = \dfrac{1}{c}$, de sorte que l'on a $R = \rho \dfrac{l}{S}$; ρ porte le nom de *résistivité* du métal; de même l'inverse de la résistance $\dfrac{1}{R}$ porte le nom de *conductance* (1).

Considérons un circuit formé de deux conducteurs placés bout à bout. Soient ll', SS', cc' leurs longueurs, sections et conductibilités, $V_1 V_2$ les potentiels aux extrémités, V' au point de jonction, l'intensité I étant la même dans tout le conducteur, on aura :

$$I = \frac{V_1 - V'}{\dfrac{l}{cS}} = \frac{V' - V_2}{\dfrac{l'}{c'S'}} = \frac{V_1 - V_2}{R + R'}.$$

Cette relation pouvant être généralisée, *la résistance totale d'un ensemble de conducteurs placés bout à bout est égale à la somme des résistances partielles de ces conducteurs.*

L'intensité du courant reste la même dans chacun des fils lorsque ces derniers sont placés bout à bout ; mais si nous considérons la *densité de courant*, c'est-à-dire l'intensité du courant par unité de surface de la section, cette densité $\dfrac{I}{S}$ varie en passant du conducteur à section S au conducteur à section S'.

Lois de Kirchhoff.

1re *Loi de Kirchhoff* : $\Sigma i = 0$. — Soit, entre les points A et B d'un circuit M, un certain nombre de conducteurs ;

---

(1) Une résistance et une conductance sont des grandeurs concrètes, inverses pour un même conducteur. L'expression $R = \rho \dfrac{l}{S}$ nous montre qu'une résistance varie en raison directe de la longueur et en raison inverse de la section d'un fil. Une résistivité est un nombre abstrait ρ qui entre en coefficient dans une résistance ; ce n'est pas autre chose que la résistance d'un conducteur qui a une longueur égale à l'unité de longueur, 1 centimètre, et une section égale à l'unité de section, 1 centimètre carré. On pourrait faire la même remarque sur la conductance et la conductibilité, qui ne sont que les inverses des quantités ci-dessus.

le courant se partage entre eux. Pour qu'il n'y ait en aucun point *accumulation d'électricité*, il faut que la quantité qui passe dans le circuit principal soit la même que la somme des quantités qui passent dans les conducteurs dérivés, c'est-à-dire que l'on ait entre les intensités la relation :

$$I = i_1 + i_2 + \ldots + i_n$$

ou bien que l'on ait, au point A par exemple, en affectant les intensités d'un signe :

$$\Sigma i = 0.$$

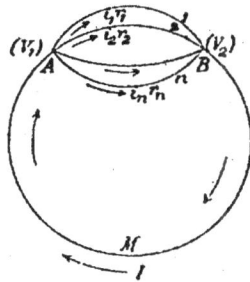

C'est la *première loi de Kirchhoff*.

On peut se proposer de calculer la valeur d'une *résistance équivalente* à la résistance de l'ensemble des conducteurs ; cette résistance équivalente R est celle d'un conducteur fictif placé entre A et B, tel que le régime ne soit pas troublé ; on a donc :

$$I = \frac{V_1 - V_2}{R}.$$

Appliquant de même la loi d'Ohm aux conducteurs successifs 1, 2...*n*, on aura encore :

$$i_1 = \frac{V_1 - V_2}{r'_1}, \quad i_2 = \frac{V_1 - V_2}{r'_2} \ldots \ldots, \quad i_n = \frac{V_1 - V_2}{r'_n}.$$

Donc

$$i_1 r_1 = i_2 r_2 = \ldots \ldots = i_n r_n = IR.$$

On a par suite :

$$\frac{i_1}{\frac{1}{r'_1}} = \frac{i_2}{\frac{1}{r'_2}} = \ldots \ldots = \frac{i_n}{\frac{1}{r'_n}} = \frac{I}{\frac{1}{R}}$$

et, en tenant compte de la première loi de Kirchhoff :

$$\frac{1}{R} = \frac{1}{r'_1} + \frac{1}{r'_2} + \ldots \ldots + \frac{1}{r'_n},$$

ce qui permet de calculer la résistance équivalente R.

2e *Loi de Kirchhoff : $\Sigma ir = \Sigma e$.* — Considérons un circuit fermé A B C D. Soient (a) (b) (c) (d) les potentiels, $i_1 i_2 i_3 i_4$, $r_1 r_2 r_3 r_4$, les intensités et résistances ; il est évident que le fait d'admettre des intensités différentes implique la condition que ce circuit fermé fait partie d'un réseau plus étendu, sans cela on aurait $i_1 = i_2 = i_3 = i_4$; on se borne, en un mot, à détacher ce polygone, sorte de maille dans une toile métallique. Supposons le fil parcouru dans le sens de la flèche et ne contenant pas de force électromotrice propre ; appliquons la loi d'Ohm à chacun des fils, on aura :

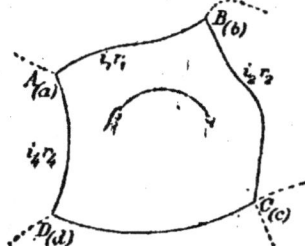

$$i_1 r_1 = a - b$$
$$i_2 r_2 = b - c$$
$$i_3 r_3 = c - d$$
$$i_4 r_4 = d - a.$$

Additionnons membre à membre, nous aurons :

$$\Sigma ir = 0.$$

Supposons maintenant sur AB, par exemple, une force électromotrice particulière e agissant dans le sens de la flèche, on aura pour la première égalité :

$$i_1 r_1 = a + e - b$$

et la somme se réduit à

$$\Sigma ir = e.$$

On a donc, d'une façon générale :

$$\Sigma ir = \Sigma e,$$

en convenant de compter positivement les produits ir quand, en parcourant le circuit fermé dans un sens déterminé, on descend le courant, négativement quand on le remonte ; de même les forces électromotrices seront comptées comme positives quand elles agiront dans le sens du courant, comme négatives dans le cas contraire. C'est la *deuxième loi de Kirchhoff*.

Loi de Joule.

La loi d'Ohm, appliquée entre deux points A et B, de potentiels V_1 et V_2, d'un conducteur, donne :

$$E = V_1 - V_2 = IR.$$

Les analogies avec les phénomènes hydrauliques, auxquelles sont dues les expressions de courant, de flux de force, de différences de niveaux, ont fait souvent donner le nom de *perte de charge* ou *chute de potentiel* à la différence $V_1 - V_2$ ou IR. Les mots *force électromotrice, différence de potentiels, chute de potentiel, perte de charge* seront donc équivalents dans le langage et les grandeurs qu'ils représentent seront mesurées au moyen de la même unité.

Nous saurons, quel que soit le mot employé, qu'il représente toujours, d'après la définition du potentiel, le travail de l'unité de masse d'électricité positive passant d'un potentiel à un autre.

S'il s'agit d'une quantité Q, le travail accompli est donc :

$$(V_1 - V_2) Q.$$

Or, d'après la loi de Pouillet, la formule $Q = It$ définissant l'intensité, le travail produit pendant l'unité de temps sera :

$$(V_1 - V_2) I.$$

Soit E la différence de potentiels, W le travail par seconde, on aura :

$$W = EI.$$

Ce produit est l'énergie par seconde ou la *puissance électrique* du courant. Cette expression ne manque pas d'une certaine analogie avec la puissance d'une chute d'eau de hauteur H débitant P litres par seconde, soit P kilogrammes d'eau ; cette puissance est, en effet, représentée par HP, la différence de potentiels est devenue une différence de niveaux et l'intensité est devenue un *débit* en litres ou kilogrammes. Ce n'est là, d'ailleurs, qu'une simple analogie de formules.

La relation $W = EI$ peut s'écrire $\dfrac{E^2}{R}$ ou RI^2. C'est sous cette deuxième forme que Joule l'a découverte et énoncée. Lorsqu'il s'agit d'une résistance inerte, cette énergie se transforme entièrement en énergie calorifique, laquelle échauffe le fil conducteur. Si J est l'équivalent mécanique de la calorie, Q_1 la quantité de chaleur dégagée pendant l'unité de temps, on a :

$$W = RI^2 = JQ_1.$$

Telles sont les lois auxquelles sont soumises les deux formes d'électricité que nous avons appelées *électricité statique* et *électricité dynamique.*

Note sur les machines et les instruments de mesure électrostatiques.

Avec l'étude du magnétisme et de l'électromagnétisme, nous commencerons réellement les applications industrielles de l'électricité; nous complétons ci-après le présent chapitre, en ce qui concerne les machines et les instruments de mesures électrostatiques.

Principe des machines à frottement.

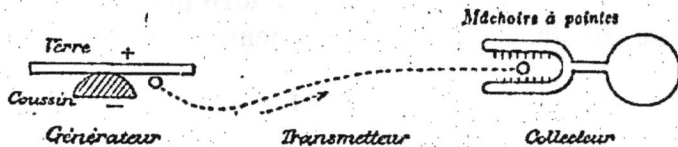

Mâchoire à pointes — Terre + — Coussin — Générateur — Transmetteur — Collecteur

Principe des machines à influence.

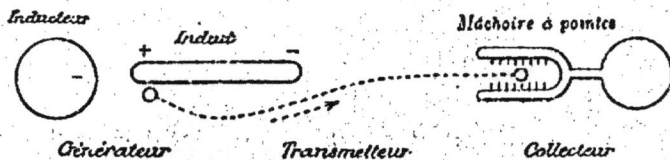

Inducteur — Induit — Mâchoire à pointes — Générateur — Transmetteur — Collecteur

1° *Machines à frottement.* — On sait que le frottement de deux corps produit une électrisation : l'un de ces deux corps se charge positivement, l'autre négativement ; les deux charges sont équivalentes. La différence de potentiels que l'on acquiert ainsi, constitue donc une source d'électricité ou un *générateur électrique* : le premier et le plus simple de tous est précisément constitué par un morceau d'*ambre* frotté, qui devient capable, par influence, d'attirer les corps légers. Mais on entend plus spécialement par machine un système à liaisons, capable de donner naissance d'une manière continue à l'état d'électrisation, à maintenir constante une différence de potentiels. Les premiers phénomènes électriques observés provenant d'un frottement de deux corps, il en fut de même des plus anciennes machines électriques : les *machines à frottement*. Dans la *machine de Ramsden*, par exemple, l'électrisation est produite par le frottement de deux coussins enduits d'or mussif sur un plateau de verre ; c'est là, à proprement parler, le *générateur*; ce plateau de verre, dans son mouvement, sépare l'électricité positive déposée sur lui par le frottement, de l'électricité négative qui reste sur les coussins, et la *transporte*, par l'intermédiaire d'une mâchoire à pointes dont on connaît le principe, sur un conducteur appelé *collecteur;* là, elle s'accumule indéfiniment au point de vue théorique ; au point de vue pratique, jusqu'à ce que se produise la décharge disruptive, ou jusqu'à ce que la perte par les supports égale le gain par addition des charges.

2° *Machines à influence.* — *Replenisher de Sir William Thomson.* — Après la découverte des phénomènes d'influence, on connut une nouvelle manière de produire l'électrisation, qui donna naissance aux *machines à influence*. Un corps préalablement électrisé agit par influence sur un conducteur pour l'électriser à son tour : c'est là le *générateur* d'électricité. Ce conducteur présente deux régions chargées d'électricités de noms contraires et l'une de ces charges pourra être transportée par un *transmetteur* au moyen d'une mâchoire à pointes sur un dernier conducteur appelé *collecteur.* Tel est le principe de toutes les machines à influence, depuis la plus simple, l'*Électrophore*, jusqu'aux machines de *Holtz*, de *Voss*, de *Wims-*

hurst; voici seulement à titre d'exemple, le *Replenisher* de Sir William Thomson :

Le *Replenisher* est une machine électrique minuscule : deux portions de cylindre métallique isolées A et B sont alternativement l'inducteur et le collecteur, tandis que deux lames isolées P et P' montées sur le même axe sont les transmetteurs ou porteurs ; quatre ressorts, R, R' communi-

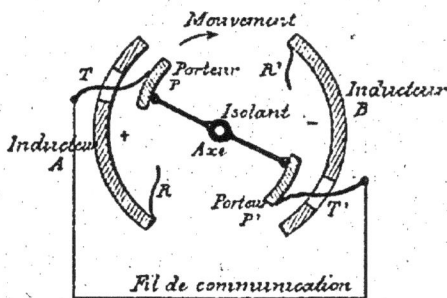

Replenisher de sir William Thomson.

quant avec A et B, T et T' communiquant entre eux et traversant les cylindres métalliques par des fenêtres, permettent le mouvement des porteurs autour de l'axe, tout en les frottant au moment de leur passage. Le jeu de ces divers organes est assez simple : supposons sur A une charge initiale très faible (pratiquement, cette charge s'y trouve toujours et la machine s'amorce), le porteur P s'électrise négativement par influence et la charge positive est reléguée le plus loin possible par le fil de communication, c'est-à-dire en P'. Le porteur P' devient ainsi capable de déterminer sur l'intérieur de B de l'électricité négative. Puis, dans le mouvement, P vient en contact avec R', et P' en contact avec R; les porteurs cèdent leur électricité, s'induisent de nouveau et ainsi de suite.

Instruments de mesures électrostatiques.

Mesure des différences de potentiels. — Toutes ces machines sont appelées *électrostatiques*, par comparaison avec d'autres machines électriques, que nous verrons plus tard, dans lesquelles entre plus spécialement en jeu l'électricité *dynamique* et qui sont appelées *dynamos*. Les premières sont caractérisées par des différences de potentiels qui peuvent devenir extrêmement considérables, et c'est justement ce fait qui les rend impropres aux applications industrielles importantes. Le produit EI des deux facteurs (différence de potentiels et débit), produit que nous avons appelé *puissance électrique*, présente ses deux termes par trop disproportionnés : tandis que les différences de potentiels de ces machines deviennent comparables à celles que présente la foudre, par contre, le courant ou débit, la quantité d'électricité mise en jeu est infime et ne constitue qu'un filet absolument inappréciable à côté des torrents d'électricité qui parcourent les câbles des grandes usines modernes. Aussi ne faut-il pas s'étonner que les mesures électrostatiques n'aient à peu près rien de commun avec les mesures électriques industrielles. Passons rapidement en revue quelques-uns de ces appareils.

Dans l'*électroscope à feuilles d'or*, l'écartement des deux feuilles, chargées d'une électricité de même signe, permet de comparer qualitativement et même jusqu'à un certain point, quantitativement, les charges entre elles. Un électroscope de ce genre, surmonté d'un cylindre de Faraday communiquant avec les feuilles d'or, cylindre qui jouit de la propriété commune à tous les conducteurs creux, constitue déjà un remarquable instrument de recherches électrostatiques.

1° Électromètre absolu de sir William Thomson.

L'électromètre absolu de Sir William Thomson permet de mesurer une différence de potentiels. Soit un condensateur plan dont les armatures A A' sont mises en communication avec des sources aux potentiels V V'. La densité superficielle à la surface de l'un des plateaux est, par unité de surface :

$$\sigma = \frac{V - V'}{4\pi k e}.$$

La tension électrostatique ou traction mécanique exercée par l'électricité incorporée à l'un des plateaux, laquelle a tendance à tirer A' vers A est égale à $2\pi k \sigma^2$; elle devient :

$$\tau = \frac{1}{8\pi k}\left(\frac{V - V'}{e}\right)^2.$$

Dans le plateau A', une partie seule B est mobile et le disque ainsi obtenu, restant au même potentiel que le plateau, est suspendu à un ressort ou au fléau d'une balance, permettant d'équilibrer l'attraction qui s'exerce entre les deux plateaux ; la force antagoniste résistant à cette attraction sera :

$$F = S_\tau = \frac{S}{8\pi k}\left(\frac{V - V'}{e}\right)^2,$$

expression d'où l'on tirera facilement $V - V'$. On voit que le disque B se trouve ainsi entouré d'un anneau, que l'on appelle l'*anneau de garde*, dont la

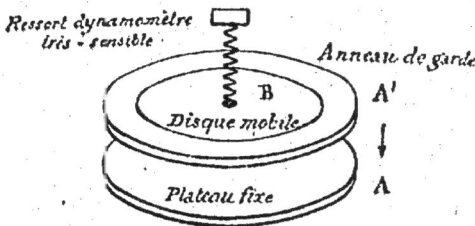

Électromètre à anneau de garde.

présence est nécessaire, pour rendre le champ uniforme et la densité σ rigoureusement constante dans la région de l'espace où doit s'appliquer la formule.

2° Électromètre à quadrants de sir William Thomson.

L'électromètre à quadrants permet d'obtenir des différences de potentiels, lorsque l'instrument a été préalablement gradué par comparaison avec un appareil absolu. Une aiguille très légère en aluminium, ayant la forme d'un double secteur à angles opposés par le sommet, est suspendue par un fil d'argent mince, dans le creux formé par 4 boîtes en forme de quadrants, communiquant respectivement, 1 avec 4 et 2 avec 3. On peut charger séparément et à des potentiels différents (1) : 1° l'aiguille ; 2° les deux paires de quadrants séparés ; il en résultera une déviation dans un certain sens et la torsion du fil équilibrera l'attraction produite. Comme il n'est pas possible de calculer exactement cette déviation en fonction des potentiels qui entrent en jeu, voici seulement une explication à ce sujet (2). Prenons deux conducteurs identiques, A et A', aux potentiels V et V'. On aura pour leurs charges :

$$Q = CV,$$
$$Q' = CV'.$$

(1) On se sert, pour effectuer ces charges, d'éléments de pile de force électromotrice connue et constante à circuit ouvert, dont un point du circuit est à la terre.
(2) Cette explication est donnée par M. Cornu dans ses leçons à l'École polytechnique.

Plaçons un très petit conducteur entre A et A', à égale distance de ces deux conducteurs, et chargé de la quantité q d'électricité. Si l'on suppose que r ne change pas sensiblement, on aura :

$$F = k \frac{q\,Q}{r^2},$$

$$F' = k \frac{q\,Q'}{r^2};$$

et pour la résultante :

$$F - F' = k \frac{q}{r^2}(Q - Q').$$

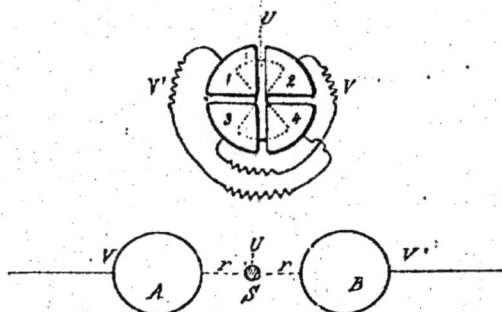

Électromètre à quadrants de sir William Thomson.

Enfin, si U est le potentiel du petit corps intermédiaire, et c sa capacité,

$$F - F' = \frac{C c}{r^2} U (V - V').$$

L'action est donc proportionnelle au potentiel du corps mobile, et à la différence des potentiels des deux paires de quadrants ; $\frac{Cc}{r^2}$ est déterminé par l'expérience. Quant aux déviations, qui doivent toujours être très faibles, leur lecture est facilitée par la méthode stroboscopique, en employant comme aiguille indicatrice un rayon lumineux réfléchi sur un miroir mobile, fixé au fil de torsion qui supporte l'aiguille.

Pour avoir le potentiel d'un conducteur, il suffit de mettre un de ses points en communication avec l'aiguille ; pour avoir le potentiel d'un point du champ il suffit d'utiliser le pouvoir des pointes et de placer en ce point une aiguille très aiguë, ou mieux un tube qui laisse écouler des particules liquides conductrices, ou même une flamme qui se termine en pointe.

Électricité atmosphérique.

C'est au moyen de l'électromètre que l'on a pu étudier la distribution du potentiel dans l'atmosphère terrestre. On a constaté que le potentiel en un point quelconque de l'*air extérieur*, par un temps calme, est toujours *positif* e que sa valeur augmente avec la hauteur au-dessus du sol, parfois d'une façon extrêmement rapide; enfin, que ce potentiel varie à certains moments en un même point et d'une manière très brusque d'un instant à l'autre.

Quant au sol, tout se passe comme s'il était électrisé *négativement*, mais nous ne savons rien sur la situation des masses électriques agissantes; l'atmosphère forme le diélectrique d'un condensateur dont l'une des armatures est la Terre et l'autre les hautes régions de l'atmosphère, mais nous ne pouvons distinguer le collecteur du condensateur proprement dit. L'étude de ces questions est d'ailleurs bien loin d'être complète; nous pouvons ajouter à l'origine encore ignorée de l'*électricité atmosphérique*, la cause des *aurores boréales*, phénomène électrique analogue à celui des *lueurs* bien connues des tubes de Geissler et dont la théorie repose encore sur de simples hypothèses. De même, nous ne savons pas grand'chose au sujet des courants dits *telluriques*, qui viennent fort souvent, comme nous le verrons, troubler les communications télégraphiques et téléphoniques; le potentiel de la Terre a été pris pour une constante que l'on a arbitrairement égalée à zéro, mais ce potentiel se trouve variable, en réalité, aux divers points de la surface du sol et les forces électromotrices qui en résultent donnent naissance à des courants parfois assez intenses.

Les *orages* sont encore, comme l'a démontré *Franklin*, des phénomènes électriques, dans lesquels la Terre et les nuages se comportent comme des conducteurs chargés d'électricités de signes contraires. L'étincelle qui jaillit entre ces divers conducteurs s'appelle l'*éclair* entre les nuages, la *foudre* entre les nuages et le sol; le bruit caractéristique qui l'accompagne est le *tonnerre*.

On sait que Franklin a proposé de mettre le sol à l'abri des effets redoutables de la foudre, effets qui sont ceux d'une décharge électrique très puissante, au moyen de pointes appelées *paratonnerres* (1). Chacune de ces pointes, constituée par un conducteur très élevé communiquant avec le sol, est influencée par le nuage qui passe au-dessus de lui et laisse échapper, jusqu'à neutralisation, une électricité de signe contraire venant du sol; si cet écoulement se trouvait insuffisant pour empêcher la foudre, celle-ci prendrait, croit-on, le chemin le plus conducteur pour se perdre à la terre; la pointe aurait ainsi protégé le sol dans un certain rayon.

Malheureusement, la foudre présente encore des bizarreries, telles le *choc en retour*, les *décharges latérales*, les *éclairs en boules*, qui empêchent d'attribuer une sécurité absolue aux paratonnerres à pointe. Il semble que pour préserver une enceinte de la foudre, il faudrait constituer sa surface par un conducteur fermé analogue à la cage de Faraday. On a vu, en effet, qu'il n'y a jamais trace d'électrisation à l'intérieur de cette cage, quel que soit le potentiel auquel elle est portée, condition d'entière sécurité. Aussi les paratonnerres modernes sont-ils constitués de préférence par un véritable réseau métallique enveloppant l'espace à protéger, ce réseau étant garni de pointes très nombreuses et communiquant avec le sol.

---

(1) Le mot *paratonnerre* est mal choisi : les divers appareils en question devraient plutôt se nommer *parafoudres*.

CHAPITRE III

MAGNÉTISME

Généralités sur les phénomènes magnétiques. — Champ terrestre.

La propriété que possède l'*oxyde magnétique de fer* $Fe^3 O^4$, appelé *magnétite*, d'attirer le fer plus ou moins pur, propriété connue de toute antiquité, est l'origine des phénomènes *magnétiques*, ainsi nommés du mot grec μαγνης, pierre d'aimant. Cette propriété peut être communiquée d'une manière permanente à des barreaux d'acier trempé ou temporairement à des barreaux de fer ou d'acier extradoux, qui deviennent à leur tour des *aimants*; l'espace théoriquement indéfini soumis à leur action est un *champ magnétique*.

L'aiguille aimantée nommée *boussole*, découverte par les Chinois à une époque très reculée et seulement connue en Europe aux environs du XII⁰ siècle, nous montre qu'il y a *deux sortes de magnétisme* toujours réunis, d'ailleurs, sur un même aimant. On sait que l'une des extrémités N de l'aiguille aimantée se dirige toujours vers le Nord, à un angle près nommé *déclinaison;* l'autre extrémité S toujours vers le Sud ; or, si l'on compare deux barreaux aimantés NS, N'S', on constate par l'expérience que les extrémités NN' de même nom se repoussent, que les extrémités NS' de noms contraires s'attirent. On peut donc assimiler dans l'action sur la boussole, la terre à un aimant dont l'axe est sensiblement dirigé Nord-Sud et tel que puisse se produire l'action constatée sur l'aiguille aimantée. Cette action est purement *directrice :* l'aiguille est simplement orientée à peu près suivant le méridien ; il faut en conclure que cette action se réduit à un couple, que l'attraction sur l'une des extrémités est égale à la répulsion sur l'autre, c'est-à-dire que les quantités de magnétisme apparentes sur les deux pointes sont égales et de signes contraires, enfin que le *champ magnétique terrestre* est uniforme. Les deux points d'application des forces du couple terrestre sur un barreau se nomment le *pôle Nord* N et le *pôle Sud* S du barreau.

Lois de Coulomb. — Circuit magnétique.

Coulomb a opéré, comme en électricité, au moyen de sa balance de torsion, en se servant d'aiguilles aimantées suffisamment longues, pour rendre négligeable l'action perturbatrice des pôles non considérés dans son expérience. Il a constaté que la force *f* qui s'exerce entre deux pôles magnétiques est, à un facteur près, qui reste constant dans un même milieu, proportionnelle au produit des quantités de magnétisme et inversement proportionnelle au carré de leur distance, que cette action soit attractive ou répulsive. Ce résultat peut s'écrire :

$$f = k' \frac{mm'}{r^3}.$$

Cette relation mathématique étant absolument identique à celle que nous avons déjà vue pour l'électricité, les mêmes déductions devront en résulter. Ainsi le champ magnétique sera caractérisé en chacun de ses points par une valeur du *potentiel magnétique*, travail nécessaire pour transporter l'unité de quantité de magnétisme positif depuis l'infini jusqu'au point considéré.

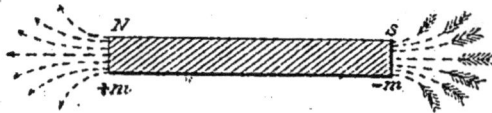

Barreau aimanté.

Le champ magnétique sera représenté par ses *surfaces équipotentielles*, ou mieux encore par ses *lignes de force magnétique*. C'est même là le moyen le plus commode de représenter le champ magnétique, car les lignes de force peuvent facilement être matérialisées, en quelque sorte, par l'expé-

rience bien connue des *fantômes magnétiques* formés par projection de limaille de fer sur une feuille de papier recouvrant
un aimant.

Faraday, qui donnait à ces lignes de force une sorte de *réalité objective*, se les représentait comme des *fils élastiques*
occupant tout l'espace, aussi bien l'air ou les divers milieux
que le corps magnétique lui-même et se fermant de façon à
donner des *flux de force* et des *tubes de force*, véritables cir-

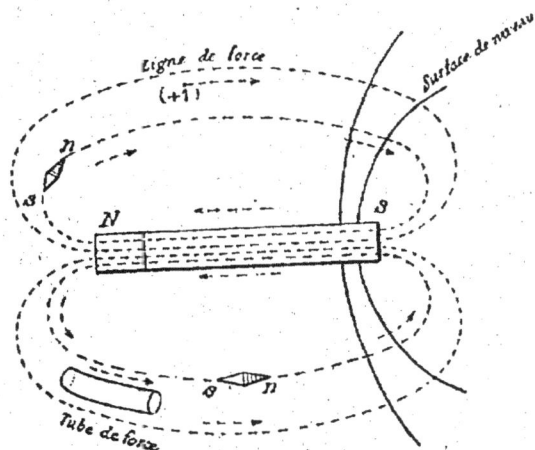

Circuit magnétique d'un barreau aimanté.

cuits magnétiques ayant quelque analogie avec les circuits
électriques ; il disait que les lignes de force ont *tendance à se
raccourcir* et que deux lignes de force parallèles et de même
sens se repoussent, d'où leur forme incurvée dans un même
milieu.

Tout ce qui a été dit dans le chapitre d'introduction sur le
flux de force et les tubes de force subsiste pour le magnétisme
comme pour l'électricité : par exemple, dans un tube de force
magnétique, le flux se conserve à travers toute section, comme
conséquence du théorème de Green.

Exploration du champ magnétique.

Un champ magnétique peut être exploré, à l'extérieur du
barreau aimanté qui lui donne naissance, au moyen d'une
petite aiguille aimantée; en chaque point du champ, les caractéristiques sont la direction, le sens et la grandeur de la force

magnétique. La *direction* est donnée par l'axe de la petite
aiguille, ou par la tangente aux lignes dessinées par la limaille
de fer dans le spectre magnétique. Le *sens* est celui dans
lequel se déplacerait un pôle Nord unique abandonné dans le
champ ; ce pôle Nord unique est d'ailleurs une conception
purement théorique, puisqu'il est impossible de séparer un
pôle Nord et de le rendre complètement indépendant du pôle
Sud correspondant. A l'extérieur de l'aimant, ce pôle Nord
irait de N vers S ; le sens de cette action est aussi celui du
champ à l'extérieur. Si l'on envisage chaque ligne de force
comme formant un circuit fermé, le sens sera du pôle Sud au
pôle Nord à l'intérieur de l'aimant. Enfin, la *grandeur* de la
force magnétique se mesure par le nombre de dynes exercées
sur l'unité de pôle et ce nombre sert de mesure à l'intensité $\mathcal{H}$
du champ au point considéré ; pratiquement, on démontre
que cette force magnétique est fonction du nombre d'oscillations de la petite aiguille dans l'unité de temps (1).

---

(1) Proposons-nous, à titre d'exemple, de représenter le champ magnétique pro-

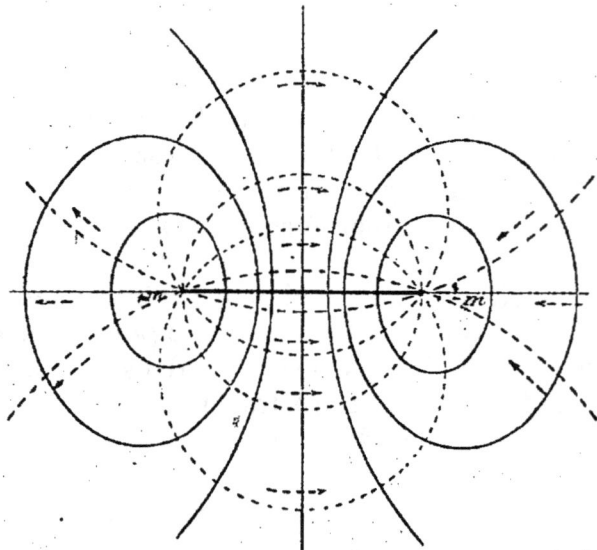

Les lignes de force sont en pointillé
Les surfaces de niveau en traits pleins

duit par un aimant filiforme, où les masses magnétiques égales et de signes contraires

Si l'on passe à l'intérieur de l'aimant, on ne peut pas dire grand'chose sur la distribution des masses magnétiques. On n'a guère pour se renseigner que l'expérience des *aimants brisés*, expérience classique : on sait en effet qu'une aiguille aimantée brisée, fournit d'autres aiguilles aimantées plus

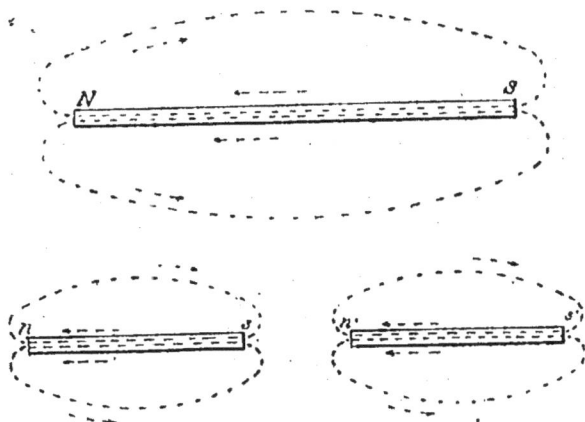

Expérience des aimants brisés.

petites, où de nouveaux pôles prennent naissance. Il est naturel d'admettre que les quantités de magnétisme qui apparaissent dans cette expérience, existaient avant la rupture de l'aimant, de sorte que le magnétisme devra être considéré, dans toutes les hypothèses, comme un phénomène affectant chaque particule individuellement : le magnétisme est *moléculaire*.

Champ magnétique intérieur au barreau. — Distribution solénoïdale. — Distribution lamellaire.

Le barreau aimanté occupe une certaine portion de l'espace, où nous ne

sont concentrées aux pôles. Joignons cette ligne des pôles : le potentiel en un point où se trouvera située l'unité de magnétisme sera $V = k' \Sigma \frac{m}{r}$. Dans le cas actuel, on aura :

$$V = k' \left(\frac{m}{r} - \frac{m}{r'} \right) = k' m \left[\frac{1}{r} - \frac{1}{r'} \right].$$

Cette équation définit en coordonnées bipolaires, si l'on suppose $V =$ constante, une surface de niveau qu'on pourra construire. Les surfaces de niveau sont en traits pleins sur la figure ci-contre ; les lignes de force, leurs trajectoires orthogonales, sont en traits pointillés.

4

pouvons introduire la masse magnétique d'épreuve égale à l'unité, pour étudier le champ produit. Or, en électricité statique, nous avons vu que les masses électriques étaient uniquement répandues à la surface du conducteur, et que le potentiel était constant à l'intérieur du corps; cette distribution tenait à la différence bien tranchée qui existait entre les bons et les mauvais conducteurs. L'électricité, libre de se mouvoir dans les conducteurs, obéissait aux répulsions intérieures définies par la loi de Coulomb et venait se rassembler à la surface, où elle était maintenue par le diélectrique. En magnétisme, au contraire, nous pouvons dire que tous les corps, même les plus magnétiques, sont mauvais conducteurs, de sorte que tous les points d'un même aimant ne sont pas forcément au même potentiel.

L'expérience des aimants brisés conduit à admettre une distribution simple dans deux cas extrêmes : *longue aiguille* mince et *plaque* de très faible épaisseur. Dans le premier cas, on peut regarder l'aiguille comme formée d'aimants élémentaires mis bout à bout (+ m et — m), dont les masses intermédiaires se neutralisent deux à deux, les masses extrêmes restant seules agissantes sur une masse extérieure; c'est la distribution *en filet*, imaginée par Ampère : plusieurs de ces filets élémentaires, rangés parallèlement à l'axe du barreau, formeront une sorte de faisceau qui n'aura de magnétisme libre qu'à ses deux extrémités et constitueront un aimant. Si l est la longueur de l'aiguille, lm sera son moment magnétique $\mathfrak{M}$; si v est son volume, $\mathfrak{I} = \dfrac{lm}{v}$ sera son *intensité d'aimantation.*

D'autre part, si l'on considère une plaque aimantée sur ses deux faces N et S, on peut la regarder comme constituée par un grand nombre de petits aimants perpendiculaires aux faces, de section égale à l'unité, de moment $\mathfrak{M} = t\sigma$, t étant l'épaisseur de la plaque ou la longueur des petits aimants et σ la masse magnétique par unité de surface ou densité magnétique. On a là ce qu'on appelle un *feuillet magnétique* de puissance $t\sigma$. Un barreau aimanté sera constitué par des feuillets magnétiques superposés. Ces deux modes de distribution sont appelés *distribution solénoïdale* et *distribution lamellaire.*

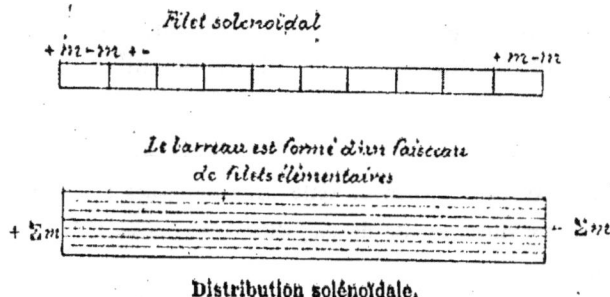

Distribution solénoïdale.

Bien qu'on ne sache pas ce qui se passe à l'intérieur d'un barreau aimanté, on peut admettre avec Faraday, que ces lignes de force, dont l'existence à l'extérieur du barreau a été démontrée par le spectre magnétique, existent de même à l'intérieur de l'aimant : elles se ferment ainsi, pour constituer le circuit magnétique analogue au circuit électrique. Seulement, pour l'électricité, l'air était un isolant et le circuit ne pouvait se fermer que par des conducteurs, tandis que pour le magnétisme l'air est une substance magnétique comparable à celle

Feuillet magnétique

Le barreau est formé d'une pile de feuillets élémentaires

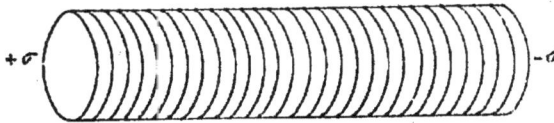

Distribution lamellaire.

qui constitue le barreau, de sorte que le circuit est toujours fermé, soit par des corps magnétiques, soit par l'air. On verra d'ailleurs que ces lignes de force intérieures existent bien réellement : on a pu en effet, au moyen de l'électro-magnétisme, constituer des aimants sans fer, dans lesquels on peut étudier le champ par la méthode ordinaire de la masse d'épreuve.

Flux démagnétisant. — Forme des aimants.
Circuits magnétiques fermés.

On sait que la section d'un barreau aimanté est traversée par un certain flux de force, dirigé dans l'intérieur du bar-reau, du pôle Sud au pôle Nord. Or la masse magnétique N émet dans toutes les directions un flux de force, dont une partie traverse l'aimant de N vers S, en sens contraire du flux S N. Ce flux tendant à détruire celui qui constitue l'aimant lui-même, se nomme *flux de force démagnétisant.* On cherche à le rendre le plus petit possible, en prenant des barreaux très longs, et en constituant, comme on va le voir, un circuit fermé ou presque fermé. Dans un tel système, le flux déma-gnétisant devient nul, puisqu'il n'y a plus de pôles libres.

On donne de ce fait aux aimants, certaines formes destinées à conserver l'aimantation : une des plus fréquentes est la forme en *fer à cheval;* le rapprochement des pôles nous montre, sur la figure, que les lignes de force se sont resserrées entre les extrémités du barreau et qu'elles se dispersent d'autant moins

que les pôles sont plus rapprochés ; quand ils viennent se
rejoindre, ne laissant entre eux qu'un *entrefer* très court,
presque tout le flux passe directement de l'un à l'autre sans
s'épanouir. Quand, enfin, ils sont au contact, toutes les lignes
de force ont disparu à l'extérieur : elles ne subsistent plus qu'à
l'intérieur, où elles se ferment sur elles-mêmes. C'est un circuit

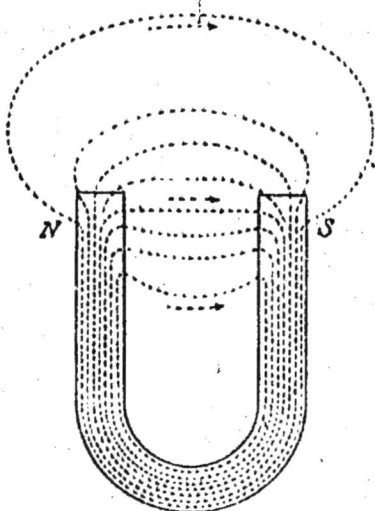

Aimant en fer à cheval.

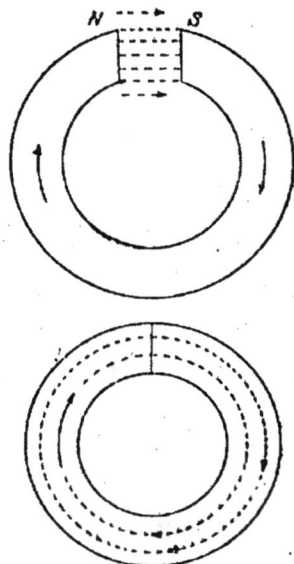

Circuits magnétiques presque
fermés et entièrement fermés.

magnétique fermé : il constitue un aimant sans pôles et reste
sans action sur la limaille de fer ; mais il suffira de le rompre
pour voir apparaître aux coupures les lignes de force brisées.

La considération des circuits magnétiques fermés a une
grande importance dans l'étude des machines électriques
industrielles.

Aimantation par influence. — Perméabilité magnétique.

En magnétisme comme en électricité, les premiers phénomènes observés ont été des attractions : la limaille de fer est
attirée par les pôles magnétiques, parce que ses particules se
sont aimantées par induction, de même que les corps légers
sont attirés par l'ambre ou la cire, à cause de leur électrisation
par influence.

Si donc, dans un champ magnétique, on plonge par exemple un morceau de fer doux, c'est-à-dire un fer très pur, chauffé à la température du recuit et refroidi lentement, on constate qu'il devient lui-même un véritable aimant : ce phénomène constitue ce qu'on appelle l'*ai-mantation par influence*.

Faraday a montré expérimentalement que beaucoup d'autres corps que le fer doux étaient sensibles à l'aimant, mais tous à un degré bien moindre. Les *dérivés du fer*, les *fontes* et les

Aimantation par influence.

aciers, ainsi que le *nickel* et le *cobalt*, s'orientent comme le fer dans le sens des lignes de force du champ : ce sont les corps magnétiques ; d'autres, comme le *bismuth*, se placent en travers des lignes de force : ce sont les *diamagnétiques*. Il est plus que probable que tous les corps pourraient être rangés dans l'une ou l'autre de ces classes, à condition de pouvoir les plonger dans des champs magnétiques suffisamment intenses. Cette classification n'est, du reste, vraie que dans l'air, le milieu interposé jouant en magnétisme le même rôle qu'en électricité.

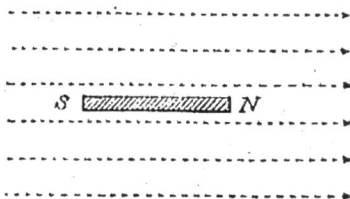

L'aimantation prise par le fer doux plongé dans un champ magnétique est *temporaire*, comme l'électrisation d'un conducteur placé dans un champ électrique ; elle disparaît, au moins en grande partie, lorsqu'on supprime le champ qui lui a donné naissance. L'aimantation plus ou moins intense qui subsiste alors s'appelle l'*aimantation résiduelle ou remanente*.

On a vu que, dans un aimant, les lignes de force qui passent toutes à l'intérieur, où elles sont très nombreuses et resserrées, s'épanouissent au contraire dans l'espace extérieur en s'écartant les unes des autres. Or un corps magnétique, soumis à l'influence d'un champ, devient un véritable aimant : il est donc à prévoir que les lignes de force seront venues se concentrer en grand nombre dans son intérieur. Si l'on admet la continuité des lignes de force au travers de l'aimant, on peut montrer qu'elles s'y sont effectivement resserrées, en prenant le spectre magnétique de l'ensemble du champ ; à l'extérieur des corps magnétiques, on voit les « fils élastiques » de Faraday se déformer graduellement et converger en s'efforçant, pour ainsi dire, de passer dans le corps magnétique ; elles en ressortent d'une façon plus ou moins symétrique en divergeant de nouveau.

Les lignes de force paraissent, en quelque sorte, *se réfracter*, en passant d'un milieu dans un autre. Cette tendance générale des lignes de force à passer au travers des milieux magnétiques est mise en évidence dans les figures de la page ci-contre, qui représentent :

1º Une sphère de fer doux plongée dans un champ uniforme ;

2º Un barreau de fer doux plongé parallèlement aux lignes de force d'un champ primitivement uniforme ;

3º Une masse de fer doux plongée dans le champ magnétique d'un aimant permanent ;

4º L'orientation des corps dans les champs magnétiques, lorsque ces corps sont libres de se mouvoir ; les corps magnétiques s'orientent parallèlement aux lignes de force, les corps diamagnétiques s'orientent en croix avec ces lignes de force.

On voit donc que tout se passe comme si le fer doux était un corps plus *perméable* aux lignes de force que le milieu environnant. Soit un champ uniforme d'intensité $\mathcal{H}$; si ce champ n'était pas uniforme, supposons-nous placés assez loin des masses agissantes, pour que le champ puisse être considéré comme tel et plongeons dans ce champ un corps magnétique, ayant la forme d'un cylindre, de longueur l et de section S ; ce cylindre s'aimante et se dispose parallèlement aux lignes de force. Le flux de force traversant l'unité de section du cylindre influencé, s'appelle l'*induction magnétique* au point considéré ; on la représente par $\mathcal{B}$. Le produit $\mathcal{B}$S sera l'induction totale ou *flux de force total* ; on le représente par Φ.

Avant l'introduction du cylindre dans le champ uniforme, le flux de force correspondant à la surface S était $\mathcal{H}$S ; par suite de l'influence du champ, ce flux de force compris dans le tube de force constitué par le cylindre est devenu $\mathcal{B}$S. Le rapport de ces deux flux de force, avant et après l'introduction du corps magnétique dans le champ, est un coefficient auquel sir William Thomson a donné le nom de *perméabilité magnétique* ; il se représente par μ et l'on a

$$\mu = \frac{\mathcal{B}}{\mathcal{H}} \quad \text{et} \quad \Phi = \mathcal{B}S = \mu \mathcal{H}S.$$

1° Sphère de fer doux dans un champ
uniforme.

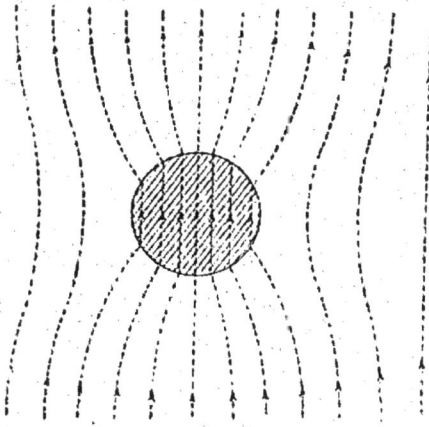

2° Barreau de fer doux dans un champ
uniforme.

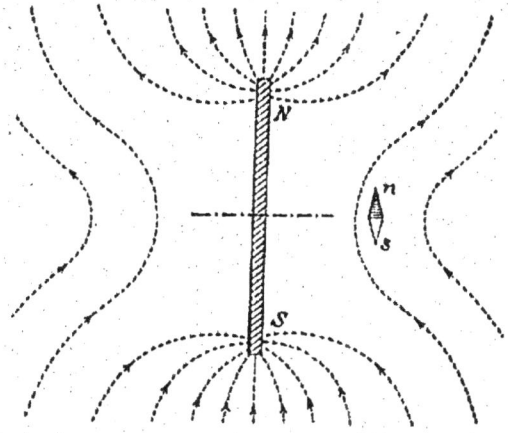

*Démontre qu'à l'intérieur de la sphère la force ma-
gnétique est constante et dirigée comme le champ primitif. Les lignes de force y sont seulement plus resserrées eu égard à la perméabilité du corps.*

*Chacune des lignes de force qui pénètre dans le barreau
y chemine pour aller ressortir au point symétrique
par rapport au plan transversal central.*

3ª Masse de fer doux dans le champ d'un aimant.

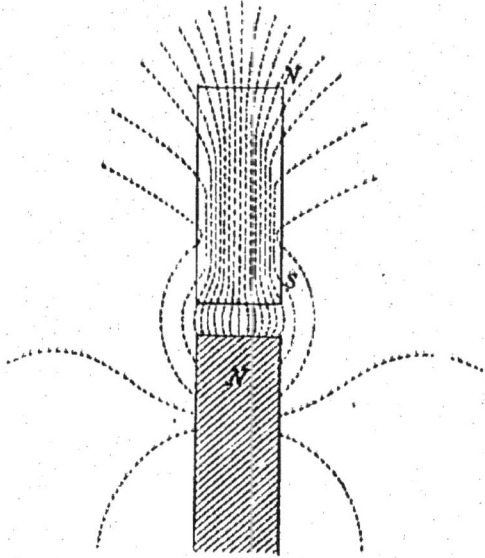

4° Orientation dans un champ, des corps
magnétiques et diamagnétiques.

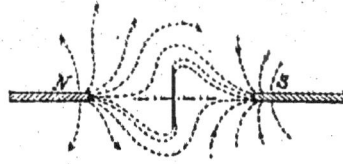

*1° Corps magnétique en forme de barreau
plongé dans un champ. Il s'oriente parallèlement aux lignes de force.*

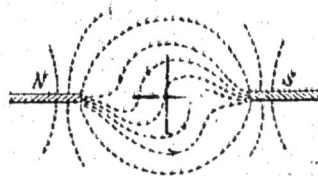

*2° Corps diamagnétique (bismuth) en forme
de barreau, plongé dans un champ. Il
s'oriente en croix avec les lignes de force.*

Le coefficient μ est un coefficient numérique, plus grand que 1 pour les corps magnétiques et plus petit que 1 pour les diamagnétiques ; mais nous verrons qu'il n'est pas constant pour un même corps, quand on fait varier l'intensité du champ inducteur. L'étude de ce coefficient a la plus grande importance pour la théorie des dynamos.

Magnétisme terrestre.

Les multiples applications de l'aiguille aimantée nous font un devoir de dire un mot du magnétisme terrestre. On a vu que la Terre peut être considérée, au point de vue de ses actions magnétiques, comme un vaste aimant dont le pôle nord serait dans l'hémisphère austral et l'on sait que son action sur l'aiguille aimantée (boussole) se réduit à un couple. Ce champ magnétique, variable d'intensité et de direction avec les divers points du globe, peut être considéré comme uniforme en un même lieu (1), où il est défini : 1° par le

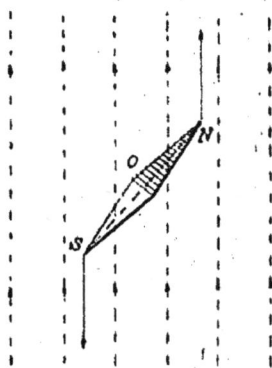

Action sur l'aiguille aimantée
du champ magnétique terrestre.

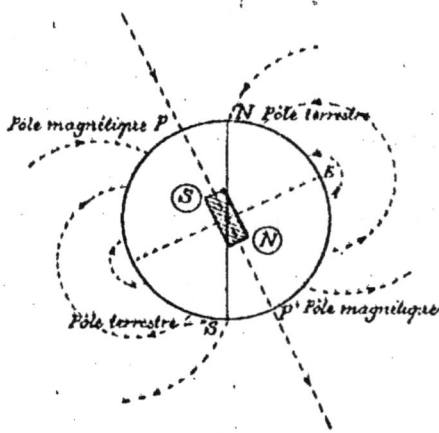

Champ magnétique terrestre. —

méridien magnétique : c'est le plan vertical passant par une aiguille aimantée suspendue librement par son centre de gravité; 2° par la déclinaison : c'est l'angle des méridiens magnétique et terrestre; 3° par l'inclinaison : c'est l'angle de l'aiguille aimantée avec l'horizon, dans le méridien magnétique, les lignes de force étant plongeantes ; 4° enfin par son intensité, qui se décompose en intensité horizontale et intensité verticale : l'intensité horizontale est seule utilisée dans la boussole marine.

---

(1) Ce champ peut être considéré comme uniforme dans une région fort étendue ; la déclinaison ne variera que de quelques minutes sur le territoire d'un arrondissement français, si l'on ne tient pas compte des déviations locales bien connues des topographes : voisinage des voies ferrées, des usines métallurgiques, etc.

Les éléments du magnétisme terrestre sont indiqués sur des cartes magnétiques, où les lignes *isogones* (d'égale déclinaison) ressemblent approximativement à des méridiens, les lignes *isoclines* à des parallèles. A l'équateur magnétique, l'inclinaison sera nulle; aux pôles magnétiques, l'aiguille aimantée se tiendra verticale. La figure ci-dessus représente grossièrement les lignes de force du champ magnétique terrestre dans un plan passant par l'axe de la Terre et l'axe des pôles magnétiques. On voit de suite que la déclinaison est à gauche ou à droite du nord vrai, suivant que l'on est en dessous ou en dessus du tableau.

Les éléments du magnétisme terrestre subissent en outre des variations avec le temps : les unes paraissent liées à la rotation de la Terre, de la Lune ; ce sont les variations *diurnes.* D'autres sont des variations à très longues périodes et constituent les variations *séculaires ;* l'axe magnétique semble tourner suivant un cône de 15° d'ouverture environ, autour de l'axe terrestre, en une période de 730 ans : c'est ainsi qu'à Paris la déclinaison, d'abord à l'est, diminua jusqu'en 1666, où elle devint nulle, puis passa à l'ouest et augmenta jusqu'en 1814, où elle était voisine de 22°; elle rétrograde depuis cette époque : sa valeur actuelle est de 14°55′. Enfin, des variations *accidentelles* ou orages magnétiques se produisent simultanément sur une grande partie de la surface du globe et coïncident avec l'apparition d'*aurores boréales* et de grandes perturbations, telles que les tremblements de terre.

CHAPITRE IV

ÉLECTROMAGNÉTISME

Champ galvanique.

Œrsted signala en 1820 qu'un courant a une action sur une aiguille aimantée : le courant électrique produit un *champ galvanique*, lequel, d'après l'expression d'Œrsted, « entre en con-

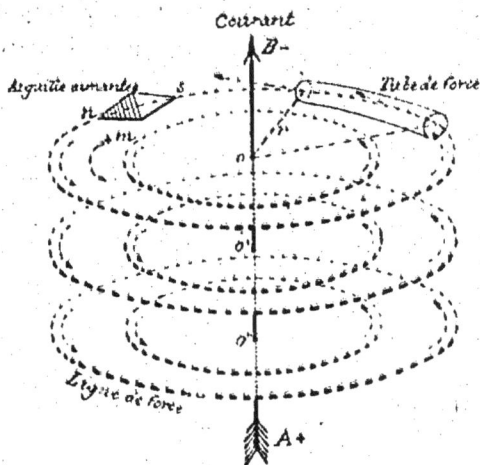

Champ galvanique.

flit » avec le champ magnétique de l'aiguille aimantée. Ampère a fait l'étude de ces champs galvaniques et montré qu'ils sont identiques à des champs magnétiques.

En plongeant un fil, parcouru par un courant, dans de la

limaille de fer, on constate qu'elle s'accroche au fil et tombe
quand le courant est interrompu. En saupoudrant de limaille
de fer une feuille de carton traversée par un fil conducteur, la
limaille de fer se dispose suivant des cercles concentriques qui
représentent les lignes de force du champ.

Représentons le courant par une droite indéfinie verticale
coupant en O un plan horizontal : le sens du courant étant
celui de la flèche, les lignes de force dans le plan horizontal
seront représentées par des *cercles concentriques*, dont les centres sont en O ; on aurait, évidemment, la même disposition
dans des plans horizontaux quelconques : toutes les lignes de
force sont donc des cercles, dont les centres sont sur l'axe du
courant ; les surfaces de niveau sont, par suite, des *plans* passant par l'axe (1).

Sens du champ galvanique. — Feuillet magnétique.

Le sens de ces lignes de force se détermine au moyen d'une
petite aiguille aimantée libre d'osciller dans le champ ; elle se
place parallèlement aux lignes de force, c'est-à-dire *en croix*
avec le courant, et son pôle Nord, s'il était isolé, tendrait à
tourner suivant la flèche pointillée. Parmi les diverses règles

---

(1) Cette disposition des lignes de force en cercles concentriques suppose, bien
entendu, qu'il n'y a qu'un seul champ occupant l'espace, savoir le champ produit
par le courant. Si, en effet, un courant est introduit dans un champ préexistant, les
deux champs se modifient mutuellement et la force magnétique en chaque point, ou
l'intensité du champ, est la résultante du champ primitif et du champ du courant.

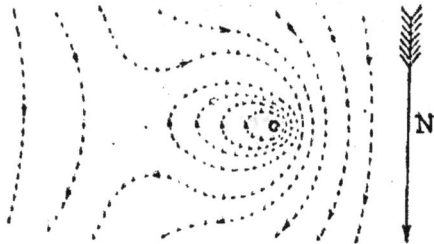

Déformation d'un champ uniforme au voisinage d'un courant.

La figure ci-dessus donne comme exemple l'allure des lignes de force d'un champ primitivement uniforme (flèche N), déformé par la présence d'un courant rectiligne indéfini perpendiculaire au plan du tableau et dirigé d'avant en arrière.

mnémoniques donnant les sens respectifs du courant et des lignes de force magnétique qu'il produit, nous en citerons deux seulement :

1° *Règle du bonhomme d'Ampère.* — Un observateur placé le long du courant de façon que ce dernier lui entre par les

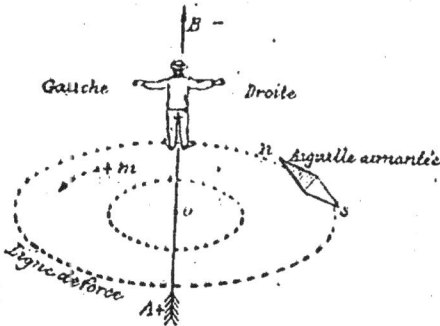

Règle du bonhomme d'Ampère.

pieds et lui sorte par la tête, verrait un pôle Nord tourner *de sa droite à sa gauche;* c'est le sens des lignes de force du champ créé par le courant.

2° *Règle du tire-bouchon de Maxwell.* — Le sens du courant et le sens de rotation d'un pôle Nord sont donnés respectivement par les sens de translation et de rotation d'un tire-bouchon, l'axe du tire-bouchon représentant le courant.

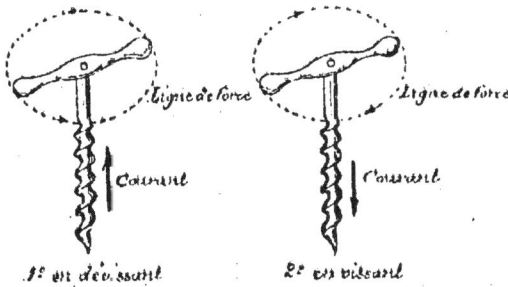

Règle du tire-bouchon de Maxwell.

Ces deux règles sont réciproques et s'appliquent facilement au cas d'un courant circulaire, au lieu d'un courant rectiligne, c'est-à-dire que, si l'on connaît le sens des lignes de force, on peut déterminer le sens du courant. Le bonhomme d'Ampère, allongé suivant une ligne de force, de façon que celle-ci entre par ses pieds et sorte par sa tête, verra le courant passer de sa droite à sa gauche; l'axe du tire-bouchon de Maxwell, représentant la ligne de force au lieu de représenter le courant, ce tire-bouchon indiquera par la rotation de sa poignée, le sens du courant donnant naissance à la ligne de force.

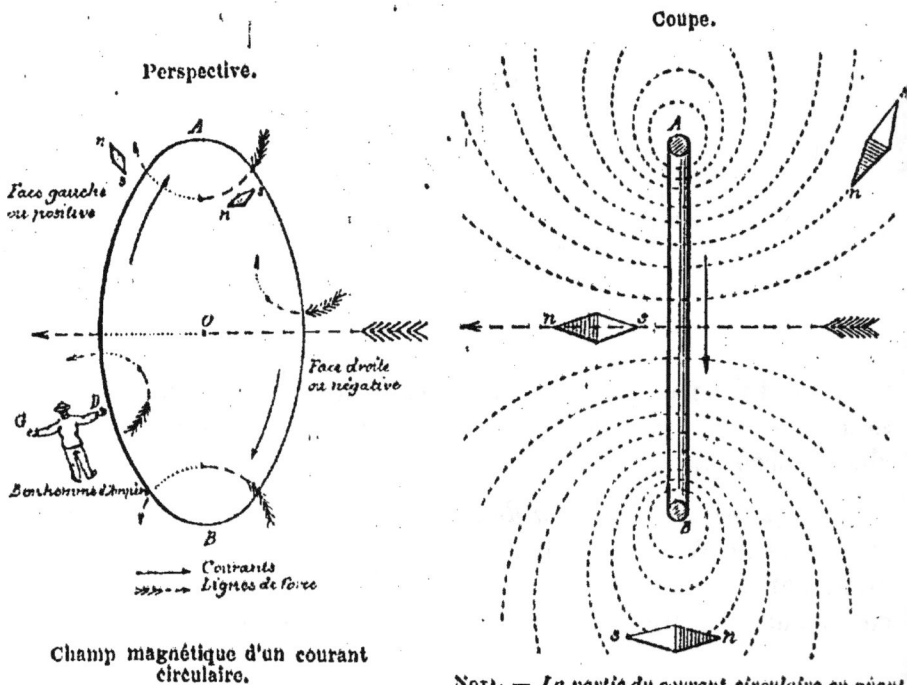

Perspective.

Face gauche ou positive

O

Face droite ou négative

Bonhomme d'Ampère

B

→ Courants
→ Lignes de force

Champ magnétique d'un courant circulaire.

Coupe.

A

B

NOTA. — *La partie du courant circulaire en avant tableau a été supposée enlevée dans la figure dessus.*

Un pareil courant électrique circulaire est ce qu'on nomme un *feuillet magnétique*, car Ampère a démontré qu'il est identique à un feuillet ou lame circulaire plane aimantée sur ses deux faces; on appelle *face droite* et *face gauche* de ce feuillet magnétique, la droite et la gauche du bonhomme d'Ampère placé dans le courant et regardant l'intérieur du circuit.

Les lignes de force du champ produit traversent le feuillet en allant de sa face droite vers sa face gauche. Par assimilation avec un aimant, un pôle Nord se manifeste à sa gauche, un pôle Sud à sa droite. De même, une masse magnétique

Nord prise comme masse d'épreuve se trouverait déviée à sa gauche, une masse magnétique Sud se trouverait déviée à sa droite ; donc, une aiguille aimantée placée vers le centre du courant circulaire se mettra en croix avec le courant, son pôle Nord à gauche. Cette action sur l'aiguille aimantée est, comme on le sait, le principe des *galvanomètres* (1).

Intensité du champ galvanique.

a) ACTION D'UN COURANT SUR UN POLE.

Il reste, pour définir le champ galvanique, à connaître en chaque point son intensité. L'étude expérimentale en a été faite par *Biot* et *Savart*, qui ont trouvé que *la force est constante en chaque point d'une même ligne de force circulaire*, et que *l'action d'un courant indéfini sur un pôle est proportionnelle à l'intensité du courant et en raison inverse de la distance au pôle.*

C'est cette expérience qui servit de point de départ à Laplace pour établir la loi élémentaire, c'est-à-dire l'action exercée par un élément de courant dl sur un pôle $(+m)$. Cette action est exprimée par la *formule de Laplace :*

$$df = k'' \frac{m\,\mathrm{I}\,dl}{r^2} \sin \alpha,$$

α étant l'angle formé par l'élément de courant dl avec la droite qui joint son milieu au pôle $(+m)$, k'' est une constante dont la valeur dépend du milieu au travers duquel s'exerce la force df. Cette force n'appartient pas à l'espèce des forces centrales, c'est-à-dire s'exerçant suivant la droite qui joint les centres des systèmes et possédant une intensité fonction de leur distance ; cette force

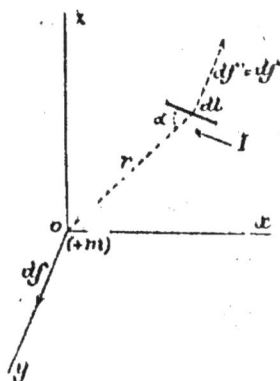

Action d'un courant sur un pôle.

(1) Nous avons vu que les lignes de force électrique du courant sont parallèles à l'axe et que les surfaces de niveau sont des plans perpendiculaires à cet axe; les lignes de force magnétique étant, au contraire, perpendiculaires à l'axe et les surfaces de niveau étant des plans passant par cet axe, les directions des deux champs électrique et magnétique produits par un même courant sont donc toujours à angle droit.

s'exerce, en effet, perpendiculairement au plan déterminé par le pôle et l'élément. Dans la figure, si (+ m) et dl sont dans le plan du tableau, le courant ayant le sens de la flèche, d_f sera perpendiculaire au tableau et dirigé vers l'observateur

Comme $k'\dfrac{m}{r^2}$ représente l'intensité du champ $\mathcal{H}$ produit par m à la distance r, on écrit souvent :

$$df = \frac{k''}{k'}\mathcal{H}\, \mathrm{I}\, dl \sin z.$$

Pour connaître la force exercée par un courant de dimensions finies, il suffit d'intégrer les actions élémentaires produites par tous les éléments du circuit total.

β) RÉACTION D'UN POLE SUR UN COURANT.

Puisqu'un courant agit sur un aimant, la loi générale de l'action et de la réaction donne à penser qu'un aimant doit agir sur un courant. C'est ce que vérifie l'expérience, et, comme on pouvait également le prévoir, la loi des actions est encore exprimée par la formule de Laplace ; on aura $df = df'$, mais la force sera appliquée au milieu de dl et dirigée derrière le tableau dans l'exemple de la figure précédente (1).

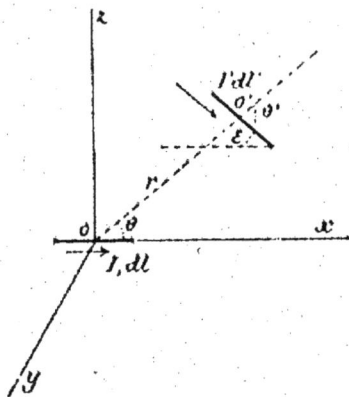

Action d'un courant sur un courant.

γ) ACTION D'UN COURANT SUR UN COURANT.

Il est naturel de penser que deux courants produisant chacun leur champ magnétique, doivent réagir l'un sur l'autre ; c'est, en effet, ce que permettent de constater les expé-

---

(1) Quant à la force exercée par un pôle sur un courant fermé, le principe de l'égalité de l'action et de la réaction nous permet encore de dire que cette force appliquée au circuit est égale et de direction opposée à la force appliquée au pôle et résultant de l'action du courant. On admet que cette force résulte de toutes les forces df' exercées séparément par le pôle sur chacun des éléments dl du circuit, ces forces élémentaires df' étant égales, parallèles et de sens contraires aux forces df.

riences classiques des courants parallèles, des courants croisés. La *formule d'Ampère* donne l'action d'un élément de courant I*dl* sur un autre élément I'*dl'*. Si θθ' désignent les angles de *dl dl'* avec la droite de longueur *r* qui joint leurs milieux, ε l'angle des éléments entre eux, l'attraction ou la répulsion qui s'exerce suivant la droite qui joint les milieux des deux éléments est :

$$df = k''' \frac{II'dl\,dl'}{r^2} [2\cos\varepsilon - 3\cos\theta\cos\theta'],$$

k''' est un coefficient dépendant du milieu. L'action d'un courant fermé sur un autre courant fermé s'obtiendra par une double intégration. Comme précédemment, l'action d'un circuit C₁ sur un autre C₂ sera égale et directement opposée à celle de C₂ sur C₁.

δ) Action d'un courant sur lui-même.

L'action qui s'exerce entre deux éléments de courants ne spécifie en rien si ces deux éléments font partie de circuits différents ou d'un même circuit; il est donc à prévoir que la formule d'Ampère représentera aussi l'action d'un élément de courant sur un autre élément d'un même circuit, en faisant I = I'. C'est en effet ce que confirme l'expérience.

Travail des forces électromagnétiques.

1° Travail produit par le déplacement élémentaire d'un élément de courant dans un champ magnétique.

α) Considérations sur le flux coupé. — β) Considérations sur l'angle solide.

On sait que, d'après l'expérience d'Œrsted, un courant a une action sur un pôle et que, réciproquement, un pôle a une action sur un courant. Soient en présence un pôle (+ *m*) et un élément *dl* parcouru par un courant d'intensité I; prenons pour plan du tableau le plan (*mdl*). La loi de Laplace donne l'action du pôle sur cet élément

$$df = k'' \frac{m\,I\,dl}{r^2}\sin\alpha,$$

5

et, puisque $\mathfrak{K} = k' \dfrac{m}{r^2}$,

$$df = \frac{k''}{k'} \mathfrak{K} \mathrm{I}\, dl \sin \alpha.$$

Nous verrons plus loin qu'on a choisi un système d'unités tel que $\dfrac{k''}{k'} = 1$, donc :

$$df = \mathfrak{K} \mathrm{I}\, dl \sin \alpha.$$

Une des règles mnémoniques connues nous donne le sens de cette force : par exemple, le bonhomme d'Ampère placé de façon que le courant lui entre par les pieds et sorte par sa tête, verra le pôle Nord chassé de sa droite à sa gauche, c'est-à-dire, dans la figure ci-dessous, vers l'arrière du tableau. Par réaction, si $(+ m)$ est fixe et dl mobile, l'élément sera chassé vers l'avant par le pôle ; la force df est donc dirigée vers l'avant du tableau.

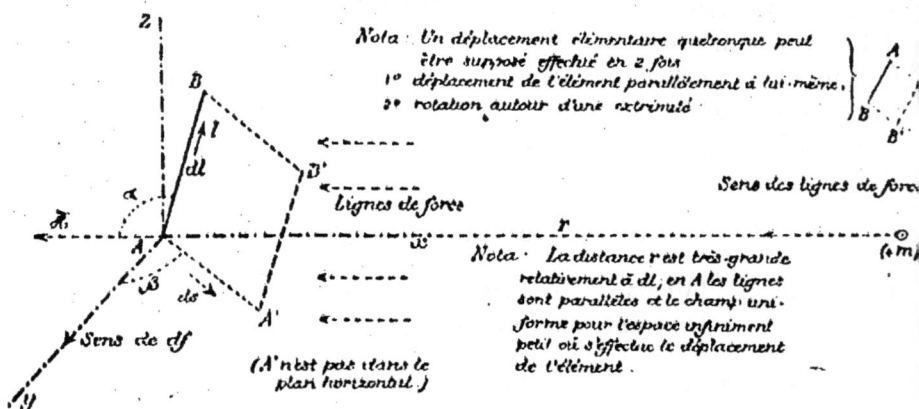

Déplacement élémentaire d'un élément de courant dans un champ magnétique.

Supposons que l'élément AB vienne en A'B' parallèlement à lui-même par suite d'un déplacement élémentaire ds, le travail accompli sera égal au produit de la force par la projection du déplacement sur la direction de cette force :

$$w = \mathrm{I} \times \mathfrak{K}\, dl \sin \alpha \times ds \cos \beta,$$
$$= \mathrm{I} \times (\text{volume du parallélipipède } \mathfrak{K}\, dl\, ds),$$

$$= I \times (\text{aire } dl\,ds) \times (\text{projection de } \mathcal{K} \text{ sur la normale à}$$
cette aire),
$$= I \times (\text{flux de force coupé par l'élément}).$$

Ce travail sera positif ou négatif suivant le signe de cos β, suivant que le déplacement aura lieu dans le sens de la force ou en sens contraire.

Il en serait de même (on le démontre d'une façon analogue), pour un déplacement élémentaire qui aurait fait tourner simplement l'élément autour du point A et, par suite, pour un déplacement quelconque, lequel peut toujours se décomposer en un déplacement parallèle suivi d'une rotation.

On peut mettre cette expression du travail sous une autre forme. En effet, si $d\Omega$ représente l'angle solide sous lequel on voit du pôle m l'aire décrite par l'élément de courant, on sait, d'après le théorème de Green, que $m\,d\Omega$ représente le flux qui traverse cette aire ; le travail peut donc s'écrire :

$$w = I m d\Omega.$$

On détermine le signe par les mêmes considérations que ci-dessus ; dans le cas actuel, c'est un travail positif.

2° Travail produit par le déplacement fini d'un circuit fermé dans un champ magnétique.

CONSIDÉRATIONS α) SUR LA VARIATION DU FLUX POSITIF,
β) SUR LA VARIATION POSITIVE DE L'ANGLE SOLIDE.

Si, au lieu d'un élément de courant se déplaçant infiniment peu, nous considérons un courant de longueur finie subissant un déplacement fini, il suffira, pour avoir le travail accompli, d'additionner les travaux élémentaires algébriquement, c'est-à-dire avec leurs signes respectifs : il n'y a donc aucune difficulté au point de vue théorique.

Étudions un cas pratique des plus importants, à titre d'exemple. Soit un circuit fermé sur lui-même placé dans un champ magnétique. On sait qu'un tel circuit porte le nom de *feuillet magnétique ;* il présente une face droite ou négative par laquelle pénètrent les lignes de force de son propre champ, et une face gauche ou positive par laquelle elles sortent.

Traçons sur la figure la direction des lignes de force du champ magnétique créé par le pôle : si le circuit est suffisamment éloigné de ce pôle, ces lignes de force sont parallèles et

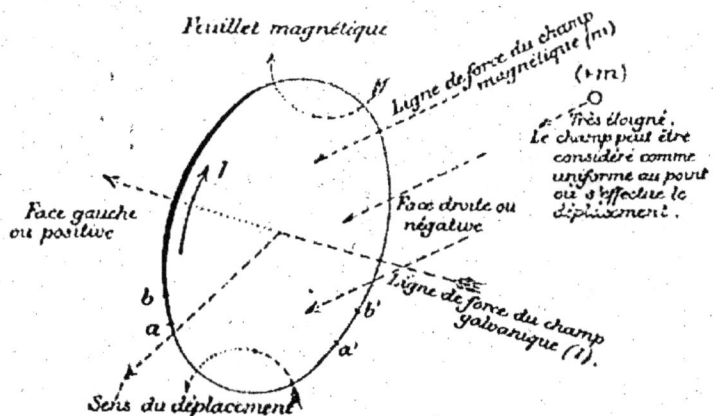

Feuillet magnétique

Ligne de force du champ magnétique (m)

(+m)

O

Très éloigné.
Le champ peut être
considéré comme
uniforme au point
où s'effectue le
déplacement.

Face gauche
ou positive

Face droite ou
négative

Ligne de force du champ
galvanique (I).

b

a

b'

a'

Sens du déplacement

Déplacement fini d'un circuit dans un champ.

le champ est uniforme ; elles pénètrent par la face droite du feuillet. Proposons-nous, pour un déplacement donné, de trouver le travail accompli.

Dans le cas particulier de la figure ci-dessus, le travail provenant de l'élément ab est positif, car le déplacement a lieu dans le sens de la force électromagnétique, et il en est de même pour tous les éléments du circuit situés en avant de la figure (branche ascendante du courant). On sait que ce travail positif a pour valeur le produit de I par le flux coupé pendant le déplacement, c'est-à-dire par l'augmentation du flux qui pénètre dans le circuit par la face droite ou négative.

De même le travail provenant de l'élément $a'b'$ est négatif ; il a pour valeur le produit de I par le flux coupé pendant le déplacement, c'est-à-dire par la diminution du flux qui pénètre dans le circuit par la face droite ou négative.

Finalement, le travail est représenté par le produit de I par l'excès du flux qui entre sur celui qui sort du circuit dans le déplacement, c'est-à-dire par la variation de ce flux. Ce travail est positif si cette variation est positive, négatif dans le cas contraire.

Des considérations analogues sur les angles solides et les contours apparents du circuit vus du pôle m, nous conduiraien à un résultat identique et le travail serait représenté de même par le produit de Im par la variation de l'angle solide sous lequel on voit du pôle m la face droite ou négative du circuit.

Mais cette énergie mise en jeu devait primitivement exister à l'état potentiel dans le système ; or nous savons qu'un travail positif effectué correspond à une diminution de l'énergie potentielle ; le potentiel est ainsi, comme toujours, égal et de signe contraire au travail. Si Φ représente le flux entrant par la face négative, on a donc :

$$d\mathrm{W} = \mathrm{I}\,d\Phi = -\,d\mathrm{V}$$

et le potentiel est

$$\mathrm{V} = -\,\mathrm{I}\Phi = -\,\mathrm{I}m\Omega,$$

Ω représentant l'angle solide sous lequel on voit du pôle m la face négative du circuit.

Sous le libre jeu des forces électromagnétiques, c'est toujours un travail positif qui tend à se produire et la position d'équilibre est celle qui correspond au travail maximum et au potentiel minimum ; le feuillet tendra donc à embrasser le maximum du flux entrant par sa face droite ou négative.

3° Travail produit par le déplacement d'un pôle mobile par rapport à un circuit.

Nous avons supposé jusqu'ici le pôle fixe et le courant mobile ; le travail accompli ne dépendant que des déplacements relatifs, on aura évidemment le même travail si le circuit est fixe et le pôle mobile. Étudions encore le cas particulier suivant, dont les résultats sont fort importants par la suite.

Prenons un courant fermé et supposons, pour fixer les idées, que le pôle regarde d'abord la face né-

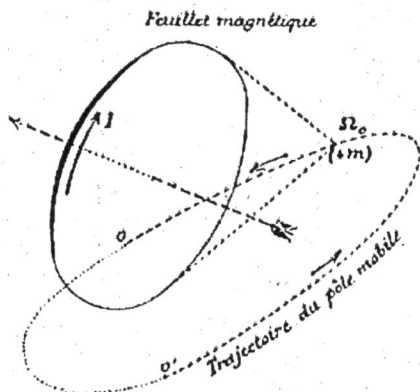

Déplacement d'un pôle mobile par rapport à un circuit fixe.

gative du feuillet sous un angle solide $\Omega_0 < 2\pi$ et décrive le
chemin fermé figuré ci-dessus, Ω croît de Ω_0 à 2π, puis $\Omega' = 4\pi$
— Ω décroît de 2π à 0 ; par conséquent, Ω croît de 2π, et enfin
Ω croît encore de la quantité Ω_0 ; au total, Ω a augmenté de 4π.
Ici, le pôle mobile a traversé le feuillet de la face négative à la
face positive, travail positif. S'il avait décrit le même chemin en
sens inverse, l'angle sous lequel le pôle mobile voit la face
négative du feuillet eût diminué de 4π, travail négatif. D'une
manière générale, si le pôle décrit un chemin fermé, au cours
duquel il traverse n fois le feuillet de la face négative à la
face positive, et n' fois de la face positive à la face négative,
l'angle solide sous lequel il voit la face négative croît de
$4\pi (n - n')$. Le travail correspondant est :

$$4\pi (n - n') m \mathrm{I}.$$

Ce travail devient pour l'unité de pôle :

$$4\pi (n - n') \mathrm{I}.$$

Si l'on a affaire à un courant rectiligne indéfini, on rentre
dans le cas précédent en le considérant comme une circonférence de rayon infini.

Solénoïdes.

Si l'on place côte à côte une série de courants circulaires
constituant chacun un feuillet magnétique, on forme un système auquel Ampère a donné le nom de *solénoïde*. Cette conception purement théorique peut être approximativement réalisée par l'enroulement sur un tube d'un fil conducteur suivant
des spires très rapprochées ; on peut même l'enrouler sur plusieurs couches et constituer ainsi ce qu'on nomme une *bobine*.
Cette bobine jouit de toutes les propriétés d'un aimant,
comme l'a démontré Ampère : c'est un barreau magnétique
d'un nouveau genre dans lequel n'entre ni fer ni acier ; il est
entouré du cortège habituel des lignes de force que nous connaissons et le champ magnétique ainsi formé peut être exploré,
soit au moyen de la limaille de fer si le courant est assez
intense, soit au moyen de la boussole. De plus, ici, l'intérieur de la bobine est abordable à l'expérience, ce qui permet

de révéler l'existence des lignes de force intérieures fermant le circuit magnétique, lesquelles sont inaccessibles dans les aimants ; on constate ainsi que, dans la partie voisine de l'axe

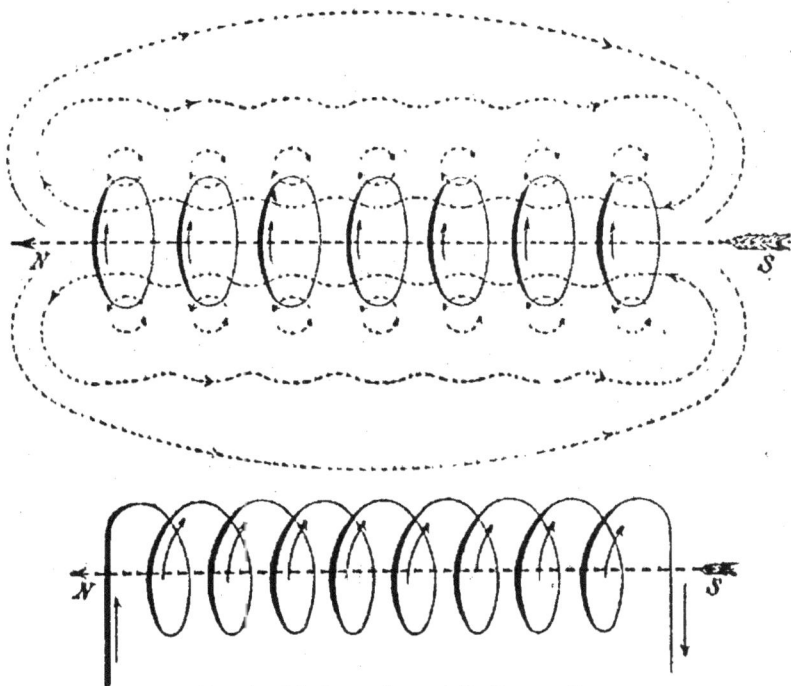

Solénoïde théorique et sa réalisation pratique.

de la bobine, le champ intérieur est uniforme, au moins assez loin des extrémités. Quant au sens de ces lignes de force, il est donné comme toujours, soit par la règle du bonhomme d'Ampère, soit par la règle du tire-bouchon de Maxwell.

Intensité du champ à l'intérieur d'une bobine.

1° Bobine en forme de tore.

Proposons-nous de calculer l'intensité du champ à l'intérieur d'une bobine ; prenons d'abord, pour cela, une bobine en forme de tore comprenant n spires serrées parcourues par un courant I. Suivant une circonférence quelconque de rayon a et de longueur $l = 2 \pi a$ intérieure au tore, la force magnétique $\mathcal{H}$ est, par raison de symétrie, constante en grandeur et constamment tangentielle. Si un pôle unité décrit cette circonférence dans le sens de la force, le travail de celle-ci est $\mathcal{K}l$. D'autre part, le pôle mobile a fait une fois le tour de chacun des courants fermés ; ce même travail a donc aussi pour expression $4\pi nI$ et l'on a :

$$4\pi I = \mathcal{K}l,$$

d'où

$$\mathcal{K} = \frac{4\pi nI}{l}.$$

Ce raisonnement ne suppose pas que la section méridienne du tore soit un cercle, cette section peut être quelconque, ce qui nous permet de généraliser les résultats. Cette bobine en forme de tore est, en tous points, assimilable à ce que nous avons appelé circuit magnétique fermé sans pôle libre (1).

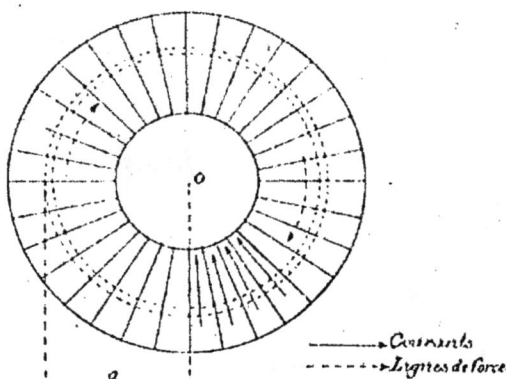

Champ magnétique d'une bobine en forme de tore.

2° Bobine cylindrique.

Si le rayon de la circonférence moyenne du tore est suffisamment grand, l a sensiblement la même valeur pour toutes

(1) Il est, en effet, très facile de voir que la bobine est sans aucune action magnétique à l'extérieur, car si l'on considère une circonférence ayant pour axe l'axe du tore et extérieure à la bobine, un pôle parcourant cette circonférence est soumis à une force magnétique constante qui, si elle différait de zéro, serait constamment tangente au déplacement ; d'autre part, le travail de cette force est nul, puisque le pôle mobile ne traverse aucun des feuillets ; donc, la force est nulle elle-même.

les circonférences et $\mathcal{3C}$ est pratiquement constant dans tout l'intérieur du tore. Cela est rigoureusement vrai dans le cas d'une bobine cylindrique de longueur indéfinie, car ce cylindre

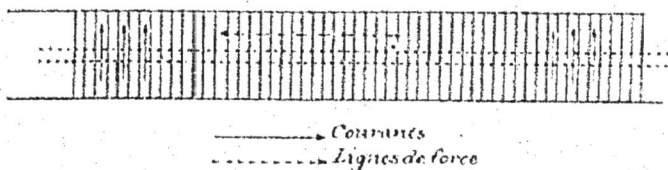

_____ *Courants*
. . . . *Lignes de force*

Nota : Les courants ne sont représentés que dans la partie des spires située vers le lecteur

Bobine cylindrique indéfinie.

peut se concevoir comme un tore de rayon infini. Alors n et l deviennent tous les deux infinis, mais l'indétermination ne porte pas sur le rapport $\dfrac{n}{l}$, car ce dernier représente le nombre de spires par unité de longueur de la bobine ou nombre de spires spécifique n_1. On a donc encore :

$$\mathcal{3C} = 4\pi\frac{n}{l}\,\mathrm{I} \ (1).$$

_____

(1) On peut, en se servant de la loi de Laplace, trouver directement l'intensité $\mathcal{3C}$ du champ magnétique d'une bobine de longueur finie en un point situé sur l'axe à une distance donnée du centre. Cette méthode directe nous servira de vérification pour les résultats énoncés ci-dessus.

Soit O le milieu de la bobine de longueur l contenant n spires, soit $n_1 = \dfrac{n}{l}$ le

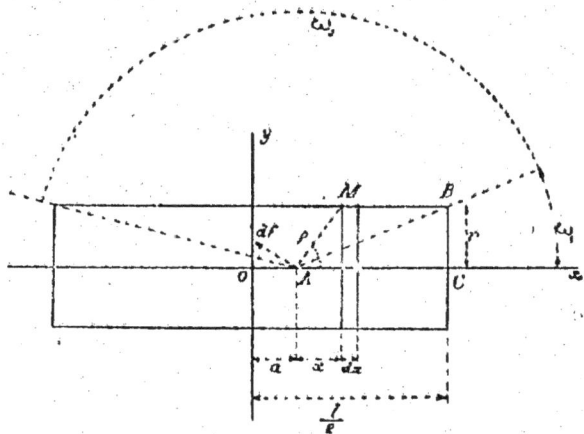

nombre de spires par unité de longueur, soit I le courant qui les traverse. Prenons l'axe de la bobine pour axe des x, l'origine des coordonnées étant le centre de la

Électro-aimants.

Supposons maintenant que l'on introduise un barreau de fer doux dans l'intérieur d'une bobine quelconque traversée par un courant, par exemple dans une bobine rectiligne : ce

bobine, et cherchons l'intensité du champ sur l'axe au point A à une distance a du centre. La valeur cherchée de $\mathcal{JC}$ est la résultante des actions exercées par les différentes spires sur un pôle positif égal à l'unité placé en A.

Considérons une spire unique M dont le plan est à une distance x de A. Chacun des éléments de cette spire fait, avec la ligne $AM = \rho$ qui la joint au point A, un angle égal à 90° dont le sinus est égal à 1 ; donc, la formule de Laplace se réduit à $df = \dfrac{I dl}{\rho^2}$ en faisant $k' = 1$, comme nous l'avons déjà plusieurs fois supposé.

Par raison de symétrie, la résultante de l'action exercée par la spire sur A doit être dirigée suivant OA ; donc, il suffit de considérer la composante de df parallèle à l'axe. Comme, d'ailleurs, la force df est perpendiculaire au plan de ρ et de l'élément dl, la composante suivant OA est :

$$df \sin \omega = \frac{I dl}{\rho^2} \sin \omega,$$

ce qui donne pour l'ensemble de la spire M :

$$\frac{2 \pi r I}{\rho^2} \sin \omega.$$

Il s'agit maintenant d'étendre cette expression à l'ensemble des spires. Pour cela, considérons dans la bobine une tranche comprise entre deux plans parallèles situés à des distances x et $x + dx$ du point A. Cette tranche renferme un nombre de spires égal à $n_1 dx$. Donc, l'action qu'elle exercera sur le point A est

$$\frac{2 \pi r I}{\rho^2} \sin \omega \, n_1 dx.$$

L'intégration se fait facilement en prenant ω comme variable. En effet, on a :

$$\operatorname{tg} \omega = \frac{r}{x} \;;\; \omega = \operatorname{arc\,tg} \frac{r}{x},$$

d'où :

$$- d\omega = \frac{r \, dx}{r^2 + x^2} = \frac{r \, dx}{\rho^2} \;;$$

$d\omega$ doit être pris avec le signe —, car ω décroît quand x augmente. On a donc, pour l'action totale $\mathcal{JC}$:

$$\mathcal{JC} = - 2 \pi n_1 I \int_{\omega_2}^{\omega_1} \sin \omega \, d\omega = - 2 \pi n_1 I \left[- \cos \omega_1 + \cos \omega_2 \right]$$

$$\mathcal{JC} = 2 \pi n_1 I \left[\cos \omega_1 - \cos \omega_2 \right].$$

barreau s'aimantera par induction dans le champ magnétique, deviendra un lieu de passage facile pour les lignes de force qui s'y précipiteront en grand nombre, et l'intensité du champ magnétique augmentera dans des proportions considérables ; cette intensité deviendra $\mathfrak{B} = \mu \mathcal{JC}$, μ étant le coefficient de perméabilité du fer. Nous savons en outre que l'aimantation prise par ce barreau de fer doux est, à part une aimantation rémanente plus ou moins importante, purement temporaire et qu'elle cesse avec le courant qui l'a produite. Un tel système porte le nom d'*électro-aimant* ; cet appareil se prête, comme on sait, à

Or dans le triangle ABC, on a :

$$\cos \omega_1 = \frac{\frac{l}{2} - a}{\sqrt{r^2 + \left(\frac{l}{2} - a\right)^2}} ;$$

de même

$$\cos \omega_2 = -\frac{\frac{l}{2} + a}{\sqrt{r^2 + \left(\frac{l}{2} + a\right)^2}},$$

donc

$$\mathcal{JC} = 2\pi n_1 l \left[\frac{\frac{l}{2} - a}{\sqrt{r^2 + \left(\frac{l}{2} - a\right)^2}} + \frac{\frac{l}{2} + a}{\sqrt{r^2 + \left(\frac{l}{2} + a\right)^2}} \right].$$

Dans la pratique, on prend une formule approchée, en supposant que la bobine est assez longue, pour que le champ magnétique puisse être considéré comme uniforme et on choisit alors pour $\mathcal{JC}$ la valeur du champ au centre, que l'on obtient en faisant $a = 0$ dans la formule ci-dessus :

$$\mathcal{JC} = 4\pi n_1 l \left[\frac{\frac{l}{2}}{\sqrt{r^2 + \left(\frac{l}{2}\right)^2}} \right] = 4\pi n_1 l \left[\frac{l}{\sqrt{4 r^2 + l^2}} \right].$$

Enfin, si l'on suppose $\frac{4 r^2}{l^2}$ négligeable, on a :

$$\mathcal{JC} = 4\pi n_1 l,$$

qui est la valeur pratique.

$\mathcal{JC} = 4\pi n_1 l = 4\pi \frac{n}{l} I$ est bien la valeur que nous avons trouvée d'autre part.

des usages multiples. La figure ci-contre représente un
électro-aimant en fer à cheval, forme la plus connue dans les
applications.

Électro-aimant en fer à cheval.

La valeur totale du flux de force à l'intérieur de la bobine de
section S est :

$$\Phi = \mathfrak{B}S = \mu \mathfrak{IC}S = \mu S \times \frac{4\pi nI}{l},$$

expression qui peut s'écrire :

$$\Phi = \frac{4\pi nI}{\dfrac{l}{\mu S}}.$$

Cette formule n'est vraie que pour un tore ou une bobine
rectiligne de longueur indéfinie ; elle n'est qu'approchée
pour une bobine de dimension finie, mais dont la longueur est
suffisamment grande eu égard à sa section.

Comparons maintenant la formule qui nous donne le flux
de force avec celle qui nous donne l'intensité d'un courant
dans un conducteur, c'est-à-dire :

$$I = \frac{E}{\dfrac{l}{cS}}, \quad \text{avec} \quad \Phi = \frac{4\pi nI}{\dfrac{l}{\mu S}}.$$

Nous constatons une analogie remarquable : le *flux de force* Φ peut être comparé à l'intensité I du courant, $4\pi n$I comparé à la force électromotrice désigne la *force magnéto-motrice*; enfin $\dfrac{l}{\mu S}$, tout à fait semblable à $\dfrac{l}{cS}$, représente la *résistance magnétique* ou *reluctance*, la perméabilité magnétique correspondant à la conductibilité électrique. Ces considérations sur le circuit magnétique sont d'une grande importance au point de vue de la théorie des dynamos (1).

Saturation magnétique.

On a vu précédemment que le champ magnétique produit dans l'intérieur d'une bobine est fonction du produit nI et croît proportionnellement à ce produit. Quand on introduit un noyau de fer dans la bobine, l'intensité du champ à l'intérieur du fer devient l'induction $\mathfrak{B}$, laquelle est fonction de μnI. Si le coefficient μ était constant, la valeur de $\mathfrak{B}$ en fonction de nI serait représentée par une droite, comme l'intensité $\mathfrak{K}$ du champ sans fer.

Mais l'expérience montre que le coefficient de perméabilité du fer et de ses composés carburés varie avec $\mathfrak{K}$; on aura ainsi pour les valeurs de $\mathfrak{B}$ une courbe au lieu d'une droite, en portant sur deux axes rectangulaires $\mathfrak{K}$ en abscisses et $\mathfrak{B}$ en ordonnées.

Supposons qu'on prenne un barreau à l'état neutre, n'ayant jamais été aimanté. En faisant varier $\mathfrak{K} = 4\pi n_1$I à partir de zéro, ce qui pratiquement s'obtient en lançant un courant d'intensité d'abord très faible, puis progressivement croissante,

---

(1) Bien que cette comparaison rende de grands services, il ne faut pas la pousser trop loin, car il existe des différences essentielles entre le circuit électrique et le circuit magnétique. Pour le premier, la conductibilité est constante, quelle que soit l'intensité du courant; pour le second, μ n'est pas constant avec les diverses forces magnétisantes. De plus, en électricité, il y avait réellement des corps bons et mauvais conducteurs, de sorte que le circuit électrique uniquement cantonné dans ces derniers se fermait par les bons conducteurs seulement ; pour le circuit magnétique, tous les corps sont mauvais conducteurs, si bien que le flux, malgré sa tendance à se resserrer dans les corps magnétiques, occupe en réalité tout l'espace et, dans tous les cas, se ferme par l'air si le circuit est interrompu, ce qui est le cas général (aimants ou électro-aimants sous forme de barreaux allongés, de fer à cheval, etc.).

dans la bobine, les valeurs de $\mathfrak{B}$ croissent d'abord très peu comme s'il existait une sorte d'*inertie au départ ;* puis $\mathfrak{B}$ augmente très rapidement avec $\mathfrak{K}$ et, dans la portion AB, la courbe est rectiligne, c'est-à-dire que $\mathfrak{B}$ est proportionnel à $\mathfrak{K}$; enfin, au delà de B, la courbe devient peu à peu asymptote à une horizontale, c'est-à-dire que, pratiquement, $\mathfrak{B}$ ne varie plus quel que soit $\mathfrak{K}$. On dit que l'électro est *saturé.*

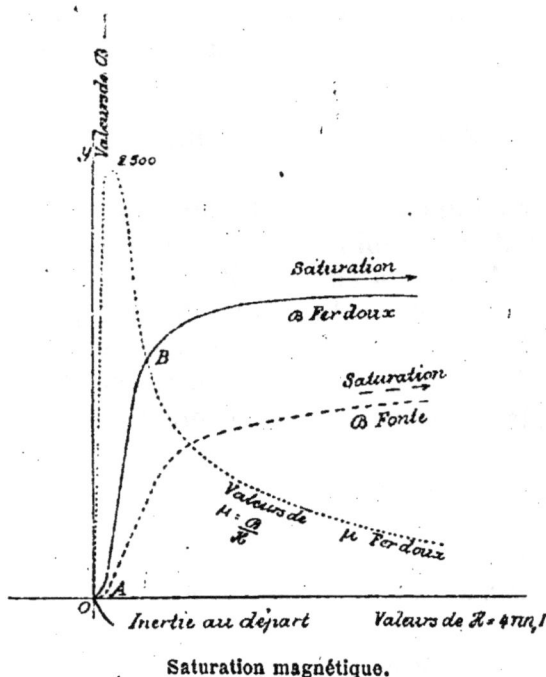

Saturation magnétique.

La courbe figurée ci-dessus en traits pleins est relative au fer doux, la courbe en pointillé est relative à un échantillon de fonte ; la comparaison de ces deux courbes montre qu'à égalité de champ inducteur l'induction dans la fonte est bien moindre que dans le fer doux.

Quant au coefficient μ, ses valeurs, pour le fer par exemple, peuvent se déduire de la courbe de $\mathfrak{B}$ en fonction de $\mathfrak{K}$; elles sont représentées par la courbe en ponctué qui s'élève très rapidement à son maximum 2500 pour décroître ensuite très vite, puis plus lentement, jusqu'à une valeur voisine de l'unité, le fer dans les champs excessivement puissants n'étant pas plus perméable que l'air aux lignes de force.

Phénomène d'Hystérésis.

Reprenons, pour le barreau de fer doux par exemple, la courbe qui vient d'être étudiée. Supposons qu'au moment où l'on arrive à un point voisin de la saturation magnétique, on donne à $\mathcal{H}$ des valeurs décroissantes. L'expérience montre que la courbe ne se confond pas avec la précédente et, lorsque $\mathcal{H}$ est devenu nul, le magnétisme du noyau conserve encore une certaine valeur OP : c'est le *magnétisme rémanent*.

Avec l'acier, le magnétisme rémanent est environ la moitié du magnétisme maximum ; il serait beaucoup plus considérable encore dans le fer doux, à condition de soustraire celui-ci aux vibrations. Mais, si l'on appelle *force coercitive* la valeur OR du champ inducteur en sens inverse, nécessaire pour ramener à zéro l'induction magnétique, on voit que cette force coercitive, égale à la force démagnétisante, est à peu près négligeable dans le fer, tandis qu'elle est assez considérable dans l'acier.

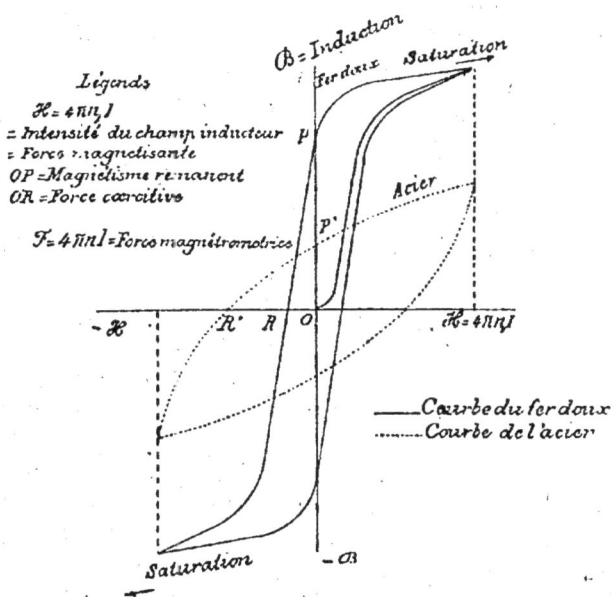

Courbe d'Hystérésis.

Lorsque, pour cette valeur négative de $\mathcal{H}$, obtenue pratiquement en changeant le sens du courant, l'induction magnétique est devenue nulle, le barreau n'est plus à l'état neutre ; en effet, si l'on continue à donner à $\mathcal{H}$ des valeurs négatives croissantes, le barreau s'aimante en sens inverse, mais sans présenter d'inertie au départ.

Si donc on soumet le barreau à des forces magnétisantes alternatives, l'induction magnétique décrit un cycle représenté sur la figure ci-dessus, pour un échantillon de fer doux et un échantillon d'acier. C'est à ce phénomène que MM. Ewing et Hopkinson ont donné le nom d'*hystérésis* (du grec *rester en arrière*). Ce cycle correspond à une perte de travail qui se manifeste dans le barreau sous forme de chaleur. On démontre qu'elle est proportionnelle à l'aire comprise dans l'intérieur du cycle.

Influences diverses sur l'induction magnétique.

L'induction magnétique, dans les divers corps soumis à l'expérience, est une fonction qui paraît assez complexe et dépend : 1° de la *durée* pendant laquelle le barreau est soumis au champ inducteur : ce n'est qu'au bout d'un temps appréciable, que le barreau arrive à son aimantation complète ; 2° de l'*état antérieur* du noyau : s'il est à l'état absolument neutre ou s'il a déjà été aimanté, l'allure de la courbe est différente, comme on vient de le voir ; il en est de même s'il a subi une expérience de *traction*, un *écrouissage ;* 3° enfin, de la *température*.

A la température ordinaire, le *fer doux* de grande pureté est le métal qui accuse les perméabilités les plus élevées ; viennent ensuite les *aciers extra-doux* et *doux*, la *fonte malléable* et la *fonte grise*, le *nickel* et le *cobalt ;* l'*acier dur*, l'*acier au chrome* et l'*acier au tungstène* n'ont pas une bien grande perméabilité, mais présentent par contre une force coercitive considérable, ce qui fait que leur emploi est tout indiqué pour la construction des aimants permanents. Le *manganèse* allié au fer semble faire perdre à ce dernier ses propriétés magnétiques ; le *spiegel*, ou fonte manganésée à moins de 20 p. 100, est encore attirable par l'aimant, ce qui n'a plus lieu pour le *ferro-manganèse* à teneur supérieure ; de même l'*acier-manganèse*, ou acier Hadfield à 12 p. 100, n'est pas plus perméable que l'air.

A une température de plus en plus basse, il semble qu'un grand nombre de corps, en outre de ceux déjà cités, puissent devenir magnétiques ; ainsi l'*acier-nickel* à 25 p. 100, qui n'est pas magnétique à la température ordinaire, le devient au-dessous de 0° ; dans ces conditions, il peut s'aimanter et garder son magnétisme jusqu'à 500° ; sa *température critique* serait au-dessous de 0°.

Les corps éminemment magnétiques, le fer et ses dérivés, les aciers et les fontes, ont eux-mêmes une température critique ; leur magnétisme disparaît complètement par élévation de température au rouge vif vers 800° ; ce point correspond en métallurgie au phénomène de la *recalescence* dû, semble-t-il, à une transformation allotropique du fer : de l'état α où le fer serait magnétique, il passerait à l'état β où il ne l'est plus ; sa résistance électrique se modifie aussi à cette température critique.

Considérations théoriques sur le magnétisme.

On sait que les premières idées théoriques sur le magnétisme reposent sur ce fait que le magnétisme est moléculaire, ce qui résulte de l'expérience classique des *aimants brisés;* on sait encore que deux modes de distribution en découlent : la *distribution solénoïdale,* la *distribution lamellaire.* La découverte de l'électromagnétisme, l'identification des aimants et des courants fermés, l'état magnétique manifesté par le fer doux et les dérivés du fer sous l'influence de courants circulaires, ont conduit Ampère et Weber puis Ewing et Hopkinson à des hypothèses sur la constitution des milieux magnétiques.

Chaque molécule magnétique devrait ses propriétés à un courant électrique circulant autour de son axe, ces axes étant orientés d'une façon quelconque et ces courants n'obéissant qu'à leurs actions propres lorsque le milieu magnétique est à l'état neutre. L'aimantation aurait pour résultat d'orienter tous ces axes dans le même sens ; ces courants par-

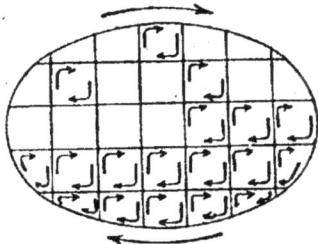

Courant circulaire résultant de l'orientation des courants particuliers.

ticuliers s'annulant deux à deux par molécules voisines dans l'intérieur de l'aimant, il ne reste plus que le courant circulant dans le contour, ce qui explique l'équivalence des aimants, des électro-aimants et des solénoïdes.

Disposons maintenant à côté les unes des autres, pour représenter les molécules magnétiques, un certain nombre de petites aiguilles aimantées libres de se mouvoir et annulons l'action terrestre au moyen d'un courant circulaire entourant la caisse qui les contient : on constate que ces aiguilles, obéissant à leurs actions propres, forment une combinaison plus ou moins chaotique repré-

6

sentant l'état neutre du milieu. Une force magnétisante très faible ne produit d'abord qu'un dérangement presque insensible dans cette confusion et si cette force magnétisante disparaît, l'état primitif se manifeste de nouveau: ce fait correspond à l'*inertie au départ*, que nous avons constatée dans la courbe d'aimantation. Une force magnétisante plus forte rompt l'équilibre, et une combinaison nouvelle se forme, dans laquelle un certain nombre d'aiguilles ont obéi au couple qui les sollicitait ; le magnétisme apparaît et la courbe présente un jarret brusque. Puis le magnétisme croît au fur et à mesure que de nouvelles aiguilles s'orientent suivant le champ inducteur; enfin la saturation arrive lorsque les aiguilles sont toutes rigoureusement parallèles à la direction du champ. Le milieu magnétique se trouve à ce moment dans un état de *contrainte*, d'équilibre instable qui se détruit au moment où cesse l'action magnétisante, et les aiguilles prennent un nouvel état d'équilibre plus ou moins rapproché de la saturation et qui constitue le magnétisme remanent; un léger choc suffit à détruire ce nouvel état d'équilibre et le milieu retombe à un état voisin de l'état neutre : c'est le cas du fer doux. Dans le cas de l'acier, la combinaison d'aiguilles qui s'est formée est beaucoup plus stable et il faut employer une force magnétisante inverse : c'est la *force coercitive*. Enfin l'échauffement par hystérésis proviendrait des oscillations des aiguilles au passage d'une position d'équilibre à une autre (1).

---

(1) Rappelons encore que tout récemment M. Weyher est arrivé à reproduire, d'une manière à peu près complète, les propriétés des aimants au moyen de combinaisons tourbillonnaires produites dans l'air par des axes munis de palettes longitudinales animées d'un mouvement de rotation rapide ; les extrémités de ces tourniquets constituent, pendant la rotation, de véritables épanouissements polaires séparés par une région neutre ; les attractions et répulsions sont toujours les mêmes que celles que l'on constaterait avec les pôles de deux barreaux aimantés, où les courants particulaires seraient dirigés dans les mêmes sens respectifs que les rotations des tourniquets. Ces expériences sont très suggestives et conduiront peut-être à une théorie nouvelle sur le rôle de l'éther dans les phénomènes magnétiques.

CHAPITRE V

INDUCTION

Phénomènes d'induction. Sens des courants induits.
Loi de Lenz.

En 1831, dans une série d'expériences célèbres, Faraday découvrit qu'un circuit conducteur fermé, d'abord inerte, devenait le siège de *courants instantanés*, par l'approche ou l'éloignement d'un aimant ou d'un courant, par la naissance ou l'extinction d'un courant électrique dans son voisinage : ces courants furent appelés *courants d'induction* (1).

Grâce à la notion fondamentale du flux de force magnétique dont les propriétés sont toujours les mêmes, quelle que soit la cause, aimants ou courants, qui lui a donné naissance, au lieu d'étudier séparément ces phénomènes les uns après les autres, nous pouvons aujourd'hui dégager d'une manière nette le lien qui les unit ; nous pouvons les ramener tous à une cause

---

(1) Remarquons à ce propos que le mot *induction* désigne des phénomènes qui paraissent au premier abord assez différents et n'ont de commun que ce fait, c'est qu'ils sont « suggérés » par d'autres de même espèce. Nous avons déjà vu l'*induction électrique* ou électrisation par influence qui a donné naissance aux condensateurs, l'*induction magnétique* et *électro-magnétique* ou aimantation par influence des corps magnétiques au moyen d'un flux permanent dû à un aimant ou à un solénoïde et qui a donné naissance aux électro-aimants. Ces phénomènes, en quelque sorte statiques, portent plus spécialement le nom de *phénomènes d'influence*. Ceux qui font l'objet du présent chapitre proviennent au contraire, comme on va le voir, d'une variation ; ils ont un caractère *instantané*, si *fugitif*, que Pouillet, Arago, Ampère, Fresnel les ont eus sous les yeux sans en soupçonner l'existence. C'est surtout à cet ensemble de phénomènes qu'on applique particulièrement le nom d'*induction*.

unique, savoir *une variation du flux de force* qui traverse le circuit, indépendamment des conditions dans lesquelles cette variation s'est effectuée. La découverte de Faraday, vérifiée d'ailleurs par de nombreuses expériences, peut donc s'énoncer ainsi : *toute variation du flux de force embrassé par un circuit fermé donne naissance à un courant d'induction de même durée que la variation du flux.*

Deux systèmes sont donc nécessaires pour produire un tel courant : un premier système produisant un flux susceptible d'une variation quelconque, c'est le *système inducteur ;* un deuxième constitué par un circuit fermé et dans lequel se manifeste une force électromotrice d'induction, c'est le *système induit.*

Il est nécessaire, avant d'aller plus loin, de pouvoir distinguer le sens de la force électromotrice ou du courant induit, d'après le sens du flux inducteur et de sa variation. Ce sens nous est donné par la loi générale de l'induction, connue sous le nom de *loi de Lenz : le sens du courant induit est toujours tel qu'il s'oppose à la cause qui le produit.* C'est d'ailleurs là une loi très générale de la nature qui semble toujours résister le plus possible aux déformations auxquelles elle est soumise.

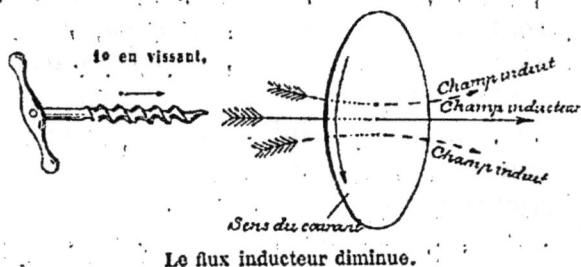

1º en vissant.

Champ induit
Champ inducteur
Champ induit
Sens du courant

Le flux inducteur diminue.

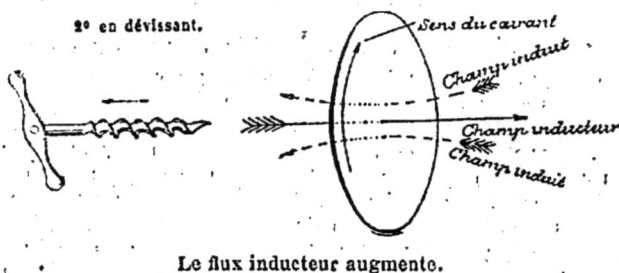

2º en dévissant.

Sens du courant
Champ induit
Champ inducteur
Champ induit

Le flux inducteur augmente.

Les règles mnémoniques du bonhomme d'Ampère et du

tire-bouchon de Maxwell permettent, en appliquant en même temps la loi de Lenz, de reconnaître le sens des courants induits. Supposons, par exemple, que le flux embrassé par le circuit diminue ; d'après la loi de Lenz, le flux créé par le courant induit sera de même sens que le flux du champ inducteur pour *contrecarrer* cette diminution, et les lignes de force du champ inducteur et du champ dû au courant induit seront parallèles. On applique alors à ce nouveau flux ainsi déterminé l'une des règles déjà énoncées : cette règle donnera le sens du courant dans le circuit.

Appliquons, par exemple, la règle de Maxwell : plaçons l'axe du tire-bouchon parallèle aux lignes de force du champ induit, le vissage ou le dévissage du tire-bouchon dans le sens des lignes de force donnera, par la rotation de sa poignée, le sens du courant dans le circuit.

La règle dite *des trois doigts* (due à Jenkin) est plus facile à appliquer dans le cas du déplacement d'un conducteur rectiligne, cas qui se trouve fréquemment réalisé dans les machines d'induction. Étendre les trois premiers doigts de la main droite, de sorte que le pouce, l'index et le médius dessinent dans l'espace les 3 arêtes rectangulaires d'un trièdre ; placer

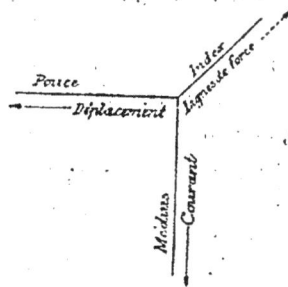

Règle des trois doigts de Jenkin.

l'index dans le sens des lignes de force, le pouce dans le sens du déplacement, le médius dans la direction du conducteur ; ce doigt marquera le sens du courant induit, qui sortira par son extrémité.

Théorie de l'induction.

Quand Faraday eut découvert, par l'expérience, ses courants d'induction, quand Lenz eut énoncé la règle qui en donne le sens, Helmholtz et Thomson purent considérer la production de ces courants comme une conséquence des lois générales de la nature et du grand principe de la conservation de l'énergie. Leur théorie, imparfaite en ce sens qu'elle n'est vérifiée que par ses conséquences, a l'avantage de nous donner les lois numériques qui régissent les courants induits.

Soit un circuit de résistance R, comprenant une source d'électricité à force électromotrice constante E. Il se produit, conformément à la loi d'Ohm, un courant I_0 dans cette résistance R, et l'énergie électrique totale fournie par la source se transforme entièrement en chaleur d'après la loi de Joule, de sorte que l'on a pendant le temps dt :

$$\underbrace{EI_0\,dt}_{\text{Énergie électrique}} = \underbrace{RI_0^2\,dt}_{\text{Énergie thermique.}}$$

Il en aurait été de même si une partie du circuit R avait été plongée dans un champ magnétique quelconque : il est naturel d'admettre, et l'expérience le confirme, que cette équation est indépendante de la valeur de ce champ magnétique.

Mais supposons que la partie du circuit R immergée dans le champ soit susceptible de se mouvoir : par le libre jeu des forces électromagnétiques, cette partie du circuit se déplacera en effet et il y aura dans le temps dt production d'un certain travail dW. L'expérience montre que ce travail est emprunté à la seule source d'énergie actuelle existante, celle qui fournit le courant. Or, E reste constant par hypothèse, ce sera donc l'intensité du courant, second facteur du produit EI représentant l'énergie actuelle de la source, qui changera lorsque cette dernière subira une variation ; l'expérience montre, en effet, que l'intensité décroît pour un travail positif. Il y a donc un nouveau régime de courant I répondant à une production d'énergie mécanique. Le principe de la conservation de l'énergie appliqué au système nous donnera donc :

$$\underbrace{EI\,dt}_{\text{Énergie électrique}} = \underbrace{RI^2\,dt}_{\text{Énergie thermique}} + \underbrace{dW}_{\text{Énergie mécanique.}}$$

Nous savons évaluer ce travail dW accompli par un circuit qui se meut dans un champ magnétique ; ce travail est égal à $I\,d\Phi$, $d\Phi$ représentant la variation du flux embrassé par le circuit dans son déplacement pendant le temps dt. On a donc :

$$EI\,dt = RI^2\,dt + I\,d\Phi,$$

d'où :

$$I = \frac{E - \dfrac{d\Phi}{dt}}{R}.$$

Le déplacement du circuit semble donc avoir pour effet de modifier la valeur de la force électromotrice qui agit dans ce circuit, et tout se passe comme s'il se produisait une force électromotrice e dont la valeur serait :

$$e = -\frac{d\Phi}{dt}.$$

On l'appelle *force électromotrice d'induction.*

Si l'on avait plusieurs portions de circuit en série qui se déplacent dans le champ au lieu d'une seule, la force électromotrice d'induction serait la somme algébrique des forces électromotrices développées dans chacune d'elles. Le sens de cette force électromotrice est toujours conforme à la loi de Lenz : si le flux Φ augmente pendant le déplacement, e est toujours de sens contraire à E, force électromotrice du courant principal qui a produit le déplacement ; on sait que, si l'on prend toujours pour Φ le flux qui pénètre par la face droite du circuit, ce flux embrassé tend toujours à augmenter sous le libre jeu des forces électromagnétiques ; il s'ensuit donc que $d\Phi$ est toujours positif et que e est toujours de signe contraire à E pour s'opposer au déplacement. Le flux Φ embrassé par la face droite du circuit ne peut diminuer que si ce circuit est déplacé mécaniquement par une cause extérieure et en sens inverse des forces électromagnétiques ; dans ce cas, $d\Phi$ est négatif et e, de même signe que E, vient encore renforcer cette dernière comme pour s'opposer à ce déplacement. Ces résultats sont bien ceux que donne l'application de la loi de Lenz.

Mais l'expression $e = -\dfrac{d\Phi}{dt}$ nous montre que la valeur de e est indépendante de la force électromotrice préexistante E ; elle sera donc toujours la même, à condition toutefois que E ne soit pas nulle, car le raisonnement précédent exige que cette valeur soit différente de zéro. Néanmoins, comme la valeur de E peut être très petite, on admet qu'il n'existe pas de circuit fermé qui ne contienne une force électromotrice provenant de défauts d'homogénéité du conducteur, d'une différence de température ou de toute autre cause, de sorte que, pratiquement, la force électromotrice d'induction peut se produire dans un circuit dit à l'*état neutre.*

Nous pouvons donc faire abstraction de cette force électro-

motrice préexistante E et appliquer directement la loi de Lenz
à un circuit inerte mobile dans un champ magnétique : le sens
de la force électromotrice d'induction sera toujours tel que la
réaction de cette force électromotrice s'oppose à la variation,
au déplacement qui lui donnent naissance.

Quant à l'intensité du courant induit, elle est à chaque
instant :

$$i = \frac{e}{R} = -\frac{d\Phi}{R\,dt}.$$

Comme on le voit, cette intensité est inversement proportionnelle à la résistance du circuit d'après la loi d'Ohm ; elle
est, de plus, comme la force électromotrice d'induction $-\dfrac{d\Phi}{dt}$,
en raison directe : 1° du flux coupé ; 2° de la vitesse du déplacement.

Il n'en est pas ainsi pour la quantité d'électricité mise en
jeu : elle est indépendante de la vitesse ; on a, en effet :

$$dq = i\,dt = -\frac{d\Phi}{R},$$

expression dans laquelle n'entre pas la durée dt du déplacement.

Induction mutuelle.

Aucune hypothèse n'a été faite, dans la théorie qui précède,
sur l'origine du champ magnétique auquel est soumis le cir-

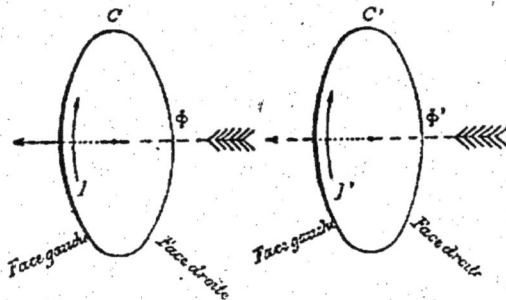

cuit fermé. Ce champ peut donc être produit soit par un
aimant ou un électro-aimant, soit par la *Terre*, soit enfin par

un *courant*. Soient donc deux circuits voisins C et C′ parcourus par des courants I I′ ; le flux issu de C qui traverse C′ en pénétrant par sa face droite est Φ, le flux issu de C′ est de même Φ′ dans la position relative qu'occupent les deux circuits.

Supposons que le circuit C s'éloigne à l'infini, ou, ce qui revient au même, supprimons le courant I qui le traverse, il en résulte que la valeur du flux Φ tombe à zéro, d'où un travail de la force électromagnétique — I Φ.

La variation de l'énergie actuelle ou travail, étant inverse de celle de l'énergie potentielle, ce travail représente l'énergie potentielle changée de signe du circuit C′ dans le champ caractérisé par le flux Φ.

Inversement, supposons que le circuit C′ s'éloigne à l'infini, ou, ce qui revient au même, que l'intensité de son courant passe de I′ à zéro, la valeur du flux Φ′ devient nulle, d'où un travail de la force électromagnétique — I Φ′. C'est encore l'énergie potentielle changée de signe, du circuit C dans le champ caractérisé par le flux Φ′.

Ces deux travaux sont évidemment les mêmes, puisqu'ils représentent l'un et l'autre le produit d'une force unique, attraction ou répulsion, à laquelle sont soumis les deux circuits, multipliée par un même déplacement relatif, de leur position actuelle à l'infini. On a donc :

$$W = - I\Phi' = - I'\Phi$$

ou

$$\frac{\Phi}{I} = \frac{\Phi'}{I'}.$$

Soit M la valeur commune de ces deux rapports ; l'énergie potentielle des circuits C et C′ l'un par rapport à l'autre sera représentée par l'expression M I I′. Le facteur M est appelé *coefficient d'induction mutuelle* des deux circuits.

On a donc :

$$W = - I\Phi' = - I'\Phi = - MII'.$$

Si l'on fait I = 1 dans le circuit C, on a Φ = M ; donc M n'est autre chose que le flux de force qui pénètre par la face droite de C′ lorsque C est parcouru par un courant égal à l'unité. Inversement, c'est aussi le flux qui pénètre par la face

droite de C lorsque C' est parcouru par un courant égal à
l'unité.

D'après les expériences fondamentales de Faraday, on sait
que toute variation du flux qui pénètre dans un circuit produit
dans ce dernier une force électromotrice. Or si les deux circuits C et C' en présence sont fixes, le facteur M, fonction
purement géométrique dépendant de la grandeur, de la forme
et de la position respective des deux circuits (1), est une
constante et la variation du flux ne pourra provenir que de
la variation d'intensité de l'un des courants. Or on a :

$$\Phi = MI, \quad \Phi' = MI'.$$

Si, par exemple, le courant I varie de dI dans le temps dt,
le flux Φ qu'il envoie dans le circuit C', et pénétrant par la face
droite de ce dernier, varie de $d\Phi$; de sorte qu'il y a production dans le circuit C' d'une force électromotrice dont la valeur
est :

$$e = -\frac{d\Phi}{dt} = -M\frac{dI}{dt}.$$

Comme toujours, le sens de cette force électromotrice se
détermine par la loi de Lenz.

---

(1) Le fait que le coefficient d'induction mutuelle M de deux circuits n'est qu'une
fonction purement géométrique dépendant seulement de la grandeur, de la forme et
de la position respective des deux circuits est facile à démontrer en partant de la formule élémentaire d'Ampère. L'action résultante entre C et C' s'obtient d'abord en
prenant l'action élémentaire entre deux éléments $dl\,dl'$ appartenant respectivement
aux circuits C et C' :

$$d_i = k'''\frac{Il'\,dl\,dl'}{r^2}\left[2\cos\varepsilon - 3\cos\theta\cos\theta'\right].$$

Une double intégration donne l'action entre les deux circuits C et C'. Quant au travail,
on détermine d'abord celui qui correspond à un déplacement élémentaire du circuit C'
et le travail total s'obtient en intégrant entre la position de C' et l'infini. Dans cette
succession de calculs, on peut remarquer que le produit Il' de la formule d'Ampère
reste constamment en dehors des intégrales, qui ne portent que sur les paramètres
servant à définir à chaque instant la position relative des deux circuits. Le résultat
final sera donc égal au produit de Il' par une certaine fonction de ces paramètres et
l'on aura au signe près :

$$W = -MII'$$

M est donc une fonction purement géométrique. On démontre qu'elle est homogène
à une longueur.

Self-induction.

Considérons deux circuits C et C′ identiques comme forme et supposons que, le circuit C′ étant d'abord à l'infini, on le rapproche de C. A chacune des positions de C′ correspond une valeur déterminée du coefficient M, et, lorsque les deux circuits coïncident, ce qui est possible puisqu'ils sont identiques, M a atteint une valeur limite que nous désignerons par L. Cette grandeur L est, comme M, purement géométrique, et dépend uniquement de la forme du circuit C. On la nomme le *coefficient de self-induction* de ce circuit, c'est-à-dire le coefficient d'induction du circuit sur lui-même. De même que précédemment, L représentera le flux de force envoyé par le courant à travers son propre circuit, lorsque l'intensité est égale à l'unité. Par conséquent, pour une intensité I, ce flux est LI ; si l'intensité varie de dI, la variation correspondante du flux est $d(LI)$ $= L\,dI$ si L est constant, c'est-à-dire si l'on se trouve dans un milieu tel que l'air, en l'absence de corps magnétiques. On a donc dans le circuit une force d'induction $e = -L\dfrac{dI}{dt}$; sa forme seule nous montre qu'elle obéit toujours à la loi de Lenz.

Il résulte de ce qui précède que les équations générales donnant au même instant t, les valeurs de la force électromotrice et de l'intensité pour deux circuits voisins sont les suivantes, auxquelles on continue à appliquer la loi d'Ohm en introduisant les forces électromotrices de self-induction et d'induction mutuelle :

$$E = RI + L\frac{dI}{dt} + M\frac{dI'}{dt}; \quad E' = R'I' + L'\frac{dI'}{dt} + M\frac{dI}{dt}.$$

Ces deux équations plus ou moins simplifiées nous serviront dans l'étude des courants alternatifs.

Extra-courants.

La force électromotrice de self-induction $e = -L\dfrac{dI}{dt}$, de sens contraire à la variation qui lui donne naissance, amène une perturbation dans le circuit au moment même des variations du courant, c'est-à-dire quand le courant commence, puis quand il passe du régime permanent à zéro.

Lorsqu'on ferme un circuit, lorsqu'on « lance le courant », suivant l'expression consacrée, ce courant se trouve affaibli pendant une période appelée *période variable*, laquelle précède le *régime permanent.* Le courant part de zéro pour arriver à $\frac{E}{R}$, sa valeur de régime, et les choses se passent comme si, dans cette période, le circuit était parcouru : 1° par le courant $\frac{E}{R}$ dû à la force électromotrice E; 2° par un courant de sens contraire au premier, dû à la self-induction, qui partirait de la valeur $\frac{E}{R}$ pour s'annuler graduellement quand le régime permanent serait atteint. C'est l'*extra-courant de fermeture.*

De même, quand on rompt le circuit, on a l'*extra-courant d'ouverture* qui, la variation ayant changé de signe, s'ajoute au courant de régime dont l'intensité se trouve momentanément accrue.

Dans la plupart des cas, le régime permanent est presque immédiatement atteint : la durée de ce régime variable pour un même circuit dépend d'un coefficient appelé la *constante de temps,* caractéristique de ce circuit.

La présence de l'extra-courant de fermeture montre que l'établissement du régime permanent exige un certain travail, lequel est comme toujours égal à $i\,d\Phi$: la variation du flux de force $d\Phi$ est ici égale à $L\,di$ en appelant i l'intensité à un instant quelconque de la période variable; le travail élémentaire sera donc $iL\,di$. L'expérience montre que ce travail est emprunté à la source d'électricité E qui fournit le courant, de sorte que l'on a pendant le temps dt :

$$E i\,dt = R i^2\,dt + L i\,di.$$

Le premier membre correspond au travail fourni par la source pendant un temps dt à partir de l'instant t pour lequel on a l'intensité i. Ce travail se décompose en deux parties : $R i^2\,dt$ est la partie de l'énergie totale transformée en chaleur, suivant la loi de Joule; le terme $L i\,di$ est le travail qu'il a fallu dépenser pour accroître de di l'intensité i. L'énergie totale nécessaire à l'établissement du courant I a donc pour valeur :

$$\int_0^I L\,idi = \frac{LI^2}{2}.$$

Ce travail est emmagasiné sous forme d'énergie potentielle et reste sous cette forme tant que dure le régime permanent. Si l'on interrompt le courant, le travail en question reparaît dans l'extra-courant d'ouverture qui le transforme en chaleur.

Période variable d'établissement et de rupture du courant.

Proposons-nous de chercher la loi d'accroissement du courant dans la période variable et d'avoir l'intensité i à un instant quelconque t. Une variation di donnant une force électromotrice $- L\frac{di}{dt}$, la force électromotrice résultante qui agit dans le circuit R est :

$$E - L\frac{di}{dt}.$$

En appliquant la loi d'Ohm, on a :

$$i = \frac{E - L\frac{di}{dt}}{R}.$$

On peut écrire cette équation sous la forme suivante, qui permet de faire immédiatement l'intégration :

$$\frac{di}{E - Ri} = \frac{dt}{L},$$

$$\int_0^i \frac{di}{E - Ri} = \int_0^t \frac{dt}{L},$$

ou :

$$-\frac{1}{R}\log\frac{E - Ri}{E} = \frac{t}{L};$$

d'où :

$$i = \frac{E}{R}\left(1 - e^{-\frac{Rt}{L}}\right),$$

$e = $ base des logarithmes népériens.

On voit sous cette forme que la valeur de i va sans cesse en croissant. Théoriquement, le régime permanent $I = \frac{E}{R}$ n'est atteint que pour $t = \infty$; mais pratiquement le rapport $\frac{R}{L}$ est très grand, de sorte que le deuxième terme entre parenthèses devient rapidement négligeable (1). L'extra-courant de fermeture est donc donné à l'instant t par l'expression :

$$i' = 1e^{-\frac{R}{L}t}.$$

La quantité totale d'électricité mise en jeu par le travail de la self-induction dans l'extra-courant de fermeture est donnée par :

$$q = \int_o^t i'dt \quad \text{avec} \quad i' = -\frac{L}{R}\frac{di}{dt}; \qquad \text{c'est-à-dire } q = -\frac{LI}{R}.$$

Quant à l'extra-courant d'ouverture, un calcul analogue au précédent dans lequel on fait $E = 0$, nous donnerait précisément une valeur égale. Mais, en réalité, le problème est plus complexe dans ce cas, à cause de la présence de l'étincelle de rupture; en effet, pendant toute la durée de cette étincelle, le circuit reste fermé par une résistance variable et inconnue, de sorte que la quantité d'électricité mise en jeu à l'ouverture dépendant de cette résistance, peut ne pas être égale à celle de la fermeture. De même pour la force électromotrice $-\frac{Ldi}{dt}$ qui prend naissance à la rupture; on conçoit que pour une durée de ce phénomène égale à 0, sa valeur moyenne $+\frac{LI}{0}$ puisse devenir très considérable, si 0 est très petit et si là rupture est extrêmement brusque; aussi des étincelles parfois dangereuses peuvent-elles se produire à la rupture d'un circuit qui présente une grande self-induction.

L'intensité à chaque instant dans deux circuits voisins peut être figurée au moment de la fermeture par les courbes ci-contre : 1° la courbe en traits pleins représente l'intensité dans le circuit inducteur: elle part de zéro pour arriver au régime permanent ; 2° la courbe en traits et points donne dans ce même circuit l'intensité de l'extra-courant de fermeture, elle part du régime permanent pour s'annuler

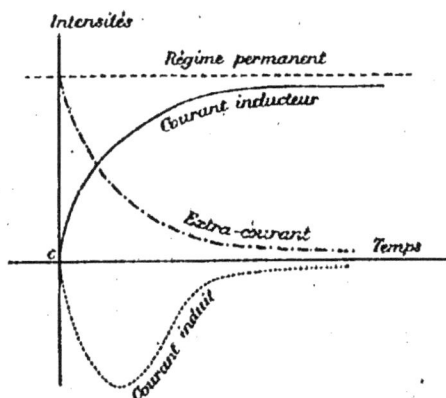

Intensités dans deux circuits voisins pendant la période variable.

_____

(1) Le rapport $\frac{L}{R}$ dans le système d'unités que nous étudierons ultérieurement représente un temps puisque c'est le rapport d'un coefficient d'induction qui est homogène à une longueur L, à une résistance qui est homogène à une vitesse LT^{-1}. C'est à ce coefficient caractéristique du circuit que l'on donne le nom de *constante de temps* du circuit.

et se déduit de la précédente par différence d'ordonnées ; 3° enfin la courbe en ponctué figure l'intensité dans le circuit induit. Cette intensité part de zéro pour revenir à zéro, pendant la durée du régime variable du courant inducteur.

Courants de Foucault.

Ce n'est pas seulement dans les conducteurs linéaires, mais aussi dans les masses métalliques quelconques, que les déplacements relatifs d'un système induit par rapport à un système inducteur donnent naissance à des courants induits, lesquels font obstacle au déplacement d'après la loi de Lenz. Ces faits, découverts par Gambey et Arago vers 1824, furent expliqués par Faraday. Rappelons à ce sujet l'expérience classique de Foucault ; un disque de cuivre tourne à grande vitesse entre les pôles d'un puissant électro-aimant: tant que le courant n'excite pas ce dernier, le mouvement est facile à entretenir ; mais, dès qu'on produit le champ magnétique, on sent une résistance considérable et, si l'on cherche à la vaincre, le disque s'échauffe rapidement. C'est même de la mesure de cet échauffement que M. Violle a pu déduire la valeur de J, équivalent mécanique de la calorie.

Ces courants dans la masse métallique s'appellent des *courants de Foucault ;* on les utilise, comme nous le verrons, pour *amortir* les oscillations des aiguilles aimantées dans les instruments dits *apériodiques* et pour produire la rotation d'un axe dans les *moteurs à champ tournant.* Dans la plupart des cas, ils sont nuisibles et correspondent à une perte d'énergie sous forme de chaleur. Leur étude est très compliquée et il est difficile de se rendre compte de leur forme ; mais on sait que ces courants induits obéissent toujours à la loi de Lenz et, bien souvent, ce simple renseignement suffit.

La considération des forces électromotrices d'induction est des plus importantes au point de vue des applications industrielles, puisque ces forces électromotrices sont, comme nous le verrons plus loin, la raison d'être des machines électriques à courants continus et à courants alternatifs. Du reste, une étude ultérieure sera faite avec plus de détails sur les courants de Foucault et sur les courants alternatifs périodiques plus spécialement utilisés dans l'industrie.

CHAPITRE VI

ÉLECTROMÉTRIE

I. — UNITÉS ÉLECTRIQUES

Du choix d'un système d'unités. — Origine du système C G S.

Mesurer une grandeur, c'est la comparer à une autre de même espèce prise pour *unité* et qu'on peut choisir à volonté : il en résulte autant d'unités que de grandeurs différentes. Mais ces dernières, qu'il s'agisse de géométrie, de mécanique ou de physique, sont reliées l'une à l'autre par des lois, permettant d'évaluer l'une quelconque d'entre elles en fonction des autres ; si les unités relatives à ces grandeurs sont toutes arbitraires, des *facteurs auxiliaires* apparaissent nécessairement, qui rendent les formules inutilement compliquées. On est ainsi conduit à choisir le plus petit nombre possible d'*unités arbitraires* ou *unités fondamentales*, desquelles on déduit les autres, ou *unités dérivées*, au moyen des relations qui existent entre les grandeurs correspondantes ; l'ensemble constitue un *système absolu* d'unités, comme le *système métrique* nous en offre un exemple.

Malheureusement, un « système cohérent » d'unités a beaucoup de peine à se faire universellement accepter, s'il arrive en retard sur des habitudes déjà prises ; malgré les avantages

7

reconnus du système métrique, avantages qui finiront à la longue par rendre son usage universel, son adoption définitive, même en France, n'a pas été sans difficultés. Ces difficultés ont paru, dans certains cas, si importantes, qu'il a semblé préférable de garder d'anciennes unités, arbitrairement choisies : c'est ainsi qu'on a conservé le *degré de température* et la *calorie* que le coefficient bien connu, appelé *équivalent mécanique de la calorie*, relie aux unités mécaniques.

A l'inverse de toutes les autres, la science électrique s'est affranchie de ces sujétions. Étant toute récente, elle a pu être dotée d'un système d'unités cohérent et commode. Dès 1860, devant l'extension considérable de la télégraphie sous-marine, on reconnut en Angleterre la nécessité d'adopter des unités qui fussent d'un usage général : ce furent les unités proposées par l'Association britannique, sur l'initiative de sir William Thomson (1), et connues sous le nom de *système d'unités* BA (British Association). Le développement des applications de l'électricité, après l'apparition de la machine Gramme, rendit indispensable l'adoption légale d'un système officiel d'unités ; tout en profitant des travaux de l'Association britannique, le Congrès international des électriciens réuni à Paris en 1881, établit un système d'unités comprenant à la fois les unités mécaniques et les unités électriques. Ce système fut nommé *C G S*, du nom de ses trois unités fondamentales : *centimètre*, *masse du gramme*, *seconde*, relatives aux trois éléments irréductibles : *espace, matière, temps*.

Exposé du système C G S en géométrie, en cinématique en mécanique.

La première unité fondamentale relative à l'espace est l'unité de longueur L. On sait que le *mètre* fut institué comme unité de longueur en 1795 à la suite de la mesure d'un arc de méridien par Delambre et Méchain ; le mètre fut la dix-millionième partie du quart du méridien terrestre. Des mesures géodésiques plus parfaites ont rendu cette définition illusoire, et le mètre doit être considéré aujourd'hui, pour

_____

(1) Aujourd'hui Lord Kelvin.

rester une u.... .variable, comme la longueur de la barre-étalon déposée aux Archives. L'unité adoptée dans le système CGS est le *centimètre*.

La deuxième unité fondamentale est relative à la matière. Le plus simple en apparence était de prendre pour cette deuxième unité, l'unité de poids qui sert dans les mesures habituelles; mais il eût été impossible de construire un étalon pouvant servir sous toutes les latitudes, car le poids d'une même quantité de matière est plus grand de $\frac{1}{200}$ au pôle qu'à l'équateur. Or on sait que le rapport du poids d'un corps à l'accélération que produit sur lui la pesanteur au même lieu est une constante, c'est sa masse M. Il est donc naturel de prendre comme unité invariable l'unité de masse : ce sera la *masse du gramme* M, le gramme étant la millième partie du kilogramme-étalon déposé aux Archives.

La troisième unité fondamentale, relative au temps, est la *seconde* T : c'est la 86400ᵉ partie du jour solaire moyen.

Les unités dérivées, relatives à l'espace, sont les *unités géométriques*. Telles sont l'*unité de surface* ou *centimètre carré* cm², et l'*unité de volume* ou *centimètre cube* cm³.

Si l'on appelle *dimension* d'une unité dérivée son degré par rapport à l'unité fondamentale correspondante, l'unité de surface sera de degré 2 par rapport à l'unité de longueur et l'unité de volume de degré 3; elles pourront s'écrire symboliquement L^2 et L^3, signes qui représenteront leurs *dimensions*. On sait que ces dimensions servent au passage d'un système d'unités à un autre, connaissant les rapports des unités fondamentales.

Les unités dérivées, relatives à l'espace et au temps, sont les *unités cinématiques*. Telles sont : 1° l'*unité de vitesse;* c'est la vitesse d'un corps parcourant d'un mouvement uniforme, un centimètre en une seconde, ou *centimètre par seconde* LT^{-1}; 2° l'*unité d'accélération;* c'est celle d'un corps dont la vitesse augmente de un centimètre par seconde : c'est le centimètre par seconde *par seconde*. L'accélération d'un corps tombant librement dans le vide sous l'action de la pesanteur se désigne par g : elle est égale, à Paris, à 981 centimètres par seconde *par seconde*. L'accélération a pour dimensions LT^{-2}.

Les unités dérivées, relatives à l'espace, au temps et à la matière, sont d'ordre *mécanique*. Ce sont :

1° L'*unité de force* F : une force est le produit de la masse d'un corps par l'accélération qu'elle lui imprime. Les dimensions sont donc MLT^{-2}; l'unité de force sera la force qui, agissant sur la masse du gramme, lui communique une accélération d'un centimètre par seconde *par seconde*. On l'appelle *dyne*, du grec δύναμις.

Il est facile d'évaluer la dyne en grammes. Sous les latitudes moyennes, la force de la pesanteur communique à un gramme une accélération g de 981 centimètres. Les forces étant proportionnelles aux accélérations qu'elles produisent, on a :

$$\frac{1 \text{ gramme}}{981 \text{ centimètres}} = \frac{1 \text{ dyne}}{1 \text{ centimètre}}.$$

Un gramme est donc égal à 981 dynes.

2° L'*unité de pression* p. La pression est le quotient d'une force par une surface, l'unité sera donc la *dyne par centimètre carré*. Dans la pratique, la mégadyne par centimètre carré (méga = un million) porte le nom de *barie;* cette unité est très voisine d'*un kilogramme par centimètre carré* et d'*une atmosphère.*

3° L'*unité de travail* ou d'*énergie* W. Le travail est le produit d'une force par le chemin parcouru par son point d'application dans la direction de la force; ses dimensions sont donc ML^2T^{-2}. L'unité sera le travail produit par une dyne agissant sur une longueur d'un centimètre: ce sera une dyne-centimètre ou *erg*, du grec εργον. Son emploi n'a pas prévalu en pratique, où l'on évalue le travail en *kilogrammètres;* le kilogrammètre est le travail d'un kilogramme tombant d'un mètre de hauteur. Il est facile de transformer un kilogrammètre en ergs ; on a, en effet :

1 gramme = 981 dynes et 1 kilogramme = 981 × 1000 dynes,

1 kilogrammètre = 981 × 1000 × 100 dynes-centimètres ou ergs.

4° L'*unité de puissance* P. La puissance est le quotient du travail par le temps mis à l'accomplir; ses dimensions sont donc ML^2T^{-3}. L'unité de puissance est l'*erg par seconde*. En pratique, on emploie toujours le *kilogrammètre par seconde*, et le *cheval-vapeur* qui vaut 75 kilogrammètres par seconde ; le *poncelet* vaut 100 kilogrammètres par seconde.

Extension du système CGS à l'électricité et au magnétisme.

Si, pour continuer le système CGS en électricité et en magnétisme, nous reprenons les lois expérimentales exprimant les actions mécaniques qui s'exercent entre les masses électriques, les masses magnétiques et les courants électriques, nous trouvons les quatre lois suivantes, qui introduisent dans les mesures quatre coefficients dépendant du milieu dans lequel se passent les actions. Ce sont :

$$f = k\,\frac{QQ'}{r^2} \quad\dots\dots\dots\dots\dots \text{(Loi de Coulomb : électrostatique)},$$

$$f' = k'\,\frac{mm'}{r^2} \quad\dots\dots\dots\dots\dots \text{(Loi de Coulomb : magnétisme)},$$

$$df = k''\,\frac{m\,\mathrm{I}\,dl}{r^2}\sin\alpha \dots\dots\dots\dots \text{(Loi de Laplace : électromagnétisme)},$$

$$df' = k'''\,\frac{\mathrm{I}\,\mathrm{I}'dldl'}{r^2}(2\cos\varepsilon - 3\cos\theta\cos\theta')\;\text{(Loi d'Ampère : électrodynamique)}.$$

Nous pouvons de suite nous rendre compte que la loi d'Ampère, qui a été directement établie, ne forme pas une loi nouvelle et peut être considérée comme une conséquence de la loi de Laplace, étant donnée l'identification due à Ampère, des courants et des aimants; l'un des courants peut, en effet, être remplacé par le champ galvanique qu'il produit au point où se trouve l'autre courant. Le coefficient k''' se trouve être ainsi une fonction de k' et de k''. On démontre facilement que l'on a la relation :

$$k''' = \frac{k''^2}{k'}. \quad (1)$$

---

(1) Puisqu'il s'agit seulement de trouver la relation qui existe entre les divers coefficients relatifs au milieu interposé, nous pouvons envisager un cas particulier, où les lois élémentaires de Laplace et d'Ampère ne comportent aucun facteur trigonométrique.

Soit un pôle m exerçant son action à la distance r sur un élément de courant $\mathrm{I}dl$ placé de telle sorte que $\sin\alpha$ soit égal à 1, l'influence du milieu est caractérisée par le coefficient k'' et l'on a :

$$df = k''\,\frac{m\,\mathrm{I}\,dl}{r^2}.$$

Nous pouvons remplacer le pôle m par l'intensité du champ magnétique que produit ce pôle au point où se trouve l'élément de courant. Cette intensité $\mathcal{JC} = k'\,\frac{m}{r^2}$ s'obtient en appliquant la loi de Coulomb, relative au magnétisme, et nous pouvons écrire :

$$df = \frac{k''}{k'}\,\mathcal{JC}\,\mathrm{I}dl.$$

Nous savons qu'il n'existe aucune différence entre les champs magnétiques produits par des aimants et par des courants, nous pouvons donc supposer que le champ magnétique d'intensité $\mathcal{JC}$ provient, non plus d'un pôle m mais d'un courant $\mathrm{I}'dl'$, parallèle au premier et placé à la distance r; ce courant devra être tel qu'il produise sur la masse magnétique égale à l'unité placée au point où se trouve l'élément $\mathrm{I}dl$,

Les trois relations fondamentales qui restent ne nous apprennent rien sur la nature de l'électricité et du magnétisme et nous ne pouvons songer à supprimer les coefficients k, k', k'', car il ne peut y avoir dans chacune de ces formules, homogénéité physique entre la force que nous mettons dans le premier membre et le produit des masses électriques et magnétiques divisées par le carré de la distance, que nous mettons dans le deuxième. L'influence caractéristique du milieu dans lequel se passent les actions, mise en évidence par ces coefficients, paraît au contraire jouer un rôle primordial et contribue par là même, à faire rejeter les actions à distance que sembleraient établir la loi de l'attraction universelle et les lois similaires (1).

Si l'on adjoint aux trois lois ci-dessus, la relation $Q = It$ ou loi de Pouillet, qui est une simple définition de l'intensité ou débit d'électricité, loi qui relie les phénomènes électrostatiques et électrodynamiques (décharge électrique ou courant électrique), nous aurons, au moyen de ces quatre équations, à évaluer six grandeurs en fonction des forces et par là même en fonction des unités fondamentales L.M.T. Ces six grandeurs sont : 1° la quantité d'électricité Q ; 2° l'intensité I ; 3° la quantité de magnétisme m ; 4° enfin les trois coefficients k, k', k''.

Pour faire cesser l'indétermination et pouvoir réaliser un système d'unités commode, nous sommes obligés de supposer que nous opérons toujours dans un même milieu et d'égaler à l'unité deux des trois coefficients. En réalité, les systèmes que l'on peut établir ainsi se réduisent à deux, qui correspondent à :

$k = 1$ avec $k'' = 1$ (c'est le système électrostatique);
$k' = 1$ avec $k'' = 1$ (c'est le système électromagnétique).

------

une action égale à $\mathcal{K}$; cette action nous est donnée par la loi de Laplace, où l'on fait $m = 1$:

$$\mathcal{K} = k'' \frac{l' dl'}{r^2}.$$

La force qui s'exerce entre les deux éléments de courants $I dl$, $I' dl'$ sera donc donnée par :

$$df = \frac{k''}{k'} \cdot k'' \cdot \frac{I l' dl dl'}{r^2}.$$

Or, si nous avions évalué directement cette force par la loi d'Ampère, nous aurions introduit le coefficient k''' pour tenir compte du milieu. Nous aurions donc pu écrire :

$$df = k''' \frac{I l' dl dl'}{r^2}.$$

On en déduit la relation suivante qui lie les divers coefficients k', k'', k''', savoir :

$$k''' = \frac{k''^2}{k'}.$$

(1) Cette hypothèse des actions à distance est une de celles que l'esprit se refuse à accepter et, si nous concevons aisément des actions se transmettant de proche en proche (courroie tendue, engrenages, vapeur, air ou eau sous pression), nous ne pouvons guère nous faire une idée nette de corps agissant à distance les uns sur les autres à travers des milieux complètement inertes. On est donc conduit, comme pour la chaleur et la lumière, à abandonner l'idée d'agents spéciaux produisant les phénomènes électriques et magnétiques et à les considérer comme résultant, par un mécanisme inconnu, des modifications de l'*éther* qui, d'après les physiciens, occuperait tout l'espace.

Or, les expériences de Mercadier et Waschy ont montré, qu'en fait, les deux coefficients k' et k'' se montraient presque insensibles aux changements de milieux, tandis qu'il était loin d'en être de même pour le coefficient k de la loi de Coulomb en électrostatique; il est donc naturel d'égaler à l'unité k' plutôt que k. De plus, les instruments de mesures électriques sont plus simples dans le système électromagnétique que dans le système électrostatique; enfin les applications les plus nombreuses de l'électricité sont basées sur l'électromagnétisme. Ces diverses considérations ont fait adopter le système électromagnétique de préférence au système électrostatique.

Système électromagnétique CGS. — Grandeurs électriques.

Si l'on égale à l'unité les deux coefficients k' et k'', on a pour définir les quatre grandeurs inconnues Q, I, m, k, en fonction des trois unités fondamentales LMT, les quatre équations suivantes :

$$f = k\frac{QQ'}{r^2}, \qquad f' = \frac{mm'}{r^2}, \qquad df = \frac{m\mathrm{I}dl}{r^2}\sin\alpha, \qquad Q = \mathrm{I}t.$$

La deuxième, en faisant $m = m' = 1$, $r = 1$, nous donne $f' = 1$, on dira donc que l'unité de quantité de magnétisme est la quantité qui, agissant à l'unité de distance, sur une quantité identique, produit une action égale à l'unité de force. On a ainsi :

d'où :
$$f' = \frac{m^2}{r^2};$$
$$m = r\sqrt{f'}.$$

Les dimensions seront donc :

$$L\sqrt{MLT^{-2}} = L^{\frac{3}{2}}M^{\frac{1}{2}}T^{-1}.$$

La troisième, $df = \frac{m\mathrm{I}dl}{r^2}\sin\alpha$, nous donne l'unité d'intensité de courant. Toutefois cette expression étant différentielle, il faut se placer dans un cas où l'intégration soit possible. On prendra un courant circulaire de rayon 1 dont un pôle de masse 1 occupera le centre; ce courant circulaire sera pris d'une longueur égale à 1; α sera égal à 90° et le sinus égal à 1. On aura donc dans la formule précédente :

$$f = \frac{m\mathrm{I}l}{r^2}, \qquad \text{d'où :} \qquad \mathrm{I} = \frac{fr^2}{ml},$$

L'unité d'intensité sera celle d'un courant de longueur égale à 1, disposé suivant un arc de cercle de rayon 1 et produisant une action égale à l'unité de force sur une masse magnétique égale à 1, située au centre. Les dimensions seront :

$$\mathrm{I} = \frac{fr^2}{ml} = \frac{MLT^{-2}L^2}{M^{\frac{1}{2}}L^{\frac{3}{2}}T^{-1}L} = M^{\frac{1}{2}}L^{\frac{1}{2}}T^{-1}.$$

La quatrième équation ou loi de Pouillet nous donne ensuite l'unité de quantité d'électricité. Dimensions : $M^{\frac{1}{2}}L^{\frac{1}{2}}$.

Enfin la première équation nous donnera k. On trouve ainsi que k a pour dimensions L^2T^{-2}, c'est-à-dire le carré d'une vitesse v^2. Si l'on était parti de la loi de Coulomb pour établir le système électrostatique, on aurait égalé à 1 le coefficient k. Le rapport des unités de quantité d'électricité dans les deux systèmes est donc égal à v. Or, numériquement, v est égal à 3×10^{10} centimètres par seconde, soit 300,000 kilomètres par seconde, c'est-à-dire la *vitesse de la lumière*. Il est bien difficile de ne voir dans la valeur de ce coefficient de transformation qu'une coïncidence purement fortuite; Maxwell, assimilant au contraire les phénomènes électriques aux phénomènes lumineux, a pris ce rapport v comme point de départ pour sa théorie électromagnétique de la lumière.

Si maintenant nous voulons évaluer les diverses grandeurs électriques et magnétiques usuelles, nous nous servirons des relations que donnent leurs définitions. On déduira l'unité de résistance de la loi de Joule :

$$W = RI^2 t,$$

et l'on trouvera ainsi que dans le système électromagnétique la résistance a comme dimensions LT^{-1}, c'est-à-dire une vitesse. La loi d'Ohm donnera de même l'unité de force électromotrice $E = RI$. La définition de la capacité $Q = CE$ donnera l'unité de capacité. Enfin, le coefficient d'induction et celui de self-induction tireront leurs unités de la relation $W = MII'$; on trouve ainsi que la dimension du coefficient d'induction mutuelle ou de self-induction est une longueur L; son unité est donc le centimètre dans le système CGS. On trouverait de même, en prenant leurs définitions, l'unité de champ magnétique, l'unité de flux de force, etc.

Il ne faut pas s'exagérer la portée des résultats que l'on obtient par l'examen des dimensions des unités, car ces dimensions ne nous renseignent en rien sur la nature physique de la quantité mesurée. Par exemple, une résistance n'est pas une vitesse : c'est une propriété intrinsèque de la matière qui dépend de la forme et de la nature du conducteur. Un coefficient d'induction n'est pas davantage une longueur; ce que l'on peut dire pour cette grandeur, c'est que dans le système d'unités adopté, quand on rendra n fois plus grande l'unité de longueur, l'unité de coefficient d'induction variera dans le même rapport. Il faut se rappeler, en effet, que pour établir le système électromagnétique, on a dû faire une hypothèse, et que cette hypothèse enlève toute valeur à l'interprétation objective des dimensions des grandeurs nouvelles (1).

Unités pratiques.

Le système CGS donne des unités qui ne se trouvent pas en bonne proportion avec les grandeurs que l'on a à mesurer dans la pratique. Ainsi, l'unité électromagnétique de résis-

---

(1) En réalité, les phénomènes électriques introduisent une nouvelle grandeur physique, actuellement irréductible aux notions de longueur, temps et masse. On peut prendre comme quatrième unité fondamentale, soit l'unité de coefficient k, soit l'unité de coefficient k'.

Le système électrostatique est donc le système CGSk, le système électromagnétique est le système CGSk'.

tance serait équivalente à celle d'un fil de cuivre de 1 millimètre de diamètre dont on prendrait seulement une longueur
de $\frac{1}{20.000}$ de millimètre ; par contre, l'unité de capacité serait
celle d'une sphère de rayon égal à un million de rayons terrestres.

Ces unités n'auraient pu convenir aux praticiens, car l'unité
de capacité, par exemple, aurait été aussi désagréable que le
serait le myriamètre pour coter un dessin d'horlogerie. On
s'est donc vu obligé de prendre des multiples des unités trop
petites et des sous-multiples de celles qui étaient trop grandes.
Ces multiples et sous-multiples devaient être décimaux. De
plus, il fallait conserver la cohérence du système ; ainsi, il fallait que l'unité de force électromotrice donnât l'unité d'intensité dans l'unité de résistance. On a satisfait à toutes ces
conditions en prenant une unité de longueur égale à 10^9 centimètres et une unité de masse égale à 10^{-11} masses du gramme.
L'accord a été établi en 1881, non seulement sur les unités
elles-mêmes, mais encore sur leur nomenclature, et l'on a
donné à ces unités les noms des savants les plus illustres dont
les travaux ont eu pour objet l'électricité et la mécanique. Ce
système pratique est résumé ci-dessous (1) :

Unités.	Noms.	Valeurs en unités électromagnétiques C G S
Intensité.	Ampère. . . .	10^{-1} C G S
Quantité.	Coulomb. . . .	10^{-1}
Résistance.	Ohm.	10^9
Force électromotrice.	Volt.	10^8
Capacité.	Farad.	10^{-9}

Ce système est cohérent comme le système CGS. Ainsi les
relations $Q = It$, $E = RI$, $Q = CE$ se traduiront par :

$$1 \text{ coulomb} = 1 \text{ ampère} \times 1 \text{ seconde}$$
$$1 \text{ volt} \quad = 1 \text{ ohm} \quad \times 1 \text{ ampère}$$
$$1 \text{ coulomb} = 1 \text{ farad} \quad \times 1 \text{ volt.}$$

---

(1) Il est caractérisé par :

$$10^9 \text{ centimètres} - 10^{-11} \text{ grammes-masse} - \text{seconde} - \left(k = \frac{1}{900}\right).$$

On a rendu le système plus maniable encore en adjoignant à ces unités les préfixes *milli* (1 millième), *méga* (1 million), *micro* (un millionième). Ainsi les courants télégraphiques se chiffrent en milliampères, les courants téléphoniques en microampères, les résistances d'isolement en megohms, les résistivités des conducteurs en microhms-centimètre, la capacité des condensateurs en microfarads.

Dans le système pratique, l'unité de travail électrique est le travail développé par un coulomb dont le potentiel diminue d'un volt. On l'appelle un *joule* et l'on a :

$$1 \text{ joule} = 1 \text{ volt} \times 1 \text{ coulomb.}$$

Il est facile d'évaluer un joule en ergs ou en kilogrammètres. On a, en effet :

$$1 \text{ joule} = 1 \text{ volt} \times 1 \text{ coulomb} = 10^8 \times 10^{-1} \text{ CGS} = 10^7 \text{ ergs.}$$

Or nous savons que :

$$1 \text{kilogrammètre} = 1000 \times 981 \times 100 \text{ dynes-centimètres}$$
$$= 9,81 \times 10^7 \text{ ergs.}$$

Le kilogrammètre est donc égal à 9,81 joules. Pratiquement, dans l'industrie, on compte toujours le kilogrammètre pour 10 joules.

L'unité de puissance correspond à l'unité de travail par seconde : c'est l'énergie développée par une force électromotrice de 1 volt pour maintenir un courant de 1 ampère. On l'appelle *watt* et l'on a :

$$1 \text{ watt} = 1 \text{ volt} \times 1 \text{ ampère.}$$

Il est facile d'évaluer le watt en kilogrammètres par seconde, en ergs par seconde, en chevaux-vapeur ou en poncelets. On a évidemment, comme ci-dessus :

$$1 \text{ watt} = 1 \text{ joule par seconde} = 10^7 \text{ ergs par seconde}$$
$$= \frac{1}{9,81} \text{ kilogrammètre par seconde.}$$

La puissance d'un cheval-vapeur étant égale à 75 kilogrammètres par seconde est équivalente à 736 watts. On voit que le poncelet, qui est de 100 kilogrammètres par seconde, se rapproche pratiquement assez du kilowatt (981 watts au lieu de 1000 watts) pour que l'on puisse les confondre dans les applications industrielles.

On emploie enfin quelquefois une unité de quantité d'électricité et une unité de travail qui se conçoivent d'elles-mêmes d'après leur énoncé, l'heure contenant 3600 secondes. Ce sont :

$$1 \text{ ampère-heure} = 3600 \text{ coulombs},$$
$$1 \text{ watt-heure} = 3600 \text{ joules}.$$

On a vu que le coefficient d'induction mutuelle ou de self-induction était homogène à une longueur dans le système électromagnétique (1) : son unité CGS est donc le centimètre. Pour le rattacher aux unités pratiques on a pris pour le mesurer 10^9 centimètres ou 10 millions de mètres; comme c'était précisément la longueur du quadrant terrestre, on avait d'abord donné le nom de *quadrant* à cette unité. Ce nom avait le tort de fausser les idées sur la nature de cette grandeur ; le congrès de Chicago, en 1893, lui a substitué le nom de *Henry* (2). La définition officielle se sert de la force électromotrice d'induction $e = - \text{M} \dfrac{d\text{I}}{dt}$. L'henry est l'induction dans un circuit où la force électromotrice est 1 volt quand le courant inducteur varie à raison de 1 ampère par seconde.

On sait qu'une conductance est l'inverse d'une résistance dont l'unité est l'ohm; or, les très longs calculs que l'on doit faire pour un réseau électrique à nombreuses mailles, tel que celui qui constitue la canalisation d'une ville, seraient grandement simplifiés si, au lieu de considérer les résistances, on opérait sur leurs inverses. Par exemple, d'après les lois de Kirchhoff, on sait que la résistance équivalente à celle de plusieurs conducteurs, dérivés entre deux points, est donnée par :

$$\frac{1}{\text{R}} = \frac{1}{r_1} + \frac{1}{r_2} + \ldots + \frac{1}{r_n}.$$

Le calcul analogue de la conductance équivalente, donnerait lieu à une simple addition :

$$\text{C} = c_1 + c_2 + \ldots + c_n.$$

L'unité pratique de conductance est le *mho*, qui, même dans les lettres qui composent son nom, est l'inverse de l'ohm.

---

(1) Lorsqu'on fait abstraction de la quatrième grandeur physique fondamentale.

(2) Il faut remarquer qu'un coefficient d'induction mutuelle est numériquement égal à un flux par définition, c'est celui qui pénètre par la face droite de l'un des circuits lorsque l'autre est parcouru par un courant égal à l'unité ; or on sait mesurer un flux, on sait donc mesurer un coefficient d'induction. On sait, d'autre part, qu'on augmente ce flux en plaçant un corps magnétique sur le trajet des lignes de force; on augmentera donc le coefficient d'induction en plaçant du fer dans les bobines.

Système électromagnétique CGS. — Grandeurs du circuit magnétique.

On sait toute l'importance industrielle qu'ont prise les applications de l'électromagnétisme et de l'induction dans ces dernières années : les électro-aimants, les machines dynamo-électriques, les télégraphes, ont rendu familière la notion du circuit magnétique; quelques unités sont donc venues compléter le système électromagnétique CGS, en ce qui concerne le circuit magnétique. Bien que ces unités ne soient pas officiellement reconnues, leur usage commence à se répandre et il ne faut plus les ignorer.

On a déjà vu l'établissement de l'unité de quantité de magnétisme, par la loi de Coulomb, relative au magnétisme. On avait $f' = \dfrac{mm'}{r^2}$. Faisant $m = m' = 1$, $r = 1$, on avait $f' = 1$, et l'unité de quantité de magnétisme était la quantité qui, agissant à l'unité de distance sur une quantité identique, produisait une action égale à l'unité de force. Or, $\mathcal{H}$ étant l'intensité du champ magnétique produit par une masse m à la distance r, on a $\mathcal{H} = \dfrac{m}{r^2}$ et $f' = \mathcal{H}m'$. Si l'on fait $m' = 1$, on a $f' = \mathcal{H}$; l'unité d'intensité de champ sera donc l'intensité d'un champ qui produirait sur la masse égale à 1 une action égale à l'unité de force. Cette unité CGS a reçu le nom de *Gauss*. Un champ de 1000 gauss sera un champ produisant une action de 1000 dynes sur l'unité de masse magnétique au point considéré.

On sait que l'intensité $\mathcal{H}$ dans l'air d'un champ magnétique, se renforce dans un milieu de perméabilité μ plus grande que l'air et devient $\mathcal{B} = \mu\mathcal{H}$.

$\mathcal{B}$ est l'induction magnétique produite par $\mathcal{H}$ dans ce milieu; μ étant un coefficient numérique dont les valeurs sont portées dans des tables expérimentales, l'induction $\mathcal{B}$ se chiffrera encore en gauss.

Le flux de force qui traverse une surface S est $\Phi = \mathcal{B}S = \mu\mathcal{H}S$. L'unité de flux sera 1 gauss par centimètre carré : on l'appelle 1 *weber*.

On se rappelle enfin la remarquable analogie de formule qui existe entre l'expression donnant le flux de force dans le circuit magnétique et celle qui fournit l'intensité du courant dans un circuit électrique. Les deux équations :

$$\Phi = \frac{4\pi nI}{\dfrac{l}{\mu S}} \qquad \text{et} \qquad I = \frac{E}{\dfrac{l}{cS}}$$

sont tellement comparables, sans exagérer les résultats de cette comparaison au point de vue de la nature objective des phénomènes, que la première pourrait s'appeler la loi d'Ohm du circuit magnétique. Par analogie avec la force électromotrice, on a appelé *force magnétomotrice* $\mathcal{F}$ la grandeur $4\pi nI$, réservant le nom de *force magnétisante* $\mathcal{H}$ à l'intensité du champ inducteur $\mathcal{H} = \dfrac{4\pi nI}{l}$, laquelle se chiffre en gauss comme nous l'avons vu. Le produit nI a été appelé par Marcel Deprez le nombre d'*ampères-tours* de la bobine, $\dfrac{n}{l} = n_1$ est le nombre de spires par unité de longueur ou nombre spécifique de spires; le produit $\frac{nI}{l} = n_1 I$ est le nombre spécifique d'ampères-tours; enfin $\frac{i}{\mu S}$ porte le nom de *reluctance* $\mathcal{R}$. L'unité de force magnétomotrice $\mathcal{F} = 4\pi nI$, homogène à une intensité de courant, s'appelle un *gilbert*. C'est une unité CGS : elle se définit force magnétomotrice donnée par une seule spire parcourue par l'unité d'intensité de courant.

$$1 \text{ gilbert} = 4\pi(nI) \text{ CGS.}$$

Si l'on évalue nI en ampères-tours, I est évalué en ampères, de sorte que l'on a :

$$1 \text{ gilbert} = 4\pi(nI) 10^{-1} \text{ ampères-tours.}$$

Pour I = 1 ampère et pour une seule spire, on a par définition :

$$1 \text{ gilbert} = 1,25 \text{ ampère-tour.}$$

Enfin, on a donné le nom d'*Œrsted* à l'unité de reluctance, $\frac{l}{\mu S}$, comparable à la résistance $\frac{l}{cS}$, de sorte que l'on a les deux formules analogues pour le circuit électrique et le circuit magnétique :

$$1 \text{ ampère} = \frac{1 \text{ volt}}{1 \text{ ohm}}, \qquad 1 \text{ weber} = \frac{1 \text{ gilbert}}{1 \text{ œrsted}}.$$

Légalisation du système d'unités électriques international. Construction des étalons.

Par décret du 25 avril 1896, sur un rapport de M. Violle, les unités d'intensité, de résistance et de force électromotrice précédemment définies comme unités pratiques, sont devenues d'un usage obligatoire dans tous les marchés et contrats passés pour le compte de l'État, dans toutes les communications faites aux services publics, et dans les cahiers des charges dressés par eux.

L'unité de résistance électrique, ou *ohm international*, est définie comme la résistance offerte à un courant invariable, par une colonne de mercure à 0° ayant une masse de 14,452 grammes, une section constante et une longueur de 106,3 centimètres.

Précédemment, en 1884, l'*ohm légal* avait été adopté provisoirement pour une période de dix ans, les expériences entreprises à cette époque pour sa détermination n'étant pas encore suffisamment précises pour permettre une adoption définitive : l'ohm légal avait été défini comme la résistance à 0° d'une colonne de mercure de 1mm² de section et de 106 centimètres de longueur. Le principe de cette détermination, faite en France au parc de Trianon, avait été le suivant : un cadre circulaire étant disposé perpendiculairement au champ magnétique terrestre, on connaissait exactement la valeur Φ du flux de force à travers le cadre Un retournement de 180° donnait naissance à une force électromotrice d'induction dont on connaissait la valeur ; mesurant l'intensité du courant, on avait, par la loi d'Ohm, la résistance du cadre que l'on comparait ensuite à celle d'une colonne de mercure. Des expériences plus précises ont montré que la longueur de la colonne de mercure devait être prise égale à 106,3 centimètres ; de plus, comme le seul moyen pratique de déterminer le diamètre intérieur d'un tube cylindrique était de peser le mercure qu'il contenait, on prit dans la définition de l'ohm la masse de ce mercure, au lieu de la section de 1mm².

On fait des copies de l'ohm international en enroulant sur un cylindre, des spires de *maillechort* ou de *nickeline*, dont la résistance varie très peu avec la température ; l'enroulement double que montre la figure est destiné à éviter dans la bobine les effets extérieurs et ceux de la self-induction. C'est l'*étalon pratique de résistance.*

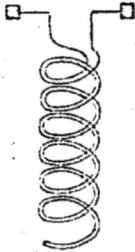

L'unité électrique d'intensité ou *ampère international* est défini comme le dixième de l'unité électromagnétique de courant. Elle est représentée, d'une manière suffisamment exacte pour les besoins de la pratique, par le courant invariable qui dépose 0,004118 grammes d'*argent* par seconde dans un *voltamètre à azotate d'argent.*

De même l'unité de force électromotrice ou *volt international* est la force électromotrice qui soutient le courant d'un ampère dans un conducteur dont la résistance est un ohm international. Elle est suffisamment représentée, pour les besoins de la pratique, par les 0,6974 ou $\frac{1000}{1434}$ de la force électromotrice d'un élément *Latimer Clark* (1).

(1) L'élément théorique est constitué par du *zinc,* du *mercure* et de l'*eau acidulée sulfurique ;* sa construction pratique assez délicate est décrite, ainsi que celle du voltamètre à argent dont il vient d'être question. (*anode soluble d'argent* suspendue dans un bain d'*azotate d'argent,* lequel est contenu dans une *coupelle en platine* préalablement pesée formant cathode), comme notes annexes à la suite du décret du 25 avril 1896.

On voit que le caractère fugitif des deux grandeurs électriques, intensité et force électromotrice, n'a pas permis d'en construire des étalons ; seul l'ohm international a pu être réalisé, la résistance ayant un caractère permanent qui tient à ce qu'elle constitue une propriété intrinsèque de la matière.

II. — MESURES ÉLECTRIQUES.

Classification des appareils.

L'électrométrie comporte trois classes d'appareils de mesure :

1º Des *étalons* et *instruments de laboratoire*, très précis, mais aussi très délicats, sur lesquels nous ne pouvons insister ici ;

2º Des appareils plus *robustes :* ce sont les instruments *industriels ;*

3º Des appareils de contrôle ou *enregistreurs :* ce sont les *compteurs électriques*. Nous étudierons ces derniers en même temps que la distribution d'énergie électrique.

Les trois principales mesures que l'on ait à effectuer sont : α) la mesure des intensités; β) la mesure des forces électromotrices ; γ) la mesure des résistances. Toutes les autres, capacité, intensité de champ magnétique, perméabilité, en dérivent. La plus importante, celle à laquelle reviennent en définitive toutes les autres, est la mesure des intensités; c'est par cette dernière que nous commencerons.

α) Mesure des intensités.

Les instruments qui servent à la mesure des intensités sont fondés sur les phénomènes suivants :

1º Action des courants sur les aimants : *galvanomètres, ampèremètres ;*

2º Action des courants sur les courants : *électrodynamomètres ;*

3º Action électrolytique : *voltamètres* (1) ;

4º Action calorifique due à l'effet Joule : *appareils Cardew*.

Galvanomètres.

Le principe des galvanomètres a son origine dans l'expérience d'Œrsted : une aiguille aimantée se met en croix avec le courant ; cè galvanomètre simple reçut un premier perfectionnement par l'emploi du *cadre multiplicateur* de Schweigger, dans lequel une plus grande longueur de fil agissait sur l'aiguille aimantée.

La déviation est la résultante de deux actions : l'une, celle du courant ; l'autre, antagoniste, celle du magnétisme terrestre. Si l'on calcule les divers éléments en jeu, d'après les formules connues, et sachant quelle est la composante du magnétisme terrestre, on a un *galvanomètre absolu* : la *boussole des tangentes* et la *boussole des sinus* sont des galvanomètres absolus.

Pour augmenter la sensibilité, c'est-à-dire pour affaiblir l'action directrice terrestre, *Nobili* a eu recours à un système de deux petites aiguilles parallèles, aimantées en sens inverse et solidaires l'une de l'autre : c'est le système dit *astatique*.

Pour augmenter la facilité des lectures, au lieu d'allonger indéfiniment les aiguilles, dont l'inertie diminue la sensibilité de l'appareil, un grand perfectionnement a consisté à adjoindre au système, l'équipage : *Lampe, Échelle* et *Miroir;* c'est la méthode *stroboscopique*, si usitée dans les mesures de précision ; l'ensemble est représenté sur la figure ci-contre.

Nous signalerons enfin un autre perfectionnement : par suite de la mobilité de l'aiguille et de la faible action directrice de la terre, l'index oscille très longtemps avant d'atteindre sa position d'équilibre. En plaçant dans son voisinage des masses de cuivre, l'aiguille, par son déplacement même, fait naître dans ces masses des courants induits, que nous avons déjà vus sous le nom de courants de Foucault, et qui, d'après la loi de Lenz, tendent à s'opposer au mouvement,

---

(1) Les voltamètres seront étudiés ultérieurement.

en jouant le rôle d'un frein invisible; l'aiguille arrive donc lentement à sa position d'équilibre et y reste sans osciller : le galvanomètre est *apériodique*.

Galvanomètre Deprez-d'Arsonval

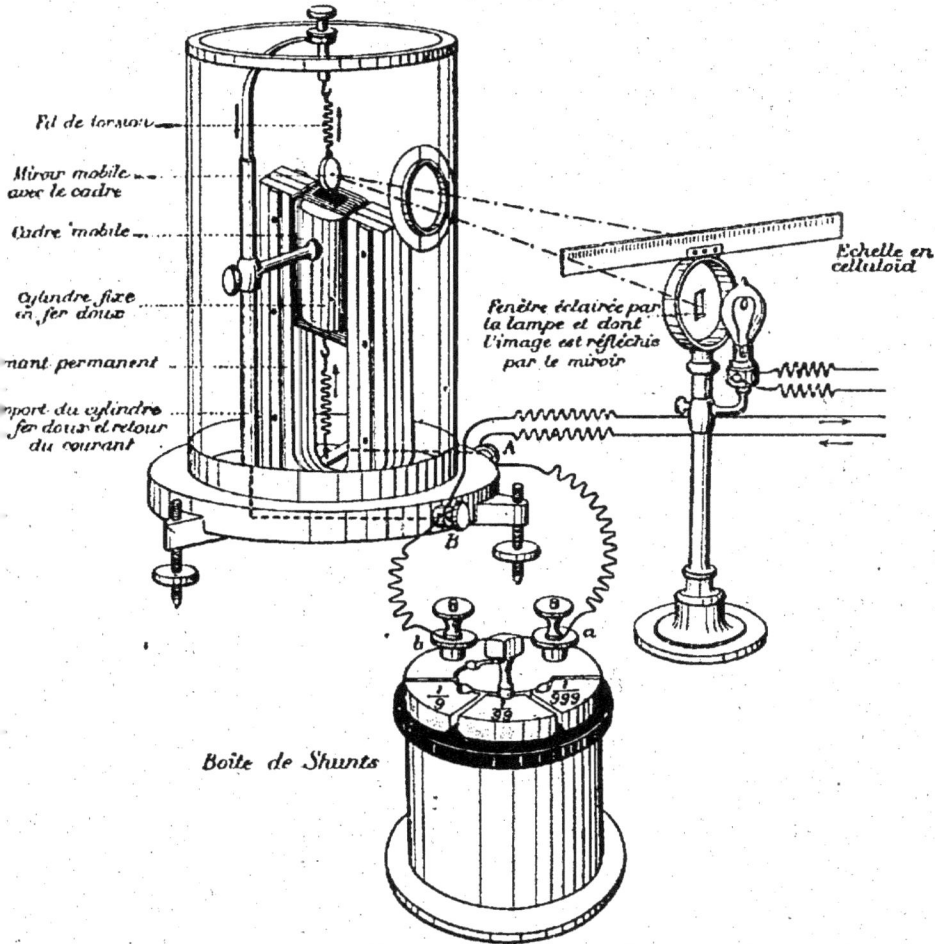

Fil de torsion

Miroir mobile avec le cadre

Cadre mobile

Cylindre fixe en fer doux

Aimant permanent

Support du cylindre en fer doux et retour du courant

Fenêtre éclairée par la lampe et dont l'image est réfléchie par le miroir

Échelle en celluloïd

Boîte de Shunts

Méthode stroboscopique.

Dans le galvanomètre Deprez-d'Arsonval, un cadre est mobile devant un aimant fixe. Ce cadre rectangulaire, sur lequel s'enroule le fil traversé par le courant à mesurer, est soutenu par deux fils métalliques qui servent de conducteurs au courant et en même temps d'axe de rotation ; la torsion de

8

ces fils détermine l'équilibre du cadre ; on les enroule en spi
rale, afin de ne jamais avoir à craindre de déformation per
manente due à la torsion.

Le cadre est disposé entre les pôles d'un aimant vertica
en fer à cheval et enveloppe un cylindre de fer doux mainten
par un support spécial. Le champ magnétique créé dans l
double entrefer que présentent l'aimant et le fer doux est sen
siblement uniforme dans la région où se déplace le cadre e
assez puissant pour qu'on puisse négliger, soit le magnétism
terrestre, soit les masses de fer situées dans le voisinage.

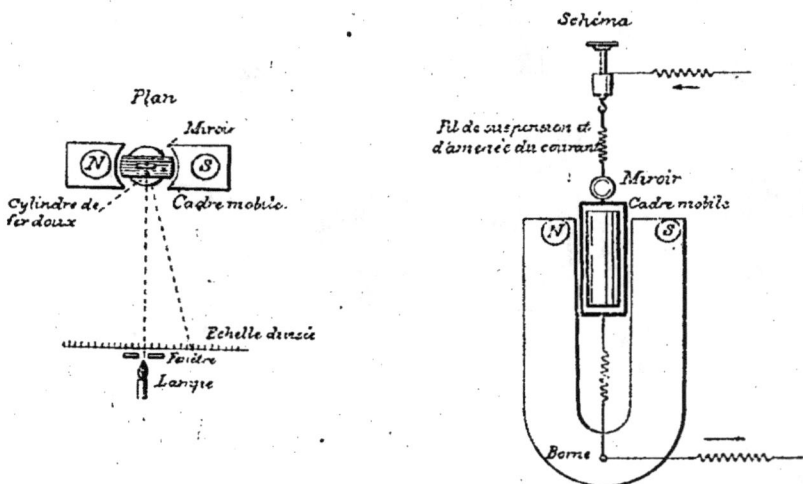

Galvanomètre Deprez-d'Arsonval.

Les forces antagonistes sont : l'action du courant, qui tend
à mettre le cadre en croix avec le champ de l'aimant, et la
réaction de torsion des fils conducteurs qui soutiennent le
cadre. Quant à l'intensité mesurée, elle est proportionnelle à
l'angle de déviation lorsque ce dernier est assez faible ; l'amortissement des oscillations est presque absolu et le galvano
mètre apériodique. Il est étalonné par comparaison avec un
instrument absolu.

Il peut arriver que l'intensité du courant à mesurer soi
trop forte, étant donné le galvanomètre dont on dispose : dans
ce cas, on s'arrange de façon à ne faire passer dans l'appa-

reil qu'une fraction connue du courant, le reste traverse un circuit dérivé qu'on appelle *shunt*.

Soient I l'intensité à mesurer, i l'intensité du courant

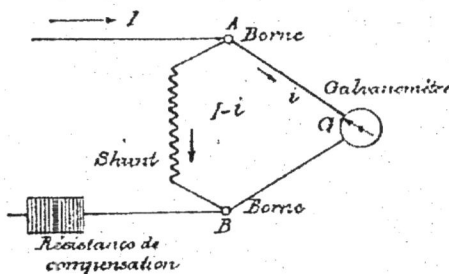

Shuntage d'un galvanomètre.

qui passe dans le galvanomètre, de résistance G ; I — i sera l'intensité qui passera dans le shunt de résistance S et l'on aura :

$$G i = S (I - i),$$

d'où :

$$I = i \frac{G + S}{S}.$$

Or i est mesuré, on connaîtra donc I ; $\frac{G + S}{S}$ est le *pouvoir multiplicateur du shunt*.

Si l'on veut que le courant soit réduit dans le galvanomètre à une fraction $\frac{1}{m}$ de sa valeur, il suffit de poser :

$$\frac{G + S}{S} = m,$$

d'où

$$S = \frac{G}{m - 1}.$$

La plupart du temps, on réduit l'intensité au $\frac{1}{10}$, $\frac{1}{100}$, $\frac{1}{1000}$ de sa valeur ; S sera donc égal à $\frac{1}{9}$, $\frac{1}{99}$, $\frac{1}{999}$ de la valeur de G.

Le shunt a, en diminuant la résistance entre A et B, augmenté l'intensité I ; si l'on a besoin de la ramener rigoureusement à la même valeur, il faut introduire à la suite une bobine de résistance, dite *bobine de compensation*, qu'il est facile de calculer. D'après les lois de Kirchhoff, si R représente la résistance de l'arc multiple entre A et B, on a :

$$\frac{1}{R} = \frac{1}{G} + \frac{1}{S},$$

d'où

$$R = \frac{GS}{G+S}.$$

Il faut rétablir la résistance primitive G et, pour cela, ajouter dans le circuit la résistance :

$$G - \frac{GS}{G+S} = \frac{G^2}{G+S}.$$

C'est la résistance de la bobine de compensation.

Ampèremètres Deprez-Carpentier.

Les *ampèremètres* sont des appareils industriels servant à mesurer les *courants intenses*, comme, par exemple, ceux qui servent à l'éclairage. Ils sont gradués en ampères par comparaison avec un instrument absolu. Ce sont des galvanomètres qui n'ont qu'une très faible résistance, car ils doivent être placés directement sur le courant à mesurer, sans affaiblir d'une façon notable son intensité ; pour fixer les idées, un ampèremètre destiné à mesurer de 1 à 80 ampères possède une bobine enroulée d'un fil gros et court qui n'a que $\frac{4}{1000}$ d'ohm de résistance.

La disposition et le schéma d'un ampèremètre Deprez-Carpentier sont donnés dans la figure ci-contre. Un fort aimant directeur NS assure la position d'une palette de fer doux dans le sens des lignes de force du champ. Cette palette est mobile autour d'un axe perpendiculaire au plan de la figure à l'intérieur, d'une bobine à gros fil parcourue par le courant à mesurer. L'axe rigide de la palette passe au travers de la bobine et porte, à l'extérieur de cette der-

nière, une aiguille indicatrice qui peut se mouvoir sur un
cadran divisé. Lorsqu'il ne passe aucun courant, la palette
de fer doux est simplement orientée dans le sens des lignes
de force et l'index est au zéro ; lorsqu'un courant passe
dans la bobine, il se produit un champ dont la direction est en
croix avec celle du champ dû aux aimants permanents, et l'aiguille est déviée.

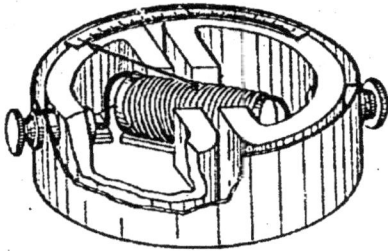

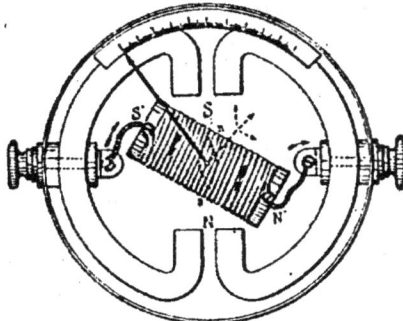

Perspective.   *Plan.*

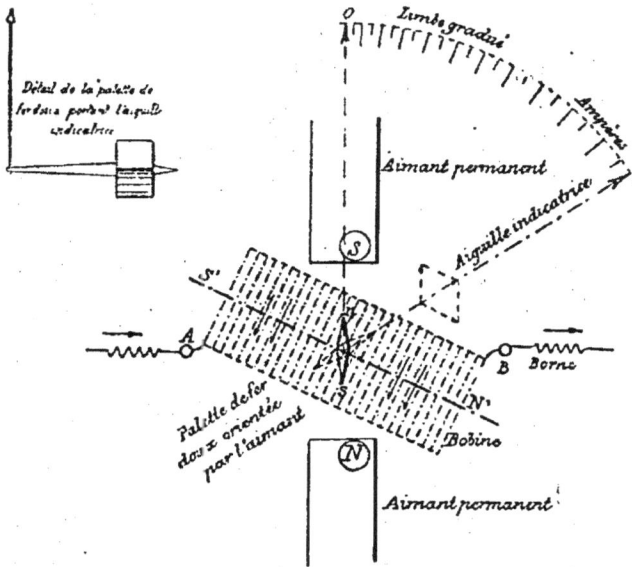

Schéma.

Ampèremètre Deprez-Carpentier.

*Si la bobine avait son axe perpendiculaire aux lignes de
force du champ directeur,* l'aiguille serait déviée, suivant le

sens du courant, soit à droite, soit à gauche, et l'on pourrait
faire la graduation dans les deux sens à partir du zéro. Mais
on voit qu'on aurait ainsi un grave inconvénient : *à mesure
que l'intensité du courant augmenterait, les déviations devien-
draient de plus en plus faibles*, le couple directeur croissant de
plus en plus, tandis que le couple créé par le courant irait en
s'affaiblissant. Il n'en sera pas de même, si l'on incline la
bobine comme l'indique la figure ; mais il faut alors avoir un
sens de courant tel que la palette de fer doux soit d'abord
ramenée parallèlement aux spires ; les deux couples croîtront
alors en même temps et l'on aura proportionnalité relative des
déviations avec les intensités.

Ampèremètre enregistreur. — Galvanomètre balistique.

Tous les appareils à aimants permanents ont le même
inconvénient : l'affaiblissement graduel du magnétisme de
l'aimant qui nécessite assez fréquemment de nouveaux éta-
lonnages. Aussi les ampèremètres sont-ils composés quelquefois d'un simple solénoïde à gros fil qui attire un noyau de fer
doux retenu par un ressort ou par la pesanteur : les *ampèremètres enregistreurs* appartiennent à cette catégorie.

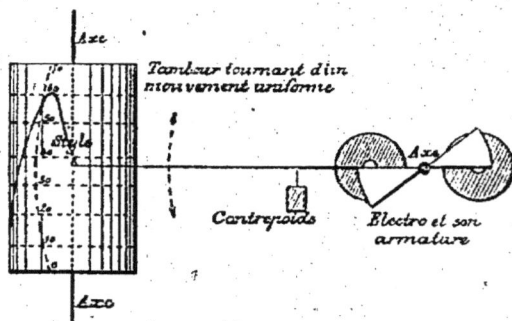

Ampèremètre enregistreur.

Les *courants instantanés* se mesurent au moyen du *galvanomètre balistique*, dans lesquels on déduit la valeur de la quantité totale d'électricité transmise, de l'élongation atteinte par
l'aimant dans sa première oscillation. La principale différence
entre les galvanomètres ordinaires et les galvanomètres balis-

tiques consiste en ce que, dans les premiers, on se propose de ramener l'aiguille au repos aussi vite que possible, tandis que dans les seconds, où l'écart extrême de l'aiguille est la quantité qu'il s'agit d'observer, il importe d'amortir l'oscillation aussi peu que possible.

Electrodynamomètres.

Les appareils appelés *électrodynamomètres* se distinguent nettement du groupe précédent en ce qu'ils ne comportent ni barreau aimanté ni masse magnétique, et qu'on n'y utilise que l'*action mutuelle de deux conducteurs traversés par le courant à mesurer*.

L'*électrodynamomètre* de *Weber*, par exemple, se compose de *deux bobines*, l'une intérieure à l'autre, à angle droit, l'extérieure fixe, l'intérieure mobile, et parcourues successivement par le même courant. Les deux bobines d'abord en croix tendent au parallélisme de leurs axes sous l'action du courant, mais le fil qui amène le courant à la bobine intérieure produit, par sa torsion, une force antagoniste qui donne à cette bobine une position

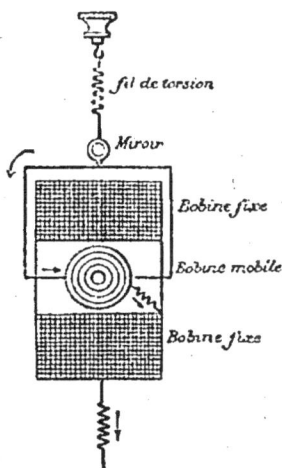

Électrodynamomètre de Weber.

d'équilibre. On annule l'influence de la terre en gardant toujours la bobine mobile dans le méridien magnétique et en faisant varier la position de l'autre; la *déviation est proportionnelle à* I², I étant l'intensité du courant.

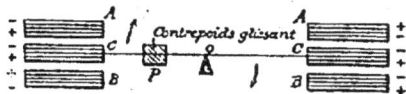

Balance de Thomson.

Dans la *balance de Thomson*, deux bobines C portées par les extrémités d'un fléau de balance sont parcourues dans le même sens par le courant à mesurer, de sorte que cet équipage est absolument insensible à l'action du magnétisme terrestre. Il est, au contraire, soumis aux actions concordantes de quatre bobines fixes AB où le même courant circule dans les sens voulus pour développer les polarités indiquées sur la figure. Le couple qui tend ainsi à abaisser le côté droit du fléau est proportionnel à I². On obtient l'équilibre en déplaçant un contrepoids glissant le long du fléau.

Les électrodynamomètres ont l'avantage de *pouvoir servir pour les courants alternatifs comme pour les courants continus*, car les courants changeant de sens à la fois dans les bobines, la déviation garde son sens. N'admettant pas d'aimants, ils n'ont pas besoin de subir un étalonnage de vérification.

Mesure des forces électro-motrices. — Voltmètres.

La mesure des forces électromotrices ou, ce qui revient au même, de la différence de potentiels entre deux points, peut se faire directement à l'aide de l'*électromètre à quadrants* de sir William Thomson ; mais cet appareil est d'un emploi délicat, même dans un laboratoire ; aussi, dans la pratique, on évalue toujours la différence de potentiels à l'aide de la loi d'Ohm, $E = RI$.

Soit une source d'électricité quelconque donnant naissance à un courant dans un circuit de résistance r. Si nous voulons,

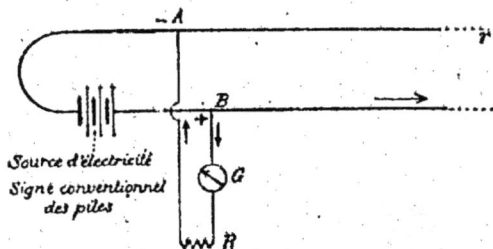

Mesure d'une différence de potentiels.

dans ce circuit, évaluer la différence de potentiels entre A et B, nous établirons une *dérivation* entre ces points, dans une *résistance* R très grande par rapport à r. L'intensité dans ce nouveau circuit sera très faible et le régime primitif dans la résistance *r* ne sera pas sensiblement modifié. En mesurant, au moyen d'un galvanomètre, l'intensité *i* dans cette résistance R, on aura $e = \mathrm{R}i$, et, puisque l'on s'est donné R, on pourra connaître *e*.

La mesure d'une différence de potentiels se réduit donc à la mesure d'une intensité ; aussi l'appareil employé n'est-il autre chose qu'un *ampèremètre*, mais *dont la résistance intérieure est très grande* (2000 à 3000 ohms). On l'appelle *voltmètre*. Cet instrument peut porter une graduation en *milliampères* qu'il suffit de multiplier par la résistance intérieure connue de l'appareil pour avoir des volts, ou une graduation directe R*i* en volts.

Comme les bobines sont à fils fins et serrés, elles s'échaufferaient trop en général par le passage d'un courant permanent, aussi y a-t-il avantage à ne les consulter que de temps en temps, en fermant au moment voulu le circuit au moyen d'un bouton de sonnerie. A part la résistance de la bobine, qui est beaucoup plus considérable, il n'y a donc aucune différence entre le voltmètre et l'ampèremètre Deprez-Carpentier, dont la description a été donnée plus haut.

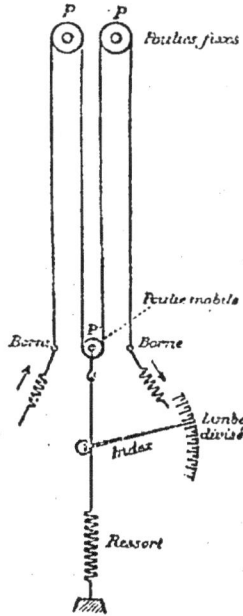

Voltmètre Cardew.

Pour les courants alternatifs, la méthode de la grande résistance donnerait des résultats inexacts à cause de la selfinduction considérable que présentent les bobines à fil fin ; comme nous le verrons plus loin, il faut que l'*appareil* qui sert à la mesure soit *sans selfinduction comme sans capacité appréciables*. C'est à quoi l'on arrive en se contentant de mesurer l'intensité du courant dérivé au moyen du *voltmètre thermique* de *Cardew*.

Le courant passe dans un fil de platine-argent de 0,05ᵐᵐ de diamètre et de 4 mètres de longueur, passant sur deux poulies fixes P et sur une poulie mobile P' constamment rappelée vers le bas par un fil sollicité lui-même par un ressort. Une *dilatation du fil permet un abaissement de la poulie mobile* et le fil tendeur entraîne la poulie supportant l'aiguille ; les déplacements angulaires sont proportionnels à l'échauffement déterminé par l'effet Joule. L'instrument se gradue par comparaison. On peut, évidemment, construire un ampèremètre sur le même principe.

Voltmètre avertisseur.

Il est souvent nécessaire, dans les distributions d'énergie électrique, de maintenir une différence de potentiels constante entre deux points donnés, ce qui exige une surveillance continuelle. Un *voltmètre avertisseur* a pour but d'indiquer automatiquement que la différence de potentiels reste dans les limites voulues et d'appeler l'attention de l'employé par des signaux optiques (allumage de lampe) ou acoustiques (sonneries), et souvent par les deux à la fois.

Le fonctionnement de tous ces appareils est facile à concevoir : le courant passe dans un électro créant un champ magnétique, dont les variations peuvent faire osciller une palette. Cette palette porte une aiguille équilibrée par un contrepoids et s'incline dans un sens ou dans l'autre, suivant que la force électromotrice baisse ou monte. Cette aiguille ferme un contact sur un butoir et allume une *lampe bleue* en actionnant une *sonnerie à timbre ;* en fermant un autre contact elle allume une *lampe rouge* en actionnant une *sonnerie à grelot.*

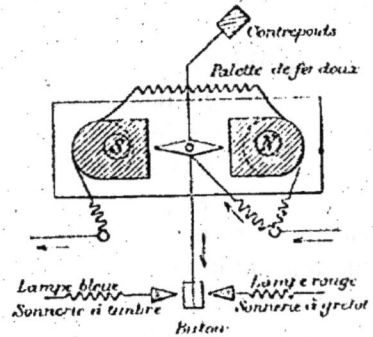

Voltmètre avertisseur.

Mesure des résistances. — Boîtes de résistances.

Nous avons déjà décrit l'étalon de résistance et sa copie en maillechort : si l'on dispose plusieurs bobines-étalons, construites comme celle qui représente l'ohm légal, à l'intérieur d'une boîte, on a ce qu'on appelle une *boîte de résistances.* La figure ci-contre en donne la perspective et le schéma.

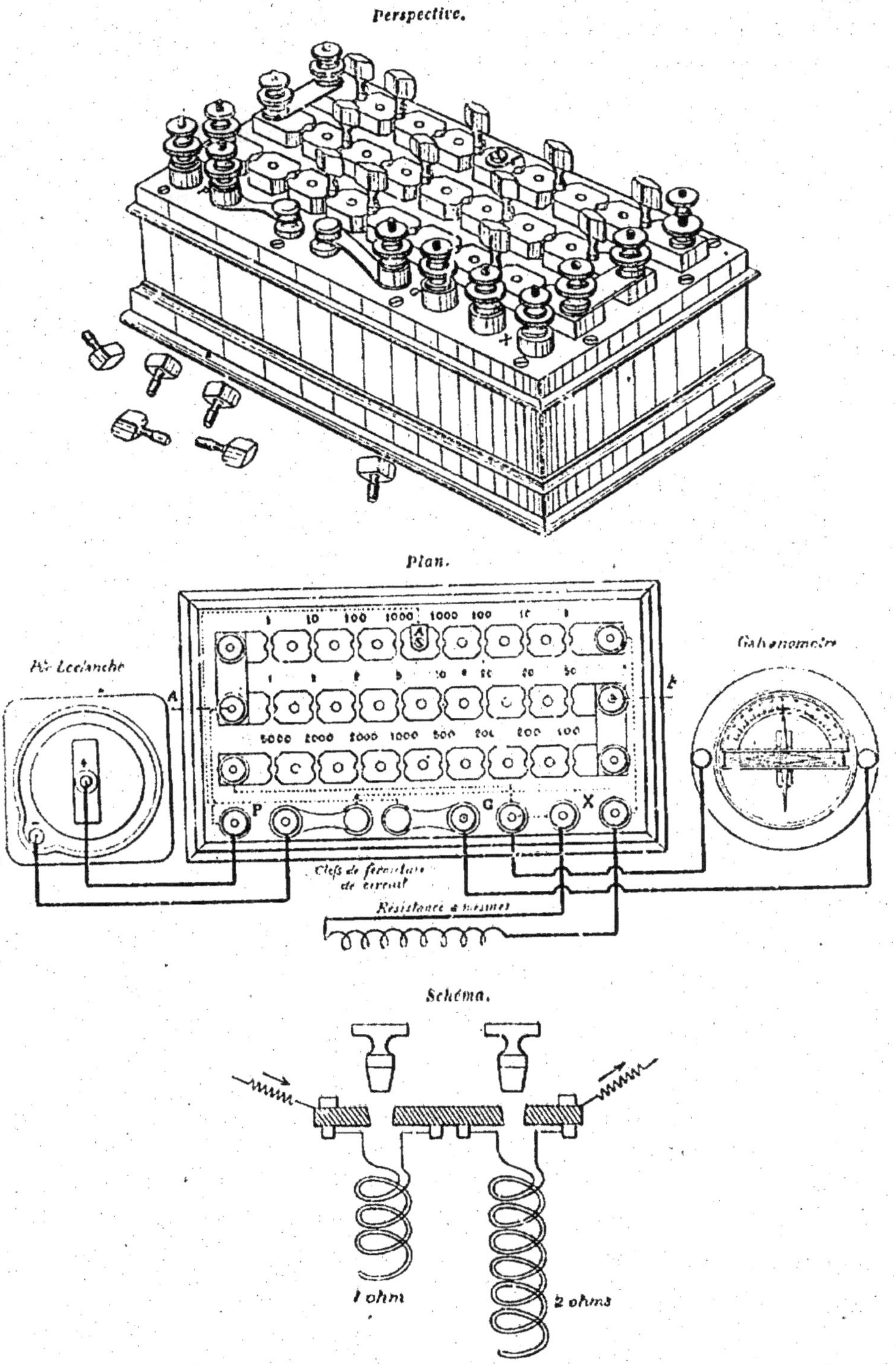

Perspective.

Plan.

Pile Leclanché

Galvanomètre

Clefs de fermeture
de circuit.

Résistance à mesurer

Schéma.

1 ohm   2 ohms

Boîte de résistances.

Chaque bobine est reliée à la voisine par l'intermédiaire
d'une plaque métallique fixée sur le couvercle de la boîte
construit en matière isolante ; ces plaques sont séparées par
un intervalle qui peut être fermé au moyen d'une cheville en
laiton. Lorsqu'on enlève une cheville, la bobine correspondante est intercalée dans le circuit ; si on remet la cheville,
en ayant soin de la serrer fortement dans son logement, le
courant passe par les plaques, la résistance de ces dernières
étant pratiquement nulle. Les résistances des bobines-étalons
sont des multiples de l'ohm et on dispose les boîtes de résistances comme les boîtes de poids.

Méthode de substitution.

Soit une résistance à mesurer ; on la comparera à une résistance connue. Si l'on dispose d'une source d'électricité constante et d'un galvanomètre, on peut opérer simplement *par
substitution*. On fait passer le courant dans la résistance à
mesurer, et on lit une déviation α au galvanomètre. On sub-
stitue à la résistance à mesurer une boîte de résistances où

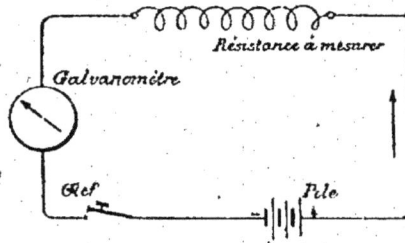

Méthode de substitution.

l'on fait varier les bobines interposées jusqu'à ce que l'on
trouve la même déviation α. Une simple lecture fournit la
valeur cherchée à 1 ohm près. Cette méthode, exigeant une
pile constante, est peu précise.

Méthode du pont de Wheatstone.

La plupart des résistances se mesurent par la méthode dite
du Pont de Wheatstone. Soit un quadrilatère A B C D et un cir-

cuit de pile C P B disposé comme l'indique la figure. Soient a, b, R, X les résistances ; interposons un galvanomètre sur le trajet A D et faisons en sorte qu'il ne passe aucun courant

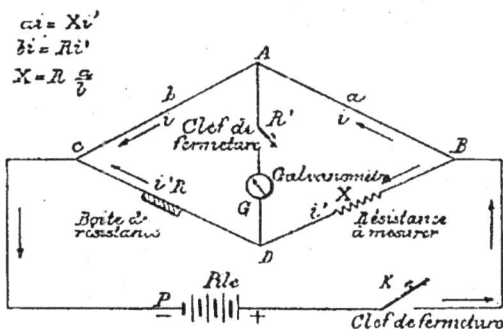

Pont de Wheatstone.

dans cette branche ; A et D seront au même potentiel et l'on aura, i et i' représentant les intensités dans les branches BAC, BDC :

$$ai = Xi',$$
$$bi = Ri',$$

d'où

$$\frac{a}{b} = \frac{X}{R} \quad \text{et} \quad X = R\frac{a}{b}.$$

Le rapport $\frac{a}{b}$ est connu. X étant la résistance à mesurer et R la résistance graduée, si l'on fait varier les étalons de la boîte de façon à annuler le courant en G, ce que l'on constate en fermant K puis K', la relation ci-dessus donnera X.

La plupart des boîtes de résistances sont construites de façon à renfermer les branches a et b du quadrilatère ; on peut donc aussi faire varier le rapport $\frac{a}{b}$ suivant les circonstances pour obtenir l'approximation la plus avantageuse.

Rhéostats.

L'appareil industriel correspondant à la boîte de résistances est le *rhéostat*. On nomme ainsi une résistance graduelle que l'on peut introduire méthodiquement dans un circuit, soit au moyen d'une *manette* appuyant sur des *plots*, soit au moyen d'un *curseur* permettant d'ajouter ou de supprimer des spires résistantes dans le circuit.

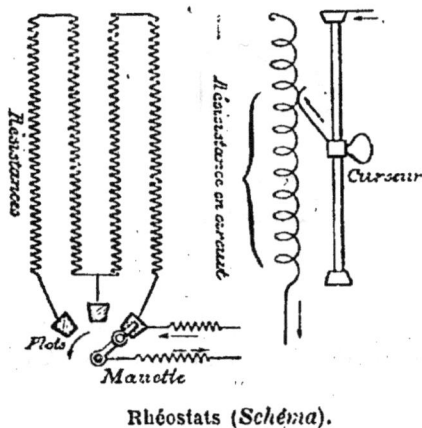

Rhéostats (*Schéma*).

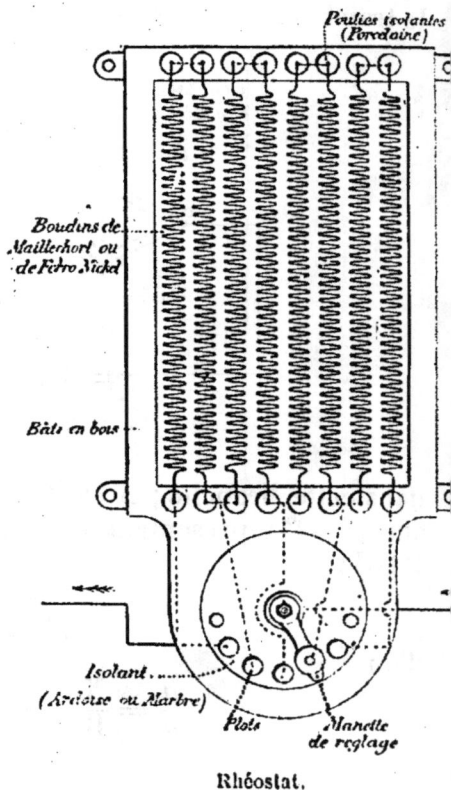

Rhéostat.

Les principaux alliages dont on se sert pour constituer ces résistances sont : le *maillechort* et la *nickeline*, qui contiennent, mais en proportion différente, du cuivre, du zinc et du nickel ; le *cuivre-nickel*, le *ferro-nickel*, l'*acier-manganèse* à 13 p. 100, etc.

Quant à la disposition pratique de ces rhéostats, elle est très variable (Voir le modèle et les deux figures schématiques ci-dessus qui se comprennent à première vue). L'essentiel, c'est que la section du fil soit suffisante pour le débit qu'on lui impose, afin qu'il n'y ait pas un échauffement trop considérable : on cherche, d'ailleurs, à l'éviter en augmentant le plus possible la surface de refroidissement.

Note sur les résistivités relatives des divers corps.

L'échelle des résistivités électriques des divers corps est extrêmement étendue. Les *métaux* et les *alliages* ont une résistivité relativement très faible : elle est pour le cuivre pur de 1,5 microhm-centimètre et deux fois plus considérable pour l'aluminium; elle est plus grande encore pour le *maillechort*, alliage de cuivre et de nickel, et pour la *nickeline*, ce qui justifie leur emploi dans les rhéostats; l'expérience montre que la résistivité des métaux augmente très régulièrement avec la température. D'autres corps solides, les *bois*, les *pierres*, *marbres*, *ardoises*, ont une résistivité variable avec leur degré d'humidité : on l'augmente par immersion dans un bain de paraffine fondue. Ces corps, relativement aux métaux, peuvent être déjà considérés comme des isolants, tandis que les *charbons*, filaments pour lampes incandescentes, crayons pour lampes à arc sont semi-conducteurs (6,000 microhms-centimètre). Les diélectriques solides proprement dits tels que le *verre*, le *caoutchouc*, la *gutta-percha*, l'*ébonite*, la *paraffine*, ont une résistivité énorme qui diminue avec la température; elle s'évalue en millions de megohms-centimètre (pour la paraffine, la résistivité est de 31000 millions de megohms-centimètre).

La *résistivité des liquides* est analogue à celle des solides, mais, sauf pour le mercure, le passage du courant dans une colonne liquide donne lieu à un phénomène électrochimique, que nous étudierons plus loin sous le nom d'*électrolyse*, et qui vient compliquer l'évaluation de la résistivité. On trouve parmi les liquides des semi-conducteurs tels que l'*eau acidulée sulfurique*, qui n'a qu'une résistivité 500000 fois plus considérable que celle du cuivre, et des isolants tels que l'*eau pure* et les huiles provenant de la distillation des *pétroles* (série grasse) et des *goudrons de houille* (série aromatique). Dans l'évaluation de la résistivité des isolants, on sait que l'on doit, à cause du phénomène de la charge résiduelle, tenir compte du temps qu'a duré l'électrisation.

Enfin, les *gaz secs* peuvent être considérés comme opposant une *résistance infinie* au passage de l'électricité jusqu'à la production de l'*étincelle*, mais ils peuvent donner passage à un courant électrique extrêmement faible dans le cas de potentiels très élevés, comme on le constate dans les tubes de Geissler; nous aurons occasion de revenir plus loin sur ce sujet.

Mesure d'une capacité électrique.

Nous nous sommes occupés jusqu'à présent de la mesure des intensités, des forces électromotrices et des résistances; ce sont les trois mesures électriques les plus importantes, mais il est utile aussi de connaître le principe de la mesure d'une *capacité électrique*, de l'*intensité d'un champ magnétique*, d'une *perméabilité magnétique*. Le voici sommairement :

Pour mesurer la capacité d'un condensateur, on le charge à un potentiel connu au moyen d'une pile, dans le genre de celles que nous verrons plus loin, les deux bornes de la pile communiquant avec les deux armatures du condensateur : le courant cessant aussitôt que la charge est atteinte, c'est-à-dire au bout d'un temps très court, la force électromotrice de la pile est celle que nous définirons plus tard comme une de ses constantes, c'est la différence de potentiels entre ses deux bornes à circuit ouvert. On a donc $Q = CV$ où V est connu : on décharge alors le condensateur dans un galvanomètre balistique permettant de mesurer Q et l'on en déduit la capacité C : Pour la commodité des mesures, pour les comparaisons directes, on a pu construire un étalon de capacité et réaliser des condensateurs ayant une capacité déterminée, un *microfarad*, par exemple. Dans la plupart des cas, les charges pénètrent plus ou moins avec le temps l'intérieur des diélectriques et les comparaisons ne deviennent possibles qu'en opérant après une durée d'électrisation toujours la même. On a fixé cette durée à une minute pour les essais sur les câbles sous-marins, qui constituent de véritables condensateurs cylindriques à diélectrique formé de caoutchouc et de gutta-percha.

Mesures magnétiques.

La mesure de l'*intensité d'un champ magnétique* peut se faire par deux méthodes principales : 1° la méthode des *oscillations* : une petite aiguille aimantée étant placée au point à observer, on la fait osciller; la durée de ses oscillations est fonction de l'intensité du champ;

2° La méthode *par induction* : ce procédé permet de mesurer l'intensité d'un champ très resserré, comme celui de l'*entrefer* d'une dynamo. Une petite bobine aplatie placée normalement aux lignes de force étant reliée électriquement à un galvanomètre balistique, on fait sauter brusquement cette bobine hors du champ. Soit $\mathcal{JC}$ l'intensité du champ, s la surface de la bobine, n le nombre des spires. Le flux varie, dans le temps dt, de la valeur $\mathcal{JC}sn$ à une valeur nulle; la force électromotrice est donc :

$$\frac{d\Phi}{dt} = \frac{\mathcal{JC}sn}{dt} \quad \text{et} \quad i = \frac{\mathcal{JC}sn}{R\,dt},$$

d'où la quantité d'électricité induite $i\,dt = q = \dfrac{\mathcal{JC}sn}{R}$. La quantité totale d'électricité q se trouvant mesurée par le galvanomètre balistique, on a $\mathcal{JC}$, l'intensité du champ magnétique au point considéré.

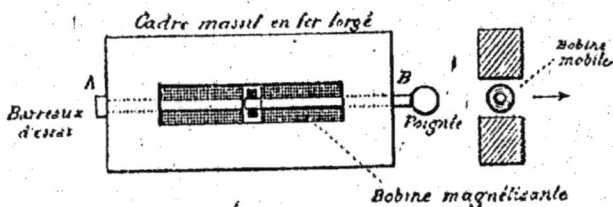

Mesure d'une perméabilité magnétique.

La mesure de la perméabilité magnétique d'un échantillon d'acier, de fer doux ou de fonte, peut s'effectuer de même au moyen de la méthode suivante due à Hopkinson. On constitue avec la substance à essayer deux barreaux A et B susceptibles de se juxtaposer exactement bout à bout dans un cadre de formes très massives à réluctance tout à fait négligeable, en fer forgé recuit. Soit N le nombre des spires des bobines magnétisantes, I le courant dans ces bobines, Φ le flux magnétique à travers les barreaux, l et s la longueur et la section des barreaux d'essai dans la partie évidée du cadre massif, on aura :

$$\Phi = \frac{4\pi NI}{\dfrac{l}{\mu s}},$$

où μ est la seule inconnue si l'on sait mesurer Φ. Une petite bobine plate enroulée sur un petit tube est disposée sur le barreau à essayer de façon à pouvoir glisser sur lui quand on tirera ce dernier par la poignée. Cette bobine reliée à un galvanomètre balistique est sollicitée dans une direction latérale par un ressort de caoutchouc. Sitôt qu'on écarte les barreaux en tirant vivement sur B, la bobine saute hors du champ ; le galvanomètre balistique mesure comme tout à l'heure la quantité d'électricité induite et l'on a :

$$q = \frac{\Phi}{R},$$

d'où l'on tire Φ puis μ, la perméabilité magnétique cherchée.

9

CHAPITRE VII

GÉNÉRATEURS ÉLECTRIQUES — PILES ET ACCUMULATEURS

I. — CONSIDÉRATIONS GÉNÉRALES
SUR L'ÉNERGIE ÉLECTRIQUE

L'énergie électrique comparée aux autres formes de l'énergie.

Bien que la nature intime des phénomènes électriques nous reste inconnue, tout porte à croire que ces derniers représentent une des formes multiples sous lesquelles se manifeste à nous l'Énergie *une et indestructible* de la nature. Nous savons que l'énergie totale d'un système, supposé isolé dans l'univers, que cette énergie soit à l'état *actuel* ou qu'elle reste à l'état *potentiel*, peut revêtir quatre formes principales : *mécanique, chimique, électrique* et *thermique*, susceptibles de se transformer les unes dans les autres, tout en gardant une somme constante. L'expérience montre que ces énergies de nature différente ont tendance à se résoudre en dernier lieu uniquement en énergie thermique, de sorte que la chaleur serait la forme inférieure de l'énergie : celle-ci se serait ainsi *dégradée*, en quelque sorte, au travers de ses multiples métamorphoses.

Nous ne trouvons donc pas de transformation qui ne comporte fatalement avec elle une sorte de *dissipation* d'une certaine partie de l'énergie totale sous forme thermique. Or, la conversion en énergie électrique de toute autre forme de l'énergie et la conversion inverse se trouvent être particulièrement faciles, cette double transformation n'entraînant pas avec elle une dissipation trop considérable d'énergie sous forme thermique. Presque indépendante de l'espace grâce à ses fils conducteurs, presque indépendante du temps grâce aux accumulateurs, où elle est susceptible d'être emmagasinée, l'énergie électrique, douée de cet ensemble de propriétés remarquables, est merveilleusement propre aux transformations industrielles de toute sorte ; dès lors, bien qu'elle soit inutilisable par elle-même, elle pourra être d'un secours précieux comme *intermédiaire* commode, permettant de passer facilement d'une forme à une autre de l'énergie.

Un exemple classique met bien en évidence ce rôle spécial de l'énergie électrique. Le charbon représente, à l'état potentiel, de l'énergie chimique, qui devient actuelle en passant sous la forme thermique, dans la combinaison du charbon avec l'oxygène de l'air. Un appareil de transformation, tel que la machine à vapeur, lui donne la forme mécanique, qu'une dynamo peut changer à son tour en énergie électrique : sous cette forme, elle actionnera une lampe incandescente, dans laquelle elle reprendra de nouveau sa forme thermique, et les conditions seront telles que cette énergie thermique sera susceptible de nous donner la sensation lumineuse.

Malgré cette série de transformations, au travers desquelles l'énergie primitive s'est plus ou moins dégradée, où la portion utilisable a subi des diminutions successives, c'est cependant sous ce dernier aspect, que l'énergie s'est manifestée à nous sous sa forme la plus avantageuse : ce fait justifie le bon rendement industriel d'une semblable entreprise.

Classification des appareils électriques.

Une classification nette des appareils d'électricité est fondée sur les notions précédentes. Ces appareils sont de deux sortes : les uns sont destinés à produire l'énergie électrique, les autres à l'utiliser. On appelle *générateur* tout appareil servant à con-

vertir une forme quelconque de l'énergie en énergie électrique ; *récepteur* tout appareil destiné à convertir l'énergie
électrique en une autre forme quelconque de l'énergie.

Suivant l'énergie première employée dans les générateurs,
ces *sources d'électricité* pourront se ranger dans l'un des trois
types suivants :

1° L'appareil qui sert à transformer l'énergie chimique en
énergie électrique s'appelle une *pile ;*

2° L'appareil qui sert à transformer l'énergie thermique en
énergie électrique s'appelle une *pile thermo-électrique ;*

3° L'appareil qui sert à transformer l'énergie mécanique en
énergie électrique s'appelle une *dynamo.*

L'énergie électrique, fournie par ces trois sortes d'appareils,
est toujours identique à elle-même : quelle que soit son origine, elle a toujours la même nature et les mêmes propriétés,
et il n'existe aucun moyen de reconnaître si l'énergie électrique
que l'on utilise provient d'une pile, d'une pile thermo-électrique ou d'une dynamo. Mais si nous pouvons aisément convertir en énergie électrique les trois autres formes principales
de l'énergie, c'est incontestablement la transformation de
l'énergie mécanique en énergie électrique qui est de beaucoup
la plus avantageuse au point de vue industriel : aussi étudie-
rons-nous plus spécialement cette dernière transformation.

Le même mode de classification peut être appliqué aux
récepteurs, malgré la diversité des applications qu'ils présentent ; nous aurons ainsi, comme pour les générateurs :

1° Des *récepteurs chimiques,* comme dans la *galvanoplastie,*
l'*électro-métallurgie ;*

2° Des *récepteurs thermiques,* comme dans les *lampes à arc,*
à incandescence ;

3° Des *récepteurs mécaniques,* comme dans les *électromoteurs,* les *télégraphes,* etc.

Certains appareils, ceux qui servent de *mesure* et de *contrôle,* les *compteurs électriques,* les *accumulateurs,* les *transformateurs,* pourraient être considérés comme formant une
classe à part ; mais rien n'empêche de les considérer comme
des générateurs, dans lesquels l'énergie première est déjà de
l'énergie électrique ; ils transforment ainsi de l'énergie électrique en énergie électrique, transformation fréquemment
employée.

Force électromotrice, puissance et rendement d'un générateur.

Le rôle des générateurs et des récepteurs électriques es mis, au point de vue industriel, singulièrement en lumière, au moyen de la comparaison classique de la circulation de l'électricité avec la circulation d'un fluide.

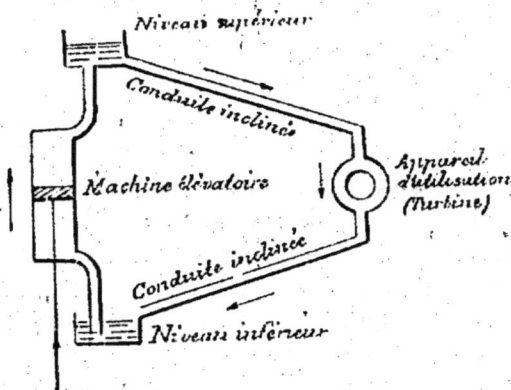

Circulation d'un fluide.

Concevons une machine hydraulique élevant de l'eau d'un façon continue, d'un niveau inférieur à un niveau supérieur

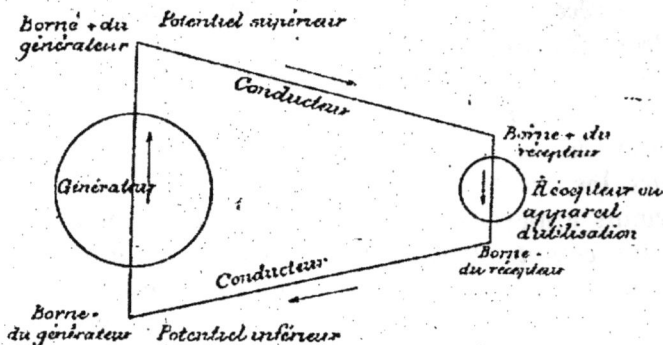

Circuit électrique.

l'eau contenue dans le réservoir le plus élevé est douée d'u certain potentiel : en s'écoulant dans une conduite incliné pour revenir à son point de départ, elle est susceptible de produire du travail dans une turbine ou tout autre appareil du même genre. De même, un générateur électrique élèvera, en quelque sorte, l'électricité à un certain potentiel, où cette dernière sera dépositaire d'une énergie empruntée à l'extérieur sous une forme quelconque, et c'est cette énergie qu'un récepteur pourra utiliser le long du circuit (1).

De même qu'on apprécie la puissance d'un appareil élévatoire, par la dénivellation qu'il produit et par la masse d'eau qu'il met en circulation dans une seconde, de même, on évaluera la puissance d'un générateur par la différence de potentiels que crée son fonctionnement, multipliée par la quantité d'électricité qui le traverse en une seconde.

Rien ne distingue une portion quelconque du circuit électrique, où nous savons déjà évaluer le travail produit entre deux sections du conducteur, d'une autre portion de ce même circuit où se trouve un générateur, si ce n'est que dans le premier cas, entre les deux points considérés, il y a chute de potentiel dans le sens du courant, tandis que, dans le second, il y a élévation de potentiel dans le même sens.

Dans les deux cas, l'énergie électrique dépensée ou produite, sera mesurée par la force électromotrice ou par la différence de potentiels, multipliée par la quantité d'électricité transportée : si E est exprimé en volts, Q en coulombs, l'énergie sera EQ joules, et si le régime permanent est établi, la puissance, c'est-à-dire le travail par seconde, sera EI watts, I représentant l'intensité en ampères.

On appelle *bornes d'un générateur*, deux points de cet appareil entre lesquels se trouve localisé le siège de la force électromotrice. Ces deux points présentent donc entre eux une différence de potentiels : on indique par le signe $+$, celui qui est au potentiel le plus élevé.

Pour mesurer la force électromotrice d'un générateur en activité, nous remarquerons que, d'après le principe de la conservation de l'énergie, il est nécessaire que la puissance élec-

---

(1) Dans cette comparaison, le générateur électrique ne crée pas plus de l'électricité que la pompe ne produit de l'eau ; le générateur donne naissance à une différence de potentiels comme la machine hydraulique réalise une différence de niveaux.

trique produite, se présente tout entière sous une forme quelconque dans l'ensemble du circuit. Elle se retrouve donc intégralement en partie à l'extérieur, en partie à l'intérieur du générateur, de sorte que nous pourrons écrire :

$$\underbrace{EI}_{\substack{\text{Puissance produite}\\\text{par le générateur,}}} = \underbrace{eI}_{\substack{\text{Puissance recueillie à l'extérieur}\\\text{du générateur,}}} + \underbrace{rI^2}_{\substack{\text{Puissance recueillie à l'intérieur du}\\\text{générateur sous forme de chaleur,}}}$$

équation dans laquelle e et r représentent la différence de potentiels aux bornes et la résistance intérieure du générateur. On en déduit la force électromotrice donnée par cet appareil :

$$E = e + rI,$$

et, pour la mesurer, il nous faut connaître :

1° La différence de potentiels aux bornes (se mesure au voltmètre);

2° L'intensité du courant (se mesure à l'ampèremètre);

3° La résistance intérieure du générateur (se mesure une fois pour toutes sur l'appareil au repos).

La différence de potentiels aux bornes est plus faible que la force électromotrice du générateur, et cette *perte de charge*, due à la résistance intérieure, varie avec l'intensité du courant fourni. La force électromotrice d'un générateur en dépend aussi en général, de sorte qu'il faut la mesurer à nouveau chaque fois que varie l'intensité du courant; certains générateurs jouissent cependant de la propriété remarquable d'avoir une force électromotrice sensiblement indépendante du débit : tels les accumulateurs, par exemple.

Il résulte de ce qui précède, que toute la puissance électrique d'un générateur n'est pas disponible à l'extérieur et qu'une partie se dépense nécessairement dans la transformation sous forme de chaleur. On appelle *rendement électrique* d'un générateur le rapport entre la puissance électrique utilisable et la puissance électrique totale. Ce sera donc :

$$\frac{eI}{EI} = \frac{e}{E}.$$

La force électromotrice aux bornes étant toujours plus petite que la force électromotrice du générateur, le rendement est toujours inférieur à l'unité.

Mêmes considérations au sujet des récepteurs.
Force électromotrice inverse.

En principe, les récepteurs seront étudiés après les générateurs ; mais il est bon de faire ressortir, dès le début, certaines propriétés qui sont communes à ces deux classes d'appareils. Cette étude, qui précise la notion du circuit électrique, nous sera d'ailleurs immédiatement utile pour aborder l'électrolyse et les accumulateurs.

Qu'ils soient thermiques, chimiques ou mécaniques, les récepteurs peuvent être partagés en deux catégories (1) :

1° Les récepteurs dans lesquels toute l'énergie recueillie apparaît *sous forme de chaleur*, suivant la loi de Joule ;

2° Les récepteurs dans lesquels une partie de l'énergie recueillie apparaît, soit *sous forme mécanique*, soit *sous forme chimique*.

Prenons d'abord un récepteur de la première classe, un récepteur thermique, une lampe incandescente, par exemple : soient e' la différence de potentiels en volts, aux bornes de la lampe, I l'intensité du courant en ampères. La puissance dépensée dans ce récepteur, et qui apparaît tout entière sous forme de chaleur, est :

$$e' \text{I watts,}$$

et rien ne distingue ce récepteur thermique, d'une autre portion quelconque du circuit. Le rendement est égal à l'unité, et l'on peut, au moyen de l'équivalent mécanique de la chaleur, calculer le nombre de calories dégagées dans une seconde.

Considérons maintenant un récepteur de la deuxième

---

(1) Classification empruntée, ainsi que les considérations générales sur les générateurs et récepteurs électriques, aux « Premiers principes d'électricité industrielle », de Paul Janet.

classe : un *moteur* ou un *récepteur chimique.* Dans ce cas, une partie seulement de la puissance électrique dépensée dans le moteur apparaît sous forme d'énergie mécanique ou d'énergie chimique : le reste se manifeste sous forme thermique et sert ainsi à échauffer en pure perte, par l'effet Joule, les conducteurs qui constituent l'appareil.

Les récepteurs de cette classe possèdent une force électromotrice inverse, ou force contre-électromotrice, s'opposant à celle du générateur. La puissance du récepteur sera encore mesurée par la chute de potentiel dont il est le siège, multipliée par l'intensité du courant qui le traverse. Soit E' en volts la force contre-électromotrice, I l'intensité du courant en ampères ; la puissance mécanique ou chimique de ce récepteur sera exprimée par E'I watts.

Soient e' la différence de potentiels aux bornes, r' la résistance intérieure d'un récepteur mécanique ou chimique : la puissance électrique fournie est $e'I$; cette énergie est employée d'abord sous forme mécanique ou chimique, une partie échauffe ensuite le récepteur en pure perte ; le principe de la conservation de l'énergie nous donnera donc :

$$e'\,I \qquad = \qquad E'I \qquad + \qquad r'I^2$$

Puissance électrique fournie au récepteur,	Puissance recueillie mécanique ou chimique,	Puissance recueillie à l'intérieur du récepteur sous forme de chaleur,

et l'on a : $E' = e' - r'I$, d'une façon tout à fait analogue à la mesure de la force électromotrice d'un générateur.

Le rendement d'un pareil récepteur est facile à calculer : la puissance totale est $e'I$, la puissance utile est E'I, le rendement est donc :

$$\frac{E'I}{e'I} = \frac{E'}{e'},$$

e' étant toujours plus grand que E', ce rendement est toujours plus petit que 1.

En résumé, pour un récepteur de la première classe, si E représente la force électromotrice du générateur, R la résistance *totale* du circuit, comprenant le générateur, la ligne et le récepteur, on a :

$$\underbrace{EI}_{\substack{\text{Puissance électrique fournie} \\ \text{par le générateur,}}} = \underbrace{RI^2}_{\substack{\text{Puissance recueillie sous forme de chaleur} \\ \text{dans \textit{tout} le circuit,}}}$$

d'où

$$I = \frac{E}{R}.$$

Pour un récepteur de la seconde classe, soit E′ sa force électromotrice inverse; la puissance électrique produite par le générateur est employée : 1° à échauffer tout le circuit ; 2° à fournir de la puissance mécanique ou chimique dans le récepteur ; on a donc :

$$\underbrace{EI}_{\substack{\text{Puissance électrique} \\ \text{fournie} \\ \text{par le générateur,}}} = \underbrace{E'I}_{\substack{\text{Puissance mécanique ou chimique} \\ \text{recueillie} \\ \text{par le récepteur,}}} + \underbrace{RI^2}_{\substack{\text{Puissance recueillie} \\ \text{sous forme de chaleur} \\ \text{dans \textit{tout} le circuit,}}}$$

d'où

$$I = \frac{E - E'}{R}.$$

La force contre-électromotrice E′ n'est pas autre chose que la *force électromotrice d'induction*, dont nous avons constaté l'existence, lors de l'étude des déplacements relatifs des conducteurs et des champs magnétiques : elle est d'ordre mécanique; nous la retrouverons dans l'étude des générateurs et des récepteurs mécaniques. Cette force contre-électromotrice, d'ordre purement chimique cette fois, se retrouve de même dans les générateurs et dans les récepteurs chimiques, où elle porte le nom de *force électromotrice de polarisation*.

Les phénomènes d'induction et de polarisation se présentent ainsi comme une conséquence nécessaire du principe de la conservation de l'Énergie.

II. — PILES HYDRO-ÉLECTRIQUES.

Généralités sur la pile électrique ; son origine.

Une pile est un transformateur d'énergie chimique en énergie électrique : c'est le premier générateur connu, c'est encore l'un des plus simples ; malheureusement, l'énergie électrique qu'il fournit coûte cher. La transformation d'énergie est cependant immédiate dans la pile, tandis qu'elle est infiniment plus complexe dans le cas d'une machine à vapeur actionnant une dynamo. On a, en effet :

1° *Transformation de l'énergie dans la pile :*

Énergie chimique. ⇒→ Énergie électrique.

Zinc. — Acide sulfurique.

2° *Transformation de l'énergie dans la machine à vapeur actionnant une dynamo :*

| Énergie chimique. | ⇒→ | Énergie thermique. | ⇒→ | Énergie mécanique. | ⇒→ | Énergie électrique. |

Charbon. — Oxygène.

C'est pourtant cette dernière transformation qui est utilisée dans l'industrie, de préférence à la première, car le charbon brûlé dans la machine à vapeur coûte cinquante fois moins cher que le zinc brûlé dans la pile. Cependant, une pile idéale qui brûlerait du charbon au lieu de zinc, avec un rendement de 50 p. 100, reprendrait facilement le rang industriel qu'occupent les générateurs mécaniques à l'époque actuelle.

L'origine de la pile est bien connue : le premier appareil de ce genre fut construit par *Volta* en 1789, sous la forme classique de *disques de cuivre* et de *zinc* empilés avec des *rondelles de drap mouillé*, à la suite d'une expérience célèbre de *Gal-*

vani, expérience qui donna lieu à de nombreuses controverses : un courant prenait naissance entre les nerfs et les muscles d'une grenouille récemment préparée, au travers d'un arc métallique composé d'un fil de zinc et d'un fil de cuivre.

Ce courant était dû : d'après Galvani, à un *phénomène de condensation* entre les muscles et les nerfs de la grenouille ; d'après Volta, au *contact des deux métaux hétérogènes* zinc et cuivre ; enfin, d'après Fabroni, à une *attaque chimique* du zinc par les liquides des muscles de la grenouille.

On sait qu'ils avaient raison tous les trois : Galvani montra qu'au point G, les muscles et les nerfs jouent le rôle des

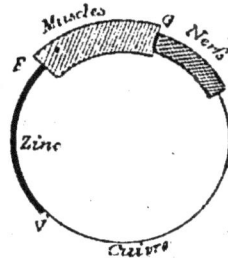

Schéma de l'expérience de Galvani.

deux armatures d'un condensateur ; de son côté, Volta put montrer qu'au point V prenait naissance une force électromotrice due au contact de deux métaux hétérogènes ; Fabroni démontra enfin qu'il ne peut y avoir mouvement continu d'électricité que si le zinc est attaqué en F, c'est-à-dire si une certaine quantité d'énergie devient actuelle dans le circuit.

Loi des contacts. — Pile simple.

Le principe de Volta, connu sous le nom de *loi des contacts*, a été bien souvent vérifié. *Une différence de potentiels prend naissance au contact de deux métaux hétérogènes : elle ne dépend que de la nature des corps et de leur température* (1). Un électromètre à quadrants montre que le potentiel est constant sur chacun des métaux en présence, mais qu'il varie brusquement en passant de l'un à l'autre. Quand un contact est établi entre un disque de cuivre et un disque de zinc, l'expérience montre que le potentiel du cuivre étant V, celui du zinc est $V + v$, c'est-à-dire plus élevé. Donc, dans une chaîne formée de plateaux de zinc et de plateaux de cuivre, si le potentiel est V sur l'un des disques de cuivre, il sera $V + v$

---

(1) L'électrisation par frottement n'est sans doute qu'un cas particulier de ce phénomène général.

sur le disque de zinc voisin, puis de nouveau V sur le disque
de cuivre en contact avec ce dernier, et ainsi de suite, de sorte
que tout se passe comme si les deux métaux extrêmes étaient
directement en contact. Ce fait est connu sous le nom de *loi
des contacts successifs.*

| Chaîne composée de disques de zinc et de cuivre au contact. | Chaîne de disques de zinc et de cuivre avec interposition de liquide (eau pure). |

Cette loi ne se vérifie pas lorsque des liquides sont inter-
posés dans la chaîne : deux métaux mis en contact avec l'eau
sont très sensiblement au même potentiel, de sorte que nous
aurons une distribution de potentiels telle que celle figurée ci-
contre, distribution facile à vérifier au moyen d'un électromètre. L'équilibre existe si la chaîne est ouverte ; il devient
impossible si nous fermons le circuit, et un écoulement continu
d'électricité tendra à se produire dans le sens des potentiels
décroissants, c'est-à-dire du zinc (pôle négatif) au cuivre (pôle
positif), dans la chaîne à liquides, soit du cuivre au zinc (du
pôle positif au pôle négatif), dans un conducteur extérieur
quelconque réunissant les deux extrémités de la chaîne.

Mais le principe de la conservation de l'énergie exige qu'il
se développe dans le système une énergie équivalente à celle
qui prend naissance sous la forme électrique. Aussi, dans le
circuit inerte formé de zinc, d'eau pure et de cuivre, un galvanomètre n'indique aucun courant, c'est-à-dire aucune énergie
électrique, bien qu'un électromètre puisse déceler une différence de potentiels. Mais quelques gouttes d'acide sulfurique
dans l'eau suffisent pour attaquer le zinc et donner naissance
à une énergie chimique actuelle : un courant apparaît aussitôt
et l'aiguille du galvanomètre est déviée de sa position d'équilibre ; nous pouvons ainsi considérer l'énergie électrique qui se

manifeste dans le phénomène du courant, comme résultant de la transformation de l'énergie chimique produite dans l'attaque du zinc par l'eau acidulée.

Une pile électrique se compose, en principe, d'une lame de zinc et d'une lame de cuivre qui plongent dans de l'eau acidulée ; le circuit est formé d'une partie intérieure liquide, où le courant va du zinc au cuivre, et d'une partie extérieure métallique, où le courant va du cuivre au zinc.

Une pile se représente schématiquement par le signe indiqué ci-contre ; le cuivre porte le signe $+$, c'est le trait fin ; le zinc, métal attaqué, porte le signe $-$, c'est le gros trait. On les appelle *bornes du générateur*. Le circuit extérieur part de ces bornes ; s'il est *fermé*, le courant passe, et il y a transport d'énergie électrique ; s'il est *ouvert*, il n'y a aucune manifestation d'énergie électrique à l'extérieur du générateur.

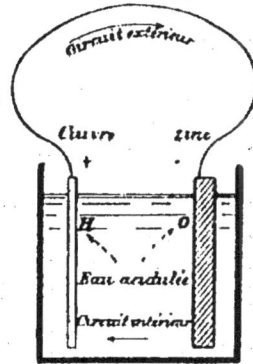

Schéma d'une pile.

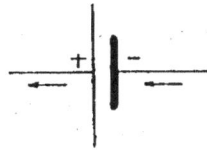

Distribution des potentiels.

Pour étudier la distribution des potentiels dans un circuit hétérogène, tel que celui d'une pile, faisons communiquer par un fil de cuivre un point de ce circuit avec la Terre, la lame de zinc par exemple ; nous donnons ainsi, par définition, à ce fil de cuivre le potentiel zéro, potentiel qui nous servira de terme de comparaison.

Il y a lieu de considérer deux cas :

1° Le circuit est ouvert ; un électromètre permet de vérifier la loi des contacts de Volta et donne une distribution de potentiels figurée ci-contre en trait plein. Une première différence de potentiels, la principale, se manifeste aussitôt au contact entre le fil de cuivre communiquant avec la Terre et la lame de zinc plongée dans l'eau acidulée : nouvelles différences de potentiels, mais beaucoup plus faibles, entre le zinc et l'eau acidulée, puis entre l'eau acidulée et le cuivre ; bref, la lame de cuivre se trouve à un potentiel de $1^v,17$, potentiel qu'elle communique au fil de cuivre qui la prolonge à l'extérieur ;

2° Le circuit est fermé au moyen d'un fil conducteur en cuivre ; si la résistance R de ce dernier est très grande, le courant est peu intense et la perte de charge qui en résulte est assez faible à l'intérieur de la pile pour que la force

électromotrice ou différence de potentiels aux bornes soit presque égale à l[a]
force électromotrice du générateur,

Si r désigne la résistance intérieure de la pile et I l'intensité du courant, o[n]
sait que :

$$c = E - rI,$$

e est très voisin de E et le rapport $\frac{e}{E}$ voisin de l'unité. Le rendement du gén[é]
rateur est donc excellent quand l'intensité est très faible, mais on n'obtien[t]
ainsi qu'une énergie peu considérable.

Si, au contraire, le circuit est fermé sur une résistance extérieure R trè[s]
faible, autrement dit si la pile est en *court circuit*, l'intensité du couran[t]
devient très grande, il en résulte à l'intérieur de la pile une importante pert[e]
de charge et la force électromotrice aux bornes est très notablement plus faibl[e]
que la force électromotrice du générateur.

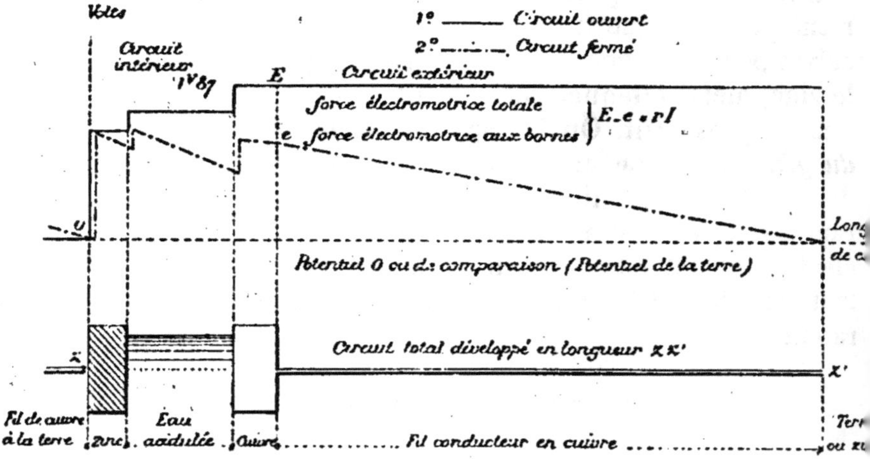

Dans l'expression $e = E - rI$, e se trouve beaucoup plus petit que E, l[e]
rapport $\frac{e}{E}$ a diminué, et, si l'on développe ainsi une énergie considérable, c'es[t]
aux dépens du bon rendement du générateur.

La distribution des potentiels, dans le cas du circuit fermé, est représenté[e]
par un tracé en traits et points dans la figure ci-dessus.

Couplage des piles.

On appelle *constantes* d'une pile, sa force électromotric[e]
totale E (qu'il ne faut pas confondre, d'après ce qui précède[,]
avec sa force électromotrice aux bornes en circuit fermé) et s[a]
résistance intérieure r.

La force électromotrice totale ne dépend que des substance[s]
qui constituent la pile : si ces substances sont invariables[,]

E est réellement une constante ; la résistance intérieure dépend non seulement des corps constitutifs, mais encore de la forme et des dimensions des éléments : elle varie donc, en réalité, d'un appareil à l'autre.

La réunion de plusieurs éléments de pile, pour composer une batterie, est presque toujours nécessaire au point de vue pratique, la force électromotrice d'un couple unique étant toujours assez faible. Cette association peut être réalisée de plusieurs manières :

1° Dans le montage *en tension* ou *en série*, les éléments sont placés à la suite les uns des autres ; le pôle positif du premier est relié au pôle négatif du second et ainsi de suite, de façon à laisser, aux extrémités, deux pôles libres qui sont les bornes de la batterie. Dans ce cas, les forces électromotrices s'ajoutent, ainsi que les résistances intérieures : la force électromotrice totale devient $n\mathrm{E}$, la résistance intérieure nr ;

2° Dans le montage *en dérivation* ou *en quantité*, les pôles de même nom communiquent entre eux et avec une des bornes de la batterie. Dans ce cas, la force électromotrice totale E reste la même que pour un seul élément et la résistance intérieure devient $\dfrac{r}{n}$, c'est-à-dire n fois plus petite : la pile est équivalente à un seul élément à grande surface ;

3° Enfin, on peut avoir recours à un *couplage mixte*. Soient N éléments répartis en x groupes de y éléments, de telle sorte que $\mathrm{N} = xy$. Supposons que dans chaque groupe les y éléments soient en tension, les x groupes étant réunis en quantité ; soient E et r les constantes d'un élément. La force électromotrice de la source est $\mathrm{E}y$, la résistance est $y\dfrac{r}{x}$. Si R représente la résistance extérieure, on aura, d'après la loi d'Ohm :

$$I = \frac{\mathrm{E}y}{y\dfrac{r}{x} + \mathrm{R}}.$$

Proposons-nous de déterminer x et y de façon que, pour la résistance donnée R, l'intensité I soit maxima. Ce maximum aura lieu quand $yr + \mathrm{R}x$ sera minimum : or, le produit de ces

10

deux termes est un nombre constant égal à RrN, le minimum aura donc lieu quand ils seront égaux, c'est-à-dire pour

$$yr = Rx \quad \text{ou} \quad R = y\frac{r}{x}.$$

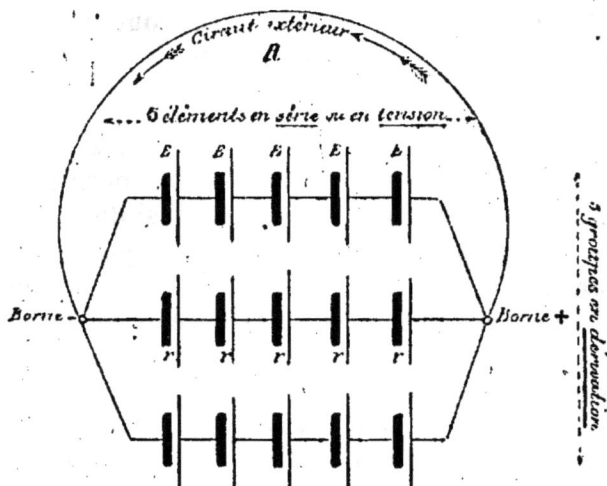

Couplage mixte des piles.

Il en résulte qu'il faut réaliser un groupement tel que la résistance intérieure de la batterie soit égale à la résistance du circuit extérieur ; ceci est vrai pour un seul élément en faisant $x = 1$, $y = 1$. La pile fournit alors son énergie avec un rendement égal à $\frac{1}{2}$.

Polarisation.

Un ampèremètre intercalé dans le circuit d'une pile permet de constater que l'intensité du courant est extrêmement variable : assez intense au début, elle diminue rapidement si le circuit reste un certain temps fermé. Or l'expérience nous apprend que la réaction chimique qui donne naissance à l'énergie électrique dans la pile

zinc, | eau acidulée, | cuivre

est la suivante : le zinc, attaqué par l'acide sulfurique, se transforme en sulfate de zinc avec dégagement d'hydrogène (1), lequel vient se déposer sur la lame de cuivre. Cet hydrogène forme autour de la lame positive une gaine gazeuse qui modifie profondément les contacts des substances hétérogènes composant la pile. L'affaiblissement de la force électromotrice de l'élément doit être ainsi principalement attribué à ce dépôt, sur le cuivre, de l'hydrogène provenant de la décomposition du liquide actif par le courant même du couple voltaïque (2). C'est le phénomène connu sous le nom de *polarisation*.

La pile ne doit pas être seulement considérée comme un générateur chimique d'énergie électrique, elle joue encore le rôle de récepteur chimique dans son propre circuit par suite de la décomposition de l'eau acidulée, travail auquel donne naissance le passage du courant à l'intérieur de l'appareil. C'est à ce fait qu'est due la présence de la force électromotrice E', laquelle vient affaiblir la force électromotrice principale E : nous lui avons déjà donné le nom de *force contre-électromotrice de polarisation.*

Dépolarisants.

On cherche à s'opposer à la polarisation et, par conséquent, à rendre la pile pratiquement constante, en enlevant, au fur et à mesure de sa formation, l'hydrogène qui se dégage sur la lame positive : on se sert, dans ce but, d'un corps solide ou liquide, nommé *dépolarisant*, capable d'éliminer ce gaz dans une réaction chimique sans influence sur le couple voltaïque. Ce fait est l'origine des très nombreux perfectionnements dont les piles ont été l'objet ; les principales substances dépolarisantes sont :

1° Les *sels de cuivre* ; on peut citer la pile *Daniell*, qui se compose des éléments :

zinc, | eau acidulée sulfurique, | sulfate de cuivre, | cuivre.

---

(1) Cette réaction constitue même un mode de préparation de ce gaz.
(2) Outre le dépôt d'hydrogène sur la lame positive, les autres causes de variation des constantes de la pile sont l'accroissement de la résistance intérieure et l'affaiblissement du liquide actif, qui proviennent des modifications survenues pendant la durée de la réaction chimique, enfin les impuretés du zinc qui donnent naissance à des couples voltaïques locaux ; l'expérience a montré qu'on remédie en partie à ces divers défauts en maintenant le liquide actif à saturation et en amalgamant le zinc qui constitue le pôle négatif ; cette dernière opération empêche l'attaque du zinc à circuit ouvert.

Le zinc s'oxyde et il se forme du sulfate de zinc par décomposition de l'eau acidulée ; l'hydrogène, au lieu de s'accumuler sur la lame positive, décompose le sulfate de cuivre, où il déplace le cuivre, lequel vient se déposer à l'état métallique sur la lame positive ;

2° L'*acide azotique;* on peut citer la pile *Bunsen,* qui se compose des éléments :

> zinc, | *eau acidulée sulfurique,* | *acide azotique,* | *charbon.*

Mêmes réactions que précédemment vers le pôle négatif ; l'hydrogène est *brûlé* par l'acide azotique avec formation de vapeurs asphyxiantes d'acide hypoazotique avant d'atteindre la lame positive ;

3° Les *sels de chrome;* on peut citer la pile de *Poggendorff,* qui se compose des éléments :

> zinc, | *eau acidulée sulfurique,* | *eau acidulée et bichromate* | *charbon.*
> | | *de potasse,* |

Mêmes réactions que précédemment vers le pôle négatif; d'autre part, l'acide sulfurique décompose le bichromate de potasse et produit un dégagement d'oxygène, lequel élimine l'hydrogène en donnant de l'eau ;

4° L'*oxyde de cuivre,* le *bioxyde de manganèse,* substances solides, jouant toujours le même rôle par rapport à l'hydrogène; on peut citer la pile *Lalande et Chaperon,* qui se compose des éléments :

> zinc, | *dissolution de potasse,* | *oxyde de cuivre,* | *fer,*

et la pile *Leclanché,* fort employée pour la télégraphie et les sonneries d'appartement, et qui se compose de :

> zinc, | *dissolution de chlorhydrate* | *bioxyde de manganèse,* | *charbon.*
> | *d'ammoniaque,* | |

Le charbon de cornue qui forme le pôle positif est entouré de bioxyde de manganèse (dépolarisant) et renfermé dans un vase poreux bouché par de la

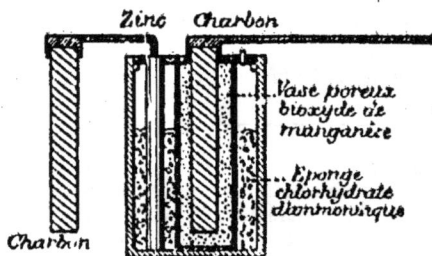

Pile Leclanché.

cire; un crayon de zinc amalgamé, auquel est soudée une lame de cuivre étamé, constitue le pôle négatif; le tout est contenu dans un vase en verre

mpli d'eau saturée de chlorhydrate d'ammoniaque (liquide excitateur). Le
rd du vase est enduit de paraffine pour empêcher la formation des *sels grim-
nts ;* enfin, le liquide excitateur peut être absorbé par des morceaux
éponge afin de rendre la pile plus ou moins *sèche* et, par conséquent, trans-
rtable. La force électromotrice de l'élément Leclanché est de 1,48 volt.

Électrolyse.

Dans tout élément voltaïque intervient nécessairement une
action chimique, en général oxydation du zinc et décompo-
tion de l'eau acidulée, phénomène corrélatif du courant élec-
ique. En effet, en vertu de la force électromotrice initiale
nstatée au contact des substances hétérogènes zinc et cuivre,
grâce à une énergie chimique, fournie dans l'espèce par
combustion du zinc (énergie qui devient disponible et peut
transformer en énergie électrique), un courant prend nais-
nce dans le circuit fermé et *décompose l'eau acidulée* à l'in-
rieur de la pile. Ce phénomène porte le nom d'*électrolyse ;*
liquide soumis à la décomposition se nomme l'*électrolyte,*
l'entrée et la sortie du courant s'appellent respectivement
lectrode positive ou *anode,* et l'*électrode négative* ou *cathode;*
s éléments résultants s'appellent les *ions.* Ces éléments
ndent à leur tour à se recombiner pour former le composé
imitif et leur présence donne naissance à la force contre-
ectromotrice de *polarisation.*
L'électrolyse peut être étudiée facilement à l'extérieur du
nérateur électrique en faisant passer le courant de la pile,
r deux électrodes en platine, au travers de l'électrolyte, con-
u dans un appareil appelé *voltamètre.* Si le liquide soumis
l'expérience est un corps simple, tel que le mercure ou un
étal en fusion, le courant passe comme dans un conducteur
elconque ; si les électrodes plongent dans un liquide pro-
ement dit, absolument pur, tel que l'eau, l'alcool, l'éther, ce
rps se comporte comme un isolant et le courant ne passe
s; le courant passe, au contraire, et le liquide est électrolysé,
l s'agit d'un sel en dissolution ou fondu. L'expérience
ntre que dans toute décomposition l'*hydrogène* et les *métaux*
portent seuls à la cathode, c'est-à-dire *paraissent transportés
ns le sens du courant ;* le reste de l'électrolyte, *métalloïde,*
ygène ou éléments d'un *acide anhydre,* se porte sur l'anode

en sens inverse ; enfin, les *ions* n'apparaissent jamais dans la masse même du liquide, mais seulement sur leurs électrodes respectives.

C'est en 1800 que Carlisle et Nicholson décomposèrent l'eau acidulée ; ils crurent avoir décomposé l'eau, car les gaz recueillis avaient des volumes dans le rapport de 2 à 1 ; ils avaient en réalité décomposé un sel, l'acide sulfurique hydraté SO^4H^2 ; le métal hydrogène se portait sur l'électrode négative dans le sens du courant et le radical SO^4, en sens inverse, sur l'électrode positive où l'oxygène se dégageait, tandis que SO^3 augmentait la concentration de la liqueur.

Des actions secondaires peuvent, en outre, se produire suivant la nature des corps qui se trouvent en présence : c'est précisément une de ces actions secondaires qui a été utilisée pour *dépolariser* la pile par élimination de l'hydrogène. Une autre action secondaire est fréquemment employée : un voltamètre contient une dissolution de sulfate de cuivre dans laquelle pénètrent deux électrodes en cuivre ; la cathode augmente de volume aux dépens de l'anode, qui se ronge comme s'il y avait transport pur et simple de cuivre de l'une sur l'autre. Le sulfate de cuivre s'est en effet décomposé, le cuivre s'est déposé sur la cathode, le radical SO^4 sur l'anode ; mais, comme cette dernière est en cuivre, il se reforme aussitôt une quantité de sulfate de cuivre égale à celle qu'avait décomposée l'action directe.

Loi générale de l'électrolyse.

La loi générale qui régit le phénomène de l'électrolyse a été donnée par Faraday :

Le poids P de l'élément électro-négatif dégagé sur l'anode en un temps t, par un courant I, est dans un rapport-constant avec la quantité d'électricité qui a traversé l'électrolyte.

$$P = \varepsilon \int_0^t I dt,$$

ε ne dépend que de la nature de l'élément dégagé. On l'appelle : *équivalent électro-chimique*, et il est proportionnel à l'*équivalent chimique* de l'élément.

Il résulte de cette loi que l'appareil dans lequel s'effectue la décomposition de l'eau peut servir d'instrument de mesure pour la quantité d'électricité qui l'a traversé, d'où son nom de *voltamètre.* Si le courant est constant, ce même appareil peut évidemment servir à mesurer l'intensité et c'est précisément un phénomène électrolytique (décomposition de l'azotate d'argent) qui a servi à définir l'ampère international.

Thomson a montré qu'il est possible de calculer *a priori*, dans certains cas, la force électromotrice que présente une pile donnée. En effet, l'énergie électrique manifestée par le courant ne peut provenir que de l'énergie chimique mise en jeu par les réactions de la pile et cette énergie chimique se mesure au moyen de l'énergie thermique à laquelle donne naissance sa transformation de l'état potentiel à l'état actuel. Si donc, dans un élément de pile, la nature des réactions qui se produisent et la quantité de chaleur dégagée ou absorbée par chacune d'elles est parfaitement connue, il sera possible de calculer l'énergie électrique correspondante, d'après le principe de la conservation de l'énergie (1).

Les éléments résultant de l'électrolyse n'apparaissant jamais que sur les électrodes, Grotthus a été amené à supposer que les molécules du composé sont orientées en file, entre les deux électrodes, par le passage du courant, de façon que les éléments composant chaque molécule extrême soient libérés au même instant ; la reconstitution des molécules, élément par élément, s'effectue ensuite sur toute la ligne, la file de molécules s'oriente de nouveau et ainsi de suite. Le phénomène du transport des ions conduit à une nouvelle hypothèse : les ions se chargeraient de transporter l'électricité d'une électrode à l'autre ; l'hydrogène et les métaux descendraient le courant et serviraient ainsi de véhicule à l'électricité positive.

III. — ACCUMULATEURS.

Piles secondaires.

Quand deux métaux identiques sont pris comme électrodes, par exemple deux fils de platine dans le voltamètre à eau acidulée, aucun courant ne prend naissance puisqu'il n'y a pas de force électromotrice de contact. Mais si un courant, produit

---

(1) Nous aurons occasion de revenir ultérieurement sur ces lois de l'électrolyse au sujet des récepteurs électro-chimiques.

par un générateur quelconque, traverse cet appareil, l'électrolyse de l'eau acidulée se produit, l'oxygène et l'hydrogène se dégagent sur leurs électrodes respectives ; en même temps,

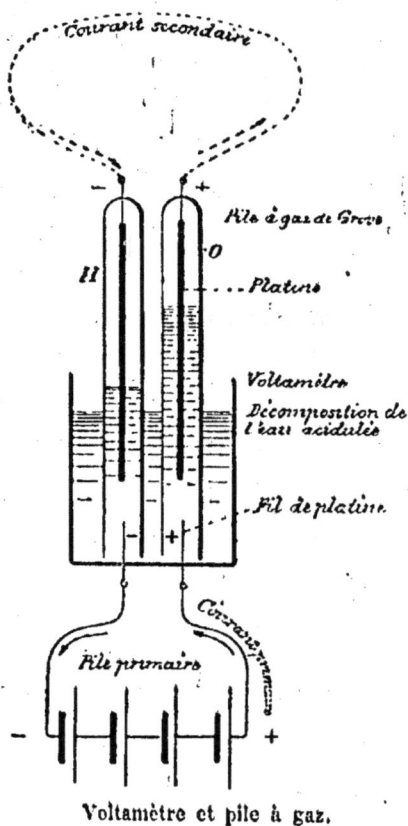

Voltamètre et pile à gaz.

le courant s'affaiblit comme si la force contre-électromotrice de polarisation donnait naissance à un courant circulant dans le circuit en sens inverse du courant principal.

L'existence réelle de ce courant se démontre, du reste, par l'expérience bien connue de la *pile à gaz de Grove*. Cet appareil est un voltamètre dans lequel, après électrolyse de l'eau acidulée et suppression de la pile génératrice, les deux électrodes, plongeant respectivement dans l'hydrogène et l'oxygène qui résultent de la décomposition, sont réunies au moyen d'un circuit métallique. La force contre-électromotrice de polarisation devient électromotrice et un courant prend naissance, de sens inverse au premier, à mesure que les gaz disparaissent. Un tel appareil se nomme une *pile secondaire* : certains éléments voltaïques peuvent donc être régénérés par un courant contraire à celui qu'ils donnent ; ils constituent ainsi des appareils *réversibles*.

Recherches de Planté sur les accumulateurs.

La pile secondaire est l'origine des *accumulateurs ;* dans le voltamètre qui constitue la pile à gaz de Grove, l'énergie électrique fournie par une *pile primaire* a pu être absorbée sous forme chimique, puis rendue sous forme électrique dans le *courant secondaire.* Cet appareil a donc emmagasiné de

énergie pour la restituer ensuite : c'est un *accumulateur*.
'autre part, l'énergie électrique dépensée pour le *charger*
eut être utilisée dans la décharge de l'appareil sous une
»rme différente de la première : il joue donc en même temps
 rôle de *transformateur*.

Dans un voltamètre ordinaire à fils de platine, la capacité de
»larisation, c'est-à-dire la quantité d'énergie susceptible
'être emmagasinée, est très
ible ; c'est aux recherches de
aston Planté, en 1860, que l'on
»it la véritable création de
accumulateur industriel. De
»mbreux essais le conduisirent
adopter le plomb comme métal
 plus avantageux pour les élec-
odes : le premier type de Planté
mprenait donc deux électrodes
 plomb à grande surface, en-
ulées sur elles-mêmes, séparées
r des bandes de caoutchouc
 plongées dans l'eau acidulée
10 p. 100 d'acide sulfurique.
 s électrodes en plomb étant
 siège des réactions chimiques
 es aux produits de l'électro-
 se de l'eau acidulée, la surface
 s électrodes est considérable-
cut agrandie pour favoriser ces
actions et augmenter la ca-
cité de polarisation. Gaston
anté remarqua en outre qu'il
lait *former l'accumulateur*,
st-à-dire faire passer d'abord
 courant primaire, puis dé-

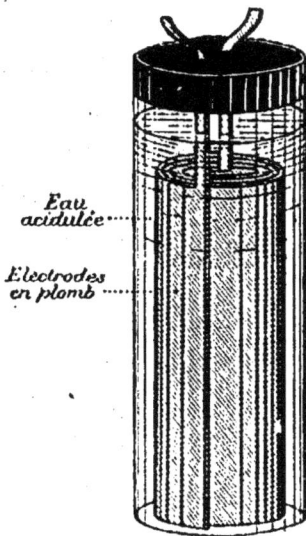

Coupe horizontale

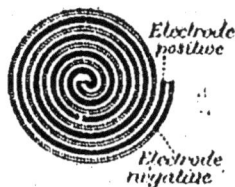

Accumulateur Planté.

 arger l'accumulateur, le recharger ensuite et exécuter un
 and nombre de fois la même série d'opérations.

Au début, il se forme simplement sur les électrodes de
 xyde de plomb et du plomb ; l'inversion du courant réduit
 xyde de plomb en donnant un *plomb spongieux* plus apte à
 xyder que la première fois, l'autre lame est oxydée à son

tour. Une nouvelle inversion du courant, prolongée un certain temps, transforme la surface d'une des électrodes en bioxyde de plomb, l'autre lame restant recouverte de plomb spongieux, et ainsi de suite.

Lorsque les surfaces des électrodes sont transformées, l'une en bioxyde de plomb, l'autre en plomb spongieux, l'accumulateur est formé et chargé ; lorsqu'on le décharge en fermant le circuit secondaire, PbO^2, sur l'une des lames, se transforme en PbO, l'autre lame s'oxyde et se recouvre aussi de PbO, enfin cet oxyde de plomb se combine de part et d'autre avec l'acide sulfurique libre pour former du sulfate de plomb. La réaction inverse est terminée et le courant secondaire cesse, l'accumulateur est complètement déchargé quand les deux lames se trouvent uniformément recouvertes de sulfate de plomb (1).

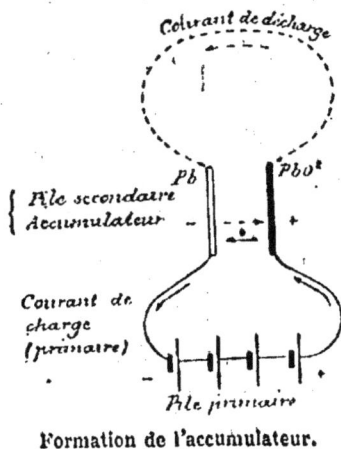

Formation de l'accumulateur.

Accumulateurs industriels.

Les accumulateurs industriels dérivent tous du type Planté : les principaux perfectionnements ont porté surtout sur la durée de formation, qui demande

(1) Cette explication très simple suffit à faire concevoir le fonctionnement d'un accumulateur ; mais le phénomène est, en réalité, plus complexe. On a proposé de le représenter par les combinaisons suivantes, qui expliquent certaines particularités des accumulateurs :

1° *Accumulateurs chargés.*

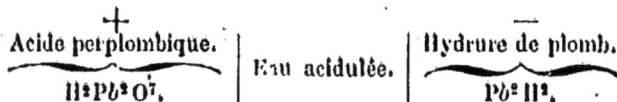

+ Acide perplombique. $H^2Pb^2O^7$.	Eau acidulée.	− Hydrure de plomb. Pb^2H^2.

2° *Accumulateurs déchargés.*

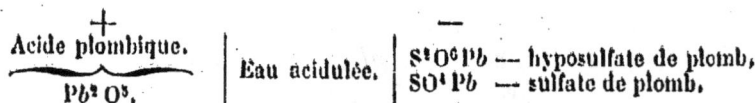

+ Acide plombique. Pb^2O^5.	Eau acidulée.	− S^2O^6Pb — hyposulfate de plomb, SO^4Pb — sulfate de plomb.

un temps considérable. Cette durée est déjà fort abrégée en plongeant les électrodes, pour les décaper et surtout pour les rendre *poreuses*, dans l'eau acidulée à l'acide azotique.

En vue de hâter la formation des couches chimiques actives, Faure a eu l'idée de recouvrir les électrodes de *minium* et de *litharge :* elles sont disposées par plaques alternées positives et négatives, situées côte à côte, face contre face. La difficulté consiste à faire adhérer fortement la couche active à la

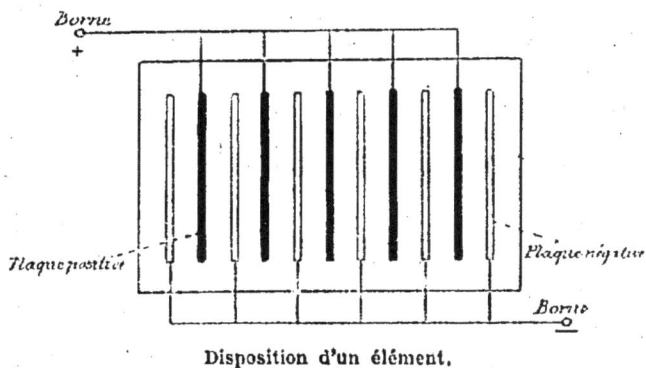

Disposition d'un élément.

plaque de plomb, et une multitude de systèmes, identiques comme résultats, ont été proposés dans ce but. Dans tous ces systèmes, la matière active est insuffisamment adhérente à la plaque et tombe à la longue au fond du vase qui contient l'eau acidulée ; en plus de la perte de matière qui en résulte, les particules qui se détachent peuvent, en outre, mettre l'élément en court circuit par communication accidentelle des plaques de signes contraires.

Les divers types d'accumulateurs peuvent être rangés en deux catégories :

1° Le *type Planté :* c'est la pile secondaire primitive obtenue par formation lente de la couche de bioxyde de plomb (*oxyde puce*) de couleur brune, solidement incorporée à la lame positive ; ces appareils sont robustes mais pesants, et leur capacité dépend de la durée fort longue et onéreuse de leur formation ;

2° Le *type Faure*, dans lequel les plaques sont constituées par des grilles ou supports en plomb affectant une très grande variété de formes et dont les interstices sont remplis d'une pâte obtenue par mélange d'oxydes de plomb avec de l'eau acidulée. Les accumulateurs de ce système sont beaucoup plus fragiles, mais aussi infiniment moins coûteux que les précédents : leur emploi s'est généralisé malgré leurs nombreux inconvénients.

Les électrodes peuvent être montées de deux façons différentes : elles sont *jumelées* ou *simples.*

Dans le premier cas, les plaques sont construites par paires, chacune ayant une partie positive et une partie négative réunies par un *pont* conducteur en plomb antimonié : ces plaques sont

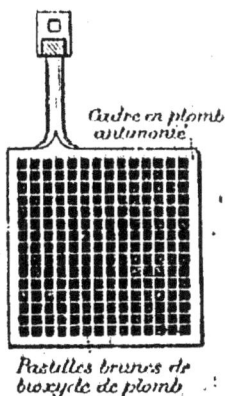

Plaque positive
(type Faure).

placées à cheval sur deux récipients successifs et toute soudure ou jonction est ainsi évitée dans la batterie complète, dont les deux extrémités comprennent naturellement des plaques simples.

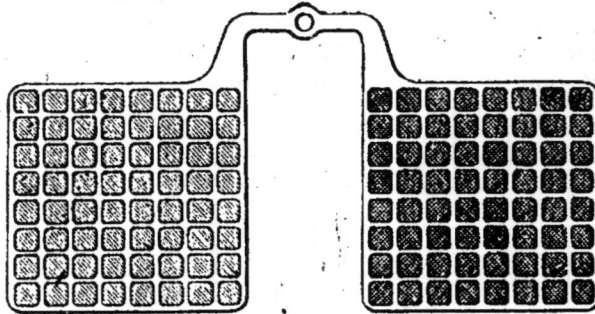

Plaque négative   *Plaque positive*

Électrodes jumelées.

Ces électrodes simples se composent, pour chaque élément, d'un nombre variable de plaques, alternativement positives et négatives, séparées et maintenues par des tubes de verre ou par des tasseaux en ébonite, en caoutchouc ou en porcelaine. Les plaques positives et les plaques négatives d'un même élément

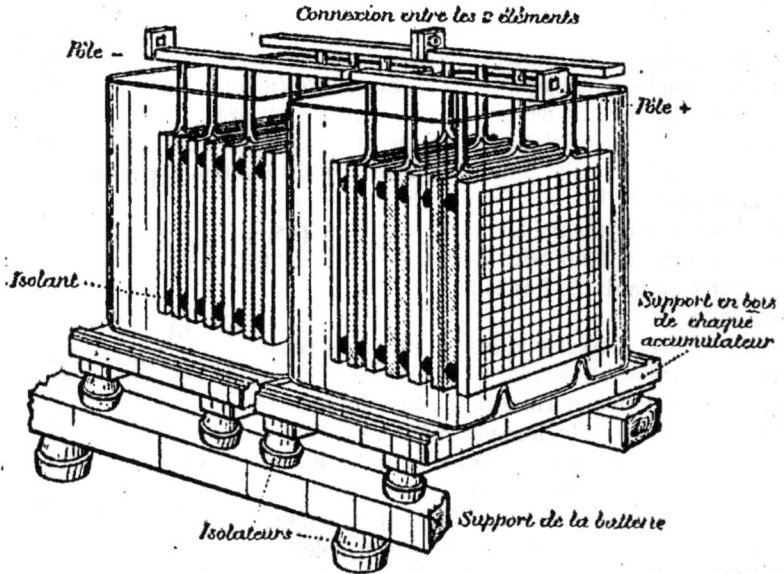

Accumulateurs.

sont réunies respectivement aux deux bornes de la pile secondaire : cette réunion peut être faite par soudure à une barre en plomb antimonieux et le sys-

tème est rigide, ou par l'intermédiaire de boulons et d'écrous et les plaques
sont amovibles. Malgré une certaine complication, ce système paraît préférable
comme permettant d'effectuer un facile chan-
gement des plaques, opération assez fréquente
à cause de l'usure rapide des électrodes positives.

Les *récipients* des accumulateurs sont des
bacs en verre, en grès, en ébonite, en bois
doublé de plomb; le verre est préférable, au

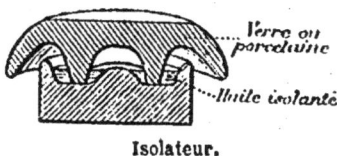

Isolateur.

moins pour les faibles dimensions, à cause de sa transparence qui permet
la vérification facile de l'état des électrodes; les éléments sont installés sur des
chantiers en bois *paraffiné* ou *bitumé*, et chacun d'eux repose sur des *isolateurs*
en verre ou en porcelaine, formés de deux parties emboîtées, dont l'une peut
recevoir une couche d'*huile isolante*.

Conduite d'une batterie d'accumulateurs.

La façon de conduire les accumulateurs à la charge et à la
décharge a une grande influence sur leur durée : un courant
trop intense est la cause principale de la destruction rapide
des plaques ; la plupart des constructeurs donnent les conditions normales de leur emploi. Les chiffres qui sont cités plus
loin répondent à la moyenne des accumulateurs industriels et
ne sont que des résultats d'expérience, les conditions de fonctionnement étant beaucoup trop complexes pour être soumises
au calcul.

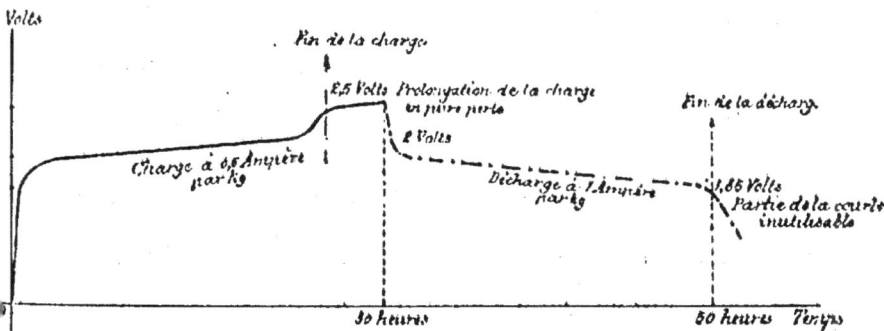

Charge et décharge d'un accumulateur.

La force électromotrice de la source doit naturellement être
supérieure à la force contre-électromotrice de la batterie d'accumulateurs, afin que le courant de charge puisse se produire ;

si cette force électromotrice de charge vient accidentellement à baisser au-dessous de la force contre-électromotrice, le courant change de sens et la batterie d'accumulateurs se décharge dans la source primaire. Cette force contre-électromotrice, au début, atteint rapidement 2 volts et croît ensuite lentement jusqu'à 2,5 volts. On arrête la charge quand le bouillonnement des bulles gazeuses dû à la décomposition de l'eau acidulée devient abondant ; mais la première charge, celle qui correspond à la formation, doit être notablement plus prolongée ; l'intensité de charge ne doit pas dépasser 0,6 ampère par kilogramme de plaque.

La résistance intérieure étant très faible, moins de 0,01 ohm, tandis que celle des piles est de 1 à 4 ohms, on aura aux bornes, à la décharge, une force électromotrice sensiblement constante avec le débit. Cette dernière est légèrement inférieure à 2 volts et reste longtemps stationnaire, comme le montre la courbe ci-dessus ; on arrête la décharge à 1,85 volt, le reste de la courbe étant pratiquement inutilisable et même dangereux pour la bonne conservation des accumulateurs. La capacité pratique est de 10 ampère-heures par kilogramme de plaque et il est bon de ne pas faire débiter plus de 1 ampère par kilogramme de plaque.

Rendement en quantité et en énergie.

Il est difficile d'apprécier le rendement d'un accumulateur, car la force électromotrice, l'intensité, la résistance varient constamment, soit à la charge, soit à la décharge. Pour évaluer ce rendement, nous prendrons simplement des valeurs moyennes ; soient à la charge : E, R, I, T, la force contre-électromotrice, la résistance intérieure, l'intensité du courant, la durée de la charge, et E', R', I', T' les mêmes quantités à la décharge.

En quantité, le rendement de l'accumulateur sera $\dfrac{I'T'}{IT}$. En énergie, le travail fourni pendant la charge est, d'après ce que nous avons vu au début de ce chapitre : $IT(E + RI)$; à la décharge, il sera $I'T'(E' - R'I')$.

Le rendement sera donc :

$$\frac{I'T'(E'-R'I')}{IT(E+RI)}.$$

Il résulte du simple examen de cette formule que, pour amé-
rer le rendement, il faut diminuer I et I'. Le rendement en
antité est, dans tous les cas, le plus considérable : il se rap-
oche, dans les conditions normales, de 0,90 ; le rendement
énergie est voisin de 0,70.

IV. — PILES THERMO-ÉLECTRIQUES.

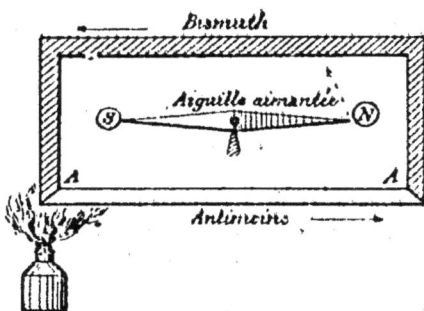

Expérience de Seebeck.

La pile thermo-électrique est un générateur thermique
énergie électrique ; la transformation dont elle est le siège
ut s'écrire schématiquement :

Énergie thermique. ⇒→ Énergie électrique.

2 métaux différents dont on chauffe la soudure.

La loi des contacts de Volta donne une différence de poten-
ls à la soudure de deux métaux différents ; mais il n'existe
cun courant si la chaîne fermée, ainsi constituée, reste
erte. Un courant peut pren-
e naissance, au contraire,
une certaine énergie se
pense dans le circuit, chi-
que comme dans la pile
dinaire, thermique comme
ns la pile thermo-élec-
que.

En 1821, Seebeck put dé-
er l'aiguille aimantée de sa
sition d'équilibre en chauf-
t l'une des soudures d'un

Expérience de Seebeck.

rreau de *bismuth* avec un barreau d'*antimoine* et en maintenant l'autre à la température ambiante : une partie de l'énergie thermique dépensée devient susceptible de prendre la forme électrique et le courant apparaît en vertu du principe de la conservation de l'énergie.

Piles thermo-électriques.

L'expérience de Seebeck est l'origine des *piles thermo-électriques*, dans lesquelles le bismuth et l'antimoine forment d'ordinaire les éléments constitutifs. Le courant fourni par ces piles est très constant ; malheureusement, elles sont à peu près inutilisables, leur rendement étant très inférieur à celui des piles hydro-électriques. Elles ne transforment, en effet, en énergie électrique qu'une très faible partie de l'énergie thermique qui leur est cédée ; le reste se dissipe, surtout par conductibilité thermique, des soudures chaudes vers les soudures froides : ces dernières s'échauffent, de sorte qu'il est nécessaire de les refroidir pour conserver la constance de la force électromotrice initiale.

Applications des piles thermo-électriques.

Les piles thermo-électriques ont été appliquées à la mesure des faibles différences de température comme dans la *pile de Melloni*, et à l'évaluation des températures très élevées comme dans le *pyromètre thermo-électrique* de M. Le *Chatelier*.

Pour les petites différences de température, la force électromotrice ne devient sensible qu'en réunissant plusieurs couples en tension : aussi la pile de Melloni est-elle formée de chaînes d'éléments, disposées de telle sorte que toutes les soudures paires soient sur une même face et les soudures impaires sur la face opposée. La moindre différence de température entre les deux faces détermine la naissance d'un courant que mesure un galvanomètre ; les déviations du galvanomètre sont proportionnelles aux différences de température des deux faces de la pile.

Le pyromètre thermo-électrique se compose d'un couple

platine | *platine rhodié,*

renfermé dans une sorte de canne en fer, où l'un des fils se trouve isolé au moyen d'un tube en porcelaine ; l'extrémité de la canne laisse à nu la soudure chaude, où les fils sont simplement tordus ensemble. Cette soudure, placée au contact de la source de chaleur, devient le siège d'une force électromotrice proportionnelle à la différence des températures à mesurer. Le courant qui en résulte passe dans un galvanomètre Deprez-d'Arsonval, muni de son équipage lampe-échelle et miroir : le nombre de divisions dont s'est déplacée l'image lumineuse accuse l'intensité du courant et, par suite, la différence de températures, après une graduation empirique préalable.

Inversion des couples thermo-électriques.

Pour certains couples, la force électromotrice va en augmentant d'une manière continue, à mesure que s'élève la température de la source chaude ; mais, dans la plupart des cas, cette force électromotrice ne lui est pas proportionnelle, elle est susceptible de présenter un maximum, de s'annuler et même de changer de sens : c'est le phénomène de l'*inversion des forces électromotrices de contact* de Volta.

D'autres actions thermo-électriques interviennent encore dans tout circuit traversé par un courant : d'abord, si r est la résistance que présente un conducteur homogène entre deux points voisins A et B, un courant d'intensité I dégage entre ces deux points une certaine quantité de chaleur Q_1, que la loi de Joule permet de calculer :

$$J Q_1 = r I^2.$$

Si maintenant le conducteur n'est plus homogène, s'il présente entre les deux points A et B une soudure de deux métaux différents, une différence de potentiels A | B, ou force électromotrice de contact e, existe entre ces deux points, et une quantité de chaleur q_1, donnée par :

$$J q_1 = e I,$$

sera dégagée si la chute de potentiel est de même sens que celle que produit le courant, absorbée si elle est de sens contraire. Dans le premier cas, la quantité de chaleur constatée à la soudure est $Q_1 + q_1$, et ce point est plus chaud que ne l'indique la loi de Joule ; dans le deuxième cas, elle n'est plus que $Q_1 - q_1$ et la soudure paraît s'être refroidie. Ce phénomène porte le nom d'*effet Peltier*, il se superpose à l'*effet Joule*.

L'*effet Thomson* est analogue : la différence d'homogénéité peut être obtenue par l'échauffement local d'un fil métallique et une différence de potentiels peut être obtenue entre le métal chaud et le métal froid ; un écrouissage, une torsion peuvent produire le même résultat, de sorte que, pratiquement, il n'existe pas de conducteur qui ne possède des forces électromotrices de contact.

CHAPITRE VIII

MACHINES A COURANT CONTINU

I. — GÉNÉRALITÉS. — HISTORIQUE

Générateurs mécaniques d'énergie électrique.

La disproportion qui existe entre les deux facteurs de énergie électrique fournie par les machines dites *statiques*, empêche ces générateurs mécaniques de devenir industriels, malgré les très sérieux perfectionnements dont ils ont été objet dans ces derniers temps, et leurs applications sont fort restreintes. Ni les *machines à frottement*, ni les *machines à influence*, qui donnent cependant d'énormes différences de potentiels (1), ne sont en effet utilisables, car le courant correspondant est si faible qu'il est à peine décelé par des galvanomètres balistiques sensibles munis de condensateurs à grande capacité.

Les véritables générateurs mécaniques d'énergie électrique comprennent donc seulement les machines dont le principe repose sur les phénomènes d'induction découverts par Faraday en 1831 : dans ces machines, un circuit métallique appelé

---

(1) Une machine de Wimshurst, de dimensions moyennes, peut donner des étincelles de 10 centimètres, distance explosive qui correspond dans l'air à plus de 100 000 volts.

*11

système induit, déplacé mécaniquement dans un champ magnétique produit par un *système inducteur*, devient le siège d'une force électromotrice d'induction, capable de transformer en énergie électrique l'énergie mécanique dépensée pour faire mouvoir l'un des systèmes par rapport à l'autre. La transformation peut s'écrire schématiquement :

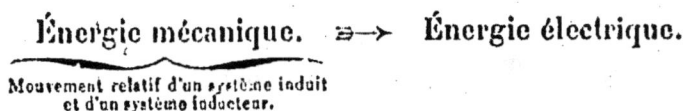

Énergie mécanique.   ↔→   Énergie électrique.

Mouvement relatif d'un système induit
et d'un système inducteur.

Historique des machines électriques actuelles.

La découverte des courants induits par Faraday, en 1831, reçut dès l'année suivante une première application dans la machine de *Pixii*, puis dans celle de *Clarke*, qui donnaient des courants changeant de sens à chaque révolution du système induit : ce furent les premiers appareils à courants dits *alternatifs*.

Mais la première machine ayant un caractère industriel fut construite par *Nollet* en 1849, pour le compte de la Compagnie l' « Alliance » ; c'était une machine de Clarke de grandes dimensions, dans laquelle un grand nombre de bobines induites passaient devant des aimants permanents inducteurs dont les pôles étaient alternativement Nord et Sud. Cette machine était destinée à l'éclairage ; mais, chose curieuse, on eut d'abord l'idée de l'employer à décomposer l'eau acidulée, dont les gaz, en se recombinant, devaient produire la lumière. Les courants alternatifs que donnait la machine devaient donc être redressés ; mais le commutateur employé dans ce but fonctionnant mal, on dut le supprimer et abandonner l'idée de la lumière oxyhydrique, pour en revenir à l'éclairage direct par courants alternatifs. Ce fut cette machine de l' « Alliance » qui fonctionna pour la première fois, en 1863, au *phare de la Hève*, au Havre ; une machine analogue fut employée pour l'éclairage du *phare du cap Gris-Nez*.

La construction du système induit reçut ensuite un perfectionnement très important dans la *bobine Siemens*, composée d'une âme allongée en fer à double T, sur laquelle était enroulé le fil coupant orthogonalement les lignes de force ; cette bobine tournait entre les deux pôles d'un aimant permanent.

En 1864, *Wilde* construisit une machine dans laquelle l'aimant permanent était remplacé par un électro-aimant : une source d'électricité séparée, dite *excitatrice*, fournissait le courant continu nécessaire au fonctionnement de l'électro-aimant. On eut alors des machines *magnéto-électriques* où l'inducteur était un aimant, et des machines *dynamo-électriques* où l'inducteur était un électro-aimant.

Entre temps, les premiers commutateurs chargés de redresser automatiquement le courant, dans la partie du circuit extérieure à la machine, avaient été suffisamment perfectionnés pour que l'on pût avoir des machines fournissant des courants toujours de même sens ; on possédait donc, dès cette époque,

es *machines à courants alternatifs* et des machines à *courants continus* ou
utôt *redressés*. Ces dernières ne servaient d'ailleurs que comme auxiliaires
es machines à courants alternatifs, pour fournir le courant de sens invariable
cessaire au fonctionnement des inducteurs : c'étaient les *machines excita-*
ces.

En 1866, *Varley*, *Werner Siemens* et *Wheatstone* apportèrent en même temps
séparément, une modification très importante aux machines à courants
dressés : elle consistait à supprimer la machine excitatrice et à produire l'ai-
antation des électro-aimants par le courant même de la machine ; une
achine de ce genre fonctionna à l'Exposition universelle de 1867, où elle fut
mployée à produire de la lumière.

Enfin, une disposition particulière du circuit induit et du commutateur, due
Pacinotti et construite par lui dès 1861, mais oubliée dans le cabinet de phy-
que de l'Université de Pise, aurait dû amener la révolution industrielle que fit
aître seulement en 1872, dix ans après, la découverte de l'*anneau Gramme*.
et anneau reproduisait les dispositions principales de la machine de Paci-
otti ; mais c'est bien la machine Gramme qui a réellement fait époque dans
ndustrie : son apparition est le point de départ de l'immense extension
u'ont prise de nos jours les machines électriques.

Classification des machines.

Il n'est guère possible de donner, dès le début, une classifi-
ation complète des machines électriques, cette classification
ésultant de l'étude qui en sera faite ultérieurement ; il im-
orte, cependant, d'en résumer ici les lignes générales.

Étant donné le caractère périodique du mouvement du
ystème induit, mouvement continu qui, pratiquement, est une
otation autour d'un axe, toutes les machines d'induction pro-
uisent, en réalité, des courants alternatifs. Mais ces courants,
ui sont nécessairement alternatifs dans le système induit,
euvent être utilisés de deux manières à l'extérieur de la
achine : suivant que, dans ce circuit extérieur, les courants
ecueillis conservent toujours le *même sens* ou que ce sens est
chaque instant *renversé*, on a une *machine continue* ou une
achine *alternative* appelée aussi *alternateur*.

Nous avons vu que le système inducteur peut se composer
'*aimants permanents* ou d'*électro-aimants :* dans le premier
as, les machines s'appellent *magnétos ;* dans le second,
ynamos. Dans une dynamo, les électro-aimants peuvent être
xcités par une machine spéciale produisant un courant
ontinu : la dynamo est à *excitation séparée ;* ils peuvent être

excités par le courant produit par la machine elle-même, cette machine est dite *auto-excitatrice*.

Enfin, dans une auto-excitatrice, si le courant tout entier de la machine passe dans le circuit des électro-aimants, on a une *dynamo en série* ou *série-dynamo*; si une partie seulement du courant produit passe dans le circuit inducteur, on a une *dynamo en dérivation* ou *shunt-dynamo*; si ces deux moyens d'excitation coexistent dans une même machine, on dit qu'elle est *compound*.

Cette classification simple est résumée dans le tableau suivant :

LE COURANT DANS LE CIRCUIT EXTÉRIEUR EST			
RENVERSÉ A CHAQUE INSTANT. *Machine alternative*		TOUJOURS DE MÊME SENS. *Machine continue*.	
à aimant permanent. *Magnéto*.	à électro-aimant. *Dynamo*.	à aimant permanent. *Magnéto*.	à électro-aimant. *Dynamo*

à excitation séparée   à auto-excitation.

par tout le courant, ...   *Série-dynamo*.
par une partie du courant. . .   *Shunt-dynamo*.
par une combinaison des deux moyens précédents. . .   *Dynamo-Compound*.

II. — L'INDUIT ET LE COLLECTEUR

Induit de la machine théorique.

Nous commencerons l'étude des machines par les machines à courants continus, et nous nous occuperons d'abord de l'induit, en réduisant le système à un cas théorique très simple pour arriver, en dernier lieu, à la machine réellement industrielle.

Prenons comme système inducteur un champ uniforme

d'intensité $\mathcal{H}$ dont les lignes de force sont parallèles à ns ; soit, comme système induit, un circuit métallique fermé $abcd$, de forme rectangulaire pour fixer les idées, indéformable par

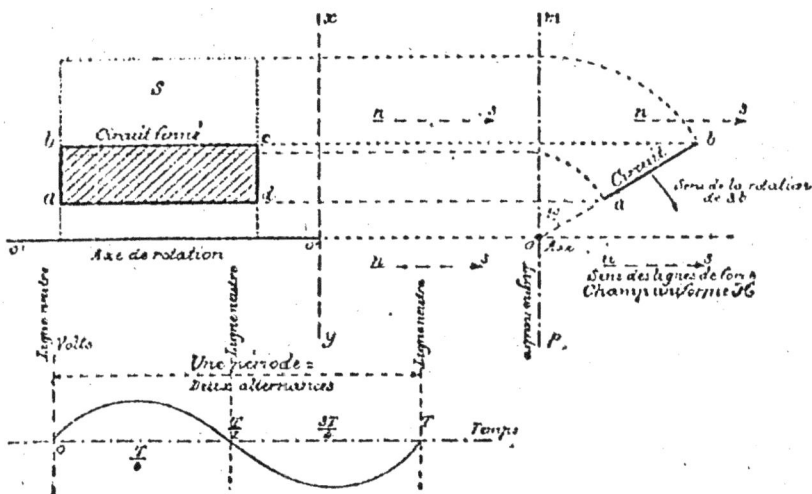

Machine théorique.

construction, et susceptible d'être déplacé d'un mouvement uniforme autour de l'axe O, perpendiculaire aux lignes de force.

Les lois de l'induction permettent d'obtenir la valeur de la force électromotrice dont ce circuit devient le siège, par le fait du mouvement auquel il est soumis.

Le flux de force qui traverse le rectangle de surface S est, à l'instant t,

$$\Phi = \mathcal{H}S \cos \omega.$$

Or la force électromotrice développée par une variation $d\Phi$ du flux de force est donnée par

$$e = -\frac{d\Phi}{dt}$$

ou

$$e = -\left(-\mathcal{H}S \sin \omega \frac{d\omega}{dt}\right) ;$$

mais on a évidemment, le mouvement étant uniforme et T étant la durée d'une révolution :

$$\frac{\omega}{2\,\pi} = \frac{t}{T},$$

d'où :

$$\frac{d\omega}{dt} = \frac{2\,\pi}{T};$$

donc :

$$e = \Re S \frac{2\,\pi}{T} \sin \omega.$$

Posons $\frac{2\,\pi}{T} = m$ et conservons l'angle ω, $\left(\omega = \frac{2\,\pi t}{T}\right)$, nous aurons :

$$e = \Re\, m\, S \sin\omega.$$

On voit donc que la force électromotrice suit les variations du sinus et change de sens deux fois par tour, aux moments où le circuit passe sur la direction *mp*, perpendiculaire aux lignes de force : *mp* porte le nom de *ligne neutre*.

Collecteur à bague.

Il s'agit maintenant de recueillir à l'extérieur les courants produits afin de les utiliser. On se sert pour cela d'un dispositif spécial auquel on a donné le nom de *collecteur*.

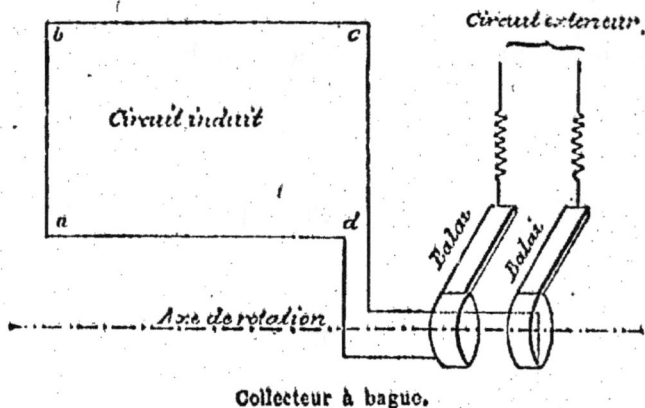

Collecteur à bague.

Puisque la force électromotrice suit la loi sinusoïdale, les courants qui traversent le système induit sont alternativement dirigés dans un sens puis dans le sens opposé. Si les courants alternatifs doivent être conservés à l'extérieur tels qu'ils se produisent, le circuit induit est simplement interrompu en un point et les deux extrémités libres sont soudées à deux bagues calées sur l'axe et participant à son mouvement; deux *balais* fixes terminent le circuit extérieur, frottent constamment sur ces bagues et recueillent les courants. C'est le collecteur simple ou *à bagues* muni de ses *contacts glissants*.

Collecteur redresseur. — Formation du courant continu.

Si les courants doivent avoir toujours le même sens dans le circuit extérieur, une disposition spéciale du collecteur est nécessaire. Les deux extrémités du système induit communiquent avec deux coquilles métalliques calées sur l'arbre et participant à son mouvement. Les balais restant fixes, le sens

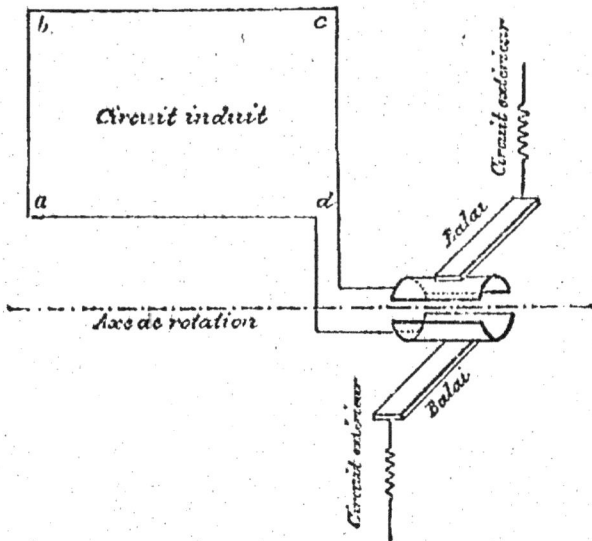

Collecteur redresseur.

se trouve interverti à chaque demi-tour, si bien que la différence de potentiels aux extrémités du circuit extérieur se représente par deux arcs de sinusoïde accolés correspondant à une révolution ou *période ;* cette disposition est connue sous le nom de *collecteur redresseur* ou *collecteur à lames.*

Si l'induit présente deux circuits ou deux spires, symétriques par rapport à l'axe, au lieu d'une seule, il est facile de voir que les forces électromotrices développées dans l'une et l'autre sont égales en valeur absolue ; elles s'ajoutent grâce à la disposition des coquilles, et la force électromotrice résultante est simplement deux fois plus grande, puisque la surface S embrassant le flux de force est deux fois plus considérable. Il suffit, pour réaliser ce fait, de relier aux lames les deux extrémités de la nouvelle spire, et les deux arcs de sinusoïde précédents représentent encore les variations de la force électromotrice, en doublant l'échelle des ordonnées.

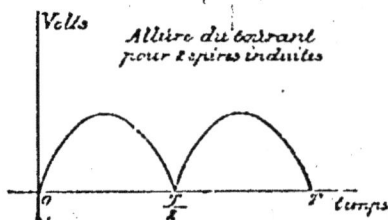

Si le système induit se compose de quatre spires calées à angle droit, la force électromotrice dans l'une étant représentée par le sinus, la force électromotrice dans la suivante au même instant est représentée par le cosinus du même angle, c'est-à-dire par la même courbe retardée de $\frac{T}{4}$; le collecteur comprend quatre coquilles au lieu de deux et, comme les forces électromotrices s'ajoutent, la force électromotrice totale est représentée dans le circuit extérieur par les ordonnées de la courbe en trait plein.

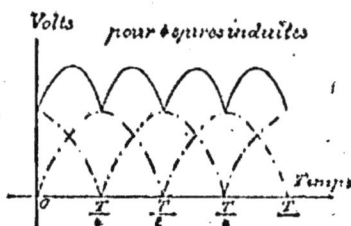

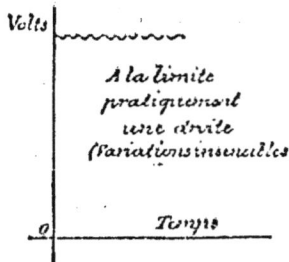

On conçoit donc qu'en multipliant le nombre des spires et celui des coquilles ou *lames du collecteur,* on puisse avoir pratiquement un *courant continu uniforme,* comme le fait prévoir la courbe limite de la figure précédente, dans laquelle les variations d'ordonnées deviennent insensibles.

Rôle du noyau de fer doux.

La force électromotrice d'induction se détermine dans un circuit fermé par la variation, dans le temps dt, du flux embrassé par ce circuit, et c'est ainsi qu'elle a été évaluée plus haut. Le même résultat peut évidemment être obtenu en faisant la somme des forces électromotrices développées dans chaque portion du circuit, considérée isolément comme coupant un certain flux de force dans le même temps dt, ces forces électromotrices élémentaires étant prises chacune avec son signe.

Or, en appliquant la considération du flux coupé et la règle des trois doigts de Jenkin, par exemple, aux différentes parties du circuit rectangulaire $abcd$, il est facile de voir que, dans les côtés ab et cd, les forces électromotrices d'induction sont constamment nulles, puisque ceux-ci ne coupent jamais aucune ligne de force et que, dans les côtés bc et ad, les forces électromotrices qui prennent naissance sont en opposition. Leur résultante est donc la différence de ces deux dernières et dépend seulement de l'excès de la vitesse linéaire de bc sur celle de ad.

La présence d'un noyau de fer doux permet d'augmenter considérablement la valeur de cette force électromotrice résultante. Dans la région située entre les épanouissements polaires N et S, les lignes de force sont, vers la partie axiale, tendues au travers de l'air comme des fils rigides et constituent un champ magnétique uniforme, tel que celui qui a été supposé dans l'étude précédente. Ces lignes de force subissent une déformation considérable quand une sorte de gros tube de fer, appelé *anneau* ou *armature*, se trouve introduit dans le champ. La figure montre que les lignes de force, toujours rigides dans l'*entrefer*, où elles donnent naissance à un champ uniforme plus intense que précédemment (1), s'incurvent pour se res-

---

(1) Ce champ uniforme a une intensité plus considérable que dans le premier cas à égalité de force magnétisante, car le circuit magnétique se ferme au travers du fer doux sur une réluctance plus faible qu'au travers de l'air.

serrer dans le fer doux, milieu plus magnétique que l'air ; le champ se trouve ainsi presque complètement annulé à l'intérieur de l'anneau, qui constitue un véritable *écran magnétique*.

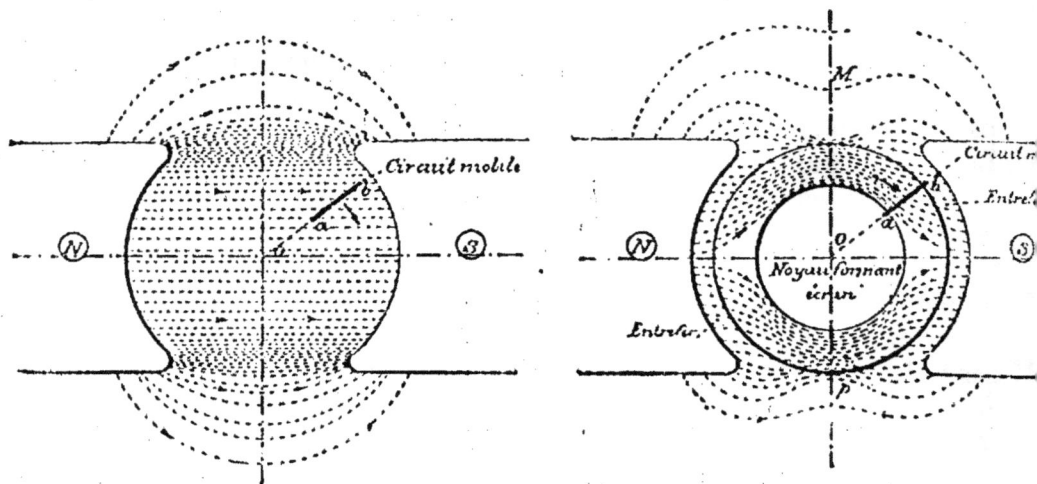

Élévation.

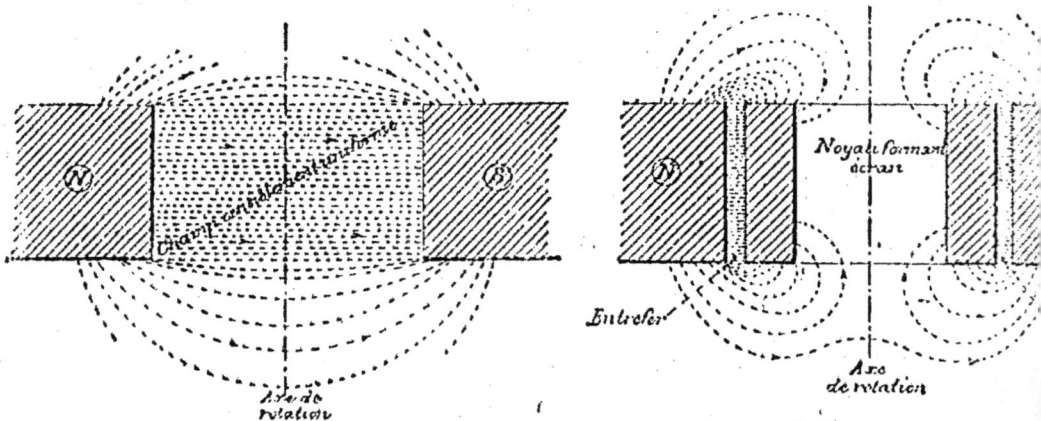

Coupe suivant N O S.

1° Avant l'introduction du fer doux.   2° Après l'introduction du fer doux.

Allure des lignes de force entre les pôles des inducteurs.

La valeur de la force électromotrice, dont sera le siège le cadre *abcd* disposé sur cet anneau de fer doux, se trouvera donc être égale à la force électromotrice développée dans le côté *bc*, puisque la rotation du côté *ad* s'effectuera dans un champ d'intensité presque nulle et ne donnera lieu à aucune force électromotrice appréciable s'opposant à la première. Le flux coupé par *bc* se trouvant, d'autre part, plus considérable, il y a donc une double raison pour que la force électromotrice résultante subisse un accroissement très important.

Enfin, si les lignes de force sont représentées dans un plan horizontal passant par l'axe, il est facile de se rendre compte qu'une partie de ces lignes de force se recourbe pour pénétrer par les côtés *ab* et *cd* de l'anneau, que quelques-unes même se recourbent totalement pour pénétrer par l'intérieur, de sorte que tout le circuit se trouve presque utilisé par la présence seule du noyau de fer. Il résulte de ce fait une nouvelle augmentation très notable de la valeur de la force électromotrice.

Anneau et collecteur Gramme.

Le système induit industriel connu sous le nom d'*anneau Gramme* résulte de l'accroissement du nombre de spires de la machine théorique qui vient d'être étudiée. L'anneau de fer doux introduit entre les deux pôles inducteurs, pour canaliser les lignes de force suivant deux flux symétriques par rapport à l'axe, est divisé en un certain nombre de segments de longueur égale ; sur chacun d'eux se trouvent enroulées, sur plusieurs couches, de nombreuses spires de fil isolé, très proches les unes des autres, constituant une *bobine*. Toutes les bobines ont un enroulement identique et de même sens ; l'anneau sert ainsi de support au système induit. Il suffit de faire communiquer l'extrémité postérieure d'une bobine élémentaire avec l'extrémité antérieure de la bobine suivante pour former une sorte de *spirale continue*, connue sous le nom d'*enroulement Gramme*.

Il est évident que chacune des spires composant une même bobine joue le même rôle que le circuit théorique *abcd*, mais il est facile de voir que la force électromotrice résultante sera singulièrement augmentée, puisqu'elle est proportionnelle au nombre de ces spires. Chaque bobine pouvant être considérée comme une spire unique, un collecteur redresseur permet de recueillir des courants continus dans un circuit d'utilisation ;

pour cela, du fil de liaison d'une bobine à la suivante (liaison qui s'appelle une *entresection*), part un conducteur qui le relie à une lame du collecteur, dont le nombre de touches isolées est ainsi le même que celui des entresections ou des bobines ; enfin deux balais fixes, qui terminent le circuit extérieur, s'appuient constamment sur le collecteur suivant la ligne neutre, les points de contact étant symétriques par rapport à l'axe, et complètent la disposition de l'induit et du collecteur auxquels Gramme a donné son nom.

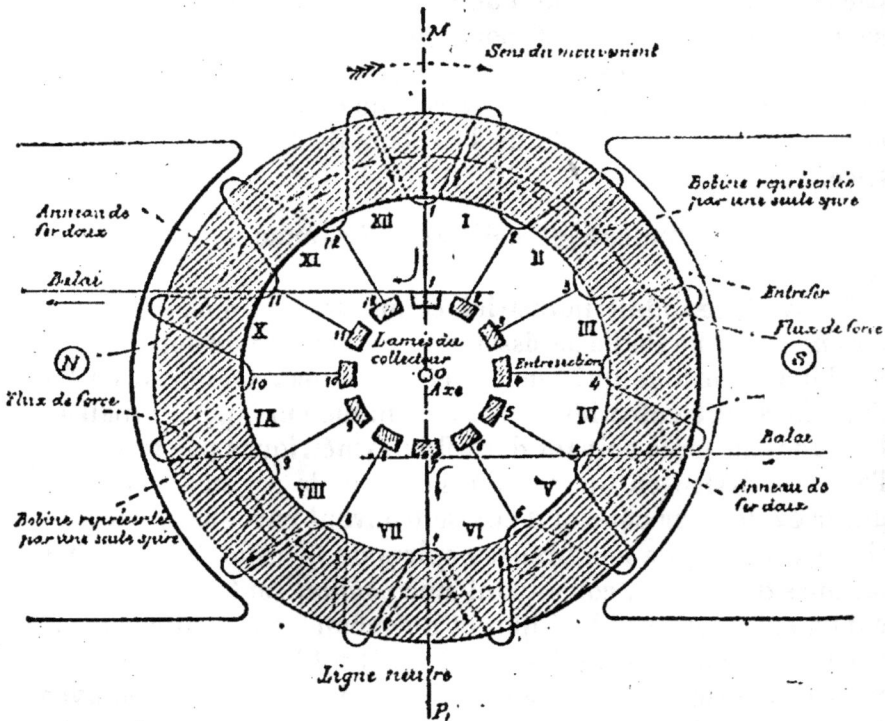

Schéma de l'enroulement Gramme.

Afin de nous rendre compte du fonctionnement de l'induit et du collecteur, supposons, pour fixer les idées, que l'enroulement se compose de 12 bobines : à un instant donné, on a donc 6 bobines à gauche et 6 bobines à droite du plan MP perpendiculaire aux lignes de force.

L'ensemble de la spirale induite peut être assimilé à un système de 12 éléments de pile, répartis en deux groupes com-

prenant chacun 6 éléments montés en tension ; ces deux
groupes sont réunis, aux points 1 et 7, par leurs pôles de même
nom, c'est-à-dire montés en quantité : nous avons vu, en effet,
que la force électromotrice, représentée par la loi sinusoïdale,
reste toujours de même sens d'un même côté du plan neutre.

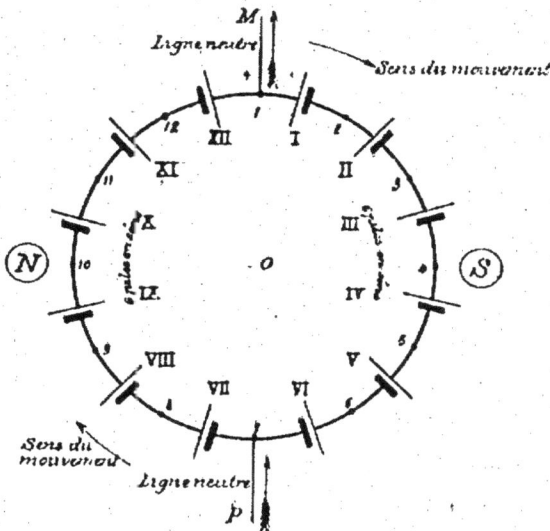

Fonctionnement de l'anneau Gramme.

Si, dans ces conditions, les deux points 1 et 7 sont
reliés par un circuit extérieur, ce circuit est parcouru par un
courant. Si les éléments sont disposés suivant un cercle tournant autour de son centre, on voit que le même effet se produit lorsque les points 1 et 7 ont été remplacés par m_{12} et
m_6 et ainsi de suite, d'où la succession de courants tous de
même sens. C'est en effet aux entresections 1 et 7....., qui
réunissent une bobine à la suivante, que sont fixées les lames
du collecteur, entraînées dans le mouvement de rotation et
successivement amenées en contact avec les balais.

Équation fondamentale des dynamos à courants continus.

Proposons-nous de calculer la force électromotrice théorique
dont est le siège un induit donné, déplacé avec une vitesse
déterminée dans un champ magnétique d'intensité connue.

Considérons, par exemple, un anneau Gramme formé de n spires : il y en a $\frac{n}{2}$ en tension de part et d'autre de la ligne neutre. Dans une révolution complète autour de l'axe, chaque spire est soumise à une variation de flux de force égale à $2\,\Phi$,

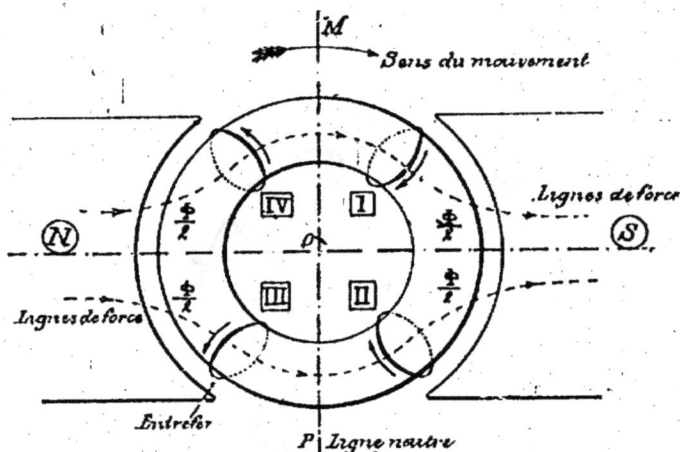

Équation fondamentale des dynamos à courants continus.

si Φ est le flux total entre les deux épanouissements polaires : en effet, ce flux total Φ se divise en deux, l'un à la partie supérieure, l'autre à la partie inférieure de l'anneau, chacun étant égal à $\frac{\Phi}{2}$. Dans chaque quadrant, la variation sera donc $\frac{\Phi}{2}$, soit $2\,\Phi$ pour les quatre quadrants ou pour un tour complet. Cette variation s'est effectuée en un temps marqué par $\frac{1''}{N}$, si la spire tourne à la vitesse de N tours par seconde ; le rapport $\frac{d\Phi}{dt}$, qui nous donne en valeur absolue la force électromotrice, sera donc :

$$\frac{2\,\Phi}{\dfrac{1}{N}} = 2\,N\Phi$$

pour une seule spire. Comme il y a $\frac{n}{2}$ spires en tension, la force électromotrice résultante sera :

$$2\,N\Phi \times \frac{n}{2} \quad \text{ou} \quad e = n\,N\Phi.$$

Cette équation, dite *équation fondamentale des dynamos à courants continus*, est facile à retenir. La force électromotrice est égale au produit du flux de force par le nombre de tours et par le nombre de spires ; elle est exprimée en unités CGS ; pour l'avoir en volts, il faut multiplier l'expression précédente par 10^{-3}.

Il importe d'être bien fixé sur le sens de la force électromotrice induite, dont la grandeur vient d'être calculée en valeur absolue. Étant donnés le sens du mouvement et l'allure des lignes de force, le sens de la force électromotrice d'induction est déterminé par la loi de Lenz : *toute variation produite dans un système en fait naître une nouvelle qui s'oppose à la première.*

Appliquons cette loi aux quatre positions successives d'une spire de l'anneau Gramme.

Dans la position I, le flux inducteur dans le premier quadrant passe de $\frac{\Phi}{2}$, sa valeur maxima, dans le plan neutre MP, à la valeur O suivant le plan NOS. Le flux inducteur est donc *décroissant*. La loi de Lenz nous indique que le flux induit, produit par le courant dans la spire, doit être de même sens que le flux inducteur, pour contrecarrer la diminution de ce flux.

En appliquant de même la loi de Lenz dans les quatre quadrants, nous arrivons aux résultats résumés dans le tableau ci-dessous :

POSITIONS.	VARIATIONS DU FLUX INDUCTEUR.	SENS DU FLUX INDUIT par rapport au flux inducteur.
I...................	Décroissant........	De même sens.
II....................	Croissant..........	De sens contraire.
III...................	Décroissant........	De même sens.
IV...................	Croissant..........	De sens contraire.

Le sens du flux induit étant ainsi déterminé, il suffit, pour remonter au sens du courant ou à celui de la force électromotrice qui a donné naissance à ce courant, d'appliquer l'une

12

des règles mnémoniques déjà connues : la règle du bonhomme d'Ampère ou la règle du tire-bouchon de Maxwell, qui sont rappelées ci-après (1).

Un observateur allongé sur le fil et regardant l'intérieur du circuit, qui voit les lignes de force passer de sa droite à sa gauche, a le courant qui entre par ses pieds et sort par sa tête.

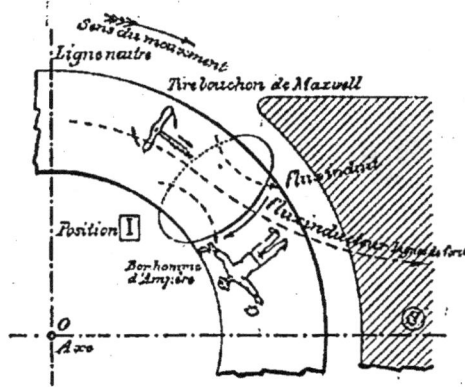

Détermination du sens de la force électromotrice induite.

Un tire-bouchon est disposé, son axe parallèle aux lignes de force : si on lui donne un mouvement de translation dans le même sens que les lignes de force, la rotation correspondante de sa poignée donne le sens du courant dans le circuit qui produit ce flux.

Courants de Foucault. — Hystérésis.

Nous avons supposé jusqu'à présent que le noyau de fer

---

(1) Il existe une difficulté pour appliquer ici la règle des trois doigts de Jenkin : c'est que cette règle, ne tenant pas compte du flux embrassé, mais bien du flux coupé, ne s'applique qu'à un conducteur linéaire ou à une portion de circuit. Dans le cas d'une spire, en effet, nous obtiendrons un certain sens pour la partie supérieure de la spire, un sens contraire pour la partie inférieure. Afin de lever l'indétermination, nous ne devrons appliquer la règle des trois doigts qu'à la portion du circuit où l'action est sûrement prédominante, c'est-à-dire ici, étant donné l'écran magnétique que forme l'anneau, à la partie, la plus éloignée de l'axe, qui parcourt tout l'entrefer où les lignes de force sont très resserrées.

ux restait fixe, la spirale induite étant seule mobile avec le lecteur. Une pareille disposition serait impossible à réa-
er ; aussi, pratiquement, le fil induit est-il enroulé directe-
nt sur le noyau et ce noyau se meut avec lui, en restant,
ns ses positions successives, identique à lui-même, avec son
tège de lignes de force.

Mais cette masse de fer doux doit être considérée comme un
uveau conducteur se mouvant dans le champ magnétique ; il
vient ainsi le siège de courants induits, déjà étudiés sous le
m de *courants de Foucault*. Ces courants sont parallèles à
xe et sont refermés sur eux-mêmes comme les courants qui
nnent naissance dans le fil induit : très intenses, étant
nné leur circuit presque dépourvu de résistance, ces circuits
font qu'échauffer le noyau en pure perte.

De plus, il est facile de voir que, pendant une rotation com-
te, une même portion de l'anneau s'aimante d'abord dans
sens, puis en sens inverse. Or, bien que l'armature soit en
doux, ce milieu magnétique possède une certaine force
rcitive qui n'est pas négligeable et occasionne le retard à la
aimantation appelé *hystérésis :* ce travail incessant d'aiman-
ion et de désaimantation de l'anneau correspond à une cer-
ne énergie absorbée, laquelle se manifeste sous forme ther-
que.

Il s'agit d'atténuer, autant que possible, ces deux causes de
sipation d'énergie. On s'oppose aux courants de Foucault
divisant le noyau en feuilles minces de tôle d'acier extra-
ux, perpendiculaires à l'axe et isolées les unes des autres au
yen de feuilles de papier : sous cette forme, il est facile de
r que l'anneau n'oppose qu'une réluctance très faible aux
nes de force, mais qu'il offre une résistance très considé-
ble aux courants induits dans la masse, qui tendent à se
oduire parallèlement à l'axe.

Il n'y a aucun moyen de combattre l'hystérésis, à part le
oix du métal qui doit être pris aussi doux que possible, de
on à présenter la force coercitive minima. Dans une ma-
ine soignée, les pertes sont alors assez faibles de ce côté
ur que le fonctionnement puisse donner lieu à un rendement
s élevé, plus de 95 p. 100.

Différentes formes d'induits. — Induit Siemens.

Dans l'anneau Gramme, c'est la portion bc de la spire $abcd$ qui passe dans l'entrefer et possède l'influence prépondérante au point de vue de la force électromotrice résultante ; le reste du fil participe à peine à l'induction, il a même une influence nuisible par la résistance inerte qu'il introduit.

On a essayé de parer à cet inconvénient en augmentant le diamètre de l'anneau par rapport à son épaisseur : l'induit est dit à *anneau plat* et ce sont les côtés ab et cd perpendiculaires à l'axe qui sont soumis à l'induction.

Différentes formes d'induits.

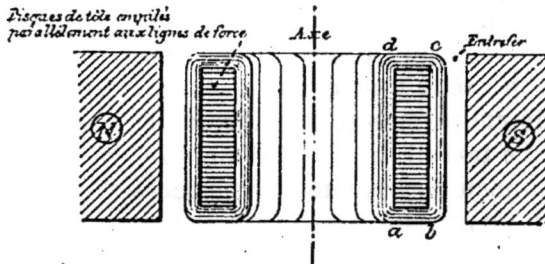

Anneau Gramme.

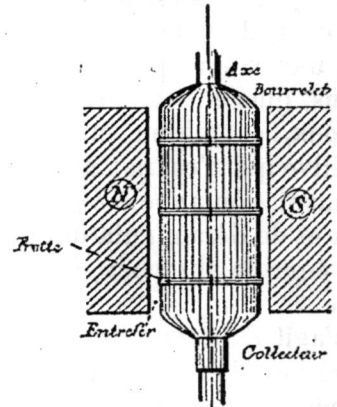

Induit à tambour.

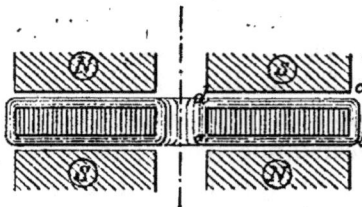

Anneau plat.

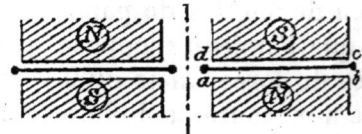

Induit à disque.

En continuant dans cette voie, on est arrivé aux *induits à disque*, dans lesquels le noyau de fer doux est complètement supprimé, et où les parties actives du fil, ab et cd, sont disposées suivant des rayons et raccordées par des portions de fil qui suivent les circonférences intérieure et extérieure.

Toujours dans le but de diminuer les parties inutiles du fil induit, Siemens a adopté la disposition suivante : la spirale *abcp* est agrandie et tourne autour de l'axe passant par le milieu des petits côtés *ab* et *cd*. Si une pareille spire est placée dans un champ magnétique ayant les lignes de force parallèles aux plans décrits par *ab* et *cd*, il est facile de se rendre compte que les côtés *ad* et *bc* sont le siège de forces électromotrices qui s'ajoutent, tandis que *ab* et *cd* restent à l'état neutre.

Pour augmenter l'intensité du champ inducteur, pour diminuer l'épaisseur de l'entrefer, on prend un noyau composé d'un cylindre de fer doux construit en empilant des disques de tôle mince, séparés par des feuilles de papier, afin de s'opposer aux courants de Foucault : c'est autour de ce cylindre qu'on vient enrouler des spires analogues à *abcd*.

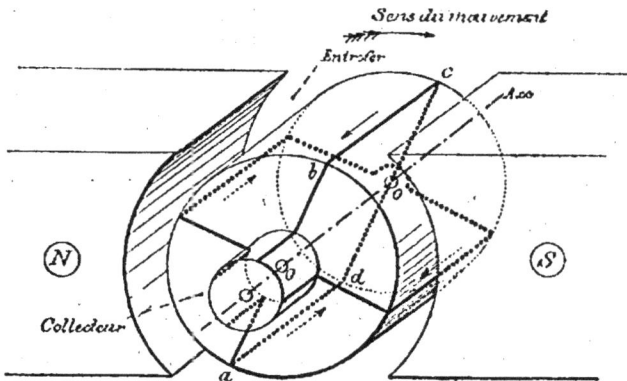

Enroulement Siemens.

Les fils sont disposés sur chaque base suivant un polygone étoilé qui doit laisser au centre la place de l'axe et du collecteur. L'induit porte ainsi à ses deux extrémités des bourrelets de fils qui se croisent et qui, étant à des potentiels très différents, doivent être soigneusement isolés les uns des autres. Pour diminuer les portions de fil non soumises à l'induction, on augmente la longueur du cylindre par rapport à son diamètre : on obtient de cette manière l'*induit à tambour* ou *induit Siemens*.

Ces différentes formes d'induits sont équivalentes : dans la pratique, on n'arrive jamais que d'une façon imparfaite à supprimer les parties de fil inutiles au point de vue de l'induction ; les formes les plus usitées sont représentées dans les figures ci-dessus.

III. — LES INDUCTEURS

Le *système inducteur*, dans une machine d'induction, est l'appareil qui donne naissance au champ magnétique dans lequel se meut l'induit. Ce champ peut provenir d'aimants permanents, comme dans les *magnétos*, ou d'électro-aimants, comme dans les *dynamos*. Les inducteurs à électro-aimants sont presque seuls employés aujourd'hui, comme produisant des champs beaucoup plus intenses que les aimants permanents.

Le courant d'excitation de ces électro-aimants fut d'abord produit au moyen d'un générateur électrique quelconque, tel qu'une machine à aimants permanents dite *excitatrice*, puis on eut l'idée d'emprunter ce courant à la machine elle-même qui devint ainsi *auto-excitatrice*.

L'auto-excitation des machines paraît *a priori* un fait absolument anormal : en effet, au premier abord, la machine ne peut produire un courant que si les inducteurs sont excités, et, d'autre part, les inducteurs ne peuvent être excités que si la machine produit un courant.

En réalité, le *magnétisme rémanent* des inducteurs est loin d'être négligeable et la machine commence par fonctionner comme magnéto : le courant qui en résulte, assez faible au début, est lancé dans les inducteurs et renforce le champ magnétique primitif. La force électromotrice s'accroît donc de plus en plus, et l'intensité du courant induit augmente jusqu'à ce que le régime permanent soit atteint.

Pour se rendre compte du fonctionnement des inducteurs, il suffit de considérer le flux de force qui prend naissance à l'intérieur d'une bobine en forme de tore. Ce flux, dans le circuit magnétique, par assimilation avec le courant dans un circuit électrique, est donné par l'expression

$$\Phi = \frac{4\pi n I}{\frac{l}{\mu S}},$$

dans laquelle : Φ représente le flux à travers S, la section du tore ; *l*, la longueur de la circonférence moyenne ; μ, le coefficient de perméabilité du milieu soumis à l'induction ; *n*, le nombre de spires, et I, l'intensité du courant qui les parcourt.

Pour une valeur donnée de la force magnétomotrice $4\pi nI$, il est évident qu'il y a tout avantage à avoir le flux de force le plus considérable possible. Il faut, de ce fait, *diminuer la reluctance* $\dfrac{l}{\mu S}$, c'est-à-dire diminuer *l* et augmenter S ; le tore doit

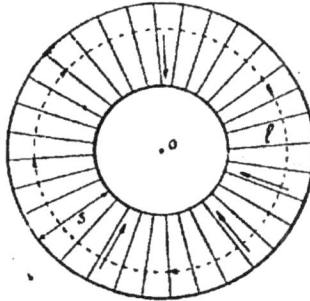

Bobine en forme de tore.

donc être trapu, à grande section et faible rayon ; il faut augmenter μ, c'est-à-dire avoir un métal doué de la plus grande perméabilité magnétique possible : c'est le *fer doux* qui répond le mieux à cette condition et, si la fonte est employée par économie, la section du tore doit être augmentée en conséquence. Ces diverses considérations sont immédiatement applicables aux inducteurs des machines.

En effet, la bobine en forme de tore considérée jusqu'ici, constitue un circuit magnétique simple, homogène, aux spires régulièrement enroulées, et auquel l'application de la formule qui donne le flux ne présente aucune difficulté ; mais l'analogie entre le circuit magnétique et le circuit électrique se poursuit encore, au moins d'une manière approximative, dans des cas plus complexes.

Quel que soit son mode d'enroulement, une bobine de *n* spires, parcourue par un courant I et disposée d'une façon quelconque sur un circuit magnétique, donne toujours naissance à une force magnétomotrice égale à $4\pi nI$. Le tore peut même

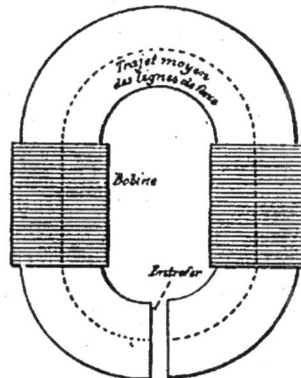

Tore déformé à bobines irrégulières et à entrefer.

être interrompu par un entrefer, présenter une forme irrégulière (mais où l'on puisse cependant apprécier les trajectoires des lignes de force), comprendre, enfin, des parties successives composées de matériaux divers plus ou moins magnétiques : *fer, fonte, cuivre, air ;* la formule qui donne le flux ne cessera pas d'être applicable, avec certains correctifs.

Comme première approximation, le flux peut être considéré comme constant dans tout le circuit magnétique ; autrement dit, on suppose quil n'existe aucune dérivation de flux à l'extérieur et que ce flux, plus ou moins épanoui, plus ou moins resserré suivant les sections qui lui sont offertes, conserve la même valeur à travers toute section du circuit. Dans ce cas, la réluctance totale est simplement égale à la *somme des réluctances* de chaque partie, et le flux reste constamment égal au *quotient de la force magnétomotrice par la réluctance totale.*

Circuit magnétique d'une dynamo.

Proposons-nous d'étudier le circuit d'une machine, celui d'une *dynamo Edison,* par exemple ; la figure ci-dessous montre que le flux s'y divise en deux portions égales et traverse deux entrefers. Soient : l_1 le parcours moyen dans chacune des deux moitiés de l'armature ; e, l'entrefer, c'est la distance de la

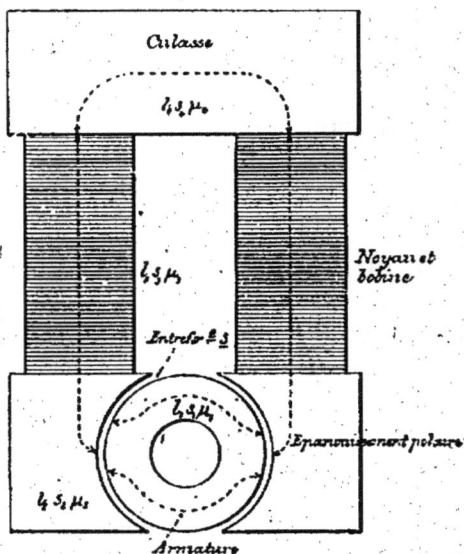

surface extérieure du fer de l'armature aux pièces polaires ; l_2, le parcours dans la pièce polaire ; l_3, le parcours dans le noyau de l'inducteur ; l_4, le trajet dans la culasse ; les diverses sections S et les perméabilités μ sont affectées des mêmes indices dans les parties correspondantes.

La force magnétomotrice est $4\pi n I$.

La reluctance totale est la somme des reluctances partielles :

$$\text{Reluctance} = \frac{l_1}{2\,\mu_1 S_1} + \frac{2\,e}{S} + \frac{2\,l_2}{\mu_2 S_2} + \frac{2\,l_3}{\mu_3 S_3} + \frac{l_4}{\mu_4 S_4}$$

et

$$\text{Flux} = \frac{\text{Force magnétomotrice}}{\text{Reluctance}}.$$

Si l'entrefer devient plus large, le flux ne reste plus constant et il est nécessaire d'apporter une correction à la formule approchée qui vient d'être établie; une partie du flux se dissipe par infiltration dans le milieu extérieur, lequel est loin d'être imperméable aux lignes de force.

Or, dans ce cas, la valeur de μ est suffisamment élevée dans le fer, pour qu'il soit possible de supposer que la totalité du flux ainsi dissipée ne se dérive à l'extérieur qu'au voisinage de l'armature, entre les pièces polaires; il suffit alors d'appliquer au circuit magnétique la seconde loi de Kirchhoff: la force magnétomotrice est égale à la somme des produits des reluctances de chaque partie du circuit par le flux correspondant.

Soit donc Φ_u le flux utile, c'est-à-dire le flux qui traverse les entrefers et l'armature : ce flux utile est naturellement plus faible que le flux total qui traverse le reste du circuit; les expériences d'Hopkinson ont montré que ce flux total est égal à $\nu\Phi_u$, ν étant un coefficient variable entre 1,30 et 2,00. L'expression précédemment établie devient, avec cette correction :

$$\underbrace{4\,\pi n\mathrm{I}}_{\text{Force magnétomotrice}} = \underbrace{\Phi_u}_{\substack{\text{Flux dans l'armature} \\ \text{et l'entrefer}}} \times \underbrace{\left(\frac{l_1}{2\,\mu_1 S_1} + \frac{2\,e}{S}\right)}_{\text{Reluctance correspondante}}$$

$$+ \underbrace{\nu\Phi_u}_{\text{Flux dans le reste du circuit}} \times \underbrace{\left(\frac{2\,l_2}{\mu_2 S_2} + \frac{2\,l_3}{\mu_3 S_3} + \frac{l_4}{\mu_4 S_4}\right)}_{\text{Reluctance correspondante.}}$$

Etant donnée la perméabilité considérable du fer, il est facile de voir que le terme prépondérant dans la formule précédente est le terme relatif à l'entrefer. Aussi cherche-t-on à diminuer dans cet entrefer le trajet des lignes de force, en rapprochant le plus possible l'anneau des pôles, et à augmenter dans le voisinage de ces derniers la section offerte au flux de force, en terminant les inducteurs, d'ailleurs eux-mêmes gros et courts, par des *épanouissements polaires* embrassant presque complètement l'induit. Pour la même raison, il faut supprimer les joints dans les inducteurs, ou du moins les ajuster très soigneusement quand ils sont inévitables ; bref, il faut *mettre du fer partout où on le peut*, sur le trajet des lignes de force.

De ces considérations résulte la forme actuelle des dynamos, aux bobines trapues, aux inducteurs épais et ramassés, formes robustes et massives qui font contraste avec les formes grêles et élancées des anciennes machines.

Formes diverses des inducteurs.

Les conditions de bon fonctionnement des inducteurs, laissant dans l'indétermination la forme même du circuit magnétique des machines, chaque constructeur a pu adopter telle disposition qui lui paraissait la plus convenable; de là, divers types caractéristiques de machines, types aujourd'hui consacrés par l'usage :

1° Le *type d'atelier*. C'est la machine Gramme primitive, celle dont l'apparition a fait époque dans l'industrie électrique. L'inducteur comprend quatre bobines disposées sur deux noyaux réunis par deux culasses ; les épanouissements polaires sont placés en des points de l'électro-aimant appelés *points conséquents* (1). Dans le type Gramme primitif, l'anneau tournait dans un plan perpendiculaire aux axes des électros, de sorte que les culasses servaient en même temps de *flasques* et de *paliers* pour l'axe de rotation ; dans la disposition actuelle, l'axe de l'anneau est parallèle aux *flasques*.

2° Le *type supérieur*. L'électro a sa culasse en bas et l'induit se meut à la *partie supérieure*, d'où le nom de *type supérieur*. Cette disposition présente un grave inconvénient : le noyau se trouve attiré vers le bas par les lignes de force qui tendent à se raccourcir: l'action du champ magnétique s'ajoute donc en partie à celle de la pesanteur, pour faire porter l'axe plus lourdement sur ses paliers, d'où un frottement plus considérable pendant la rotation de l'induit. On corrige un peu ce défaut en avançant légèrement l'un vers l'autre, à la partie supérieure, les prolongements des épanouissements polaires.

3° Le *type Edison*. C'est la disposition précédente renversée. Le socle doit être construit en métal non magnétique, pratiquement en zinc, afin d'assurer le passage de tout le flux dans l'anneau. Ici, l'action de la pesanteur et l'attraction magnétique vers le haut, se contrarient, aussi l'anneau est-il mieux suspendu et mieux équilibré pendant sa rotation.

---

(1) Les *points conséquents* sont des pôles qui n'occupent pas l'extrémité d'un barreau ; autrefois on les regardait un peu comme des pôles parasites : le figuré des lignes de force et des circuits magnétiques rend aujourd'hui leur notion très claire.

Formes diverses des inducteurs.

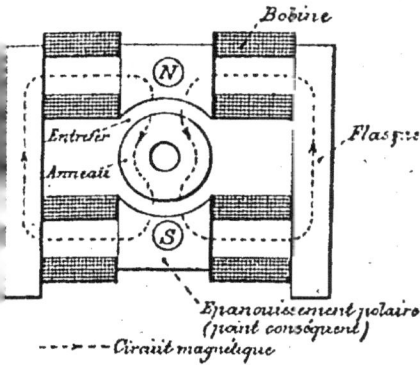

1° Type d'atelier.

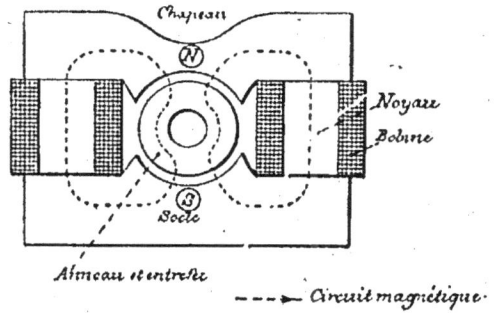

4° Type Manchester.

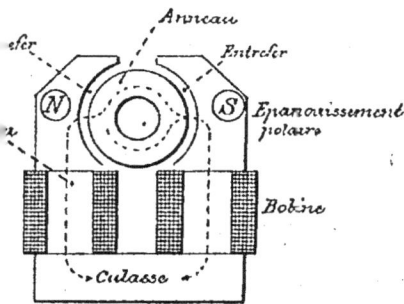

2° Type supérieur.

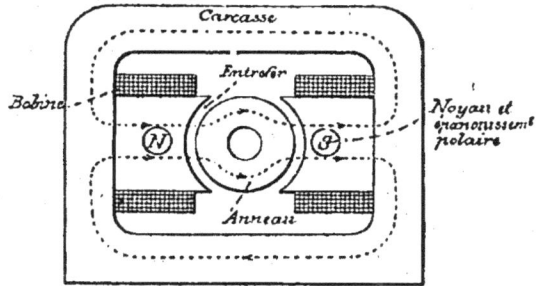

5° Type Lahmeyer.

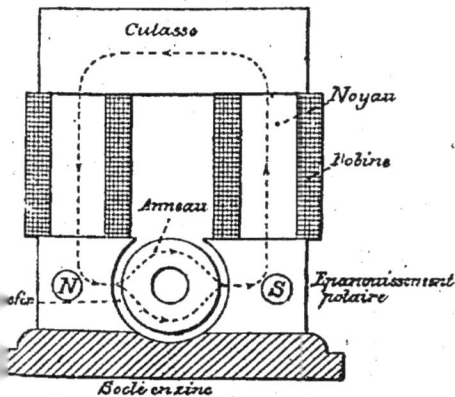

3° Type Edison.

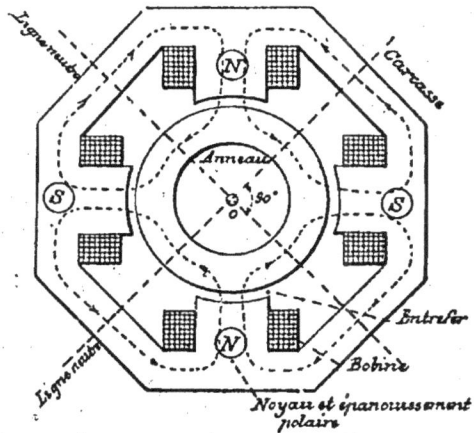

6° Machine tétrapolaire.

4° Le *type Manchester*, très usité aujourd'hui. Deux circuits magnétiques distincts créés dans deux bobines inductrices de part et d'autre de l'anneau, se réunissent en deux points conséquents ou épanouissements polaires situés vers le haut et vers le bas de l'induit, pour diverger de nouveau dans l'armature ; les machines Manchester sont de construction simple et d'aspect robuste.

5° Le *type Lahmeyer*, très employé en Allemagne. Le circuit magnétique parcourt une carcasse de fer massive qui entoure complètement la machine ; les pièces tournantes, les balais se trouvent ainsi admirablement protégés, sous une véritable cuirasse.

6° Le *type multipolaire*. C'est une disposition dérivée du type Lahmeyer, en lui supposant quatre, six bobines au lieu de deux, formant une sorte de *couronne de pôles* autour de l'anneau. L'avantage de ce type multipolaire est de pouvoir augmenter le diamètre de l'induit, c'est-à-dire le nombre des spires soumises à l'induction ; il devient alors possible de diminuer la vitesse angulaire de l'induit, c'est-à-dire le nombre de tours du moteur, tout en gardant la même vitesse linéaire circonférencielle. Cet avantage est considérable, car les dynamos ordinaires, tournant très vite, exigent fort souvent des arbres de transmission et des renvois intermédiaires par courroies ; la vitesse angulaire s'abaisse par contre suffisamment avec les dynamos multipolaires, pour que l'attelage direct du moteur sur la dynamo, puisse s'effectuer au moyen de *joints élastiques*. Le seul inconvénient des machines multipolaires est qu'elles exigent quatre balais calés à 90° l'un de l'autre, ou six balais calés à 60°, ou huit calés à 45°, etc., suivant que les machines sont *tétrapolaires*, *hexapolaires*, etc.; or, les balais doivent être considérés comme la pièce délicate des dynamos à courant continu. On peut, il est vrai, ramener le nombre des balais à deux, comme dans les *machines bipolaires*, en réunissant entre elles les lames qui sont au même instant au même potentiel : ces deux balais sont alors naturellement à 90°, 60°, etc., l'un de l'autre.

Excitation des machines.

Sauf dans les *magnétos*, où le système inducteur est formé

DYNAMO ÉDISON

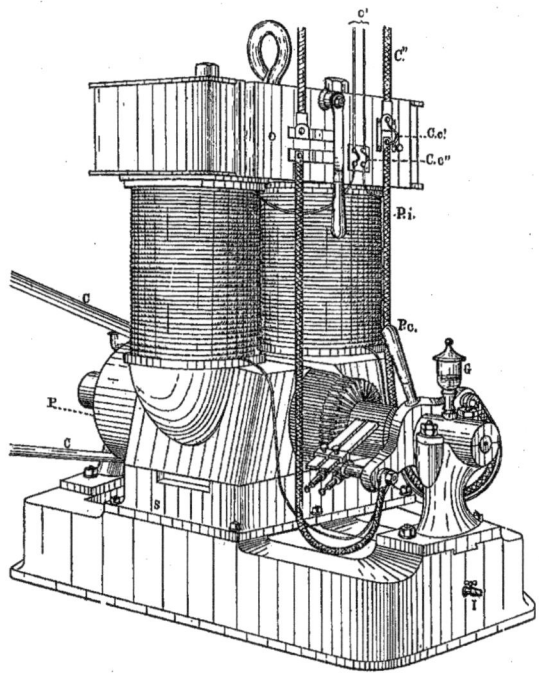

C'
C"
..C.c'
..C.c"
.P.i.
.Pc.
G
P....
C
S
I

DYNAMO GRAMME
type supérieur.

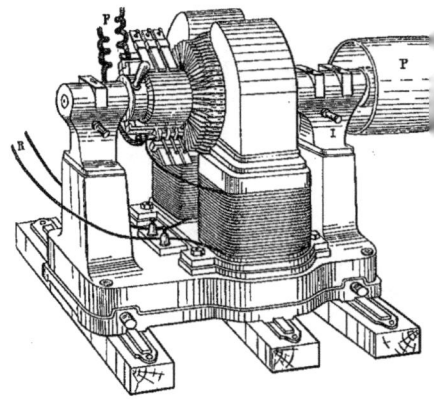

P
R
P
I

DYNAMO TYP MANCHESTER

Perspective.

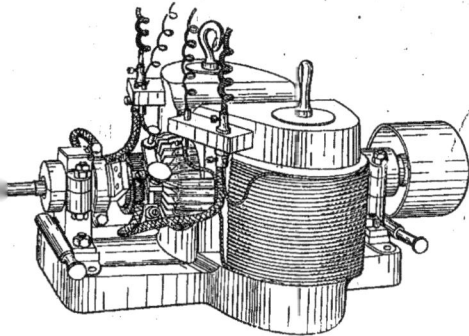

Carcasse et inducteurs.

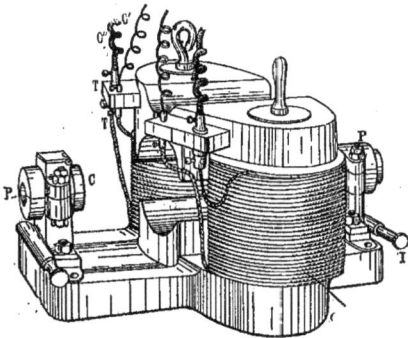

Coupe horizontale
par l'axe de la dynamo.

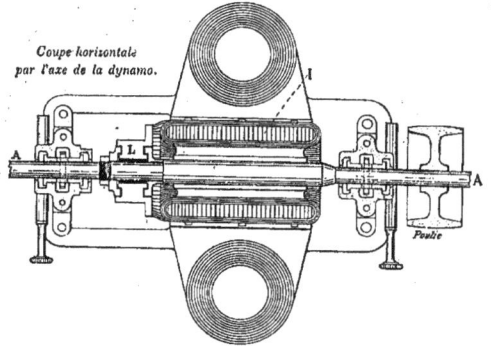

Poulie

Induit monté sur son arbre et muni de son collecteur et de sa poulie de commande.

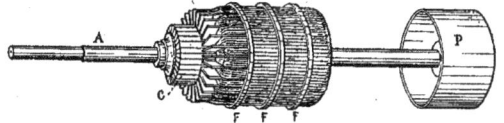

Coupe verticale du collecteur devant
les balais.

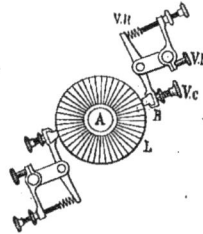

d'*aimants permanents*, un courant continu est nécessaire au fonctionnement des électro-aimants qui donnent naissance au champ inducteur. Ce courant d'excitation peut provenir d'une source étrangère, c'est le cas d'une dynamo *à excitation séparée*, ou peut provenir de la machine elle-même, c'est le cas d'une dynamo *auto-excitatrice*.

Si le *courant total* passe dans les bobines avant de parcourir le circuit extérieur, les deux circuits sont en série et la dynamo est dite *en série ;* le circuit induit, le circuit inducteur, le circuit extérieur sont traversés par un courant de même intensité.

Si *une dérivation du courant* alimente seule les bobines, le circuit des inducteurs et le circuit extérieur sont alors montés en dérivation sur le circuit induit et la dynamo est dite *en dérivation* (*shunt-dynamo*).

Enfin, l'on peut adopter un montage mixte et enrouler séparément sur les inducteurs, un circuit en série, comprenant la totalité du courant qui parcourt le circuit extérieur, avec du fil *à grande section*, et un circuit dérivé *à fil fin ;* dans ce cas la dynamo est dite *Compound*. Le tableau ci-contre montre ces quatre modes d'excitation, dont les avantages et inconvénients seront analysés plus loin.

IV. — LES BALAIS

Angle de calage des balais.

Les *balais* sont les organes chargés de recueillir le courant en vue de son utilisation dans un circuit extérieur aux machines.

Ils se composent de faisceaux de fils métalliques, ou de toile métallique en fil de cuivre à tissu très serré, qui frottent sur le collecteur ; les contacts glissants sont encore obtenus au moyen de prismes de charbon taillés d'une façon spéciale et maintenus au moyen de griffes servant de porte-balais.

Les balais doivent, au point de vue théorique, s'appuyer sur le collecteur dans le plan médian perpendiculaire à la

DIVERS MODES D'EXCITATION DES MACHINES

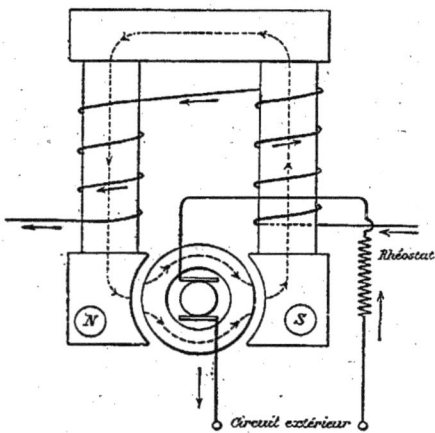

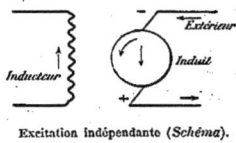

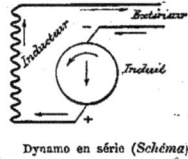

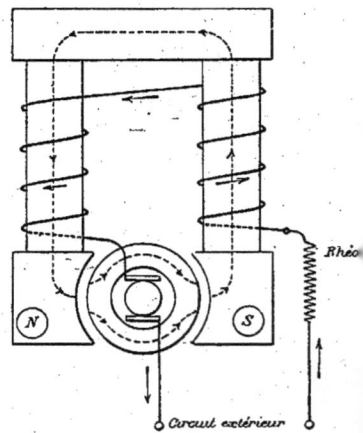

Inducteur

Extérieur
Induit

Excitation indépendante (Schéma).

Rhéostat

N   S

Circuit extérieur

Inducteur

Extérieur
Induit

Dynamo en série (Schéma).

N   S

Rhéo

Circuit extérieur

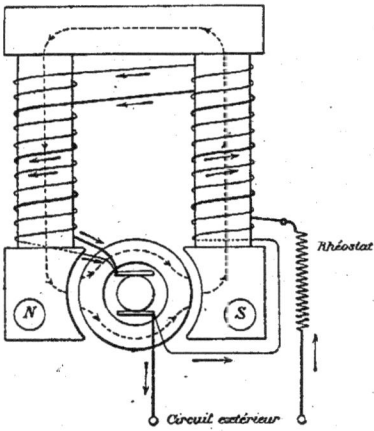

Dynamo en dérivation.

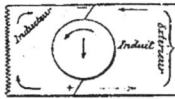

Dynamo en dérivation (*Schéma*).

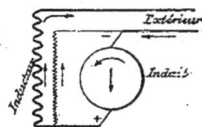

Excitation Compound (*Schéma*).

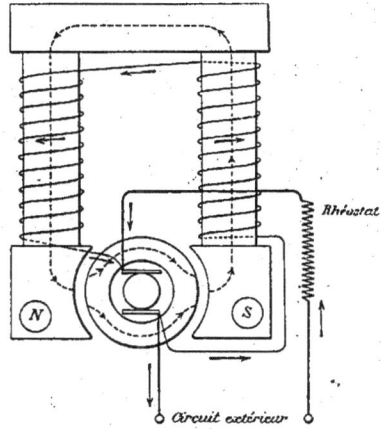

Dynamo Compound.

direction NS des pôles inducteurs. Pratiquement, si les contacts
sont ainsi disposés, de *vives étincelles* se produisent, et l'on
dit que les balais *crachent*. Ces étincelles, qui détériorent
rapidement les lames du collecteur, sont l'indice d'une perte
d'énergie et d'un fonctionnement défectueux; on arrive à les
diminuer et même à les supprimer, par le *décalage des balais*,
dans le sens de la rotation de l'anneau, d'un certain angle dit
angle de calage.

Nous avons appelé *ligne neutre*, la ligne sur laquelle le flux
a sa valeur maxima dans l'âme de l'induit; lorsqu'une section
passe sur la ligne neutre, le flux qui la traverse ne varie pas
d'une manière sensible pendant un certain temps et, par suite,
la force électromotrice induite dans cette section ou cette
bobine, est sensiblement nulle.

Cela posé, deux causes viennent modifier la valeur de
l'angle de calage : la première est due à la *self-induction du
circuit induit*, la deuxième à la *déformation du champ* par le
courant induit. Comme nous allons le voir, la première cause
conduit à incliner les balais sur la ligne neutre dans le sens
de la rotation de l'anneau, et la deuxième produit l'inclinaison
de cette même ligne neutre sur la normale à la ligne des
pôles, aussi dans le sens de rotation de l'anneau.

1° Inclinaison des balais sur la ligne neutre.

Les considérations suivantes montrent quelles sont les meilleures conditions de fonctionnement des balais, suivant que
ces derniers sont calés, par rapport au mouvement de rotation,
1° en arrière de la ligne neutre, 2° sur la ligne neutre, 3° en
avant de la ligne neutre.

1° *Les balais sont calés en arrière de la ligne neutre.* — Soient
OM la ligne neutre, OL la ligne de contact des balais, l'anneau tournant dans le sens de la flèche. Supposons, pour fixer
les idées, que les deux grands courants principaux fournis
par les deux moitiés de l'anneau, soient dirigés respectivement
suivant CA*a* et DB*b*, sens marqués par les flèches pleines.
Considérons une bobine ou section de l'induit, AB; il arrive
un instant où le balai appuie en même temps sur les deux
lames *a* et *b* du collecteur, correspondant aux entresections A
et B.

A ce moment, la bobine est mise en court-circuit suivant ab par le balai; d'autre part, comme cette bobine n'est pas sur la ligne neutre, il y règne une certaine force électro-motrice qui, même faible, peut donner un courant intense dans le circuit fermé de faible résistance AB ba; ce courant de court-circuit est dirigé dans le sens AB ba indi-qué par les flèches ponc-tuées, et la force électro-motrice dans la bobine est de même sens que la force électromotrice de la partie gauche de l'induit; il est facile de voir que le courant principal s'ajoute au courant de court-circuit dans la région Bb et s'en retranche dans la région Aa.

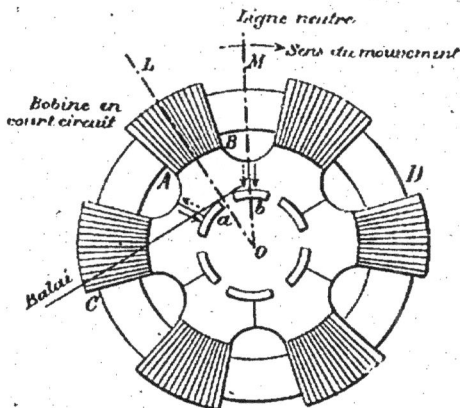

L'induit continuant à avancer, la touche b échappe au balai; une rupture brusque s'opère en b: d'où production d'une étincelle de rupture, due à la self-induction de l'induit.

2° *Les balais sont calés sur la ligne neutre;* le courant de court-circuit n'existe plus dans la bo-bine commutée; mais le courant principal de gau-che est encore rompu au moment où la touche b échappe : d'où encore, production entre les lames du collecteur et le balai d'une étincelle, moins forte, il est vrai, que la précédente. Cette étincelle est encore due à la self-induction des bobines de l'induit.

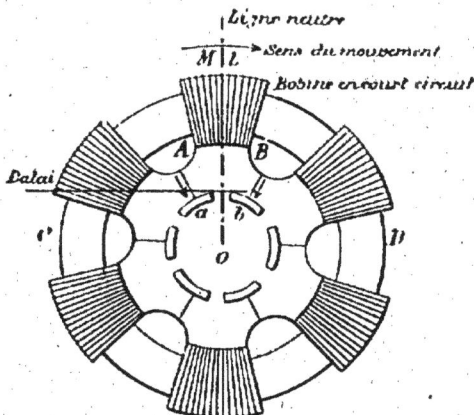

3° *Les balais sont calés en avant de la ligne neutre.* — Dans ce cas, le sens du courant de court-circuit a changé : il s'ajoute au courant principal dans Aa et s'en retranche dans Bb. Il devient donc possible de trouver une région où le courant est nul dans B *b*; il faut pour cela que la force électromotrice induite dans la section AB, pendant que cette bobine est en court-circuit, donne un courant précisément égal au courant principal. Il est clair que, dans ces conditions, puisqu'il n'existe aucun courant dans le fil d'entre-section correspondant, il ne peut se produire aucune étincelle au point de rupture.

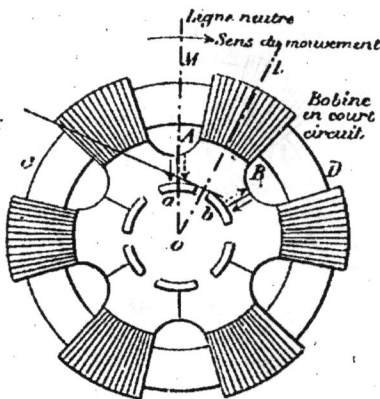

Il résulte de cette étude que, pour éviter les étincelles entre les balais et le collecteur, il faut *incliner les balais sur la ligne neutre dans le sens du mouvement*, d'un angle d'autant plus grand que le courant fourni par la machine est plus intense (1).

2° Inclinaison de la ligne neutre sur la normale à la ligne des pôles.

L'expérience montre, en outre, qu'il existe une déformation du champ, produite par le courant induit. Nous savons que la présence de l'anneau de fer doux entre les deux épanouissements polaires donne naissance à un champ inducteur déjà étudié, champ qui est indiqué ci-contre par ses lignes de force; le flux qui lui correspond est absolument symétrique, si l'on néglige le très faible *retard à la désaimantation* appelé *hystérésis*, phénomène qui se produit lorsque l'on fait tourner l'anneau sans relier entre eux les balais.

Ce flux devient dissymétrique sitôt que l'on ferme le circuit extérieur et qu'il y a production d'un certain courant dans l'induit. Supposons que ce courant existe seul, parcourant les spires enroulées sur l'armature ; ce courant produit dans l'anneau et les masses magnétiques qui l'entourent, un champ secondaire indiqué ci-dessous par ses lignes de force.

---

(1) En effet, plus le courant fourni par la machine est intense, plus il faut que la bobine mise en court circuit soit en avance par rapport à la ligne neutre, afin de donner un courant élémentaire égal au courant principal.

En réalité, ces deux champs coexistent et se superposent. Ils sont à angle droit, se composent, en quelque sorte, et donnent un certain champ résultant dont les lignes de force et la ligne neutre sont indiquées sur la figure. On se rend compte, d'après cette figure, que la nouvelle ligne neutre est inclinée sur la normale à la ligne des pôles, dans le sens de la *torsion du champ*, c'est-à-dire dans le sens de la rotation de l'induit.

1°. Champ produit par les inducteurs seuls

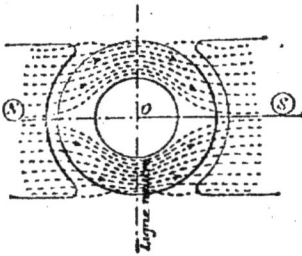

2°. Champ produit par le courant induit seul

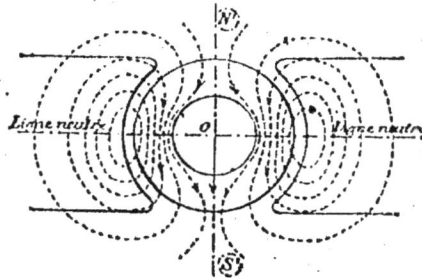

3°. Champ déformé résultant tordu dans le sens de la rotation.

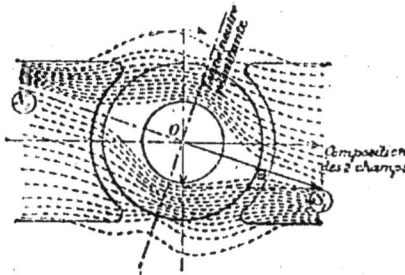

Inclinaison de la ligne neutre.

On voit que cette action s'ajoute à la première pour accroître l'angle de calage, mais il est facile de voir que cet angle doit encore être augmenté ; en effet, si les balais sont placés suivant la ligne neutre qui vient d'être déterminée, ce sont les points de contact qui deviennent les pôles du champ, induit par le courant dans l'anneau, au lieu d'être ceux qui ont été pris en premier lieu ; il en résulte un nouveau déplacement de ce champ, une nouvelle position de la ligne neutre, et ainsi de suite. La position limite est d'ailleurs rapidement atteinte, au point de vue pratique : c'est celle qui correspond au minimum d'étincelles aux balais.

La ligne neutre n'est pas encore entièrement déterminée, elle dépend, en outre, de l'intensité du courant qui parcourt l'induit : en effet, nous avons implicitement donné au champ provenant du courant induit une certaine intensité, pour pouvoir composer ce champ avec celui des inducteurs, mais si le courant augmente et si l'anneau n'est pas saturé, le champ magnétique auquel donne naissance le système, augmente de nouveau, d'où une nouvelle position de la ligne neutre.

Réaction d'induit.

Telles sont les causes qui déterminent l'adoption d'un angle de calage dans les machines. Cette nécessité constitue un grave inconvénient, car elle diminue la force électromotrice de la dynamo. On appelle *réaction d'induit* la différence entre la force électromotrice réelle et la force électromotrice maxima qu'elle posséderait en circuit ouvert, l'excitation des inducteurs étant supposée la même dans les deux cas (1).

Pour diminuer l'angle de calage et affaiblir par suite la réaction d'induit, puisque nous venons de voir que l'inclinaison de la ligne neutre dans le sens du mouvement tient à l'aimantation secondaire de l'induit, il faut autant que possible réduire cette aimantation secondaire ; or, il est clair que si l'armature est déjà amenée par l'influence des inducteurs, à

---

(1) Il est facile de voir que la présence même de l'induit mobile amène une réduction de la force électromotrice totale de la machine, par une diminution du flux inducteur. En effet, les spires de l'anneau comprises dans l'angle de calage tendent à s'opposer au passage des lignes de force dans cette partie de l'armature et les raréfient : elles donnent naissance à un *flux antagoniste* qui affaiblit le champ utile de la dynamo. D'autre part, l'inclinaison des balais par rapport à la ligne neutre diminue, toutes choses égales d'ailleurs, la force électromotrice totale de la machine, puisque le *pont*, formé par le circuit extérieur, ne laisse plus d'un même côté toutes les forces électromotrices partielles de même sens qui prennent naissance dans les bobines élémentaires de l'induit. Finalement, les deux causes s'ajoutent et le *décalage des balais réduit la force électromotrice totale de la machine*. Il ne faut pas voir dans la figure précédente, qui représente le champ résultant, une véritable composition de champs, mais un simple mode de représentation du champ inducteur tordu dans le sens de la rotation et affaibli par les spires antagonistes situées dans l'angle de calage.

la *saturation magnétique*, le courant qui circule dans les spires de l'induit ne pourra rien y ajouter et l'aimantation secondaire sera très faible. Si l'on s'arrange de façon que le noyau de l'induit soit saturé bien avant les inducteurs, un accroissement d'intensité du courant n'accroîtra pas sensiblement le champ magnétique créé par l'induit.

Cette saturation de l'induit a, d'ailleurs, un autre avantage : nous savons, en effet, que dans le voisinage de la saturation, la perméabilité magnétique du fer est très faible ; par suite, la self-induction de l'induit se fait de moins en moins sentir et les étincelles diminuent d'autant, dues à cette self-induction.

V. — CARACTÉRISTIQUES

Généralités sur les caractéristiques des machines.

La force électromotrice est une fonction de l'intensité du champ inducteur, laquelle est une fonction de l'intensité du courant qui passe dans les électro-aimants ; la force électromotrice est donc une certaine fonction de $i : e = f(i)$. La courbe obtenue en prenant, dans des conditions identiques, pour abscisses les valeurs de i et pour ordonnées les valeurs de e correspondantes, a été appelée par M. Marcel Deprez une *caractéristique* de la machine.

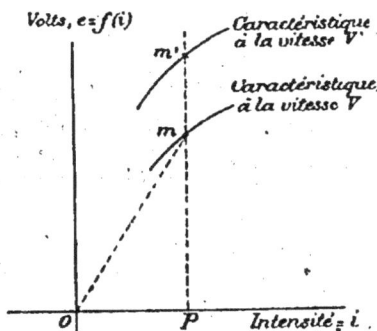

Remarquons de suite que si l'on a obtenu la courbe pour une certaine vitesse V, on en déduira la caractéristique correspondante à la vitesse V', en multipliant les ordonnées de la première par le rapport $\frac{V'}{V}$, puisque les forces électromotrices sont proportionnelles aux vitesses.

De plus, soit m un point de la courbe, on a :

$$\frac{m\mathrm{P}}{\rho\mathrm{P}} = \operatorname{tg} mo\mathrm{P} = \frac{e}{i}.$$

Si donc R est la résistance totale du circuit, la tangente de l'angle $mo\mathrm{P}$ représente cette résistance : $\operatorname{tg} mo\mathrm{P} = \mathrm{R}$. On voit que l'on a sur la même courbe, les trois principaux éléments de fonctionnement de la dynamo.

Les allures de ces courbes ne sont pas les mêmes dans le cas de l'excitation séparée, de l'excitation en série et de l'excitation en dérivation ; nous allons les étudier séparément, et, dans chaque cas, distinguer trois caractéristiques qui se déduisent, d'ailleurs, les unes des autres :

1° La *caractéristique totale*, loi de la force électromotrice totale :

$$\mathrm{E} = \mathrm{F}(i);$$

2° La *caractéristique externe*, loi de la force électromotrice aux bornes :

$$e = f(i);$$

3° La *caractéristique interne*, loi des pertes de charge dans la machine :

$$\varepsilon = \varphi(i);$$

les ordonnées de cette dernière courbe sont évidemment la différence entre les ordonnées de la caractéristique totale et celles de la caractéristique externe.

Machine magnéto et machine dynamo à excitation séparée.

I. — Prenons d'abord une machine à *excitation séparée* et une machine *magnéto*. L'effet des inducteurs est constant, et nous avons déjà calculé la force électromotrice théorique totale d'une semblable machine, c'est :

$$\mathrm{E}_0 = n\mathrm{N}\Phi\, 10^{-8} \text{ volts.}$$

Elle est constante, la vitesse étant donnée. Elle est, par conséquent, représentée par une parallèle à l'axe des x; si l'on a une machine soignée, la réaction d'induit est très faible et la caractéristique totale différera très peu de cette ligne droite.

Pour déterminer les trois caractéristiques, il suffit :

1° D'observer : i à l'ampèremètre, e au voltmètre et de mesurer r la résistance de l'anneau au moyen du pont de Wheatstone ;

2° De calculer :

$$\varepsilon = ri \qquad \text{et} \qquad E = e + ri.$$

Ces résultats sont figurés par les courbes ci-contre. Pour une résistance R, représentée par la tangente de l'angle indiqué sur la figure, la prolongation jusqu'à la courbe, du vecteur correspondant, nous donne les valeurs de l'intensité i, du voltage e et de la puissance utile ei.

Caractéristiques en excitation séparée.

En faisant varier R de l'infini à zéro, c'est-à-dire en faisant tourner le vecteur, de l'axe des y vers l'axe des x, l'intensité croît très vite et le voltage diminue très lentement. La puissance est maxima au point de contact de la caractéristique avec l'hyperbole équilatère $ei = K$. La figure montre que la *machine s'amorce toujours*, puisque la courbe existe pour une résistance infinie, et qu'*elle ne se désamorce jamais*, puisque la courbe se continue, même pour des résistances nulles.

Le rendement électrique $\dfrac{e}{E_0}$ va en décroissant régulièrement quand l'intensité augmente. Le montage à excitation séparée fournit presque l'autorégulation à potentiel constant, comme le faisait prévoir l'abaissement très lent de la caractéristique externe.

Machine à excitation en série.

Pour déterminer les trois caractéristiques d'une machine en série (1), il suffit comme tout-à-l'heure :

1° D'observer : i à l'ampèremètre, e au voltmètre, et de mesurer r la résistance de l'anneau, r' la résistance des inducteurs ;

2° De calculer :

$$\varepsilon = (r + r') i \qquad \text{et} \qquad E = e + (r + r') i.$$

Ces résultats sont représentés par les courbes ci-dessous, qui nous donnent, en outre, certains renseignements sur le fonctionnement de la machine.

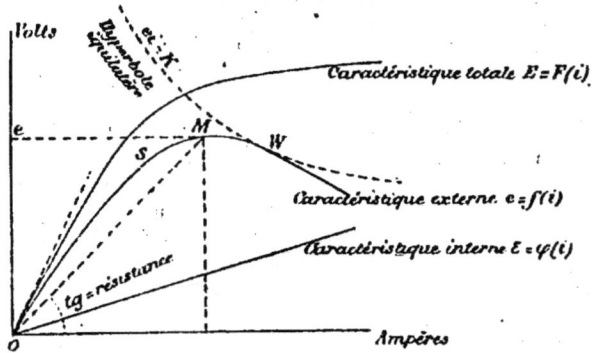

Caractéristiques en excitation en série.

En faisant varier la résistance extérieure R depuis l'infini jusqu'à zéro, ce qui revient à faire tourner le vecteur OM depuis l'axe des y jusqu'à l'axe des x, la courbe montre que l'amorçage ne peut se produire que pour une résistance plus petite que celle marquée par le vecteur tangent à l'origine de la courbe ; et, de même, la machine se désamorce dès que l'on revient à cette *résistance critique*.

Si nous faisons décroître R en dessous de la résistance critique, l'intensité va croître d'abord en même temps que le voltage. On atteint successivement le maximum de stabilité vers S, le maximum de voltage en M, point pour lequel existe une période, d'ailleurs bien courte, d'autorégulation à potentiel constant, puis le maximum de puissance en W, au point de contact avec l'une des hyperboles équilatères $ei = K$; ensuite le voltage décroît très vite ainsi que le rendement :

$$\frac{e}{E} = \frac{e}{e + (r + r') i}.$$

---

(1) On aurait aussi une caractéristique théorique en ajoutant à la caractéristique totale les autres pertes non portées dans la caractéristique interne ainsi qu'elle est définie ci-dessus. Les pertes de puissance dans les dynamos seront énumérées plus loin.

Cette machine a un régime *peu stable*, car si la résistance augmente dans le circuit extérieur, l'intensité diminue et le champ magnétique décroît en même temps, ce qui tend encore davantage à diminuer l'intensité ; la machine est donc susceptible de se dérégler facilement, ce qui limite son emploi à des cas spéciaux.

Machine à excitation en dérivation.

Étant donnée une machine en dérivation, pour déterminer ses caractéristiques il suffit comme ci-dessus :

1° D'observer : i à l'ampèremètre, e au voltmètre, et de mesurer r la résistance de l'anneau, r' la résistance des inducteurs ;

2° De calculer : i', l'intensité dans les inducteurs : $i' = \frac{e}{r'}$ d'après la loi d'Ohm ;

I, l'intensité dans l'induit : $I = i + i'$, d'après la première loi de Kirchhoff ; $E = e + rI$ force électromotrice totale ; enfin $e = rI$ perte de charge dans l'anneau.

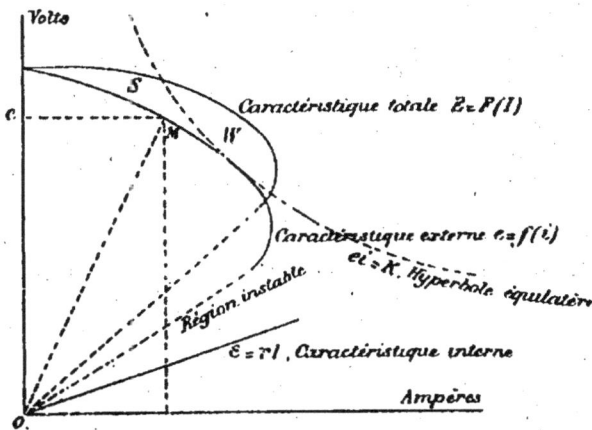

Caractéristiques en excitation en dérivation.

En construisant pour chaque valeur de i le graphique des valeurs correspondantes de e et de E, nous obtenons les caractéristiques ci-contre :

$$E = F(I) \qquad et \qquad e = f(i).$$

Le vecteur mobile depuis les résistances infiniment grandes jusqu'aux résistances nulles, détermine toujours, par son intersection avec la courbe, dans chaque cas particulier, les valeurs de e, i et de la puissance utile ei. La courbe montre que la machine s'amorce très bien sur une très grande résistance ou *à circuit ouvert*, car elle fonctionne alors comme une machine en série ; viennent ensuite tout d'abord la période la plus stable, puis le maximum de puissance au point de contact W de la caractéristique avec l'hyperbole équilatère $ei = K$, enfin le maximum d'intensité, pour un voltage décroissant de plus en plus ; puis, si la résistance diminue encore, le régime devient tout à fait instable et la machine se désamorce en court-circuit. Le rendement électrique, $\frac{ei}{EI}$, peut se lire facilement sur le graphique ci-contre : il décroît continuellement quand l'intensité augmente.

Puisque la machine se désamorce en court-circuit, elle peut être mise sans danger sur une résistance nulle ; il n'en était pas de même pour une machine en série, car l'intensité croissait alors brusquement dans des limites dangereuses pour la conservation du fil.

De même il est possible de rompre brusquement le circuit extérieur d'une machine en dérivation, tandis qu'il y a de graves inconvénients à couper ainsi le circuit d'une machine en série ; la self-induction de la partie du circuit qui embrasse les inducteurs, peut être assez grande pour qu'il se produise une différence de potentiels considérable entre les deux points où se fait la rupture ; si l'on tient à la main les deux extrémités du fil, on recevra un choc dangereux ; si la rupture est assez brusque pour qu'un arc de quelque durée ne jaillisse pas entre les conducteurs qu'on sépare, c'est entre les bornes de la machine et le bâti, ou le fil induit et le noyau, que peuvent se manifester des étincelles susceptibles de détériorer les isolants.

Ce n'est pas encore là le seul avantage des machines en dérivation ; la machine en série se déréglait pour une variation de la résistance, la machine en dérivation tend, au contraire, à se régler d'elle-même ; si la résistance extérieure augmente, le courant qui parcourt les inducteurs augmente aussi, accroît l'intensité du champ magnétique et inversement.

Enfin, si accidentellement le sens du courant vient à changer dans le circuit extérieur, il est facile de voir que les pôles de la machine *ne peuvent être inversés*, ce qui n'arriverait pas avec une machine en série, puisqu'il n'y a qu'un circuit. Cette qualité rend la dynamo en dérivation précieuse pour la *charge des accumulateurs* ; car si par suite d'un ralentissement du moteur, la force contre-électromotrice de la batterie devient supérieure à celle de la dynamo, les accumulateurs se déchargent momentanément dans la machine ; mais sitôt que le moteur revient à sa marche normale, le courant reprend aussi son sens primitif : les inducteurs, n'ayant pas reçu un courant de sens contraire, ne se sont pas aimantés en sens inverse.

La régulation de cette machine qui, pas plus que la précédente, n'est autorégulatrice, s'obtient en agissant sur l'intensité du champ excitateur par l'introduction dans le circuit, de résistances graduées manœuvrées soit à la main, soit automatiquement.

Machine Compound.

L'allure des caractéristiques externes dans les deux modes d'excitation, en série et en dérivation, nous montre qu'ils possèdent des propriétés exactement inverses l'une de l'autre. Puisque l'autorégulation est impossible pour une dynamo en série comme pour une dynamo en dérivation, il est naturel d'essayer, pour réaliser cette autorégulation si désirable, de maintenir constante la différence de potentiels aux bornes, par une combinaison du premier mode d'excitation avec le second. De telles machines sont dites *Compound* : les inducteurs comportent deux enroulements, l'un en série à gros fil, l'autre en dérivation à fil fin.

Suivant que la dérivation de l'enroulement à fil fin se fait avant ou après le circuit-série des inducteurs, on a la variété *Compound à courte* ou *à longue dérivation* : le système dit Compound à courte dérivation est le plus employé. On conçoit que, pour une vitesse déterminée et dans de certaines limites, cette autorégulation puisse être réalisée ; nous savons, par exemple, que si la résistance augmente dans le circuit extérieur, le courant total diminue, le champ créé par l'excitation en série diminue donc ; par contre, le courant excitateur en dérivation augmente et l'intensité du champ s'accroît par là même ; on peut donc faire en sorte que ce dernier reste stationnaire entre des points donnés.

Les machines Compound sont surtout précieuses, dans tous les cas où le courant est exposé à des variations si brusques qu'il ne saurait être question d'employer des procédés mécaniques de régulation ; mais il faut bien avouer que la solution n'est qu'approximative et qu'elle n'existe que dans des limites assez étroites ; les dynamos Compound n'ont donc que des avantages assez illusoires, ce qui fait qu'elles sont aujourd'hui un peu délaissées et que l'on préfère le simple enroulement en dérivation à l'enroulement Compound.

COUPLAGE ET RENDEMENT.

Couplage des machines à courants continus.

Les machines peuvent, comme les piles ou toute autre source d'énergie électrique, se coupler soit en série, soit en quantité. Pour un travail déterminé d'avance et ne comportant que des variations insensibles, il vaut évidemment mieux avoir une *dynamo unique* de grandes dimensions que plusieurs dynamos de puissance plus faible ; mais les conditions de fonctionnement sont, en général, trop variables pour adopter une seule dynamo de grand modèle, qui tournerait fréquemment à vide ; il est donc souvent préférable de posséder un certain nombre de machines plus faibles, susceptibles de se remplacer en cas d'avarie, quitte à les coupler judicieusement pour obtenir la puissance demandée.

Les deux figures schématiques ci-après montrent les deux modes de couplage les plus usités :

1° En *série*, pour deux machines en série ; on dit que l'une des machines *survolte* l'autre ;

2° En *quantité*, pour deux machines en dérivation.

Dans ce dernier cas, il convient de mettre en train séparément les deux machines, afin d'éviter que le courant de l'une d'elles, traversant l'induit de l'autre, ne le fasse fonctionner, ainsi que nous le verrons, comme l'armature d'une réceptrice.

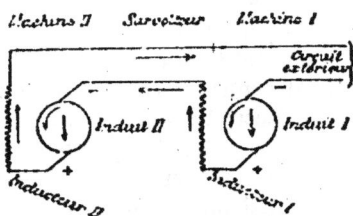

Couplage en série de 2 série-dynamos.　　Couplage en quantité de 2 shunt-dynamos.

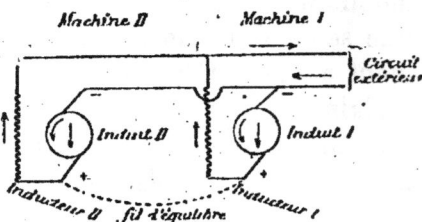

Par exemple, pour introduire une dynamo dans un circuit déjà parcouru par un courant, sans interrompre ce courant (s'il s'agit de lampes, sans faire baisser leur éclat ; s'il s'agit d'électromoteurs, sans modifier les conditions de leur fonctionnement), on met en marche la dynamo à faire entrer dans le circuit, en lui faisant dépenser son énergie sur des lampes ou des résistances et en la maintenant à la même différence de potentiels que le circuit général, puis on fait le couplage et l'on retire peu à peu les lampes auxiliaires. Même manœuvre en sens inverse pour retirer une machine du circuit.

L'association en série de deux dynamos en dérivation et l'association en quantité de deux dynamos en série, quoique moins employées que les précédentes, sont tout aussi simples. Les deux figures ci-dessous montrent :

1° La disposition en *série* de deux dynamos en dérivation, dont l'une survolte l'autre : les induits sont en série ainsi que les inducteurs ;

2° La disposition en *quantité* de deux dynamos en série : dans ce cas, le courant de l'une des machines peut prédominer dans les inducteurs de l'autre,

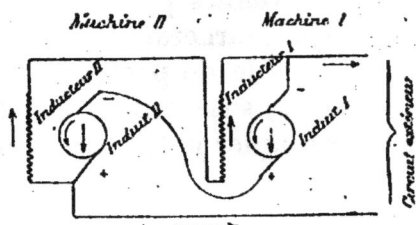

Couplage en série de 2 shunt-dynamos.　　Couplage en quantité de 2 série-dynamos.

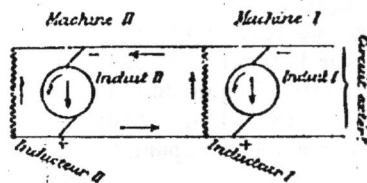

et la faire fonctionner comme réceptrice, si son induit ne tourne pas assez vite pour donner naissance à une force électromotrice suffisante ; il convient par suite de relier au moyen d'un fil, dit *fil d'équilibre* ou fil Gramme, les balais de même polarité.

Rendements.

1° théorique; 2° électrique; 3° industriel.

Nous avons déjà vu ce qu'était le *rendement électrique* des générateurs ; mais on appelle aussi *rendements*, dans l'industrie, d'autres rapports qu'il importe de connaître. Si l'on appelle P_m la *puissance mécanique* dépensée sur l'arbre du générateur électrique, mesurée au *frein de Prony*, P_t la *puissance électrique totale* produite dans les mêmes circonstances par le générateur, P_u la *puissance électrique utile* aux bornes, il y aura lieu de considérer les rapports suivants :

$\dfrac{P_t}{P_m}$ sera le *coefficient de transformation* ou *rendement théorique*.

$\dfrac{P_u}{P_t}$ sera le *rendement électrique*.

$\dfrac{P_u}{P_m}$ sera le *rendement industriel* ou *commercial*.

On voit immédiatement, en multipliant membre à membre les deux premiers rapports que l'on retombe sur le troisième ; le rendement industriel est donc le produit du rendement théorique par le rendement électrique. Dans cette transformation, comme dans toute transformation d'ailleurs, une partie de l'énergie s'est dissipée, et, dans le cas qui nous occupe, nous retrouverons finalement sous forme de chaleur toute l'énergie qui ne sera pas recueillie sous forme électrique.

Il est facile d'avoir le rendement industriel d'une machine donnée : soient e la différence de potentiels aux bornes de la machine, mesurée au voltmètre, I l'intensité du courant extérieur qu'elle produit, mesurée à l'ampèremètre ; soit P_m la puissance mécanique en watts qu'absorbe le frein de Prony, dans une expérience préalable, le moteur étant débrayé de la dynamo ; le rendement industriel sera :

$$\frac{P_u}{P_m} = \frac{e\,\mathrm{I}}{\text{Puissance mécanique en watts}}.$$

Ce rendement varie, pour une bonne machine, de 0,80 à

0,85 ; il est donc très élevé et ce générateur est un appareil très parfait de transformation d'énergie.

Origine des pertes de puissance dans les dynamos.

Les causes de cette perte de puissance (0,15 à 0,20) sont les suivantes qu'il suffit de rappeler ici :

1° *Échauffement* du circuit induit ;

2° *Échauffement* du circuit inducteur en série ou en dérivation.

Ces deux pertes de puissance sont, comme on le sait, proportionnelles au carré de l'intensité du courant et à la résistance du circuit. Elles constituent la dépense d'excitation et la perte nécessaire à laquelle il faut consentir dans l'intérieur du générateur : c'est la différence $P_t — P_u$, et le rapport $\frac{P_u}{P_t}$ représente le rendement électrique tel que nous l'avons défini. Ces deux pertes de puissance sont donc faciles à calculer au moyen de l'ampèremètre, du voltmètre et du pont de Wheatstone, pour la mesure des résistances.

Les autres pertes ne sont plus aussi facilement calculables ; ce sont elles qui constituent la différence $P_m — P_t$; on distingue :

3° Les *courants de Foucault*. On sait que les masses métalliques qui constituent l'armature coupent, en tournant, les lignes de force provenant des inducteurs, et les mêmes causes qui donnent naissance à des courants dans les spires de l'induit, en font naître également dans la masse de l'armature. Ces courants sont évidemment très nuisibles : se fermant sur eux-mêmes dans une résistance très faible, ils acquièrent sans doute une intensité très grande et donnent naissance à un dégagement de chaleur considérable ; comme tous les courants induits, ils s'opposent à la cause qui les produit, c'est-à-dire à la rotation de l'anneau ; de là résulte la nécessité d'un supplément de puissance pour faire tourner l'induit ; c'est précisément cette puissance supplémentaire qui se transforme inutilement en chaleur.

Il n'y a pas seulement que l'armature qui soit le siège de courants de Foucault : si le conducteur induit est lui-même l'un certain diamètre, les courants de Foucault, qui étaient négligeables dans les spires de faible diamètre, prennent une grande importance en se fermant sur eux-mêmes, à travers les larges barres de cuivre qui constituent l'induit des machines à grand débit (plusieurs milliers d'ampères) employées en électrométallurgie.

Nous connaissons déjà les moyens employés pour atténuer ces courants de Foucault : primitivement, l'armature de l'anneau Gramme était faite de fils de fer isolés les uns des autres et formant faisceau ; aujourd'hui, on préfère sectionner l'armature sous forme de disques de tôle d'acier extra-doux, séparés les uns des autres par de minces feuilles de papier, de façon à présenter une reluctance nulle pour les lignes de force et la résistance maxima pour les courants de Foucault. De même, les barres de cuivre qui constituent l'induit des machines à grand débit seront formées de lames isolées les unes des autres.

4° L'*hystérésis*. Cette perte est, comme on le sait, due aux aimantations et désaimantations successives d'un même point de l'anneau pendant la rotation. Des tables indiquent la perte d'énergie par cycle magnétique et par centimètre cube de fer, pour chaque valeur de l'induction maxima à laquelle le fer est soumis (1). Nous savons que le seul moyen de s'opposer à la perte par hystérésis consiste à prendre, comme métal constitutif de l'armature, le fer pur ou l'acier extra-doux qui n'ont qu'une force coercitive négligeable.

5° Enfin une dernière cause de perte de puissance, commune à toutes les machines, est le *frottement de toutes les parties tournantes*. Le frottement de l'air sur les fils de l'induit sert au moins au refroidissement rapide de cette pièce, qui s'échauffe énormément par suite des courants produits dans ses conducteurs ainsi que dans toute la masse de l'induit (on est parfois obligé de ventiler l'induit pour hâter ce refroidis-

_____

(1) On peut aussi se servir d'une *formule expérimentale* très simple, indiquée par M. Ch. Steinmetz :

Dans le fer et par cycle complet, la perte d'énergie par cm³, évaluée en ergs, est donnée par l'expression : $\eta \mathfrak{B}^{1,6}$; η est un coefficient variable avec l'échantillon de métal et $\mathfrak{B}$ est l'induction spécifique maxima à laquelle le fer est soumis, exprimée en unités C. G. S. par cm².

Pour une tôle de fer doux très mince : $\eta = 0,0024$.

sement) ; le frottement des axes dans leurs coussinets est com-
battu par un graissage énergique, au moyen de *bagues à
entraînement d'huile ;* reste le frottement des balais sur le collecteur : un système de ressorts, qui permet d'appuyer très
légèrement ces balais, donne un contact tel que ce frottement
est tout à fait négligeable.

. Nous avons vu qu'il faut, en tout cas, un induit aussi bien
équilibré que possible, les fils étant bien répartis et maintenus
par leurs frettes à une même distance de l'axe, de façon à passer
juste dans l'entrefer ; il faut aussi s'attacher à éviter une pression anormale de l'axe sur les coussinets, pression due, dans
le type supérieur, à l'influence des forces magnétiques qui
agissent sur l'induit, dans le même sens que la pesanteur.

Ces détails, d'ordre purement mécanique, sont d'ailleurs
ordinairement assez bien soignés dans les machines modernes,
pour que l'on puisse compter sur un excellent coefficient de
transformation.

CHAPITRE IX

ALTERNATEURS ET TRANSFORMATEURS

I. — MACHINES A COURANTS ALTERNATIFS

Principe des alternateurs.

Les *machines alternatives* ou *alternateurs* dérivent immédiatement de la machine théorique déjà étudiée ; elles ont précédé les machines continues, dans lesquelles le redressement du courant exige des dispositions spéciales assez complexes. Les alternateurs furent délaissés il y a quelques années pour les dynamos à courant continu, malgré la simplicité de leur construction ; les expériences toutes récentes qui ont consacré leur succès dans les transports d'énergie à grande distance, les ont remis en honneur ; dans certains cas, en effet, ils présentent d'immenses avantages qui les font considérer comme les machines de l'avenir.

Le principe des alternateurs est déjà connu : c'est celui de la machine théorique, dans laquelle l'induit est pourvu du collecteur à bagues. Un alternateur, comme une machine continue, comprend donc, comme pièces essentielles, un induit et un inducteur ; et comme il ne s'agit que d'un mouvement relatif, l'un de ces deux organes est mobile, l'autre restant fixe. Mais, dans la machine théorique, une période était parcourue dans un tour complet de l'induit ; comme il y a en général avantage à multiplier le nombre de périodes dans un

14

même tour, on augmente le nombre des pôles inducteurs, aussi les machines alternatives sont toutes *multipolaires*.

Imaginons donc une série de bobines A A A... formant un circuit unique et munies de noyaux de fer. Si ces bobines sont enroulées alternativement dans un sens et dans l'autre, en lançant dans leur circuit un courant continu, on obtient des pôles alternés *n s n s*... Ce premier système de bobines constitue le *système inducteur*.

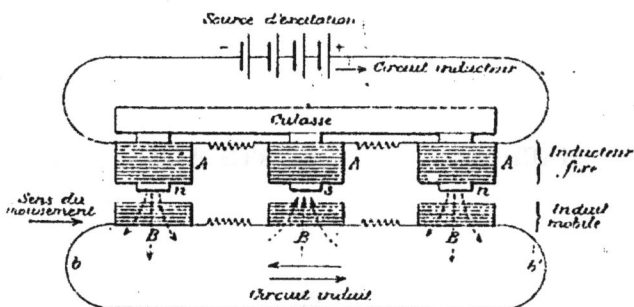

Principe des alternateurs.

Prenons maintenant une deuxième série de bobines B B B... enroulées, comme les précédentes, alternativement dans un sens et dans l'autre et situées parallèlement aux bobines A A...; la distance entre les axes des bobines B est la même que l'intervalle des pôles successifs. Ce deuxième système constitue l'*induit*.

Supposons enfin qu'il y ait déplacement de l'un des systèmes parallèlement à l'autre : il est facile de se rendre compte que, pour un déplacement élémentaire de l'induit, les bobines B vont être le siège de courants instantanés qui s'ajouteront dans le circuit *b b'*; si le mouvement s'effectue d'une façon continue, on obtiendra dans le circuit *b b'* une succession de courants variables, d'allure rythmée, auxquels on a réservé le nom de *courants alternatifs*.

Le résultat serait d'ailleurs le même si le nombre des bobines induites était un multiple ou un sous-multiple du nombre des bobines inductrices. Un alternateur est, avons-nous dit, toujours multipolaire et le nombre des *renversements de sens* par tour est égal au nombre de pôles : c'est la moitié

lu nombre de *périodes;* le nombre de périodes par seconde
s'appelle la *fréquence* du courant.

Classification des alternateurs.

Le mouvemen relatif de l'induit par rapport à l'inducteur,
ne peut être, au point de vue pratique, qu'un *mouvement de
rotation.* Ce mouvement relatif peut être réalisé de deux
manières : 1° *Les inducteurs sont fixes et l'induit tournant,*
comme dans les machines *Ferranti, Siemens ;* 2° *Les inducteurs sont tournants et l'induit fixe,* comme dans la machine
Gramme (1).

L'axe de rotation de la machine à courants alternatifs porte
toujours deux bagues métalliques sur lesquelles s'appuient les
deux balais ; si les inducteurs sont fixes, ces bagues sont destinées à recueillir, dans le circuit extérieur, les courants alternatifs développés dans l'induit ; si les inducteurs sont mobiles,
elles servent à amener dans ces inducteurs le courant continu
d'excitation.

Cette dernière disposition semble préférable ; nous verrons,
en effet, que *les courants alternatifs sont dangereux* et qu'il
faut, autant que possible, mettre hors d'atteinte le circuit parcouru par des courants alternatifs : si les inducteurs sont
mobiles, les bagues et balais servant à amener le courant
continu d'excitation, présentent toujours une assez faible différence de potentiels ; ces organes sont par suite inoffensifs et
peuvent être sans inconvénient placés en évidence ; les extrémités de l'induit se réduiront, dans ce cas, à de simples
bornes qu'il sera facile de cacher en un point où elles se
trouveront à l'écart de tout contact pouvant être dangereux.

---

(1) Dans certaines machines à courants alternatifs, ce mouvement relatif de l'induit
par rapport à l'inducteur a été évité au moyen de la production d'un changement de
perméabilité d'une partie du milieu au voisinage de l'induit. Il ne s'agit, en somme,
que de créer un champ variable, et la modification de l'allure des lignes de force peut
parfaitement être obtenue par le déplacement d'une armature en fer dans le champ
magnétique, dans la région où se trouvent les bobines induites. Ces sortes de machines
s'appellent des alternateurs *à fer tournant,* dans lesquelles le seul organe mobile est
l'armature en fer ; on peut, jusqu'à un certain point, les considérer comme faisant
partie de la deuxième classe, dans laquelle les inducteurs sont tournants et l'induit
fixe. Un avantage commun à tous les alternateurs à fer tournant est l'absence de
toute bague de prise ou d'amenée de courant, puisque les bobines induites et inductrices y sont fixes.

Nous avons ainsi un premier mode de classement des alternateurs ; un autre est basé sur la manière dont sont excités les inducteurs. Ceux-ci peuvent être des *aimants permanents*, comme dans les premières machines, ou bien des *électro-aimants*. Dans ce dernier cas, le courant continu qui alimente les inducteurs peut provenir d'une machine séparée dite *excitatrice*, ou d'une machine continue montée sur le même arbre. Il est évident qu'on pourrait produire l'*auto-excitation* par une partie des courants de la machine redressés dans ce but ; mais cette disposition a été abandonnée, comme introduisant des organes trop compliqués, dans un appareil dont la simplicité est un des principaux avantages.

La forme des induits peut encore servir à établir une nouvelle classification des alternateurs: les induits peuvent être *à anneaux, à disques, à tambour*.

Enfin les induits peuvent être à *noyaux de fer* ou *sans noyaux de fer*; l'absence du fer a l'avantage de supprimer les pertes par *hystérésis* qui sont considérables dans les alternateurs, à cause des nombreux cycles magnétiques qu'ils parcourent, et de rendre négligeables les effets des *courants de Foucault*. Mais l'âme de l'induit étant alors dépourvue de substances magnétiques, l'*entrefer* devient nécessairement plus large, la reluctance du circuit magnétique inducteur augmente, et il faut, pour obtenir une induction égale, employer une force magnétomotrice plus considérable : la dépense d'excitation est augmentée de ce chef. On tâche, comme dans les dynamos continues, d'avoir l'entrefer le plus court possible, par exemple en employant des induits plats, qui passent entre des pôles opposés très rapprochés.

A tout instant de la période, nous pouvons considérer chaque bobine isolée comme un véritable générateur d'énergie électrique: puisqu'elle est le siège d'une force électromotrice qui agit dans un certain sens, elle possède un pôle positif et un pôle négatif momentanés qui sont dessinés sur la première figure ci-contre (1).

_____

(1) Chaque bobine est représentée par une spire unique se mouvant devant une couronne de pôles alternativement Nord et Sud; les lignes de force sont perpendiculaires au plan du tableau; c'est à peu près la disposition théorique déjà vue; consulter aussi plus loin l'alternateur Siemens.

A cet instant précis, où les pôles sont bien déterminés pour chaque bobine, établissons les connexions entre ces bobines, soit en tension, soit en quantité, comme nous l'avons fait pour les générateurs continus ; les forces électromotrices variant simultanément dans toutes les bobines, suivant la même loi périodique, ces connexions, une fois établies, seront définitives; on aura ainsi dans l'induit deux modes de couplage analogues à ceux que nous avons décrits pour les courants continus ; ils sont figurés schématiquement sur les croquis ci-dessous, et les extrémités A et B de l'induit, ainsi obtenues, sont les bornes du générateur.

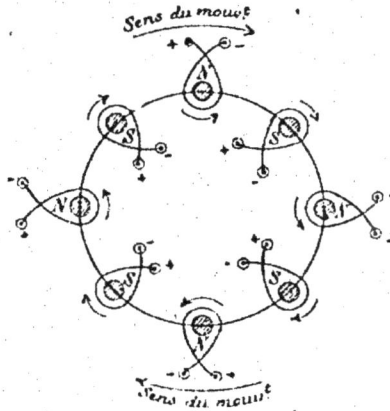

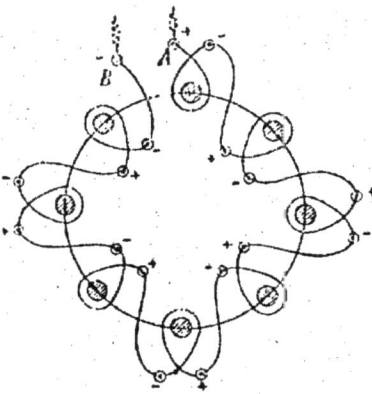

Montage en tension. Montage en quantité.

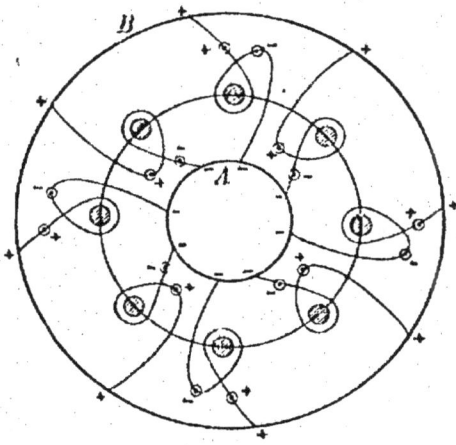

Les diverses considérations précédentes sont résumées dans le tableau suivant :

CLASSIFICATION DES ALTERNATEURS.

1° D'après le mouvement de rotation.......	Inducteurs fixes, induit mobile.		*Ferranti, Siemens.*
	Inducteurs mobiles, induit fixe.		*Gramme.*
2° D'après les inducteurs.	Aimants permanents.........		*de Meritens.*
	Électro-aimants...	à excitation séparée.	
		à auto-excitation (abandonné).	
3° D'après les induits....	Composition des noyaux.......	avec noyaux de fer.	
		sans noyaux de fer.	
	Forme....	à anneaux.	
		à disques.	
		à tambour.	
	Connexions des bobines.........	en tension.	
		en quantité.	

Types de machines alternatives.

Comme pour les machines continues, il existe un grand nombre de modèles d'alternateurs, dont le principe reste toujours le même ; trois types sont plus caractéristiques que les autres : le *type Siemens*, le *type Ferranti*, le *type Gramme*. Nous allons dire un mot de chacun d'eux :

1° Le *type Siemens*, qui date de 1878, réalise à peu près la disposition théorique donnée ci-dessus comme principe des machines alternatives ; les bobines des inducteurs sont montées sur deux circonférences en regard l'une de l'autre ; leurs noyaux sont coulés d'une seule pièce avec les deux flasques latérales qui servent de bâti à la machine et ferment les circuits magnétiques des bobines. Les bobines induites sont dépourvues de noyaux de fer et très plates ; elles sont portées par un disque qui leur fait couper normalement les lignes de force des champs magnétiques successifs.

2° Dans le *type Gramme*, le système inducteur est mobile et le système induit fixe. — Le système inducteur est formé d'une sorte de pignon en fer présentant un certain nombre de dents, huit dans la figure ci-contre, disposées suivant une étoile rayonnante, et dont les épanouissements forment les pôles inducteurs alternés N S N S... — Ces pôles tournent dans l'intérieur d'une sorte d'anneau Gramme fixe qui forme l'induit. L'enroulement est divisé en huit sections ou bobines dont la longueur correspond au *pas* de l'inducteur ; ces huit sections peuvent, comme toujours, être associées soit en tension, soit en quantité.

3° Le *type de Ferranti* date de 1882, c'est l'un des plus employés aujourd'hui ; il se rapproche du type Siemens dont il ne diffère que par l'induit. Cet induit est à grand diamètre, très plat, et constitué par un simple *ruban de cuivre* présentant des boucles comme l'indique le croquis. Ce ruban est formé de plusieurs lames superposées, isolées à la gomme laque et réunies en quantité ; le nombre des électro-aimants est double du nombre des boucles, de sorte que dans les deux branches d'une même boucle, de même que pour tout le circuit, les forces électromotrices, de même sens en tous points, s'ajoutent au même instant. Chaque branche coupe toujours normalement les lignes de force, si l'induit tourne comme dans le type Siemens (1).

Types divers d'alternateurs.

Système inducteur deux couronnes de pôles sur deux flasques se faisant face
Système induit à bobines plates

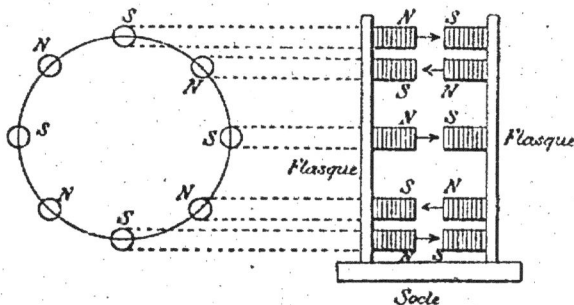

Alternateur Siemens.

ines induites périphériques fixes
tème inducteur} pôles disposés suiv'
mobile }　　une étoile

Système induit (ruban de cuivre mobile)
Système inducteur (bobines oblongues fixes)

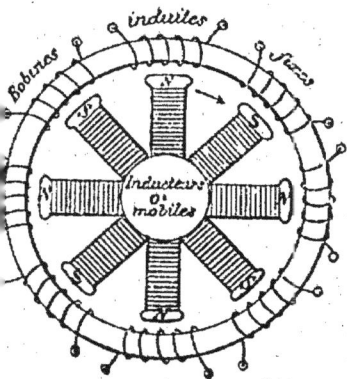

Alternateur Gramme.

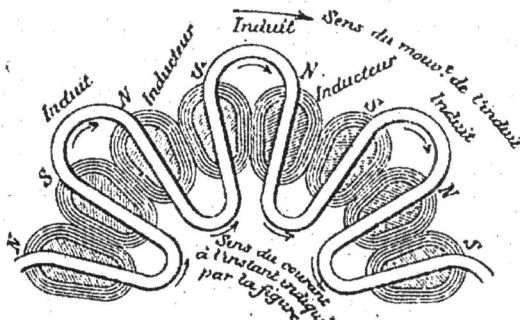

Alternateur de Ferranti.

(1) Une disposition originale se présente dans l'_alternateur Mordey_, disposition qui mérite d'être citée. L'induit est à disque comme dans le type Siemens, mais le flux inducteur, au lieu d'être alterné, est toujours de même sens et simplement _ondulé_. Les deux couronnes d'inducteurs sont constituées par des épanouissements polaires rayonnants d'un unique électro-aimant, formé par une bobine excitatrice montée sur l'axe : c'est du noyau de cette bobine que sortent des calottes de fer à bras recourbés, formant autant d'épanouissements polaires situés exactement en regard les uns des autres et séparés par l'entrefer où passe le système induit. C'est, en somme, la disposition Siemens avec une seule bobine inductrice centrale et des séries de pôles tous de même nom d'un même côté de l'induit ; le flux inducteur n'est donc pas alterné, mais simplement ondulé.

II. — PROPRIÉTÉS GÉNÉRALES DES COURANTS ALTERNATIFS.

Expériences fondamentales sur les courants alternatifs.

Les machines dont il vient d'être question, donnent naissance à des phénomènes électriques fort différents, en certains cas, de ceux que présentent les machines à collecteur. Dans un voltamètre à eau acidulée, par exemple, des bulles de gaz se dégageront bien sur les deux électrodes, mais, tandis qu'avec les courants continus, l'une des éprouvettes contenait uniquement de l'hydrogène, l'autre uniquement de l'oxygène, toutes les deux contiendront, dans le cas actuel, un même volume de *gaz tonnant*, mélange d'oxygène et d'hydrogène. Cette expérience simple prouve que chaque électrode du voltamètre est à tour de rôle anode et cathode, alternativement positive et négative.

Un conducteur présentant une résistance suffisante, placé entre les bornes de l'alternateur, sera le siège d'un *dégagement de chaleur*, comme avec les courants continus ; cependant, un ampèremètre ou un galvanomètre ordinaire, intercalé dans le circuit, restera rigoureusement au zéro, les impulsions produites sur l'aiguille aimantée étant aussi énergiques dans un sens que dans l'autre (1).

Par leur construction même, par suite du mouvement de rotation qui amène tous les points à occuper successivement, au bout d'un certain temps, une même position relative dans les deux systèmes en présence, les machines d'induction fournissent nécessairement des courants d'allure périodique. La

(1) Il existe cependant des appareils nommés *oscillographes,* capables d'accuser les variations que subit la différence de potentiels entre deux points d'un conducteur parcouru par des courants alternatifs, pourvu que la période ne soit pas trop rapide et que le cadre du galvanomètre Deprez d'Arsonval en expérience présente une inertie assez faible, dans un champ directeur suffisamment intense. La méthode stroboscopique permettra, dans ces conditions, l'inscription photographique du phénomène sur une bande de papier sensible se déroulant d'une manière uniforme, au moyen d'une illumination instantanée provenant des étincelles d'une bobine Rhumkorff.

force électromotrice du courant variable qui prend naissance est exprimée par la formule établie dans l'étude de la machine théorique, et les valeurs de cette force électromotrice sont données, à chaque instant, par les ordonnées d'une sinussoïde.

La vérification expérimentale de la forme de cette courbe a été faite par M. Joubert : l'une des bornes d'un électromètre à quadrants étant mise en communication permanente avec un point du conducteur soumis à une différence de potentiels variable, un conjoncteur tournant permettait de mettre la seconde borne de l'électromètre en communication avec l'autre point, une fois par période, à chaque retour d'une phase déterminée. La durée du contact était extrêmement courte, mais suffisante pour charger les quadrants de l'électromètre, et une méthode d'enregistrement quelconque montrait la valeur de la différence de potentiels. Enfin, une méthode analogue à celle employée pour obtenir en acoustique les courbes de Lissajous, permettait même de réaliser l'inscription automatique des variations, en donnant à la durée des inter-mittences de contact, une valeur légèrement supérieure à la période du courant.

Représentation des courants alternatifs.

Les expériences de M. Joubert ont montré que la loi qui régit la force électromotrice induite, dans les alternateurs usuels, est la *loi sinussoïdale* simple, qui a déjà été trouvée dans l'étude du fonctionnement de la machine théorique. Cette loi expérimentale est rigoureuse pour les induits sans fer et très approchée pour les induits présentant des noyaux de fer, de sorte que, dans la pratique, il est possible de l'adopter d'une manière générale pour la représentation de la force électromotrice des courants alternatifs (1).

---

(1) Les machines d'induction ne peuvent fournir que des courants dont la valeur passe périodiquement par les mêmes valeurs. Leur force électromotrice peut donc être représentée, comme toute fonction périodique, par la série de Fourier :

$$f(t) = a + b \sin m (t - t_1) + c \sin 2 m (t - t_2), \ldots \ldots$$

dans laquelle $m = \dfrac{2\pi}{T}$, T étant la durée de la période.

Dans les machines continues, grâce à l'artifice du collecteur, la somme des sinus

L'intensité du courant auquel donne naissance cette force électromotrice suit la même loi, et il paraît évident que la période T est la même pour la force électromotrice et l'intensité. Si nous posons

$$ml = \omega, \qquad m = \frac{2\pi}{T},$$

E_0 et I_0 représentant les valeurs maxima de e et de i, nous aurons au même instant t

$$e = E_0 \sin \omega, \qquad i = I_0 \sin(\omega - \varphi).$$

Nous ne sommes pas en droit d'admettre que la force électromotrice et l'intensité s'annulent au même instant, c'est pourquoi nous avons introduit le terme φ : on dit que ces deux fonctions présentent entre elles une *différence de phase* φ (1).

---

donne une constante : les variations inévitables deviennent sensiblement négligeables, de sorte que la série de Fourier se réduit à son premier terme :

$$f(t) = a = C^{te},$$

Il s'agit là, d'ailleurs, d'un résultat confirmé par l'expérience plutôt que prévu par la théorie.

Dans les alternateurs, le premier terme est nul et la fonction périodique peut se réduire à son second terme ; on a donc, en changeant l'origine du temps :

$$f(t) = b \sin mt.$$

Rien, au point de vue mathématique, ne justifie cette simplification ; seules, les expériences de M. Joubert ont permis de l'adopter dans les alternateurs complexes comme elle avait déjà été obtenue dans la machine théorique simple.

(1) Si nous voulons représenter les variations concomitantes du flux, de la force électromotrice et de l'intensité aux divers instants d'une même période, nous nous

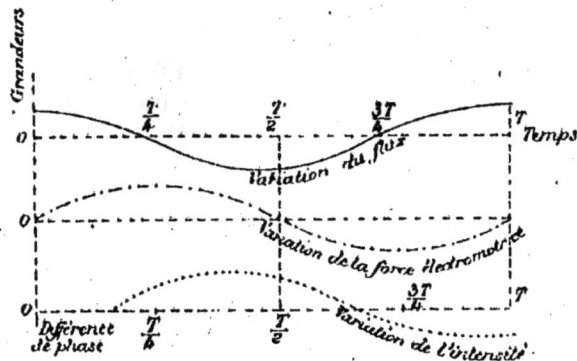

servirons de trois courbes, en portant le temps en abscisses, depuis l'origine jusqu'à la fin de la période T, et ces trois grandeurs en ordonnées. Nous obtenons ainsi les valeurs ci-contre.

Différence de phase. — Intensité maxima.
Force électromotrice maxima.

Lorsque l'on a affaire à des courants variables, il devient indispensable de tenir compte, non seulement de la résistance du circuit, mais encore de son coefficient de self-induction, ce qui modifie la loi d'Ohm. Soit donc un circuit R dont le coefficient de self-induction est L, et soient e, i, la force électromotrice et l'intensité au même instant t. On sait qu'à une variation di du courant, correspond une force contre-électromotrice d'induction $-L\frac{di}{dt}$, de sorte que l'on a :

$$c = Ri + L\frac{di}{dt}.$$

Si l'intensité est constante, $di = o$, et l'expression précédente se réduit à la loi d'Ohm :

$$c = Ri.$$

Puisque nous avons admis, pour la force électromotrice et l'intensité, au même instant t, les valeurs correspondantes $c = E_0 \sin \omega$ et $i = I_0 \sin(\omega - \varphi)$, nous résoudrons l'équation précédente, en y introduisant ces dernières valeurs.
Sachant que :

$$\frac{\omega}{2\pi} = \frac{t}{T},$$

d'où :

$$\frac{d\omega}{dt} = \frac{2\pi}{T} = m,$$

nous aurons :

$$E_0 \sin \omega = RI_0 \sin(\omega - \varphi) + LI_0 m \cos(\omega - \varphi).$$

Pour $\omega = o$, on a :

$$\operatorname{tg} \varphi = \frac{mL}{R}.$$

Pour $\omega = \varphi$, on a :

$$E_0 \sin \varphi = LI_0 m,$$

d'où :

$$I_0 = \frac{E_0}{\sqrt{R^2 + m^2 L^2}}.$$

On voit que $tg\varphi$ est toujours positive, c'est-à-dire $\varphi < \frac{\pi}{2}$; le retard de la courbe qui représente l'intensité, sur la courbe qui représente la force électromotrice, est donc au plus égal à $\frac{1}{4}$ de période.

Intensité efficace. — Force électromotrice efficace. Résistance apparente.

Les considérations qui précèdent déterminent la loi de variation de l'intensité d'un courant alternatif, dans un circuit de résistance R et de self-induction L, étant donnée la loi de variation de la force électromotrice dont est le siège ce même circuit. Mais nous savons qu'un semblable courant, lancé au travers d'un ampèremètre ou d'un galvanomètre ordinaire, reste sans action sur l'aiguille, à cause de la grande inertie de l'équipage mobile devant le grand nombre d'alternances du courant : aussi se sert-on pour sa mesure, d'appareils basés sur l'action des courants sur les courants (*électrodynamomètres*), ou sur le dégagement de chaleur qui a lieu dans le circuit, en vertu de la loi de Joule (*appareils Cardew*).

L'indication que donnent ces instruments peut servir à la mesure des courants alternatifs : dans l'électrodynamomètre, elle est, en effet, proportionnelle au carré de l'intensité qui traverse à la fois les deux bobines ; cet appareil ne pouvant, à cause de son inertie, donner qu'une moyenne, ce sera la *moyenne des carrés des valeurs de i* pendant une demi-période. Une manière spéciale de prendre la moyenne de ces carrés, permet d'écrire immédiatement la relation qui lie l'indication de l'électrodynamomètre avec l'intensité maxima servant à définir la loi de variation du courant alternatif.

Remarquons en effet que dans une demi-période, à toute valeur

$$i = I_0 \sin (\omega - \varphi),$$

en correspond une autre

$$i' = I_0 \sin\left(\omega - \varphi + \frac{\pi}{2}\right)$$

différant de la première par une phase égale à un quart de période ; cette dernière valeur est donc

$$i' = I_0 \cos(\omega - \varphi).$$

L'indication de l'électrodynamomètre sera donc à chaque instant :

$$I^2 = \frac{i^2 + i'^2}{2} = \frac{I_0^2}{2}\left[\sin^2(\omega - \varphi) + \cos^2(\omega - \varphi)\right],$$

d'où

$$I = \frac{I_0}{\sqrt{2}}.$$

On aurait pour la même raison, comme indication au voltmètre de Cardew :

$$E = \frac{E_0}{\sqrt{2}}.$$

On a donc :

$$\frac{E}{I} = \frac{E_0}{I_0} = \sqrt{R^2 + m^2 L^2}.$$

Le Congrès de 1889 a appelé : E et I, observations à l'électrodynamomètre et au voltmètre Cardew, la *force électromotrice efficace* et l'*intensité efficace*, et $\sqrt{R^2 + m^2 L^2}$, la *résistance apparente* (1). L'expression précédente montre que la

---

(1) Les mots force électromotrice *efficace* et intensité *efficace* proviennent surtout de la transformation directe de l'énergie électrique des courants alternatifs en énergie thermique. On peut définir la force électromotrice efficace, la valeur qu'aurait une force électromotrice constante qui, agissant dans un circuit de même résistance dénué de self-induction, produirait les mêmes effets calorifiques. De même pour l'intensité.
On a donc :

$$E^2 T = \int_0^T E_0^2 \sin^2 mt \, dt = \frac{E_0^2 T}{2}$$

et une formule analogue pour l'intensité.
Il ne faut pas confondre ces valeurs, qui correspondent à la moyenne des carrés,

loi d'Ohm peut être appliquée à ces trois grandeurs ; elle montre aussi que la self-induction agit pour augmenter la résistance R, c'est-à-dire pour diminuer l'intensité (1).

Bobines à réaction.

Nous avons déjà vu en étudiant la période variable du courant, que le travail de la self-induction, emmagasiné pendant la période croissante, était restitué pendant la période décroissante ; la self-induction n'occasionne donc aucune perte de travail. On en déduit un moyen de régler l'intensité d'un courant alternatif en intercalant dans le circuit une *bobine à self-induction variable;* or nous savons que la présence du fer modifie le coefficient de self-induction L, il suffira donc d'avoir un solénoïde dans lequel on pourra enfoncer plus ou moins un noyau de fer doux. Cette bobine joue dès lors le rôle d'un *rhéostat*, mais a sur lui l'avantage de n'occasionner aucune dissipation d'énergie ; on l'appelle une *bobine à réaction.*

---

avec les valeurs moyennes de l'intensité et de la force électromotrice pendant une demi-période :

$$I_1 = \frac{i + i'}{2}, \qquad E_1 = \frac{e + e'}{2}.$$

Un calcul simple, que nous ne reproduirons pas ici, montre que le rapport de l'intensité efficace à l'intensité moyenne est :

$$\frac{I}{I_1} = \frac{\pi}{2\sqrt{2}} = 1,11.$$

Il est évident, d'autre part, d'après la définition même des courants alternatifs, que l'intensité moyenne absolue, c'est-à-dire, pendant une période, est rigoureusement nulle, indication donnée d'ailleurs par un galvanomètre ou un ampèremètre ordinaire.

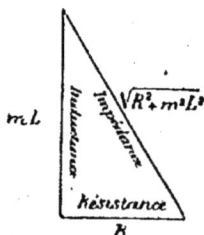

(1) On a donné le nom d'*impédance* à la résistance apparente $\sqrt{R^2 + m^2 L^2}$. Si l'on représente sa valeur par la longueur d'une droite, cette dernière peut être considérée comme l'hypoténuse d'un triangle rectangle, dont les deux côtés de l'angle droit sont R et mL; R est la *résistance*, mL porte le nom d'*inductance*. Rappelons enfin que le rapport $\frac{L}{R}$, qui est homogène à un temps (abstraction faite des réserves déjà exprimées à propos des unités électriques), porte le nom de *constante de temps du circuit.*

Travail moyen produit dans un alternateur.

Ce fait conduit à évaluer le travail produit par les courants alternatifs. Ce travail est comme toujours ei à chaque instant; pour une demi-période, ce sera la moyenne des produits ei. Or on a comme ci-dessus :

$$e = E_0 \sin \omega, \quad i = I_0 \sin(\omega - \varphi),$$

et l'on peut à chaque produit ei, adjoindre pour faire la moyenne, le produit $e'i'$ des deux valeurs différant de $\frac{\pi}{2}$. Les sinus deviendront les cosinus et l'on aura :

$$e' = E_0 \cos \omega, \quad i' = I_0 \cos(\omega - \varphi).$$

La moyenne du travail effectué pendant une demi-période sera donc :

$$W = \frac{ei + e'i'}{2} = \frac{1}{2} [E_0 I_0 \sin \omega \sin(\omega - \varphi)$$
$$+ E_0 I_0 \cos \omega \cos(\omega - \varphi)],$$

ou bien (1) :

$$W = \frac{E_0 I_0}{2} \cos \varphi \; ;$$

on peut l'écrire :

$$W = \frac{E_0}{\sqrt{2}} \frac{I_0}{\sqrt{2}} \cos \varphi$$

ou

$$W = EI \cos \varphi.$$

Le travail moyen est donc égal au produit des indications de l'électrodynamomètre et du volmètre, multiplié par le cosinus de la différence de phase.

---

(1) On arriverait au même résultat en effectuant directement l'intégration indiquée ci-après :

$$\frac{2}{T} \times \int_0^{\frac{T}{2}} ei \, dt = \int_0^{\frac{T}{2}} E_0 I_0 \sin \omega \sin(\omega - \varphi) \cdot dt$$

En remarquant que

$$tg \varphi = \frac{mL}{R},$$

c'est-à-dire

$$\cos \varphi = \frac{R}{\sqrt{R^2 + m^2 L^2}},$$

et que

$$I = \frac{E}{\sqrt{R^2 + m^2 L^2}} \left(\begin{array}{l} \text{Intensité} \\ \text{efficace} \end{array} = \frac{\text{Force électromotrice efficace}}{\text{Résistance apparente}} \right),$$

ce travail peut s'écrire :

$$W = \frac{E^2}{R + \frac{m^2 L^2}{R}}.$$

Cette expression du travail fournit les remarques suivantes :

1° Si la machine est mise en court-circuit, c'est-à-dire si R devient pratiquement nul, $\frac{m^2 L^2}{R}$ devient infini et W s'annule. Donc, on peut mettre impunément un alternateur en court-circuit, le travail devient nul ; tandis que dans une machine continue $\frac{E^2}{R}$ devient infini, et le travail augmentant brusquement, la machine peut se détériorer (1).

2° Toutes choses égales d'ailleurs, W est fonction de la résistance R du circuit ; or, le produit des expressions R et $\frac{m^2 L^2}{R}$ étant indépendant de R, la somme $R + \frac{m^2 L^2}{R}$ est minima lorsque ces expressions sont égales. Donc W passe par un maximum qui a lieu pour $R = \frac{m^2 L^2}{R}$ ou $R = mL$; mais $tg \varphi = \frac{mL}{R}$, on a par conséquent pour ce maximum $tg \varphi = 1$ ou $\varphi = 45°$. Le travail est donc maximum quand la différence de phase est égale à 45° et il faudra pratiquement se rapprocher le plus possible de cette condition.

---

(1) Cela n'est vrai que pour les machines en série ; les machines en dérivation se désamorcent en court circuit.

Variations de puissance d'un alternateur.

Nous venons ainsi d'évaluer le travail moyen d'un alternateur pendant une demi-période, sans nous occuper de la variation de ce travail à chaque instant. Mais la forme des courbes qui représentent les variations de la force électromotrice et de l'intensité nous montre que la puissance dépensée pour mouvoir l'alternateur, dans les positions successives de l'armature, devient négative pendant une partie de la période.

Comme il est facile de le voir sur la figure ci-dessous, par suite de la différence de phase et dans le temps correspondant, la force électromotrice et l'intensité sont de signes contraires; il en résulte un travail négatif ei, produit de la force électromotrice par l'intensité, durant tout l'intervalle de temps correspondant à la différence de phase.

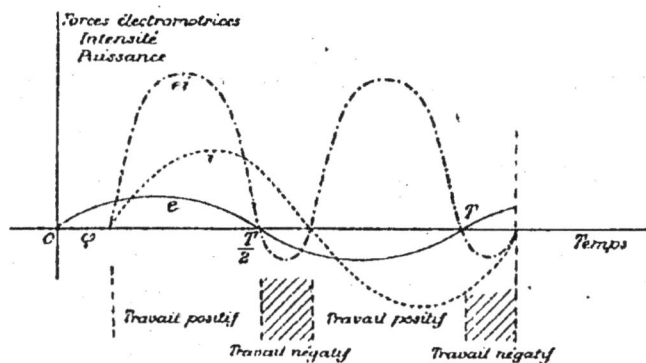

Variations de puissance des alternateurs.

Il se produit donc dans les alternateurs un effet comparable à celui des volants dans les moteurs à vapeur; l'inertie du volant absorbe une partie du travail de la vapeur pendant le déplacement du piston, pour la restituer à la fin de la course; de même, l'inertie magnétique ou self-induction du circuit d'un alternateur, agit successivement comme résistance et comme puissance, de là les ordonnées négatives de la courbe du travail. Nous avons déjà étudié ce fait dans les extra-courants et nous avons vu que l'énergie absorbée pendant la période croissante, pour créer un flux magnétique dans le circuit, était restituée pendant la période décroissante.

Ces variations périodiques de puissance qui se manifestent dans un alternateur, occasionnent des vibrations, et la machine produit un ronflement plus ou moins sonore, surtout lorsque l'induit renferme des noyaux de fer; chacun de ces noyaux de fer est le siège de modifications moléculaires et de changements de volume périodiques qui en font de véritables téléphones.

La discussion qui précède montre que, même dans un générateur tel qu'une machine à courants alternatifs, le travail produit change de sens pendant une certaine fraction de la période: si donc, dans une portion de circuit parcouru par un courant alternatif, on envisage de la même façon l'énergie mise en jeu,

15

cette fraction du circuit passera à tour de rôle, dans le cours d'une période, de l'état de récepteur à l'état de générateur, et cette fraction du circuit constituera un générateur ou un récepteur, suivant le sens de la différence des énergies mises en jeu pendant le fonctionnement.

Soit à étudier la puissance mise en jeu dans une certaine portion A B du circuit, V_1 étant la différence de potentiels entre A et B. Considérons une autre portion B C du circuit, consécutive à A B et ne présentant qu'une résistance non inductive r; soit V_2 la différence de potentiels entre B et C; il s'ensuit que la différence de potentiels V_3 entre A et C est égale à $V_1 + V_2$.

La valeur du courant à l'instant t est :

$$i = \frac{V_2}{r} ;$$

et la puissance mise en jeu en A B à ce même instant est :

$$W = V_t i = \frac{V_1 V_2}{r} ;$$

mais, puisque

$$V_3 = V_1 + V_2,$$

c'est-à-dire

$$V_3^2 = V_1^2 + 2 V_1 V_2 + V_2^2,$$

on a :

$$V_1 V_2 = \frac{V_3^2 - V_1^2 - V_2^2}{2} ;$$

d'où, à l'instant t :

$$W = \frac{V_3^2 - V_1^2 - V_2^2}{2 r},$$

relation qui a lieu aussi pour les valeurs moyennes, c'est-à-dire pour les indications fournies par trois voltmètres Cardew. Ces valeurs moyennes de V_1^2, V_2^2, V_3^2, ne sont autre chose, en effet, que les carrés des différences de potentiels efficaces entre A et B, B et C, A et C. Cette méthode simple d'évaluation du travail mis en jeu dans une certaine portion A B du circuit parcouru par un courant alternatif porte le nom de *méthode des trois voltmètres*.

Modifications amenées par un condensateur dans un circuit parcouru par un courant alternatif.

Le fait que la self-induction diminue l'intensité du courant est un inconvénient, puisqu'il oblige à avoir recours à des forces électromotrices plus élevées que si cette self-induction n'existait pas ; on peut y remédier par l'emploi d'un *condensateur*.

Un condensateur, intercalé dans un circuit comprenant un générateur à courant continu, se charge immédiatement d'électricités contraires sur chacune de ses armatures, puis il ne passe plus aucun courant. Il n'en est pas de même avec les courants alternatifs : la force électromotrice variant de o à E_0, le condensateur se charge, et ac et bd sont parcourus par un courant d'un certain sens ; la force électromotrice décroît ensuite jusqu'à $— E_0$, si bien que le condensateur se décharge et les fils sont parcourus par un courant de sens contraire.

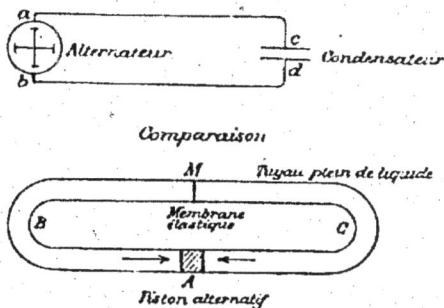

Rôle d'un condensateur placé dans un circuit.

En résumé, les conducteurs sont parcourus par des courants alternatifs de même période que e; la comparaison indiquée sur le croquis ci-dessus, donne une idée de ce qui se passe : le condensateur est assimilable à une membrane élastique placée dans un tuyau rempli d'eau, qu'un piston peut animer d'un mouvement de va-et-vient ; les deux portions de la masse liquide ABM, ACM, sont déplacées alternativement dans un sens et dans l'autre, et forment deux courants alternatifs.

Soit C la capacité du condensateur, on sait que $V = \dfrac{Q}{C}$; la quantité Q d'électricité qu'il possède à un instant t, est égale à la quantité totale d'électricité qui lui est parvenue, donc :

$$V = \frac{1}{C} \int_0^t i\, dt.$$

Dérivons deux fois

$$\frac{dV}{dt} = \frac{1}{C} i,$$

$$\frac{d^2V}{dt^2} = \frac{1}{C} \frac{di}{dt}.$$

Or, V est une fonction périodique ayant même période que l'intensité i, on peut donc écrire :

$$V = K \sin(\omega - \lambda),$$

$$\frac{dV}{dt} = K m \cos(\omega - \lambda),$$

$$\frac{d^2V}{dt^2} = - K m^2 \sin(\omega - \lambda) = - m^2 V ;$$

donc :

$$V = - \frac{1}{C m^2} \frac{di}{dt}.$$

Or le condensateur tendant à chaque instant à se décharger dans le circuit, la différence de potentiels V représente une force électromotrice agissant en sens inverse de celle de la machine, et la force électromotrice résultante est $e - V$. On aura donc :

$$e - V = R i + L \frac{di}{dt}$$

ou bien :

$$e = R i + \left(L - \frac{1}{C m^2} \right) \frac{di}{dt},$$

c'est-à-dire que les choses se passent comme si le coefficient de self-induction était devenu égal à $L - \frac{1}{C m^2}$.

En particulier quand $L = \frac{1}{C m^2}$, la self-induction est annulée par la présence du condensateur. Cela correspond, dans la comparaison précédente, au cas où la membrane M oscille en formant ressort, avec la même période que le piston ; l'inertie du liquide, qui correspond au coefficient de self-induction, est alors annulée (1).

---

(1) Il existe un mode de représentation graphique des diverses forces électromotrices variables qui agissent dans un circuit parcouru par un courant alternatif, mode de représentation commode pour la solution des divers problèmes qui se rencontrent avec les courants variables. Nous ne faisons que le signaler ici : le principe de la méthode est dû à Blakesley.

Couplage des alternateurs.

L'association des alternateurs ne se fait pas aussi simplement que le couplage des machines continues. — Voici, à ce sujet, la théorie de *Hopkinson*: Considérons deux alternateurs mus par des courroies ou par des moteurs indépendants et ayant approximativement la même période et la même force électromotrice, mais supposons que leurs phases soient en discordance. — Représentons par les courbes I et II les forces électromotrices des deux machines, la courbe I ayant un retard de phase sur la courbe II. Si les deux alternateurs sont réunis en série, de manière à constituer un seul circuit avec la résistance extérieure, les forces électromotrices s'ajoutent à chaque instant dans ce circuit, de manière à donner une force électromotrice totale figurée par la courbe III. Le courant résultant est en retard sur cette force électromotrice et peut être représenté par la courbe IV.

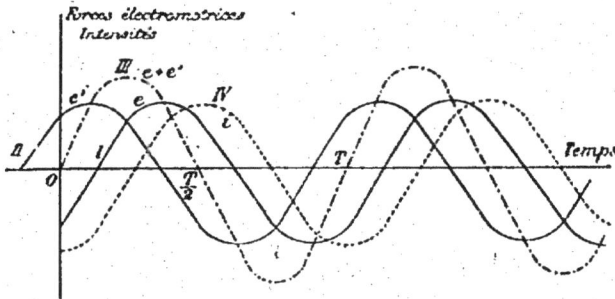

La différence de phase de celle-ci est, au maximum, d'un quart de période par rapport à la courbe III et, par suite, de moins d'un quart de période par rapport à la machine en retard, et de plus d'un quart de période par rapport à la machine en avance. Or, la puissance développée par chaque machine est le produit de sa force électromotrice par le courant, et la figure montre clairement que, la phase du courant étant plus voisine de la phase de la force électromotrice de la machine en retard que de la machine en avance, la première fournira plus de travail et sa vitesse tendra à décroître.

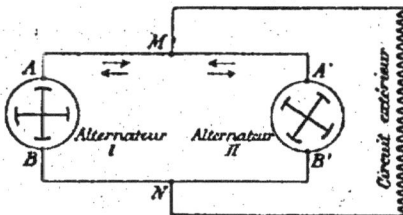

Alternateurs en opposition.

Cette tendance persiste, jusqu'à ce que les deux machines soient en *opposition*, auquel cas le courant devient minimum et l'équilibre stable. Il s'ensuit que deux alternateurs ne peuvent pas être disposés en série dans le but d'ajouter leurs forces électromotrices respectives, car au lieu d'arriver à ce résultat, on aboutit à l'opposition des forces électromotrices.

Mais si, sur deux alternateurs ainsi reliés borne à borne, on place en dérivation une résistance extérieure, les forces électromotrices ajoutent leurs effets dans ce nouveau circuit de la même manière que deux éléments de pile, placés en opposition, produisent un courant dans un conducteur aboutissant à leurs pôles communs.

Les alternateurs peuvent donc être couplés en *quantité* et non en série, les réactions qui se produisent tendant toujours à mettre les machines en opposition. Mais si l'on produisait le couplage à un instant quelconque, avant que l'autorégulation se soit produite, un courant de grande intensité pourrait prendre naissance et nuirait aux appareils en circuit ; cela ne manquerait pas d'arriver si on couplait sans précaution les alternateurs.

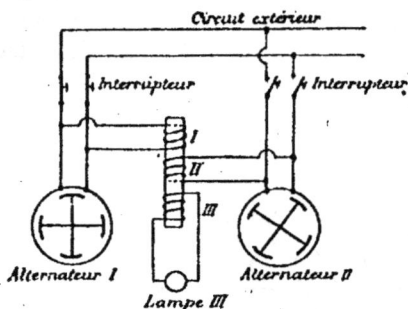

Dispositif pour opérer le couplage à l'instant voulu.

Un des dispositifs employés pour associer les machines au moment voulu, consiste à observer les fluctuations d'une lampe placée sur un circuit, induit par deux enroulements correspondant respectivement à chaque alternateur. On fait tourner à son allure normale l'arbre de la machine qui doit être placée dans le circuit déjà alimenté par un premier alternateur en service. Tant que les machines ne sont pas en opposition, la lampe reste allumée ; elle s'éteint quand les deux effets, dus aux machines à associer, s'annulent, et c'est ce moment qu'il faut saisir pour faire rapidement le couplage ; les alternateurs restent alors en discordance (1).

III. — TRANSFORMATEURS

Définition des transformateurs.

Les *transformateurs* constituent une classe d'appareils pouvant être regardés indifféremment comme des générateurs ou comme des récepteurs d'énergie électrique, puisqu'ils utilisent

---

(1) Pour terminer l'étude des propriétés générales des courants alternatifs, il faudrait encore examiner les systèmes de courants simultanés appelés *courants alternatifs polyphasés*, susceptibles de donner naissance aux champs tournants ; nous les passerons en revue en étudiant les électromoteurs.

l'énergie électrique qu'ils reçoivent pour la rendre sous une forme théoriquement équivalente, mais plus commode à utiliser. Ce sont des appareils susceptibles de modifier en sens inverse les deux facteurs e et i de la puissance électrique ei, de manière, par exemple, à transformer un courant à grande force électromotrice, (*à haute tension*, comme l'on dit habituellement) et de faible intensité, en un courant à faible force électromotrice et de grande intensité. On peut aussi résoudre le problème inverse, suivant l'usage auquel est destiné ce courant. Pour que cette transformation se produise sans dissipation d'énergie, il faut évidemment avoir

$$ei = e'i'$$

condition qui, naturellement, n'est réalisée dans les divers appareils que d'une façon plus ou moins approchée.

Transformateurs à courants continus.

Les transformateurs peuvent être *à courants continus* ou *à courants alternatifs*. Dans le cas des courants continus, le transformateur peut être *à action différée* ou *à action instantanée*. Les *accumulateurs* fournissent la solution du problème dans le premier cas, par la facilité dont on dispose, de changer leur mode de couplage, mais ils ont l'inconvénient d'être *intermittents*, de *coûter cher*, d'exiger une *surveillance minutieuse* et d'avoir un *rendement assez faible*.

On leur préfère souvent les transformateurs à action instantanée dont le principe est le suivant : Le courant arrivant au point d'utilisation, passe dans un *électromoteur*, appareil qui, comme nous le verrons, ne diffère pas d'un générateur à courant continu ; ce moteur actionne à son tour une dynamo fournissant le courant au « voltage » et à l'intensité voulue.

Une première simplification consiste à monter les deux induits sur le même arbre, chacun d'eux tournant dans un champ magnétique. Le premier induit reçoit le courant à transformer, tourne comme moteur et entraîne le deuxième induit qui fonctionne comme générateur donnant naissance au courant dans le circuit extérieur.

On peut encore placer les deux circuits sur le même anneau ; il n'y a plus alors qu'un seul champ magnétique, mais l'arbre porte deux collecteurs correspondant à chacun des circuits.

Ces transformateurs sont *tournants*, c'est-à-dire sujets aux dérangements mécaniques ; de plus, ils n'ont qu'un rendement assez médiocre, car il faut, pour en obtenir la valeur, multiplier le rendement propre du moteur électrique par le rendement propre du générateur et tenir compte, en outre, des pertes par le frottement, etc.

Transformateurs à courants alternatifs.

Principe. — Transformateurs à circuit magnétique ouvert.

La solution est beaucoup plus simple avec les transformateurs à courants alternatifs. Leur principe est le suivant : Considérons deux circuits voisins A et B ; si l'on relie A au circuit de l'alternateur, B au circuit qui contient les appareils d'utilisation, les variations du courant dans A produisent dans B des courants induits alternatifs de même période, et l'on conçoit que l'on puisse faire varier à volonté le rapport des intensités dans les deux circuits en donnant à ces circuits des résistances convenables. — C'est le principe même de la *bobine de Ruhmkorff* (appareil dont il sera question plus loin), avec cette différence que, dans cette dernière, on cherche à augmenter le voltage aux dépens de l'intensité, tandis que dans les transformateurs c'est ordinairement l'opération inverse que l'on cherche à réaliser.

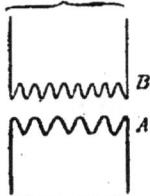

Circuit secondaire

B

A

Circuit primaire

L'idée des transformateurs revient à *Jablochkoff* et à *Sir Charles Bright* (1876-1878), mais c'est seulement en 1883 que *Gaulard* et *Gibbs* construisirent le premier transformateur industriel. Leur appareil comprenait un noyau de fer doux, sur lequel étaient enfilées des rondelles de cuivre isolées les unes des autres par du carton. Ces rondelles étaient fendues suivant un rayon, de sorte qu'en réunissant *en série* toutes les rondelles de rang pair d'une part, et *en dérivation* toutes les rondelles de rang impair d'autre part, on obtenait deux circuits distincts enchevêtrés l'un dans l'autre. S'il s'agissait d'abaisser la force électromotrice, les disques en série communiquaient avec les bornes de l'alternateur (*circuit primaire*), et les disques en dérivation avec les appareils d'utilisation (*circuit secondaire*).

Le noyau de fer, placé à l'intérieur des deux circuits, renforce le champ magnétique et augmente par suite la force électromotrice d'induction, laquelle est proportionnelle à la variation du flux de force ; ce flux de force s'accroît encore par la diminution de la longueur et l'augmentation de la section du circuit magnétique, c'est-à-dire par l'affaiblissement de sa réluctance. Au lieu de laisser les lignes de force se fermer à travers l'air, comme dans le transformateur Gaulard, elles pourront donc se concentrer et se fermer au travers de masses magnétiques, et le transformateur *à circuit magnétique ouvert* deviendra un transformateur *à circuit magnétique fermé*.

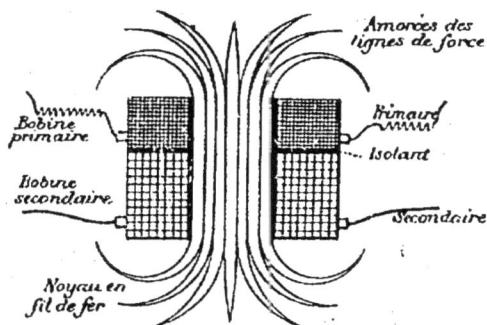

Transformateur à hérisson (Swinburne).

Transformateur Gaulard.
(*Schéma*, le noyau de fer enlevé.)

Tous les appareils actuels appartiennent à cette dernière classe ; il n'y a plus guère que le transformateur *Swinburne* qui soit à circuit magnétique ouvert, et encore les lignes de force y sont-elles pour ainsi dire amorcées : les fils de fer du noyau sortent en divergeant comme des dards pour diriger, en quelque sorte, les lignes de force dans leur trajet à travers l'air ; cette disposition a fait donner à l'appareil le nom de *transformateur à hérisson*.

Transformateurs à circuit magnétique fermé.

Les formes des transformateurs à circuit magnétique fermé sont extrêmement variées ; ces appareils peuvent être divisés en deux catégories : le circuit magnétique peut être fermé comme dans un tore et les fils des bobines primaires et secondaires être enroulés sur ce noyau de fer comme dans l'anneau Gramme ; ce sont les *transformateurs à noyau* dont le fil est à l'extérieur du fer. (Type *Ganz.*)

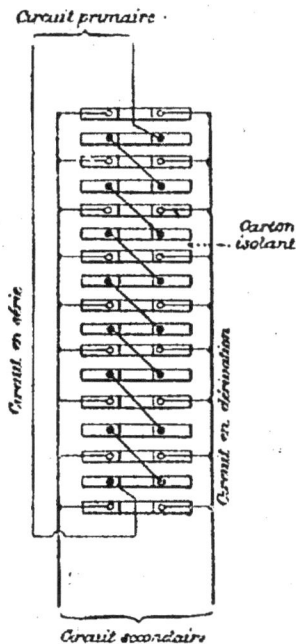

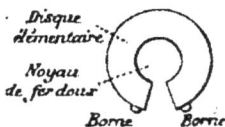

Si le noyau est fermé par l'extérieur des bobines, les transformateurs sont dits *à coquille*. Cette coquille extérieure peut être *complètement fermée* comme dans l'ancien transformateur *Zipernowski ;* les deux circuits forment le noyau d'un tore, autour duquel est enroulé du fil de fer.

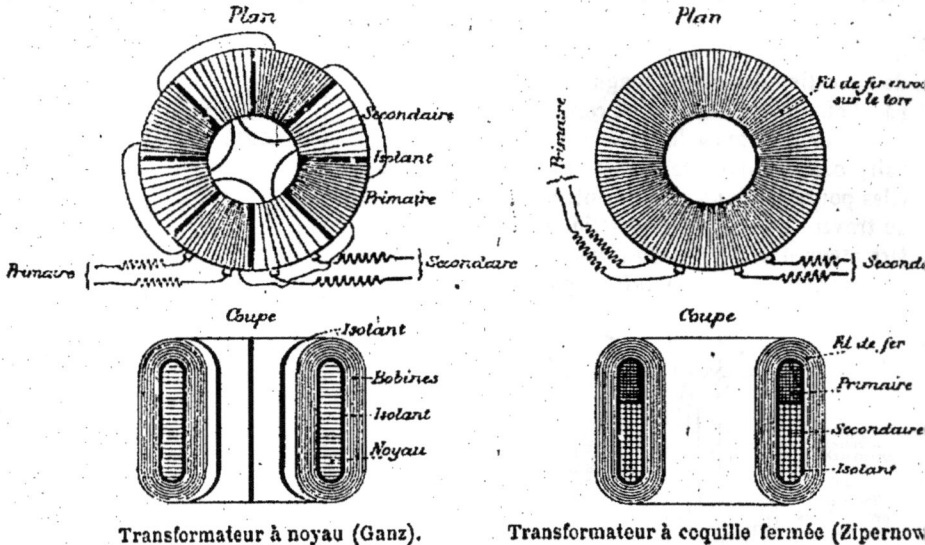

Transformateur à noyau (Ganz).

Transformateur à coquille fermée (Zipernow

La coquille extérieure peut être *plus ou moins ouverte*, comme dans le type Westinghouse ; des lames de tôle en forme de E, comme le montre le croquis, sont empilées les unes sur les autres, puis les deux circuits, primaire et secondaire, juxtaposés, sont placés sur la branche moyenne de l'E qui leur sert de noyau ; les branches ouvertes sont alors rabattues en alternant les joints.

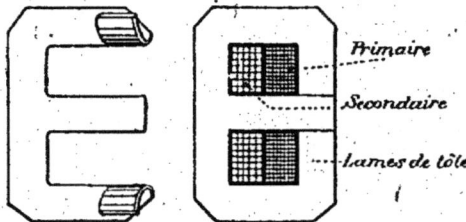

Transformateur Westinghouse
(à coquille ouverte).

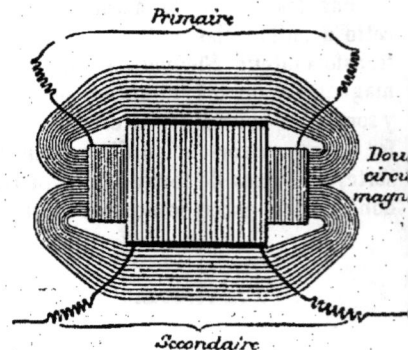

Transformateur de Ferranti
(à coquille ouverte).

Dans le type *de Ferranti*, les deux circuits électriques sont enroulés autour d'un faisceau plat de lames de fer. Après le bobinage, ces lames sont repliées, mi-partie en dessus, mi-partie en dessous des bobines, et se rejoignent en croisant leurs joints pour former un double circuit magnétique.

Quelle que soit la forme adoptée, le noyau est toujours formé de lames de tôle isolées par des feuilles de papier, de manière à s'opposer à la circulation des courants de Foucault. Comme mesure de sécurité, le circuit primaire des transformateurs étant porté à des différences de potentiels souvent très élevées, il importe d'éviter qu'un contact accidentel avec le circuit secondaire relié aux appareils d'utilisation de l'énergie électrique, produise dans ce circuit une tension dangereuse; il convient d'isoler soigneusement le fil primaire en le séparant du fer du noyau et de l'enroulement secondaire par un large intervalle isolant. L'isolement d'un transformateur est toujours la partie la plus délicate de cet appareil.

Fonctionnement des transformateurs.

La détermination des conditions théoriques du fonctionnement d'un transformateur est l'un des plus difficiles problèmes que présente l'électrotechnique, si l'on veut tenir compte de tous les éléments qui entrent en jeu : présence du noyau de fer doux, variation de la perméabilité magnétique du noyau avec l'intensité, pertes par échauffement du primaire et du secondaire, pertes par hystérésis dans le circuit magnétique et par courants de Foucault dans toutes les masses métalliques de l'appareil. Aussi a-t-on pris le parti de simplifier le problème pour pouvoir le résoudre, quitte à vérifier ensuite par l'expérience que les résultats sont suffisamment approchés pour la pratique.

Si nous supposons les deux circuits, primaire et secondaire, enroulés sur une bobine sans noyau de fer, les équations générales qui représentent les forces électromotrices simultanées de deux circuits voisins ayant une self-induction et présentant une induction mutuelle, sont, en remarquant que $e' = o$ (le circuit secondaire ne possédant pas de force électromotrice propre):

$$e = \text{R}i + \text{L}\frac{di}{dt} + \text{M}\frac{di'}{dt}, \qquad \text{(1) Primaire.}$$

$$o = \text{R}'i' + \text{L}'\frac{di'}{dt} + \text{M}\frac{di}{dt}. \qquad \text{(2) Secondaire.}$$

Or l'on a :

$$i = \text{I}_0 \sin(\omega - \varphi),$$

$$i' = \text{I}'_0 \sin(\omega - \varphi'),$$

et les quatre paramètres I_0 I'_0 φ et φ' peuvent être déterminés d'une façon analogue à celle que nous avons vue dans les propriétés générales des courants alternatifs. Nous aurions donc les conditions de fonctionnement du transformateur pour une force électromotrice donnée, $e = \text{E}_0 \sin \omega$, dans le circuit primaire.

Mais ce qu'il nous importe surtout de connaître, c'est le rapport $\dfrac{\text{I}'_0}{\text{I}_0}$ qui est égal au rapport $\dfrac{\text{I}'}{\text{I}}$, rapport appelé *coefficient de transformation* de l'appareil.

Proposons-nous donc de calculer ce rapport. Différentiant (2) on obtient :

$$o = R' \frac{di'}{dt} + L' \frac{d^2 i'}{dt^2} + M \frac{d^2 i}{dt^2}. \tag{3}$$

Or l'on a les deux couples de valeur, m étant égal à $\frac{d\omega}{dt}$, $\left(\omega = \frac{2\pi t}{T} \right)$:

$$\begin{cases} \dfrac{di}{dt} = I_0 m \cos(\omega - \varphi), \\[2mm] \dfrac{d^2 i}{dt^2} = -I_0 m^2 \sin(\omega - \varphi), \end{cases} \qquad \begin{cases} \dfrac{di'}{dt} = I'_0 m \cos(\omega - \varphi'), \\[2mm] \dfrac{d^2 i'}{dt^2} = -I'_0 m^2 \sin(\omega - \varphi'). \end{cases}$$

Portons ces valeurs dans (3) en faisant $\omega = \varphi'$, on a :

$$0 = R' I'_0 m - M m^2 I_0 \sin(\varphi' - \varphi).$$

Faisons de même $\omega = \varphi' + \dfrac{\pi}{2}$, on a :

$$0 = -L' I'_0 m^2 - M m^2 I_0 \cos(\varphi' - \varphi).$$

En ajoutant le $\sin^2$ et le $\cos^2$ dans ces deux expressions, il vient :

$$I'_0 = I_0 \frac{M m}{\sqrt{R'^2 + m^2 L'^2}} \qquad \text{ou} \qquad I'_0 = I_0 \frac{M}{\sqrt{\dfrac{R'^2}{m^2} + L'^2}}.$$

Si m est assez grand et R' assez petit pour que $\dfrac{R'^2}{m^2}$ soit négligeable devant L'^2, il reste :

$$\frac{I'_0}{I_0} = \frac{M}{L'}.$$

Or, d'après la définition des coefficients d'induction, on sait que M représente le flux de force envoyé à travers l'un des deux circuits, le secondaire, par le circuit primaire, lorsque ce dernier est parcouru par un courant égal à l'unité.

Mais pour $i = 1$, le flux de force, envoyé par les n spires du circuit primaire à travers une spire du circuit secondaire, est :

$$\frac{4\pi n}{\dfrac{l}{\mu s}},$$

μ étant égal à 1, si nous n'avons pas de fer doux. Ce flux traverse n' fois le circuit secondaire si ce circuit a n' spires ; on a donc :

$$M = \frac{4\pi n n'}{\dfrac{l}{\mu s}}.$$

On aurait de même :

$$L' = \frac{4\pi n'^2}{\frac{l}{\mu s}},$$

l et s ayant la même valeur, puisque le primaire et le secondaire sont bobinés ensemble, on a donc :

$$\frac{M}{L'} = \frac{n}{n'}.$$

Donc aussi :

$$\frac{I'}{I} = \frac{n}{n'}.$$

Ce résultat est encore vrai si l'on suppose un noyau de fer doux, à condition d'admettre que μ est une constante, ce qui ne peut avoir lieu qu'entre certaines limites, bien avant la saturation magnétique des noyaux. L'expression calculée

$$\frac{I'}{I} = \frac{n}{n'},$$

donne donc une valeur approchée du coefficient de transformation d'un transformateur donné ; *ce coefficient est égal au rapport du nombre de spires des deux circuits.*

Il faudrait pousser plus avant l'analyse du fonctionnement du transformateur pour en calculer le *rendement*, qui est, comme toujours, le rapport de la puissance utile recueillie aux bornes du secondaire à la puissance totale fournie aux bornes du primaire. On démontre par l'expérience que ce rendement est d'autant plus grand que R' est plus petit, c'est-à-dire que l'appareil fonctionne mieux à pleine charge qu'à charge minime. Pour un transformateur soigné il est toujours très élevé et voisin de l'unité.

Les transformateurs sont d'une application constante dans les courants alternatifs ; ils sont particulièrement commodes, car étant fixes, ils n'ont besoin d'aucun entretien, sont peu encombrants et ont un excellent rendement ; de plus, grâce à la simplicité de leur construction, ils sont d'un prix très abordable.

Bobine de Ruhmkorff.

La *bobine de Ruhmkorff* est un transformateur d'un genre particulier, qui reçoit l'énergie électrique sous forme de courants continus fréquemment interrompus, et qui la rend sous forme de courants instantanés, possédant une très grande force électromotrice et susceptibles de reproduire les divers effets des décharges électrostatiques. Le principe de la bobine de Ruhmkorff est le même que celui des transformateurs : l'appareil se compose de deux bobines, dont l'une intérieure,

enroulée autour d'un *faisceau de fil de fer doux*, est constituée
par un gros fil peu résistant formant le *fil primaire* parcouru
par le courant inducteur ; la seconde est constituée d'un
nombre très considérable de spires de fil fin aboutissant aux
deux bornes de la machine : c'est le *fil secondaire*, parcouru
par le courant induit, à grande force électromotrice.

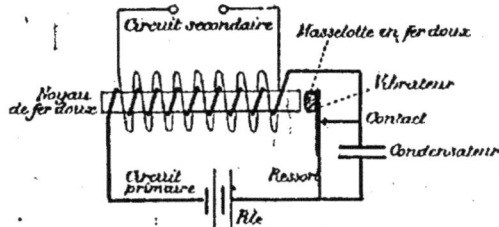

Schéma de la bobine de Ruhmkorff.

Au lieu d'enrouler régulièrement le fil induit par couches
successives, ce qui mettrait directement au contact des portions de fil entre lesquelles existerait une grande différence de
potentiels, capable d'amener la rupture de l'isolant, on l'enroule sous forme de galettes perpendiculaires à l'axe, qui sont
ensuite juxtaposées et séparées par des cloisons isolantes.
Grâce à ces bobines cloisonnées, le potentiel va régulièrement
en croissant d'une extrémité à l'autre du fil et les ruptures ne
sont plus à craindre.

Le courant primaire est fourni par un générateur à courants
continus quelconque et l'induction est produite par l'interruption et le rétablissement brusques du courant. L'interrupteur
peut se composer d'un simple contact glissant sur une roue
dentée métallique, ou d'un dispositif à *marteau trembleur*
analogue à celui qui est usité dans les sonneries d'appartement, et dont le fonctionnement se conçoit facilement d'après
la figure schématique ci-dessus. L'expérience a montré qu'un
condensateur introduit dans le circuit primaire augmente
l'effet d'induction : c'est le condensateur *Fizeau*.

Un conducteur réunissant les deux bornes du secondaire est
parcouru par des courants changeant de sens à chaque instant,
sans action sur un galvanomètre. Si ce conducteur présente
une coupure, les courants continuent à passer sous forme
d'étincelles ; mais l'expérience montre que les courants directs,

c'est-à-dire de même sens que le courant inducteur, traversent plus facilement le diélectrique que les courants inverses, de sorte que si les deux extrémités de la coupure sont suffisamment écartées, l'étincelle ne jaillit plus que pour les courants directs. On dit que l'étincelle *filtre* les courants, et, dans ce cas, on peut dire aussi que la bobine présente une *anode* et une *cathode*.

CHAPITRE X

DISTRIBUTION DE L'ÉNERGIE ÉLECTRIQUE

I. — CONDUCTEURS ÉLECTRIQUES

Les conducteurs électriques envisagés comme récepteurs.

Les chapitres précédents nous ont appris comment se *produit* l'énergie électrique dans les *Générateurs;* il s'agit maintenant d'*utiliser* cette énergie dans les appareils que nous avons nommés *Récepteurs.* Or, quel que soit ce récepteur, quelle que soit la transformation thermique, chimique ou mécanique, que l'on veuille réaliser, nous sommes certains de retrouver tout ou partie de l'énergie électrique sous forme d'énergie thermique : il y aura *dégradation d'énergie* et dissipation spontanée sous forme de chaleur. C'est ce fait d'une métamorphose fatale d'énergie électrique en énergie calorifique qui nous conduit à commencer l'étude des transformations de l'énergie électrique par celle de son changement en chaleur équivalente.

Le système de liaison qui réunit le générateur au récepteur est constitué par des *conducteurs électriques;* ces conducteurs, qui sont de simples fils métalliques de plus ou moins fort diamètre, peuvent atteindre parfois une très grande longueur et constituent *la ligne* ou la *canalisation.* — Sans doute, ces fils ne sont que les dépositaires de l'énergie électrique ; mais,

16

recevant cette énergie, ils contribuent à sa dégradation sous
forme thermique et peuvent, de ce fait, être envisagés comme
jouant le rôle de récepteurs thermiques. Nous sommes ainsi
amenés à étudier d'abord à ce point de vue, ce qui se passe
dans les simples fils qui distribuent l'énergie aux récepteurs
thermiques proprement dits.

Perte de charge sur un conducteur. — Calcul de sa section.

Au moyen d'un voltmètre relié aux deux extrémités d'un
conducteur parcouru par un courant I, on constate une différence de potentiels s'il s'agit de courants continus, une différence de potentiels efficace s'il s'agit de courants alternatifs.
Cette différence de potentiels constitue la *chute de potentiel*
ou *perte de charge* relative au conducteur. Si R est sa résistance et s'il s'agit de courants continus, cette perte de charge
est, d'après la loi d'Ohm $e = RI$. On sait d'ailleurs que
cette loi est encore applicable aux courants alternatifs, en raisonnant sur la résistance apparente et l'intensité efficace.

Il faut bien, dans une canalisation, consentir à une perte de
charge; on se la donnera donc *a priori* (en volts), ainsi que
l'intensité (en ampères) qui devra parcourir les conducteurs,
afin de pouvoir calculer la résistance à donner aux conducteurs et qui sera déterminée par :

$$e \text{ volts} = R \text{ ohms} \times I \text{ ampères.}$$

La résistance du conducteur étant ainsi fixée, on fera choix
d'un métal pour le construire; si ρ est la résistivité de ce
métal en ohms-centimètre (1); comme, d'autre part, l la longueur totale de la ligne est connue, la formule

$$R \text{ ohms} = \rho \text{ (coefficient)} \times \frac{l \, cm}{S \, cm^2}$$

déterminera la section en centimètres carrés qu'il faudra
donner au conducteur.

---

(1) La résistivité n'est autre chose, d'après sa définition, que la résistance entre
deux faces opposées d'un centimètre cube du métal considéré.

On peut employer, pour la canalisation, du *cuivre*, dont la résistivité n'est que de 1.5 microhm-centimètre, du *bronze phosphoreux* ou *silicieux* plus tenace et qui permet de plus grandes portées sans crainte de rupture. Le *fer*, près de six fois plus résistant, ne peut guère être employé qu'avec des courants très peu intenses; aussi le cuivre reste-t-il le conducteur industriel par excellence de l'énergie électrique : pour un échantillon moyen de cuivre, la formule pratique suivante fixe immédiatement la section à donner à une ligne déterminée :

$$S = \frac{l\,I}{60\,e};$$

l est la longueur en mètres aller et retour, I l'intensité en ampères et *e* la perte consentie en volts sur la ligne, S est exprimée en mm².

Dissipation d'énergie électrique dans un conducteur. Calcul de l'échauffement d'un conducteur.

La présence d'un conducteur n'amène pas seulement une perte de charge, nous savons encore qu'une certaine quantité d'énergie se dégage en pure perte sous forme de chaleur. Si *e* représente la perte de charge en volts entre deux points A et B d'un conducteur, si I représente en ampères l'intensité du courant qui traverse ce conducteur, cette dissipation d'énergie, évaluée en joules par seconde, c'est-à-dire en watts, est donnée par l'expression

$$W\text{ watts} = e\text{ volts} \times I\text{ ampères}.$$

Si R est la résistance du conducteur entre les points considérés, nous pouvons écrire, en appliquant la loi d'Ohm :

$$W = eI = \frac{e^2}{R} = RI^2.$$

Enfin, nous savons que, si Q_1 représente la quantité de chaleur en calories dégagée dans une seconde par le passage du courant, on a :

$$RI^2 = JQ_1,$$

J représentant l'équivalent mécanique de la calorie : c'est la loi de Joule.

Cette quantité de chaleur qui s'accumule dans le conducteur amène une élévation de température : proposons-nous de calculer les lois de cet échauffement progressif, dans un fil de diamètre déterminé et de longueur donnée. Soit $R = \rho \dfrac{l}{S}$ la résistance de ce conducteur (ρ étant la résistivité du métal dont se compose le fil); si d est son diamètre, sa section est :

$$\pi \frac{d^2}{4}.$$

La quantité de chaleur dégagée par seconde nous est donnée par la loi de Joule :

$$Q_1 = \frac{RI^2}{J} \quad \text{ou} \quad Q_1 = \frac{\rho l}{J \pi \dfrac{d^2}{4}} . I^2$$

Il est clair que la température θ de ce conducteur s'élèvera, tant que la chaleur qu'il gagne, l'emporte sur la chaleur qu'il perd par *rayonnement* et *convection*; il y aura équilibre de température quand la perte sera devenue égale au gain; enfin, si cet équilibre ne peut s'établir, c'est que la température croîtra jusqu'à la fusion du conducteur.

Mais s'il est facile de calculer rigoureusement la chaleur gagnée, il est bien plus difficile d'apprécier la quantité de chaleur qui s'élimine par *convection*, par suite des mouvements de l'air échauffé au contact du conducteur et d'évaluer celle qui disparaît par *rayonnement*. On ne possède à ce sujet qu'une loi approximative, celle de Newton, d'après laquelle la chaleur perdue par seconde est proportionnelle à la surface extérieure $\pi l d$ du conducteur et à son échauffement θ. Cette perte serait donc :

$$\varepsilon . \pi l d . \theta ;$$

ε est ce qu'on appelle *le pouvoir émissif* de la surface, c'est-à-dire sa perte de chaleur par seconde par unité de surface et par degré d'échauffement. Ce coefficient, qui est considérable pour le noir de fumée, le charbon et les corps à surface grenue, est au contraire très faible pour les métaux polis.

L'égalisation du gain et de la perte de chaleur par seconde, donne la température stationnaire qu'atteindra le conducteur pour le courant I :

$$\frac{\rho l I^2}{J \pi \frac{d^2}{4}} = \varepsilon . \pi dl . \theta.$$

Si l'on veut que le conducteur fonde pour ce courant I, on se donnera θ, la température de fusion du métal qui constitue ce conducteur, et l'on en déduira la section qu'il faudra lui donner.

Limites de tolérance d'échauffement. — Section minima d'un conducteur. — Coupe-circuit.

Cette formule résout donc théoriquement le double problème des dimensions à donner : 1° aux fils conducteurs, pour qu'ils n'atteignent pas une température dangereuse, et 2°, à certains *conducteurs de sûreté*, destinés à fondre quand, pour pour une cause ou une autre, l'intensité prend une valeur anormale dans une canalisation.

Ces appareils de sûreté, placés ainsi au début de toute partie de canalisation qu'il s'agit de protéger, s'appellent des *coupe-circuits :* ce sont de simples fils ou lames d'un alliage de plomb et d'étain, susceptibles de fondre à température assez basse et dont la destruction amène l'isolement automatique des appareils qu'ils protègent, quand l'intensité du courant devient capable de détériorer ces conducteurs. La théorie précédente donne la relation qui lie le diamètre du coupe-circuit et l'intensité du courant qui amène sa fusion; elle est de la forme

$$I = K d^{\frac{3}{2}},$$

K étant une constante déterminée par l'expérience.

Le caractère approximatif de la loi du refroidissement force à recourir à l'expérience, pour fixer les conditions dans lesquelles il n'y a pas à craindre d'échauffement anormal des conducteurs. On admet généralement que le courant normal ne doit pas amener dans le conducteur une élévation de température sensiblement supérieure à 10° C. Dans ces conditions, des tableaux (1) donnent les intensités maxima et les diamètres minima pour chaque nature de conducteur. Quand le refroidissement est très rapide, comme dans les fils constituant l'induit des dynamos, le mouvement de rotation produisant une ventilation énergique, on peut admettre jusqu'à 10 ampères par mm²; cette règle est d'ailleurs purement empirique.

La condition précédente, qu'il ne doit pas y avoir échauffement dangereux dans la canalisation, fixe la section minima de chaque conducteur, étant donné son débit en ampères; cette section est déterminée d'une façon définitive par la perte de charge consentie, mais le fait d'éviter un échauffement anormal constitue une condition de sécurité, qu'il faut nécessairement remplir : c'est une condition absolue.

Types divers de conducteurs électriques.

Suivant l'usage auquel ils sont destinés, les conducteurs sont construits et disposés de façons très diverses; leur section une fois déterminée, de multiples conditions interviennent relatives à leur souplesse, à leur prix, à leur isolement, à leur emplacement. La planche ci-contre donne quelques dispositions spéciales adoptées, dont les divers détails sont portés en légende.

D'une façon générale, les conducteurs qui n'ont qu'un faible diamètre sont composés d'un simple fil facilement maniable; s'ils sont d'un diamètre plus fort, on peut leur donner une certaine souplesse, en les composant de brins de fils *câblés*, dont la section totale est égale à la section calculée. Ces conducteurs peuvent être *nus* ou *isolés*; cet isolement est obtenu en recouvrant la surface du fil d'un diélectrique plus ou moins épais. On distingue d'après cette couche isolante :

1° Les *câbles à isolement ordinaire* ou *isolement faible*, comportant un seul

---

(1) Ces tableaux ont été établis au moyen des *formules expérimentales* ci-après : (expériences de M. Kennely.)

$$I \text{ amp.} = 4,375 \, d^{\frac{3}{2}} \text{ mm.}$$
$$d \text{ mm.} = 0,374 \, I^{\frac{2}{3}} \text{ amp.}$$

MODÈLES DIVERS DE CABLES ET CONDUCTEURS ÉLECTRIQUES

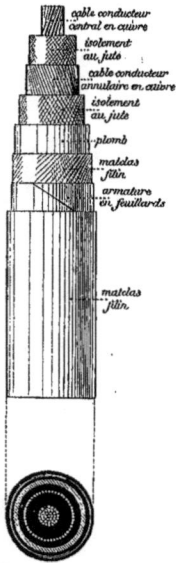

Câble à 2 conducteurs
concentriques pour *transport d'énergie*
par *courants alternatifs*.

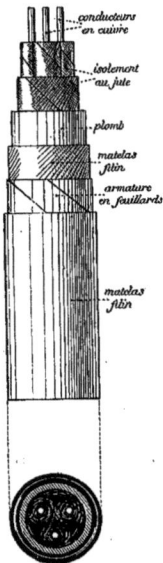

Câble à 3 conducteurs
pour *transport d'énergie*
par
courants triphasés.

Câble à conducteur central
à 7 fils de cuivre, isolé et armé,
pour
télégraphie sous-marine.

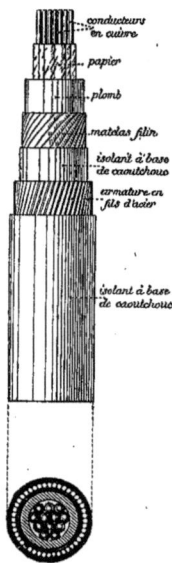

Câble à 6 paires de conducteurs
isolés au papier et armés,
pour la *téléphonie*.
Modèle des Postes et Télégraphes.

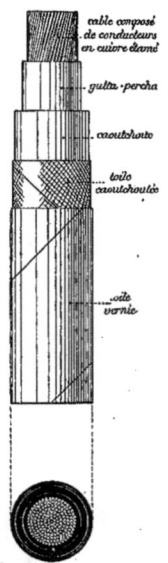

Câble isolé à section
plus ou moins considérable
pour *tous usages*.

guipage de coton, ruban ou tresse, imprégné de bitume ou de *paraffine;* ces conducteurs ne peuvent être employés dans les endroits humides ;

2° Les *câbles à isolement fort* ou *isolement moyen*, composés d'une âme en cuivre *étamé*, recouverte de une ou deux couches de caoutchouc vulcanisé, séparées par un ruban, le tout protégé par une tresse ; ces conducteurs peuvent être placés dans les endroits humides, mais ne doivent être employés que pour des tensions inférieures à 400 volts ;

3° Les *câbles à isolement très fort*, qui ont en plus de l'isolement précédent, une ou deux couches de caoutchouc; ces conducteurs peuvent être employés dans tous les cas de la pratique ;

4° Les *câbles sous plomb*, qui sont constitués comme les précédents, mais sont contenus en plus dans une enveloppe extérieure en plomb; autrefois très employé, ce système semble être un peu délaissé aujourd'hui à cause d'un grave inconvénient : si l'isolant se trouve, en effet, détruit en un point, l'âme est mise à la terre sur toute sa longueur, de sorte que le défaut est impossible à trouver et à réparer.

Canalisations intérieures ou extérieures, aériennes ou souterraines. — Canalisations sous-marines.

Les conducteurs peuvent se trouver à *l'intérieur* des bâtiments ou à *l'extérieur*. Dans le premier cas, les conducteurs sont isolés et accrochés aux plafonds ou aux murailles. On les dispose souvent sous des gaines ou moulures en bois, dans les locaux secs ; cette pratique laisse un peu à désirer, car l'échauffement est plus grand sous moulure, puisque le métal ne peut se refroidir aussi facilement, et, si toutes les précautions n'ont pas été prises, il peut y avoir des commencements d'incendie; comme, d'autre part, les réparations sont plus difficiles, il vaut mieux, surtout dans les endroits humides, laisser les fils apparents et les soutenir au moyen d'*isolateurs en porcelaine*.

Les canalisations extérieures peuvent être *aériennes* ou *souterraines*. Le type des lignes aériennes est celui des lignes *télégraphiques* ordinaires dont les détails seront étudiés plus loin; l'isolement doit seulement être plus soigné dans les canalisations destinées à la distribution d'énergie, à cause des tensions plus élevées; à cet effet, les

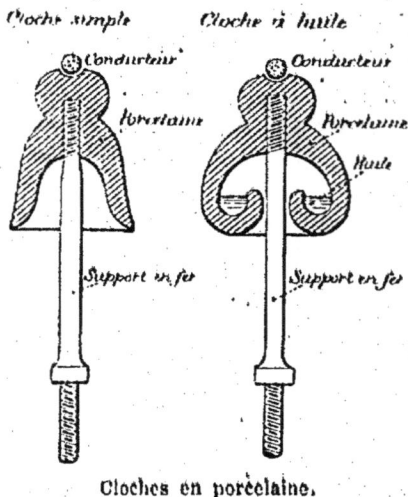

Cloches en porcelaine.

supports en bois, poteaux ou consoles, soutiennent les fils par l'intermédiaire d'isolateurs en porcelaine. Ces isolateurs peuvent avoir des formes diverses : le câble peut être placé sur des *poulies* ou reposer sur des *cloches;* cette dernière disposition est préférable comme évitant l'humidité qui favorise les déperditions; dans certaines installations soignées, cette cloche se recourbe même à sa partie inférieure, de façon à former une gaine circulaire que l'on remplit d'huile (1).

Les canalisations aériennes doivent être recherchées à cause de leur simplicité et de leur facilité de pose et de réparation, mais elles ont l'inconvénient de former un enchevêtrement de fils assez disgracieux pour que certaines villes telles que Paris, se soient opposées d'une façon absolue à l'emploi de ce système; de fait, on a singulièrement abusé des canalisations dans certaines cités américaines. Force est donc, dans ce cas, de se rabattre sur le procédé des *lignes souterraines*, système qui est *cher*, très sujet aux *pertes à la terre* et *difficilement réparable*.

Les canalisations souterraines peuvent se résumer en trois types principaux :

1° Les *câbles tirés* : les conducteurs suffisamment souples sont introduits dans une conduite en fonte, préalablement placée, et *tirés* de distance en distance jusqu'à des *trous d'hommes*, où ils sont réunis par épissure; ce système présente trop de joints, qui sont des points faibles, et il est impraticable pour les câbles de fort diamètre;

2° Les *câbles nus sous caniveaux*. Les câbles, faiblement isolés ou même nus, sont introduits dans des caniveaux en béton où ils sont supportés par des isolants. Ces caniveaux doivent être tenus secs, car les conducteurs pourraient électrolyser l'eau accumulée et donner ainsi naissance à des mélanges détonants;

3° Les *câbles armés*. C'est le procédé le plus simple : les conducteurs isolés sont protégés extérieurement par une enveloppe ou *armature* en fils d'acier, et placés directement dans le sol sans autre protection; ce système est très usité en France.

Nous pouvons rattacher aux canalisations par câbles armés, celles qui sont destinées à la *télégraphie sous-marine*. Le fil conducteur, ou *âme* du câble, est formé d'un toron de fils de cuivre entouré de plusieurs couches d'*isolants* à la gutta-percha, puis de plusieurs *armatures* en fils d'acier, destinées à lui assurer une grande solidité. Ces armatures sont du reste de grosseur différente, suivant que le câble est destiné à être immergé profondément, ou qu'il est disposé au voisinage des côtes; c'est dans ce dernier cas que le conducteur est, en effet, le plus sujet à se détériorer et qu'il doit présenter le maximum de résistance

---

(1) Remarquons, à ce sujet, la facilité d'isolement que présentent les courants alternatifs comparés aux courants continus, ce qui ne constitue pas un de leurs moindres avantages sur ces derniers. L'expérience montre qu'il est plus facile d'isoler pratiquement une installation par courants alternatifs à 10000 volts, qu'une installation par courants continus à 200 volts.

La résistance d'un conducteur est plus élevée pour les courants alternatifs que pour les courants continus; l'effet est d'autant plus sensible que la période des courants est plus courte et que le diamètre du conducteur est plus grand. Le rapport $\frac{R_a}{R_c}$ est donné par la formule expérimentale suivante (M. Pothier) :

$$\frac{R_a}{R_c} = 1 + \frac{1}{2^2 \cdot 3} \frac{l^2}{r^2} \left(\frac{2\pi}{T}\right)^2 - \frac{1}{2^3 \cdot 3^2 \cdot 4} \frac{l^4}{r^4} \left(\frac{2\pi}{T}\right)^4 + \text{etc.....}$$

l étant la longueur du conducteur, r son rayon, T la période.

mécanique. Nous verrons plus loin que les câbles souterrains et sous-marins doivent être considérés comme de véritables condensateurs, dont la capacité est considérable.

Enfin certaines canalisations, celles destinées à la locomotion électrique, forment une catégorie spéciale mi-partie aérienne et souterraine, que nous étudierons ultérieurement.

II. — GÉNÉRALITÉS SUR LA DISTRIBUTION D'ÉNERGIE ÉLECTRIQUE.

Problème général de la distribution de l'énergie électrique.

Le problème de la distribution de l'énergie électrique est le suivant, dans toute sa généralité : *établir un réseau de conducteurs reliant les générateurs et les récepteurs, tel que cette canalisation soit sans danger et qu'elle assure le fonctionnement normal des récepteurs.*

Nous venons d'évaluer la section minima que doivent avoir les conducteurs pour que leur échauffement ne présente aucun danger; il nous reste à nous occuper de la deuxième condition, qui est satisfaite par une distribution rationnelle des pertes de charge dans le réseau.

Soit un certain nombre de générateurs et de récepteurs d'énergie électrique, répartis sur un circuit fermé quelconque, isolé par la pensée dans un réseau électrique plus

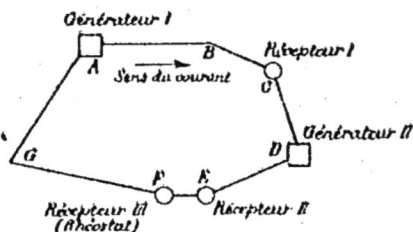

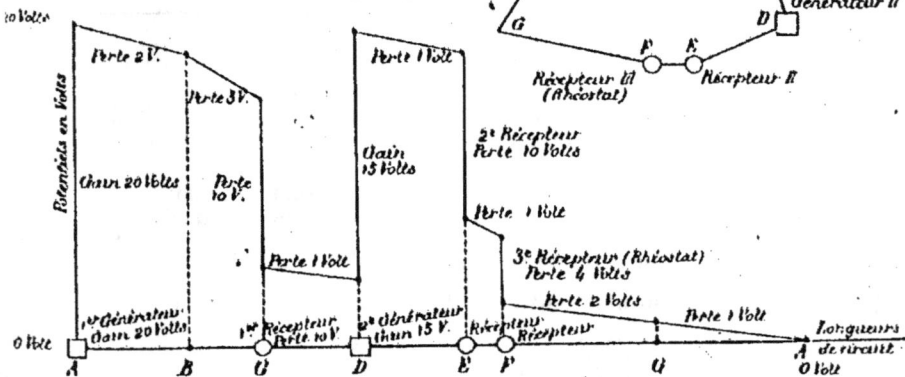

Distribution des potentiels dans un circuit contenant des générateurs et des récepteurs.

complexe ; symbolisons les potentiels aux différents points par des hauteurs correspondantes et appliquons les lois de Kirchhoff. Nous savons qu'en suivant le sens du courant sur le circuit, on rencontre, aux générateurs, des *élévations brusques de potentiel* qui donnent naissance au courant, aux récepteurs des *chutes brusques de potentiel*, nécessaires à leur fonctionnement, enfin tout le long des conducteurs des pentes douces et rectilignes réglées par la loi d'Ohm et représentant des *chutes lentes de potentiel*.

Tous les calculs relatifs aux distributions se traitent par les deux principes suivants déjà connus, et qu'il suffit de rappeler :

1° En un même point A, il y a même potentiel pour tous les fils qui en partent ; et, puisqu'il ne peut y avoir accumulation d'électricité, la somme des intensités des courants qui arrivent en ce point est égale à la somme des intensités des courants qui en partent, ou bien encore la somme algébrique de ces courants est nulle

$$\Sigma i = 0 ;$$

2° Si nous parcourons complètement le circuit fermé, puisqu'en revenant au point de départ nous retrouvons le même potentiel, c'est que la somme des descentes est égale à la somme des montées. Donc, la somme des élévations brusques de potentiel E, dues aux générateurs, est égale à la somme des chutes brusques de potentiel e dues aux récepteurs, augmentée des chutes lentes dues aux résistances des conducteurs

$$\Sigma E = \Sigma e + \Sigma ir.$$

Le problème de la distribution d'énergie électrique consiste à répartir sur tout le réseau ces chutes de potentiel suivant les générateurs et les récepteurs qui constituent l'installation.

Divers systèmes de distribution.

Tout système de distribution peut être *direct* lorsqu'il ne comprend que des générateurs et des récepteurs, ou *indirect* quand il comprend en outre des appareils de transformation, transformateurs, accumulateurs, etc. Les systèmes de distribution se divisent en outre en deux grandes catégories : 1° les distributions *en série* ou *en tension;* 2° les distributions *en dérivation* ou *en quantité;* ce dernier système a donné naissance à divers types : distributions *parallèles, antiparallèles, mixtes, à trois fils, à n fils, par feeders.*

a) Distribution en série.

Dans la distribution en série, les générateurs et les récepteurs sont installés sur un circuit unique où la même intensité traverse comme en cascade tous les appareils. Le montage en série est peu usité en France; il demande une force électromotrice élevée pour le générateur, puisqu'elle doit être égale

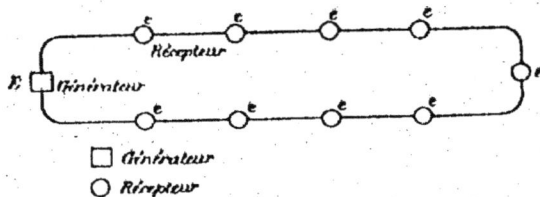

Distribution en série.

à la somme des chutes brusques de potentiel, exigées pour le fonctionnement de chaque récepteur, et des chutes lentes dues aux conducteurs. Si R est la résistance totale de la ligne, *e* le voltage exigé par un récepteur, *n* le nombre de ces appareils, E la force électromotrice du générateur, on aura :

$$\left. \begin{array}{l} E = ne + Ri \\ Ei = nei + Ri^2 \end{array} \right\} R = \rho \frac{l}{S}.$$

Le plus grave inconvénient de ce système, qui d'autre part économise les conducteurs, est de rendre solidaires tous les appareils, qui ne peuvent pas être mis hors circuit individuellement; ce mode de distribution ne convient donc qu'à un régime fixe, et encore avec cette restriction que, si un récepteur est détérioré, un dispositif automatique doit rétablir le circuit et introduire une résistance équivalente à ce récepteur, afin de ne pas troubler le régime.

β) Distribution en dérivation parallèle.

Dans la distribution en dérivation *parallèle*, deux conducteurs sont disposés parallèlement et communiquent avec les deux pôles du générateur ; le long de leur parcours, sont installées des prises de courant, des *dérivations*, alimentant chacune un récepteur. Ici, avec une assez faible force électromotrice, on divise un grand débit en une multitude de filets différents pour chaque récepteur, et l'application des lois de Kirchhoff conduirait encore à évaluer les intensités et les pertes de charge dans chaque portion du réseau.

Mais il est facile de voir que ce qui fait l'avantage de ce mode de distribution, à savoir l'indépendance de chaque récepteur, introduit précisément une certaine perturbation dans le régime, les pertes de charges variant à chaque instant avec le nombre des récepteurs en circuit. Il faut donc faire une hypothèse ; on prend le cas le plus défavorable : tous les récepteurs en activité et la perte de charge sur chaque tronçon des conducteurs est maxima.

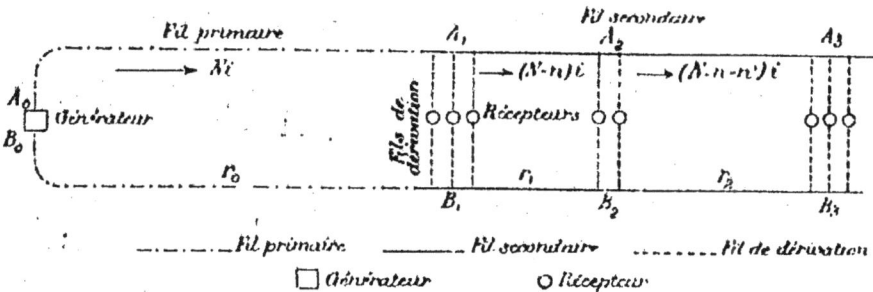

Distribution en dérivation parallèle.

Soit donc une machine génératrice à force électromotrice constante E ; chacun des récepteurs, que nous supposons identiques, demande à ses bornes une différence de potentiels normale c (en volts), sous laquelle il débite une intensité de i ampères. Si ces récepteurs sont disposés en plusieurs groupes comprenant chacun n, n'... appareils, si $r_0 r_1 r_2$... représentent les résistances du conducteur entre les points $A_0 A_1$, $A_1 A_2$,... etc..., les pertes seront :

$2\,r_0\,\mathrm{N}i$ avant la 1re dérivation,

$2\,r_1\,(\mathrm{N}-n)i$ de la 1re à la 2e dérivation,

$2\,r_2\,(\mathrm{N}-n-n')i$ de la 2e à la 3e dérivation.

Pour avoir un bon fonctionnement des récepteurs dans le cas général, il ne faut donc pas qu'ils exigent à leurs bornes une même différence de potentiels, il faut au contraire que ces différences de potentiels décroissent à mesure qu'on s'éloigne de la source. Mais ce cas amènerait une complication trop grande dans une installation pratique, aussi se contente-t-on de la solution approchée suivante :

1° On prend pour les récepteurs une différence de potentiels aux bornes toujours la même, et l'on admet qu'une variation de 3 p. 100 dans la valeur de cette différence de potentiels n'amène pas une perturbation sensible dans leur fonctionnement normal.

2° On consent à une perte de charge totale dans la canalisation, égale à 10 p. 100 de la différence de potentiels qu'exigent les récepteurs, ce qui fixe la force électromotrice du générateur.

3° On répartit cette perte de charge entre les conducteurs d'après les considérations suivantes. En général, la canalisation comprend : 1° deux fils qui partent du générateur pour arriver au premier récepteur, le plus rapproché de la source d'énergie : ce sont les *fils primaires;* 2° à partir de là, les conducteurs parallèles, dont nous avons parlé ci-dessus, courent du premier récepteur au dernier par le chemin minimum : ce sont les *conducteurs secondaires;* 3° enfin sur ces derniers, sont branchés les fils desservant individuellement chaque récepteur : ce sont les *fils de dérivation.*

La perte de charge de 10 p. 100 dans la canalisation sera répartie comme il suit : 1 p. 100 dans les fils de dérivation, qui sont en général très courts ; 3 p. 100 dans les fils secondaires, afin qu'il n'y ait, entre le premier récepteur qui ne subit aucune perte de charge du fait des conducteurs secondaires, et le dernier qui la subit tout entière, qu'une différence inférieure à 3 p. 100 de la force électromotrice qu'ils exigent; enfin 6 p. 100 dans le reste de la canalisation, c'est-à-dire dans les fils primaires.

Pour calculer ces pertes de charge, on se placera comme toujours dans le cas le plus défavorable : tous les récepteurs en service, et, dans le cas des fils secondaires, tous situés à l'extrémité la plus éloignée du générateur.

γ) **Distribution antiparallèle.** — δ) **Distribution mixte.**

Il est facile de se rendre compte sur la figure ci-dessous que la régularisation des différences de potentiels sera bien meilleure en faisant l'inversion d'une des communications avec

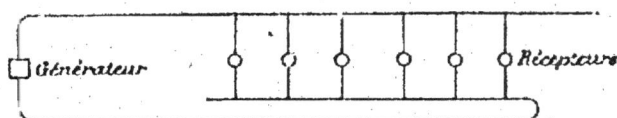

Distribution antiparallèle.

le générateur, mode de distribution qu'on nomme *antiparallèle* : c'est le récepteur du centre qui subit alors la perte de charge maxima. Malheureusement, cette solution exige un troisième fil de retour vers le générateur, ce qui limite son emploi à des cas tout à fait spéciaux (1).

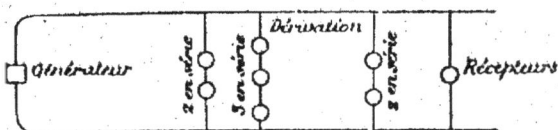

Distribution mixte.

Chaque dérivation prise sur les fils secondaires peut comprendre plusieurs récepteurs en série : c'est le *montage mixte*, qui emprunte aux deux modes de distribution en tension et en dérivation ses avantages et ses inconvénients.

(1) L'éclairage d'un groupe de bâtiments disposés en couronne autour d'une cour centrale est un de ces cas spéciaux qui se rencontre assez fréquemment : la source d'énergie étant en un point de la périphérie, il suffit de lancer vers la droite le fil d'aller pour le faire revenir à son point de départ après avoir suivi les divers bâtiments entourant la cour, et de lancer de même à gauche le fil de retour ; il est facile de se rendre compte que le fil employé est de même longueur que dans la distribution parallèle ordinaire, et que la distribution antiparallèle est assurée.

III. — DISPOSITIONS PARTICULIÈRES AUX COURANTS CONTINUS.

Système à 3 et n fils.

Les modes de distribution indiqués plus haut conviennent particulièrement pour un établissement d'une étendue moyenne, où des motifs de tout ordre, autres que des raisons d'économie, fixent d'avance les emplacements et les diverses conditions d'installation. Cette question d'économie sur les conducteurs peut devenir plus sérieuse dans le cas d'un groupe plus considérable d'établissements à desservir. Le problème doit alors être traité comme s'il s'agissait d'une de ces *stations centrales*, qui se sont aujourd'hui multipliées, pour réaliser sur une grande échelle les diverses applications de l'énergie électrique tels que l'éclairage de tout un quartier, de toute une ville; là, au contraire, interviennent de multiples conditions économiques, qui fixent les emplacements de l'usine et des sous-stations et déterminent la meilleure distribution avec le minimum de poids de cuivre. Nous ne ferons qu'indiquer, sans entrer dans le détail, ces questions d'installation, de régime, de prix de revient, bien qu'elles soient des plus importantes au point de vue industriel.

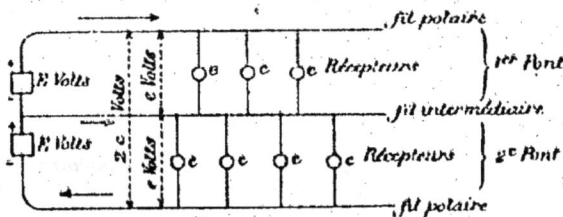

Distribution à 3 fils.

Pour diminuer le poids du cuivre, on peut adopter le système *à trois fils* ou, plus généralement, à *n fils;* il exige deux ou (n — 1) générateurs de même force électromotrice, réunis en tension, comme l'indique le schéma ci-dessus.

On a ainsi *deux ponts* ou (n — 1) ponts, sur lesquels sont installés les récepteurs en dérivation. Si l'on équilibre les ponts, c'est-à-dire si l'on place sur chacun, le même nombre de récepteurs, on voit que les fils intermédiaires ne seront parcourus que par un courant très faible, on peut donc en diminuer la section. Même en les supposant de même diamètre, il est facile de démontrer que l'emploi du système à plusieurs fils, amène une grande économie de cuivre. Ce système est donc excellent pour une grande installation (1).

(1) Voici, du reste, cette démonstration pour un système à trois fils. Supposons un système à deux fils dont E représente la différence de potentiels aux bornes du géné-

Distribution par feeders.

Malgré ces divers perfectionnements, une station centrale à courants continus ne peut guère songer à étendre bien loin son action : 'la distribution d'énergie

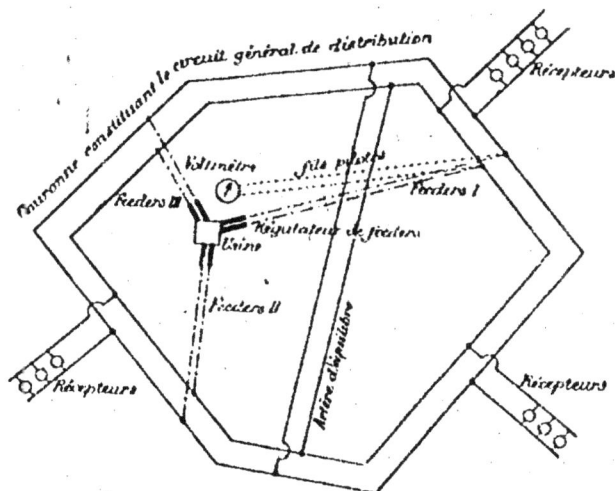

Distribution par feeders.

rateur, la perte en volts consentie est e, n est le nombre de récepteurs, I l'intensité totale : la résistance R des conducteurs est $\frac{e}{I} = R$, mais $R = 2\rho\frac{l}{S}$ et V, le volume du cuivre, est 2 lS, si 2 l est la longueur totale des conducteurs primaires et secondaires. Éliminant S, il vient :

$$V = 4\,l^2 \cdot \rho \cdot \frac{1}{e}.$$

Supposons maintenant le second cas : deux générateurs en tension donnent une différence de potentiels 2 E à l'origine ; les n récepteurs étant disposés par deux en tension, l'intensité devient $\frac{I}{2}$; d'autre part, la perte de charge dans la canalisation devient 2 e (le tant pour cent de perte sur E est multiplié par 2). Donc, le volume de cuivre nécessaire sera :

$$V' = 4\,l^2\,\rho\,\frac{I}{4\,e} = \frac{V}{4}.$$

Le volume de chaque conducteur est donc $\frac{V}{8}$; par suite, si l'on installe le troisième fil intermédiaire en lui supposant la même section qu'aux deux extrêmes, on aura $\frac{3\,V}{8}$ pour le volume total du cuivre. On réalise donc sur le système à deux fils une économie des $\frac{5}{8}$ du cuivre nécessaire ; l'économie est encore plus grande avec un système à n fils : le secteur de la place Clichy à Paris emploie une distribution à cinq fils formant quatre ponts de 110 volts chacun.

devient très rapidement onéreuse. Quand le réseau à alimenter est plus étendu, on procède alors de la manière suivante : on joint des points, que l'on considère comme des centres de distribution, par un double conducteur en couronne fermée ou ouverte, plus ou moins éloignée de l'usine productrice : c'est sur cette couronne que l'on cherche à maintenir constante la différence de potentiels.

Il est évident que si l'on disposait de deux nappes de cuivre s'appuyant chacune sur l'un des conducteurs de cette couronne et sur l'une des bornes du générateur, le problème serait résolu ; en pratique, on remplace cette nappe de cuivre par un câble à forte section qu'on appelle un *feeder* (1).

Le réglage se fait à l'usine au moyen de *fils-pilotes*, qui prennent à l'extrémité des feeders sur la couronne et aboutissent à des voltmètres ; des résistances variables placées à l'origine des feeders permettent, suivant la demande, de maintenir la différence de potentiels constante sur la couronne ; ces rhéostats sont les *régulateurs de feeders*.

Distributeurs.

Le système par feeders s'applique évidemment à la distribution à *trois... n* fils, la couronne est triple... etc., et chaque groupe de feeders comprend *trois... n* artères. On peut, en employant des *distributeurs*, n'avoir plus que des feeders doubles, en gardant le bénéfice de la distribution à plusieurs fils. Voici, sommairement, le principe de ces appareils dont le fonctionnement sera mieux compris ultérieurement après l'étude des électromoteurs.

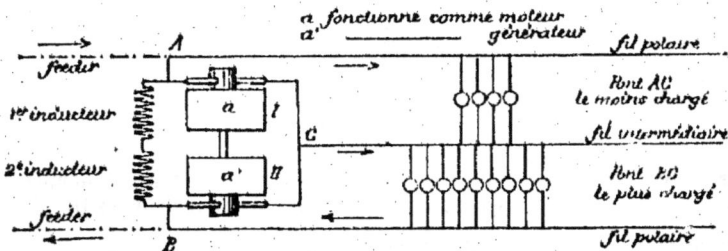

Distributeurs.

Aux points A et B où se terminent les feeders, sont installées deux dynamos identiques, dont les induits sont montés sur le même arbre ; les inducteurs des deux machines sont en série, et disposés entre A et B comme l'indique le croquis ci-dessus : la différence de potentiels étant par hypothèse maintenue constante par l'usine à l'extrémité des feeders, le champ magnétique créé par les inducteurs est constant ; les balais du premier induit sont reliés à A et C, ceux du

_____

(1) Le mot *feeder* est un terme anglais qui signifie *pourvoyeur*.

second à B et C, enfin C est relié au fil intermédiaire de la distribution à trois fils.

Si les deux ponts sont également chargés, ce fil intermédiaire n'est parcouru par aucun courant et les deux anneaux tournent simplement comme *moteurs*, sans produire d'autre travail que celui de vaincre les frottements, travail toujours très faible. Si l'un des ponts, CB par exemple, est plus chargé, la différence de potentiels baisse dans CB, elle monte au contraire dans AC, et une intensité plus grande traverse l'anneau *a*; cet anneau tendra donc à tourner plus vite, mais comme il est solidaire de *a'*, celui-ci tournera aussi plus vite, deviendra *générateur* et enverra un courant supplémentaire dans le pont BC le plus chargé. La régularisation proviendra donc de ce fait que l'un des anneaux fonctionne comme moteur, l'autre comme générateur, chacun sur leur pont respectif. Ce mode de distribution est évidemment applicable à plusieurs fils : par exemple une distribution à cinq fils emploiera des distributeurs à quatre anneaux.

Emploi des accumulateurs.

Les accumulateurs sont des appareils qui n'ont qu'un assez médiocre rendement comme transformateurs différés : leur emploi ne semble donc pas à recommander. Ils sont cepen-

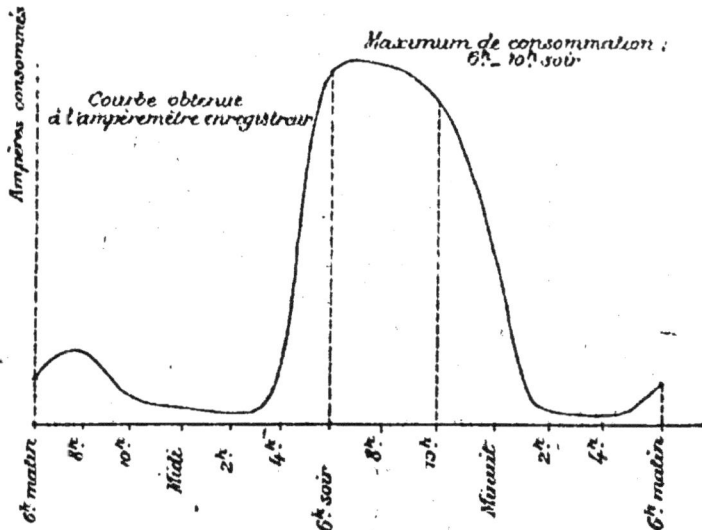

Courbe représentative de la consommation d'éclairage électrique pendant une journée d'hiver à Paris.

dant utilisés de plus en plus avec les courants continus, grâce à la propriété précieuse qu'ils possèdent de pouvoir conserver emmagasinée la plus grande partie de l'énergie électrique qui leur a été fournie.

Prenons des récepteurs quelconques, destinés par exemple à l'éclairage : ces récepteurs ne fonctionneront pour la plupart que quelques heures dans la journée; la courbe ci-contre établie expérimentalement pour une durée de vingt-quatre heures, au moyen d'un ampèremètre enregistreur, montre que la consommation d'énergie électrique pour l'éclairage, varie dans d'énormes proportions.

Si le réseau n'est alimenté que par des machines, ces dernières doivent avoir au moins la puissance correspondante au maximum de consommation : elles ne travaillent donc que quelques heures à pleine charge, et constituent un capital immobilisé. Aussi paraît-il plus avantageux d'utiliser, toute la journée, des machines de plus faible puissance à *charger des accumulateurs*, dont le courant de décharge peut s'ajouter au courant fourni par les machines pendant la période du maximum de consommation; ces accumulateurs forment, en outre, une *réserve d'énergie* électrique susceptible de parer jusqu'à un certain point à un arrêt accidentel des machines.

L'emploi des accumulateurs devient presque indispensable, quand le moteur qui actionne la dynamo a une marche irrégulière. Tous les *à-coups* nuisent au fonctionnement normal des récepteurs; en particulier, s'il s'agit de lumière électrique, les appareils subissent des variations d'intensité lumineuse très désagréables. On corrige ces fluctuations au moyen d'une

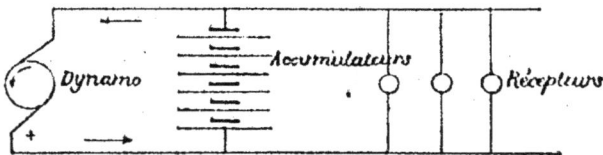

Batterie d'accumulateurs.

batterie d'accumulateurs placée en dérivation sur les bornes de la machine : elle reçoit alors l'excédent de courant dû à l'élévation brusque de la force électromotrice, pour le rendre sitôt que cette force électromotrice s'abaisse au-dessous de sa valeur normale. La régularisation du courant se fait alors

sans grande perte, et les accumulateurs fonctionnent comme
le volant d'une machine à vapeur.

Nous avons vu que la charge des accumulateurs ne doit se
faire qu'au moyen d'une dynamo en dérivation, pour empêcher l'inversion accidentelle des pôles de la machine, au cas
où celle-ci viendrait à se ralentir. Il est facile, en effet, de voir
sur les figures ci-dessous, que si pendant un instant, même
très court, le courant a été renversé dans une dynamo
en série, la polarité des inducteurs se trouve elle-même
inversée, et reste inversée lorsqu'on remet la machine en
route : cette dernière tourne donc de manière à décharger

Inversion des pôles à craindre dans une machine en série.

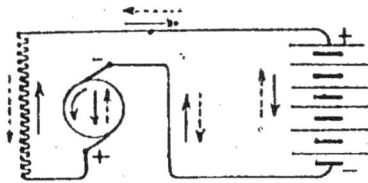

Pas d'inversion dans une machine en dérivation.

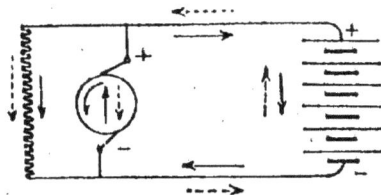

⟶ Courant de charge.
⟵····· Courant de décharge.

Charge d'une batterie d'accumulateurs.

les accumulateurs. Cette inversion des pôles ne peut se produire dans une machine en dérivation, et si, par suite d'un
ralentissement de la dynamo, les accumulateurs se déchargent accidentellement dans la machine, le courant reprend
son sens normal sitôt que cette dernière tourne de nouveau à
sa vitesse de régime.

Malgré cela, il est bon que, pour un arrêt accidentel du
moteur, les accumulateurs ne puissent se décharger à travers
l'induit, qui est peu résistant et pourrait se détériorer. Il faut

donc intercaler dans le circuit de charge un appareil qui montre d'une façon permanente quel est le sens du courant à chaque instant; une simple aiguille aimantée mobile, disposée au-dessus du conducteur et susceptible de se mettre en croix avec lui comme dans l'expérience d'Œrsted, suffit pour indiquer immédiatement le sens du courant dans le conducteur : c'est un *indicateur de courant*.

Mais un appareil plus nécessaire encore est le *conjoncteur-disjoncteur*, destiné à couper automatiquement la communication entre la dynamo et les accumulateurs, lorsque le courant a tendance à changer de sens. A cet effet, un levier basculant autour d'un point fixe, réunit deux contacts de manière à compléter le circuit; ce levier est terminé par une

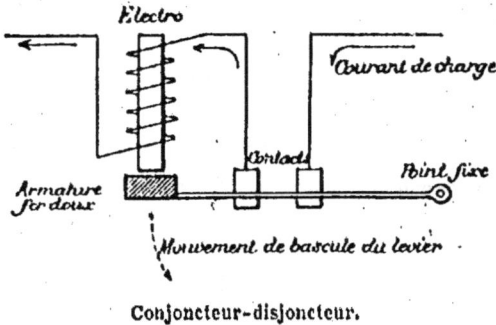

Conjoncteur-disjoncteur.

armature de fer doux, appliquée à la main contre un électroaimant traversé par le courant. Pour que celui-ci se renverse et prenne une valeur négative, il faut qu'il passe par zéro, mais l'électro devient un instant inactif et laisse retomber l'armature, ce qui coupe le circuit. On peut profiter de ce mouvement pour faire fonctionner une sonnerie ou un avertisseur quelconque; une fois l'allure rétablie à son régime normal, le circuit est de nouveau fermé à la main.

Tableaux de distribution pour courants continus.

Nous avons étudié séparément les principaux éléments qui entrent dans une distribution à courants continus : conducteurs, dynamos, accumulateurs; l'organe de *liaison* entre ces divers éléments, qui présente rassemblés les appareils de *connexion*, de *mesure* et de *sécurité*, s'appelle un *tableau de distribution*. Pour ne pas commettre d'erreur de manœuvre, l'électricien doit parfaitement connaître son tableau, comme le mécanicien connaît les organes qui sont sous sa main dans la locomotive. La construction de ce tableau laisse une certaine latitude à la fantaisie ; sa disposition plus ou moins symétrique, plus ou moins ornée, en fait le véritable *objet de luxe* d'une installation électrique.

Afin de ne pas trop surcharger la figure schématique représentant un tableau de distribution pour courants continus, nous prendrons comme exemple une installation comportant : une seule *dynamo de charge* excitée en dérivation, des *accumulateurs* restant toujours groupés en tension, enfin une *distribution à* 110 *volts* sur des récepteurs quelconques, mécaniques et thermiques (arcs, lampes incandescentes, électromoteurs).

Si l'on avait plusieurs dynamos, il y aurait une partie du tableau spécialement consacrée à la *connexion des dynamos* : nous avons déjà vu, en étudiant les machines, leurs différents modes de couplage. Si les accumulateurs doivent être groupés différemment à la charge et à la décharge, ils ne peuvent concourir à l'éclairage en même temps que la dynamo : le service est *intermittent;* s'ils restent toujours groupés de la même façon, il n'y a rien de plus facile, au moyen de rhéostats que de mettre la dynamo ainsi que les accumulateurs en service simultané sur le réseau.

Détails du tableau de distribution.

Le tableau de distribution de l'exemple choisi se compose de quatre parties :

1° Le *tableau d'excitation de la machine :* il se réduit à une résistance variable à la main, qui est intercalée dans le circuit d'excitation et qui permet d'augmenter ou de diminuer à volonté l'intensité du champ inducteur suivant les variations de la force électromotrice. Ce rhéostat peut être *automatique;* le croquis de la page ci-contre montre le jeu d'un semblable appareil. Une dérivation à fil fin, prise aux bornes de la machine, constitue un solénoïde, au centre duquel peut se mouvoir verticalement un barreau de fer doux équilibré par un ressort et portant, à sa partie supérieure, une cuve à mercure. C'est dans cette cuve que viennent plonger les extrémités de résistances graduées, disposées comme les fils d'une harpe et dans lesquelles passe le courant d'excitation. Il est facile de voir sur la figure que, pour un accroissement de la force électromotrice, le noyau de fer est attiré et intercale dans le circuit d'excitation une plus grande résistance, et *vice versa*.

2° Le *tableau relatif aux accumulateurs* : il comporte un *coupe-circuit*, un *conjoncteur-disjoncteur*, un *ampèremètre de charge*, un *indicateur de sens du courant*, une *résistance variable*, un *distributeur de tête de batterie*, permettant de placer à volonté plus ou moins d'éléments en circuit. La figure schématique du tableau montre qu'entre les touches du distributeur se trouvent intercalées des résistances, afin qu'aucun accumulateur ne puisse être mis en court-circuit par la manette lorsqu'elle passe d'une touche à la suivante. Tous ces appareils sont en série sur le même fil, positif par exemple, qui sert aussi au courant de décharge des accumulateurs ;

3° Le *tableau relatif à la dynamo*, qui comprend ses connexions avec les accumulateurs et avec la distribution proprement dite ; il se compose d'un *coupe-circuit*, d'un *ampèremètre*, puis, après le point de dérivation du circuit des accumulateurs, d'une *résistance variable*, enfin d'un *coupleur* ; cet organe peut mettre sur la distribution, soit les accumulateurs, soit la dynamo, soit les deux simultanément ;

4° Le *tableau de distribution proprement dit*. Il comprend deux barres de cuivre, dites *barre d'aller* et *barre de retour*, entre lesquelles est maintenue constante la différence de potentiels. C'est de ces barres que partent, par groupes de récepteurs à desservir, les divers circuits d'alimentation. Chaque groupe de conducteurs primaire présente uniformément à son départ : un *coupe-circuit*, un *indicateur de courant*, un *interrupteur* et dans certains cas, pour les arcs par exemple, un *rhéostat*.

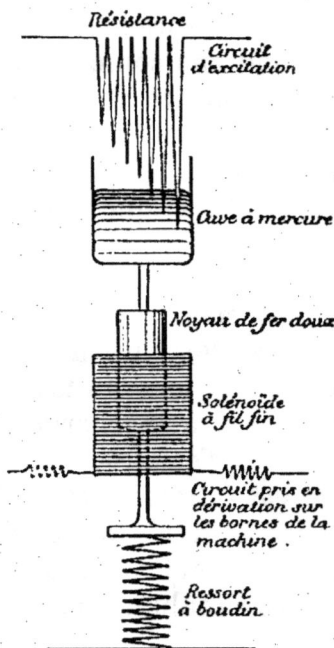

Rhéostat d'excitation automatique.

Quelques appareils sont restés en dehors de cette énumération et pourraient être groupés dans une cinquième partie du tableau sous le nom d'*appareils divers*. Nous pouvons citer par exemple :

1° Un *voltmètre*, consulté par pression sur un bouton de sonnerie et qui donne la différence de potentiels : aux bornes de la dynamo, aux bornes des accumulateurs, etc. ;

2° Une *lampe-témoin* qui permet sans fatigue d'apprécier constamment, à l'éclat qu'elle présente, la différence de potentiels entre les barres ;

3° Un *voltmètre avertisseur* et un *ampèremètre enregistreur*, tels que ceux qui ont déjà été étudiés dans les appareils de mesure ;

4° Certains *dispositifs* de sûreté, analogues aux appareils à enclanchement des chemins de fer, et ne permettant d'opérer les manœuvres que dans l'ordre où elles doivent être exécutées ;

5° Des *parafoudres à pointe*, semblables à ceux qui sont employés dans les postes télégraphiques, et que nous étudierons plus loin, etc. ;

6° Toutes les installations importantes comprennent en outre un *indicateur de terre*, destiné à déceler automatiquement la présence, en un point de la canalisation, d'une *perte à la terre*. Le principe en est le suivant : sur une dérivation entre les barres du tableau, on place deux lampes *l* et *l'*, exigeant chacune à leurs bornes la même différence de potentiels que la lampe-témoin L. Entre *l* et *l'*, on interpose une sonnerie qui communique avec la terre. En temps normal, les lampes *l* et *l'* sont toutes deux allumées mais faiblement, puis-

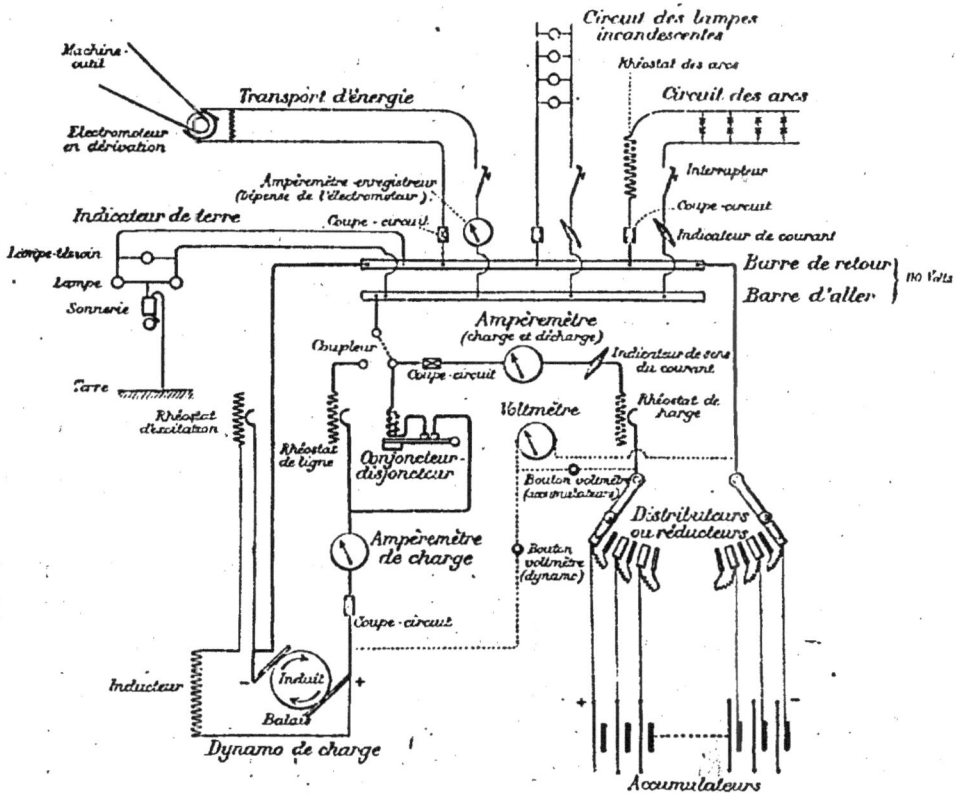

Schéma d'un tableau de distribution à courant continu
avec accumulateurs.

qu'elles ne sont soumises chacune qu'à la moitié de la différence de potentiels nécessaire pour donner leur éclat normal, et la sonnerie reste inerte. Si une communication avec la terre vient à s'établir, par exemple sur l'un des conducteurs aboutissant à la barre d'aller, et que le reste du circuit soit parfaitement isolé, la lampe *l* s'éteint puisque la barre d'aller est au même potentiel que la terre, la lampe *l'*, au contraire, prend son éclat normal, car la

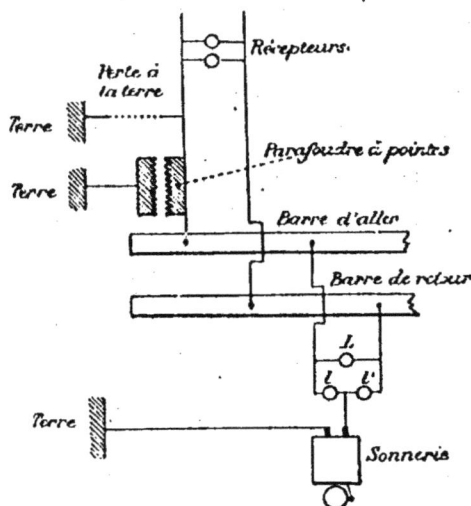

Indicateur de terre et parafoudre.

différence de potentiels entre ses bornes est alors une de ses constantes, et la sonnerie entre en action.

IV. — DISPOSITIONS PARTICULIÈRES AUX COURANTS ALTERNATIFS.

Emploi des transformateurs.

Comme nous le verrons en étudiant le transport de l'énergie à distance, il est nécessaire d'employer les courants alternatifs, dans le cas où les centres de production et d'utilisation sont assez éloignés les uns des autres. On conçoit qu'il puisse être avantageux d'avoir recours aux tensions élevées, puisque l'intensité se trouve réduite en conséquence et qu'il devient possible d'employer des conducteurs de faible section. Mais la plupart des récepteurs n'exigent qu'une différence de potentiels relativement faible : il est donc indispensable de *transformer* le courant à haute tension à son arrivée, pour garder le montage en dérivation, sinon les récepteurs devront être montés en série.

Donnons un exemple de distribution par courants alternatifs à grande distance. Les machines génératrices produisent des courants alternatifs à haute tension, soit 2500 volts; une

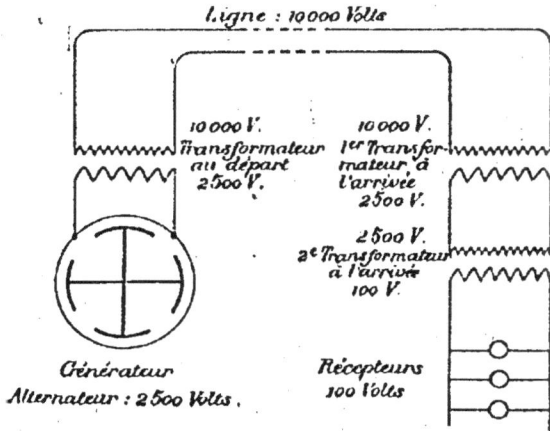

Ligne : 10000 Volts

10 000 V.
Transformateur au départ
2500 V.

10 000 V.
1er Transformateur à l'arrivée
2500 V.

2500 V.
2e Transformateur à l'arrivée
100 V.

Générateur Alternateur : 2500 Volts.

Récepteurs 100 Volts

Emploi des transformateurs (double transformation).

première transformation à l'usine même, élève cette différence de potentiels à 10 000 volts aux dépens de l'intensité. C'est sous cette forme que l'énergie électrique est lancée dans la ligne : les tensions les plus élevées et les plus dangereuses s'y trouvent ainsi localisées et la perte y est fort réduite, étant donnée la faible intensité du courant; puis une première transformation ramène la différence de potentiels à 2500 volts et une seconde à 100 volts, par exemple; c'est sous cette différence de potentiels que sont utilisés le plus souvent les courants alternatifs. Naturellement l'isolement de la ligne doit être d'autant plus parfait que les tensions sont plus élevées, afin de rendre négligeables les pertes à la terre.

La distribution indirecte de l'énergie électrique sous forme de courants alternatifs se fait d'après deux systèmes différents. L'un consiste à placer à l'origine de toute canalisation importante un transformateur qui dessert tout un groupe de récepteurs. L'inconvénient, c'est que ce groupe est totalement supprimé s'il survient un accident qui mette hors de service le transformateur qui le commande. Le deuxième système, dû à *Westinghouse*, évite cette imperfection : il est facile de voir, sur la figure, que ce mode de montage est l'analogue de la

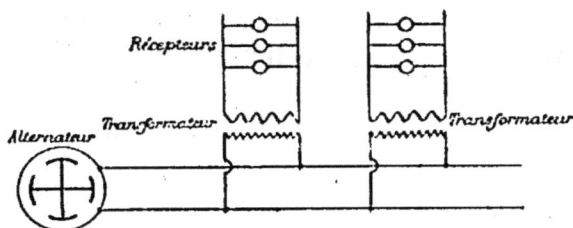

Distribution simple par transformateurs.

distribution en couronne par feeders, distribution déjà étudiée pour les courants continus.

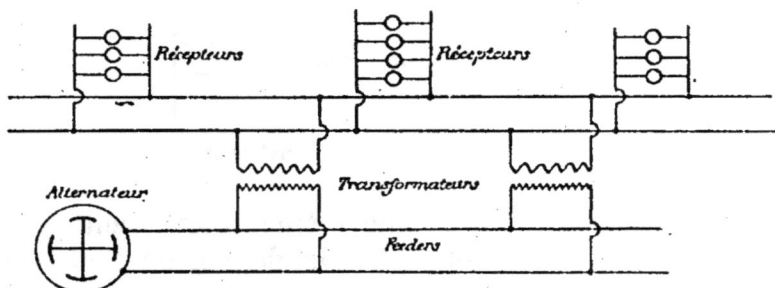

Distribution Westinghouse.

Tableau de distribution pour courants alternatifs.

Un modèle de tableau de distribution pour courants alternatifs comprenant *un seul alternateur* excité par une machine continue en dérivation est des plus simples.

Il comprend trois parties dans l'exemple choisi : la première partie est consacrée à l'excitation et au réglage de la machine excitatrice; on y trouve plus ou moins simplifiés les appareils que nous avons déjà vus pour les courants continus.

La deuxième partie constitue le tableau relatif à l'alternateur, qui comprend un *coupe-circuit*, un *interrupteur*, une *bobine à réaction*, un *ampèremètre de Cardew* ou un *électrodynamomètre*.

La troisième partie est consacrée à la *distribution* proprement dite; elle comprend les deux barres de distribution, d'où partent les divers circuits primaires desservant les transformateurs : ces circuits présentent uniformément à leur origine, un *interrupteur* et un *coupe-circuit*. Quant aux transformateurs, chacun d'eux peut être regardé comme un générateur, tête d'une sous-station séparée et donnant lieu à une distribution spéciale (1).

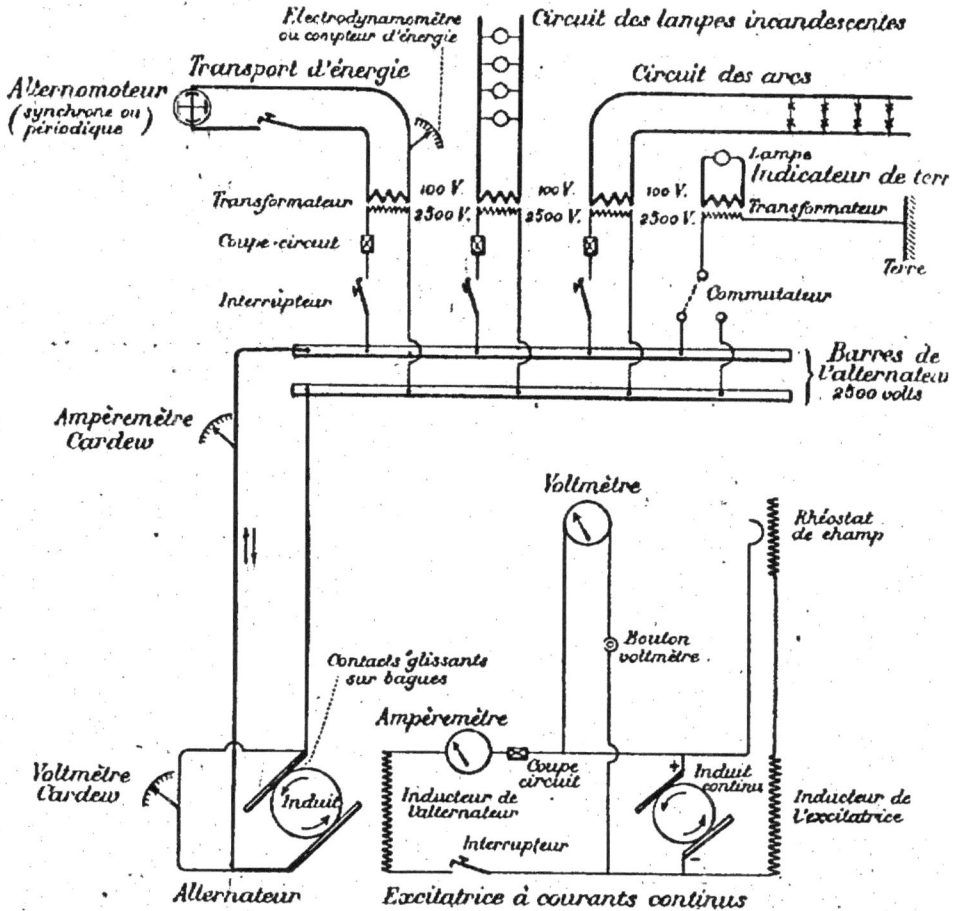

Schéma d'un tableau de distribution à courants alternatifs.

Comme pour les courants continus, quelques appareils restent en dehors de cette énumération ; ce sont un *voltmètre de Cardew*, une *lampe-témoin*, un *parafoudre*, un *indicateur de terre*.

Voici, en particulier, comment fonctionne l'indicateur de terre : une lampe-témoin est placée dans le circuit secondaire d'un transformateur, dont le circuit primaire a une de ses bornes à la terre et la seconde en communication avec l'une ou l'autre barre au moyen d'un commutateur. Une perte à la terre sur l'une des barres se manifeste par l'extinction de la lampe, quand on fait com-

(1) Dans l'exemple choisi, le primaire du transformateur est à une différence de potentiels efficace de 2 500 volts, le secondaire à 100 volts seulement.

muniquer cette barre avec la borne libre du primaire du transformateur de la lampe; la lampe s'allume au contraire quand la communication est établie avec

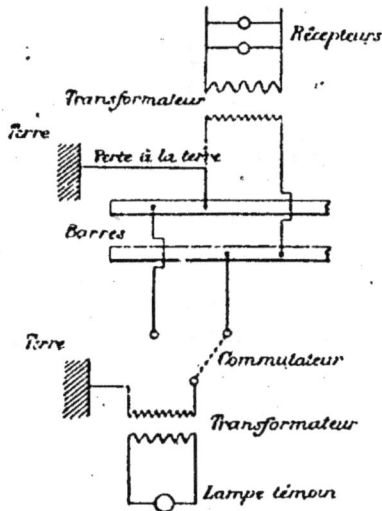

Indicateur de terre.

Dans le cas de la figure la lampe témoin est allumée.

l'autre barre; la lampe n'a qu'un éclat très affaibli et le même dans les deux cas de connexion, lorsqu'il n'y a aucune perte à la terre dans la canalisation.

V. — COMPTEURS ÉLECTRIQUES.

Généralités sur les compteurs électriques.

Avant de commencer l'étude des récepteurs électriques, nous devons dire quelques mots des appareils de mesure et de contrôle, laissés de côté dans l'Electrométrie et qui viennent compléter la distribution d'énergie électrique. Ces appareils servent à déterminer la dépense d'énergie dans les diverses parties d'une canalisation, entre deux époques déterminées : ce sont les *compteurs électriques*. Ils se sont imposés, comme dans l'industrie du gaz, pour servir de moyens de contrôle entre le producteur et le consommateur d'électricité. Un compteur doit être un témoin qui enregistre à chaque instant la dépense et la totalise; il doit être l'intermédiaire impartial qui fixe le prix à payer proportionnellement à la consommation (1).

Les facteurs de l'énergie électrique sont : E la différence de potentiels, ce qu'on appelle le *voltage*, I l'intensité et T le temps, d'où une classification simple des compteurs électriques.

Une installation *à forfait* suppose chez le consommateur une dépense moyenne constante et ne réalise qu'une convention sans aucun contrôle; elle se passe de tout appareil, mais elle est à rejeter dans la plupart des cas.

L'appareil le plus simple, applicable seulement dans certaines installations, dites du *tout ou rien*, consiste à compter le temps d'utilisation des récepteurs. Par exemple, dans un atelier, une salle d'études, dans un lieu public en général, les lampes devront être allumées toutes à la fois : dans ce cas, comme E et I sont constants, il suffit pour obtenir l'énergie consommée d'établir un *compteur de temps*, un appareil qui totalise le nombre d'heures de service et donne :

$$\int dt.$$

C'est une simple horloge dans laquelle le mécanisme n'est mis en mouvement que lorsque le courant passe.

De même lorsque la distribution a lieu sous *potentiel constant*, cas des plus fréquents dans les usines centrales, on peut se contenter d'intégrer l'intensité du courant en fonction du temps. L'appareil est alors un compteur de quantité d'électricité et porte le nom de *Coulombmètre* ou *Ampère-heure-mètre;* il donne :

$$\int i\, dt.$$

---

(1) L'énergie électrique est, en effet, devenue aujourd'hui une marchandise comme une autre, une denrée dont on peut devenir propriétaire, qui est susceptible d'être volée (les tribunaux sont unanimes à ce sujet) et qui se vend à Paris 1 fr. 10 le kilowatt-heure, 0 fr. 50 seulement à Carcassonne; bref, il est nécessaire de la compter.

La solution générale du problème est donnée par les compteurs d'énergie électrique ou *Watt-heure-mètre* qui donnent :

$$\int e i dt.$$

Les compteurs électriques, encore bien délicats, ne peuvent être considérés comme exacts qu'à 3 p. 100 près.

Coulombmètre Édison.

Le *compteur Édison*, peu employé en France, mais beaucoup en Amérique, est basé sur les phénomènes électrolytiques du courant. C'est un voltamètre hermétiquement fermé qui contient des électrodes en zinc plongeant dans une dissolution de sulfate de zinc. Ce voltamètre est placé sur une dérivation ne prenant que le millième du courant total à mesurer. La quantité d'électricité se déduit

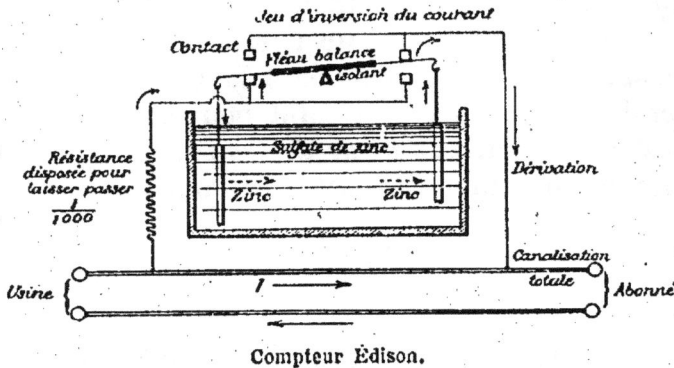

Compteur Édison.

du poids du zinc déposé sur une des électrodes. Pour éviter les pesées de ces dernières, elles sont disposées aux extrémités d'un fléau qui s'incline, en renversant le sens du courant et par conséquent les électrodes, pour un certain poids de zinc déposé ; un appareil mécanique quelconque enregistre les renversements du fléau.

Dans ces appareils, l'eau peut se congeler, on est obligé pour l'éviter de prendre des précautions spéciales : une lampe qui s'allume automatiquement quand la température descend au-dessous d'une certaine limite, chauffe l'espace clos dans lequel se trouve le voltamètre. Le compteur Edison, au point de vue pratique, n'a pas une bien grande précision : comme il est en dérivation, l'erreur de mesure est multipliée par 1000, puisqu'il ne compte en réalité que la millième partie du courant.

Coulombmètre et Watt-heure-mètre Aron.

Le *Coulombmètre Aron* se compose de deux horloges identiques. Dans l'une, le pendule est libre; dans l'autre, il se termine par un aimant qui oscille au-dessus d'une bobine parcourue par le courant à mesurer. On constate une avance de l'horloge dont le pendule est muni d'un aimant, avance qui est fonction de I et qu'un train d'engrenages différentiels amplifie sur une série de cadrans (1).

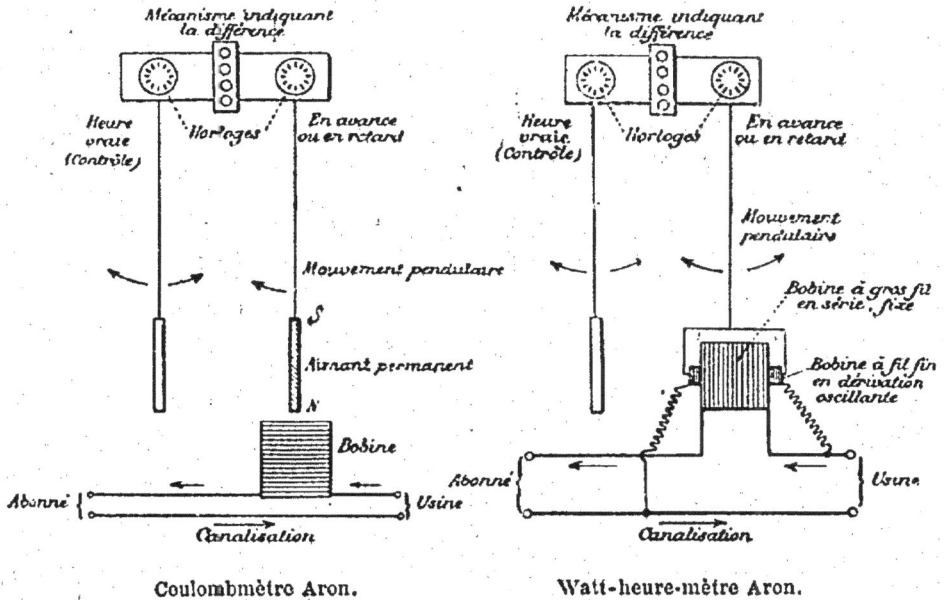

Coulombmètre Aron.

Watt-heure-mètre Aron.

Le compteur Aron fonctionnant comme Watt-heure-mètre est fondé sur le même principe que l'appareil précédent : l'aimant seul est remplacé par une bobine horizontale à fil très fin, qui peut osciller dans une bobine à gros fil où passe la totalité du courant à mesurer, la bobine à fil fin ne recevant qu'une dérivation de très faible intensité. La bobine à fil fin donne un champ magnétique dont l'intensité est propor-

---

(1) La bobine étant disposée de façon à produire une attraction sur le pôle d'aimant qui oscille au-dessus d'elle, il s'ensuit un accroissement de l'accélération due à la pesanteur à laquelle est soumis le pendule, accroissement d'autant plus considérable que le courant qui parcourt la bobine est plus intense. Il en résulte une diminution de la durée d'oscillation du pendule, $t = \pi \sqrt{\dfrac{l}{g}}$, d'où finalement un plus grand nombre de ces dernières dans un même temps et une avance de l'horloge correspondante.

tionnelle à e, d'après le principe du voltmètre; la bobine à gros fil donne un champ proportionnel à I; il en résulte sur l'horloge une avance proportionnelle à eI, avance qui est enregistrée comme dans le Coulombmètre.

Compteur Thomson.

Ce compteur n'est autre chose qu'une très petite dynamo, dont la vitesse de rotation sert à mesurer l'énergie consommée. La totalité du courant à mesurer passe dans des bobines à gros fils servant à créer un champ magnétique proportionnel à I; une très faible dérivation passe dans une bobine à enroulement Gramme par l'intermédiaire de balais très fins et d'un minuscule collecteur; d'après le principe du voltmètre, le champ magnétique que donnera cet anneau sera proportionnel à E. Comme ces deux champs sont à angle droit, le couple qui agira pour faire tourner l'anneau sera proportionnel à EI, et la bobine intérieure se mettra à tourner, au moment du passage du courant, comme l'anneau d'un électromoteur.

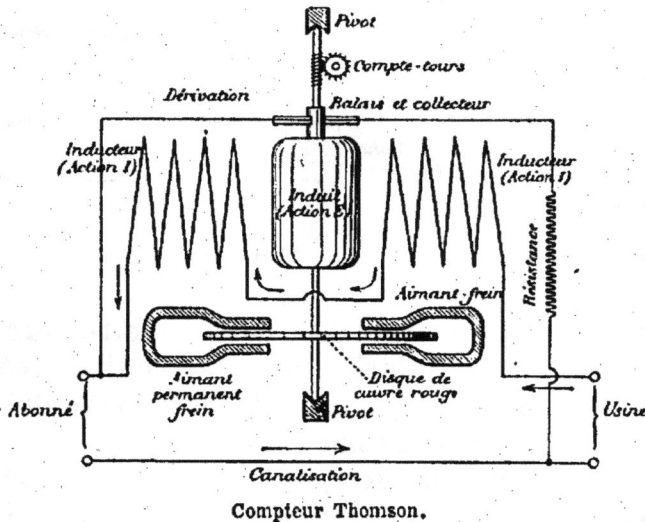

Compteur Thomson.

Elle tournerait avec une vitesse de plus en plus grande, jusqu'à ce que les frottements vinssent équilibrer le couple; au lieu d'utiliser ces frottements, qui n'ont aucune constance et qui dépendent de l'état des pivots, de la présence de l'huile, etc., on les rend négligeables vis-à-vis d'un frottement beaucoup plus considérable, celui d'un disque de cuivre rouge, tournant entre les mâchoires d'aimants permanents; les courants de Foucault, développés dans ce disque, servent de couple antagoniste et absorbent, sous forme thermique, l'énergie développée par ce petit moteur. Le principe admis, un simple compteur de tours placé sur l'arbre donne l'énergie consommée.

18

CHAPITRE XI

RÉCEPTEURS THERMIQUES ET CHIMIQUES

I. — RÉCEPTEURS PUREMENT THERMIQUES

Chauffage électrique. — Principe des radiateurs.

L'utilisation de l'énergie électrique sous forme thermique est bien certainement la première application qui se présente à l'esprit, car, grâce à sa tendance à se dégrader, cette énergie se transforme entièrement en chaleur, sans aucune perte. Et de fait, une multitude d'essais ont été tentés pour rendre industriel le *chauffage électrique :* outre une quantité d'appareils

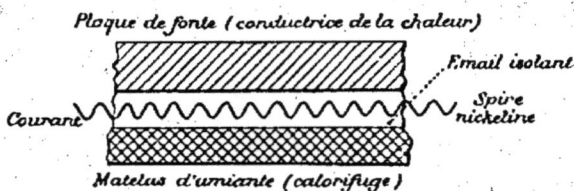

Plaque de fonte (conductrice de la chaleur)

Email isolant

Courant

Spire nickeline

Matelas d'amiante (calorifuge)

Principe des radiateurs électriques.

domestiques tels que fourneaux, grils, bouilloires électriques, etc., il existe déjà des *radiateurs électriques ;* ces derniers fonctionnent parfaitement au Canada pour le chauffage des wagons de chemins de fer.

Cette utilisation bien séduisante et dont on conçoit tous les avantages, est pour le moment à peu près inabordable, étant donné le prix de revient de l'énergie électrique; aussi ne donnons-nous que le principe de tous ces appareils. L'effet Joule se produit dans des spires de *nickeline*, emprisonnées dans un *émail isolant* : d'un côté une plaque de fonte s'échauffe par conductibilité et sert de radiateur, de l'autre un tissu d'amiante sert de calorifuge et empêche les déperditions.

Voici à ce sujet quelques exemples:

1° Un tube en terre réfractaire, susceptible d'un mouvement de rotation autour de son axe et sur lequel sont enroulées des spires de nickeline que protège un matelas calorifuge, a pu servir à chauffer avec une parfaite régularité, à température bien déterminée et sans crainte de voilement, des barreaux de traction en acier destinés aux essais de trempe ;

2° On peut obtenir l'échauffement de l'air à l'abri des poussières et de la fumée en le faisant passer sur des résistances quelconques disposées en chicane ;

3° On peut chauffer les ressorts à boudin à la température voulue pour la trempe, en les intercalant dans un circuit où ils constituent eux-mêmes la résistance ;

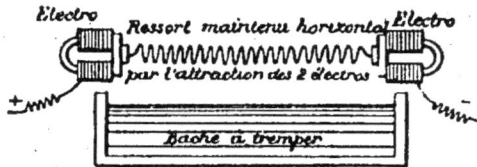

Appareil pour la trempe des ressorts.

4° Pour permettre le travail en certains points des plaques de blindage, durcies par la cémentation ou par la trempe, on peut faire passer des courants alternatifs de grande intensité efficace à la surface durcie du blindage, en les localisant entre deux électrodes séparées par l'espace à travailler : on obtient ainsi, par échauffement, le recuit et l'adoucissement de la portion de surface cémentée, qu'il est ensuite facile de soumettre à un usinage définitif.

Production des hautes températures. — Soudure électrique.

Pour le chauffage à température modérée, les applications se trouvent nécessairement restreintes par la question du prix de revient, mais il est une application où l'énergie électrique est sans rivale, c'est dans la production des hautes températures dans un petit espace; on utilise comme toujours l'énorme accumulation de chaleur, RI², que peut fournir un courant de grande intensité I, dans une résistance R, très grande et de très faible longueur.

Dans la *soudure électrique*, dans le *four électrique*, on a recours le plus souvent, à l'*arc voltaïque* produit entre deux charbons, phénomène que nous étudierons plus loin au point de vue lumineux. D'après M. Violle, il se produit dans l'arc électrique une véritable distillation du charbon qui se vaporise au crayon positif et se condense au crayon négatif : l'arc serait à la température de 3600 degrés, qui correspond à la vaporisation du carbone. Avec les métaux, on obtient naturellement des arcs de température moins élevée.

Les procédés industriels de soudure qui utilisent ces hautes températures sont, par une défiance exagérée, à peu près délaissés en France; ils ont pris une importance considérable en Angleterre, en Allemagne et en Amérique, où l'on est arrivé à souder sur place les rails de tramways sur des longueurs de 25 kilomètres. Nous ne donnerons ici que le principe des quatre procédés de soudure électrique les plus employés :

1° Procédé Thomson.

Le procédé *Thomson* date de 1886. Les deux pièces métalliques à souder sont serrées l'une contre l'autre au moyen d'une presse hydraulique et l'on prend ces deux pièces pour électrodes d'un courant qui, sous quelques

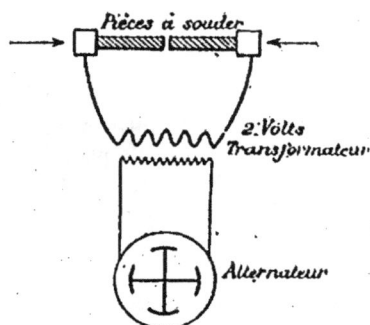

Procédé Thomson.

volts, possède une très grande intensité, plusieurs milliers d'ampères. C'est au contact, où la résistance est la plus considérable, que se produit l'accumulation de chaleur. Pour que les deux pièces s'usent et fondent également sur la ligne de soudure, il faut employer des courants alternatifs : par conséquent un transformateur s'impose dont le secondaire ne présente que quelques spires ;

2° Procédé de Bénardos.

Le procédé de *Bénardos* date de 1881. On utilise ici la chaleur que donne à l'un de ses pôles l'arc qui éclate entre un charbon et les deux pièces à souder; la puissance doit être empruntée à des accumulateurs très robustes, à cause des variations brusques d'intensité qui peuvent se produire. Pour la plupart des métaux, on place les pièces à souder au pôle positif où la température est la plus élevée, mais dans le cas de la fonte, qui y deviendrait blanche et dure

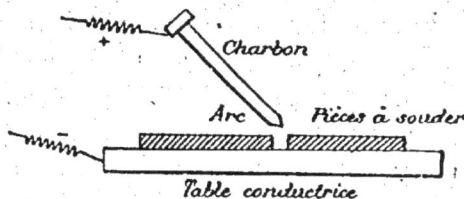

Procédé de Bénardos.

et de l'acier, c'est au pôle négatif. Des fentes, des défauts dans les pièces peuvent être réparés, des trous accidentels, soufflures, etc., peuvent être bouchés; de nouvelles couches de métal peuvent être fondues sur des surfaces usées par frottement; on coule de la fonte, du bronze sur l'acier, de la fonte dure sur de la fonte douce, etc. Le seul inconvénient de ce procédé consiste en ce que l'action rapide de l'arc fond les parties voisines de la soudure et rend parfois le travail difficile;

3° Procédé Lagrange-Hoho.

Le procédé *Lagrange-Hoho*, découvert en principe par Planté, a été utilisé tout récemment. Il emploie, comme le procédé Thomson, le dégagement de chaleur produit par le passage du courant, dans un contact imparfait, offrant une résistance suffisante. La résistance est produite par une atmosphère hydrogénée se développant autour de l'objet à traiter, disposé dans un bain d'eau rendue conductrice, et en regard d'une autre électrode. Un simple voltamètre devient ainsi une forge hydro-électrique ; une large électrode positive en plomb tapisse la paroi de la cuve à eau; dès que l'on plonge dans l'eau l'électrode négative en fer ou en acier, on la voit fondre au milieu de sa gaine gazeuse d'hydrogène, assez mauvaise conductrice, qui devient lumineuse, tandis que la partie extérieure à l'eau reste froide. Il suffit donc de brancher les deux pièces à souder sur l'électrode négative, toutes deux sont portées à la température de fusion et se soudent facilement.

Le procédé est très commode pour certains travaux, par exemple pour souder rapidement les maillons successifs d'une chaîne ; il est sûrement excellent pour la trempe des métaux ; on peut même limiter l'action de la chaleur sur les

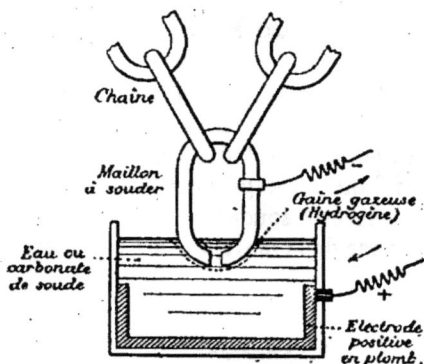

Procédé Lagrange-Hoho.
(Schéma d'une soudure de chaîne.)

pièces délicates juste au point voulu, puisqu'il est possible d'isoler électriquement toutes les parties au-dessous et au-dessus de la région qui doit être soumise à la soudure ou à la trempe (1);

4° Procédé Zénerer.

Le procédé *Zénerer* date de 1895 et paraît être d'un emploi plus général que les trois autres. C'est la chaleur de l'arc lui-même qu'on utilise, ce

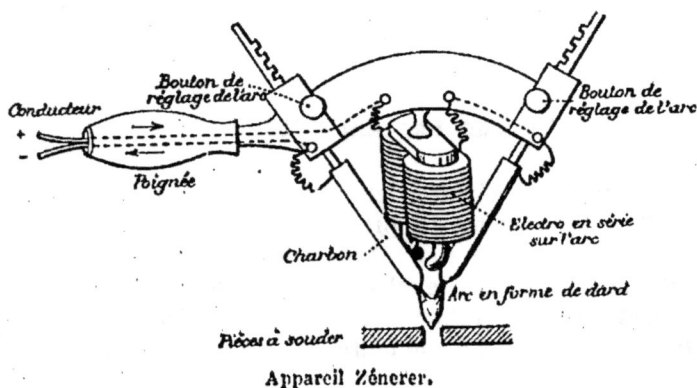

Appareil Zénerer.

(1) Un interrupteur électrolytique pour bobine d'induction, connu sous le nom d'interrupteur *Wehnelt*, est basé sur le même principe. Une anode en platine à très petite surface, un simple fil, est soudée à l'extrémité d'un tube de verre rempli de mercure, et placée en face d'une large cathode en plomb, dans un vase contenant de l'eau aci-

qui permet de proportionner l'intensité à l'effet voulu, de régler à volonté la consommation, de faire tout aussi bien de grands et de petits travaux de soudure. Un arc ordinaire se produisant entre deux charbons ne peut être que difficilement utilisé au chauffage, même en l'approchant le plus possible de l'objet à traiter ; aussi les deux charbons sont-ils disposés en forme de V, et un électroaimant donne naissance, au voisinage des extrémités des deux crayons, à un champ tel que l'arc, qui constitue une portion de circuit déformable, est repoussé vers la pointe du V. Dans ces conditions, la flamme prend la forme d'un dard, possède une température presque égale à celle de l'arc lui-même et peut être facilement utilisée pour les soudures, brasures, etc. L'ensemble de l'appareil ne pèse pas plus d'un kilogramme et peut facilement être manié au moyen d'une poignée.

Four électrique Moissan.

Le *four électrique* de M. Moissan est encore un appareil qui utilise l'énergie électrique sous forme thermique ; de récentes expériences ont acquis à cet appareil une célébrité méritée. Il est constitué par un creuset de charbon reposant sur des cales en magnésie, dans l'intérieur d'un bloc de pierre calcaire de Courson ; l'ensemble est traversé par deux électrodes de charbon, disposées horizontalement, entre lesquelles jaillit

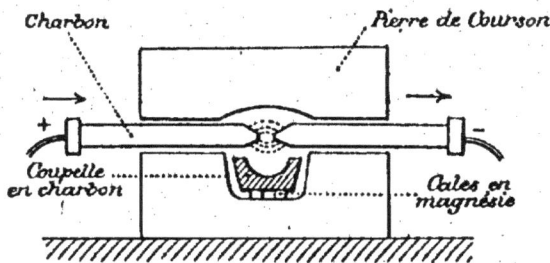

Four Moissan.

l'arc électrique. On peut, au moyen de ce four, concentrer en un instant dans un espace de quelques centimètres cubes, une

durée. Ce voltamètre, soumis à une différence de potentiels très supérieure à celle qui est nécessaire à la décomposition de l'électrolyte, fait entendre un bruit caractéristique qui montre l'intermittence du passage du courant ; l'électrode de platine devient en même temps incandescente et s'entoure d'une gaine lumineuse. Un semblable appareil, intercalé dans le primaire d'une bobine Ruhmkorff, donne une fréquence d'interruptions de courant que ne pourrait réaliser un interrupteur mécanique, et les effets d'induction sont considérablement accrus. Nous reviendrons plus loin sur cet appareil.

énorme quantité de chaleur, et cela grâce à la très faible conductibilité thermique des parois du four : la pierre de Courson est si peu conductrice de la chaleur, que l'on peut placer la main à la partie supérieure, alors que la face inférieure, distante de quelques centimètres à peine, est à la température de fusion de la chaux.

Les opérations électrométallurgiques au four Moissan sont des plus variées. On peut en retirer les métaux réputés réfractaires tels que le *chrome*, le *manganèse*, le *molybdène*, le *tungstène*, l'*uranium*; on prépare d'abord une fonte, c'est-à-dire le métal plus ou moins carburé, puis on affine cette fonte par une nouvelle fusion en présence de l'oxyde métallique. On obtient ainsi, par exemple, du chrome qui se présente sous l'aspect d'un métal brillant qui se lime et se polit facilement; plus infusible que le platine, il sort cependant du four, mobile comme du mercure et moulable dans une lingotière.

On a pu y reproduire le *diamant*, sous l'influence simultanée d'une énorme pression et de la haute température de l'arc; une fonte de fer saturée de carbone à 3500 degrés, tombe sous forme de gouttes sphériques, d'une certaine hauteur, dans une cuve à mercure surmontée d'une couche d'eau; grâce à la vitesse acquise, ces gouttes de fonte tombent jusqu'au fond du mercure, où elles se refroidissent très rapidement par conductibilité, puis viennent surnager à la surface de séparation de l'eau et du mercure. La surface du globule de fonte se solidifie immédiatement sous forme de croûte exerçant sur la masse interne restée liquide une très forte pression; dans ces conditions, le carbone dissous cristallise en petits diamants que l'on retrouve en dissolvant le culot par l'acide chlorhydrique.

Citons encore, comme provenant du four électrique, le borure de carbone et le borure de silicium ou *carborundum*, très employé pour le polissage des outils en acier, et surtout le *carbure de calcium*.

La fabrication du *carbure de calcium*, réalisée pour la première fois par M. Moissan en 1892, est devenue aujourd'hui tout à fait industrielle, grâce à la propriété que possède ce corps de décomposer l'eau à la température ordinaire avec production d'*acétylène*.

Le carbure de calcium CaC^2, se prépare en quantités con·

sidérables, en faisant passer, dans un four électrique de grandes dimensions, un courant très intense, sous forme d'arc jaillissant entre de larges électrodes de charbon, au travers d'un mélange pulvérisé de *chaux* et de *coke*. Le corps qui prend naissance et s'écoule à l'état de fusion, par les orifices du four, est opaque gris foncé mordoré; il provient de la réaction suivante qui se produit à la température de volatilisation du carbone :

$$CaO + C^3 = CaC^2 + CO.$$

Le carbure de calcium décompose l'eau d'après la formule :

$$\underbrace{CaC^2}_{\text{Carbure de calcium.}} + \underbrace{2\,H^2O}_{\text{Eau.}} = \underbrace{CaO, H^2O}_{\text{Chaux.}} + \underbrace{C^2H^2}_{\text{Acétylène.}}.$$

L'acétylène, dont l'origine électrique est incontestable au point de vue industriel, a été souvent appelé le *gaz électrique;* son pouvoir éclairant considérable, seize fois celui du gaz de houille à volume égal, en fait le véritable illuminant de l'avenir : sa lumière, extrêmement blanche et qui diffère peu de celle du platine en fusion, amènera tôt ou tard une véritable révolution de l'éclairage.

II. — RÉCEPTEURS CHIMIQUES

Généralités sur l'électrochimie.

Les récepteurs chimiques sont régis par les lois de l'électrolyse, et la transformation de l'énergie électrique en énergie chimique constitue l'*électrochimie* dont l'origine remonte à l'expérience de décomposition de l'eau acidulée faite, en 1801, par *Carlisle* et *Nicholson;* les travaux de Faraday et de Becquerel en ont fait une science ; la découverte de Jacobi en 1837 en a fait un art, la *galvanoplastie*. Mais l'électrochimie n'est réellement devenue industrielle que du jour où les dynamos ont fourni à bon compte l'énergie électrique; c'est seulement alors que les récepteurs thermiques et chimiques ont pu être appliqués à la réduction et au travail des métaux, transformation connue sous le nom d'*électrométallurgie* : c'est ainsi qu'un appareil de laboratoire, le four Moissan, a pu devenir un véritable appareil électrométallurgique.

Lorsqu'un courant traverse un récepteur de la première classe, purement thermique, si e' représente la différence de potentiels à ses bornes, I l'intensité du courant, l'effet Joule intervient seul, correspondant à une énergie thermique donnée par :

$$e'I = RI^2 \text{ watts.}$$

A travers un récepteur de la seconde classe, outre cet effet Joule, le courant produit encore un certain travail, soit chimique, soit mécanique, de sorte que l'on a :

$$\underbrace{e'I}_{\substack{\text{Puissance électrique fournie} \\ \text{au récepteur.}}} = \underbrace{E'I}_{\substack{\text{Puissance recueillie} \\ \text{sous forme chimique.}}} + \underbrace{RI^2}_{\substack{\text{Puissance recueillie dans le récepteur} \\ \text{sous forme thermique.}}}$$

E' est la force contre-électromotrice correspondant à la décomposition chimique du conducteur placé dans le circuit, et le travail chimique est représenté par E'I watts.

Rappel des lois de l'électrolyse.

1° Loi de Faraday.

Rappelons, pour la compléter, la loi générale de l'électrolyse donnée par Faraday.

Le poids d'un électrolyte décomposé est proportionnel à la quantité d'électricité qui l'a traversé, et pour divers électrolytes, les poids décomposés sont proportionnels aux équivalents chimiques.

Le poids de la substance quelconque décomposée est donc (1) :

$$P = \varepsilon I t = \varepsilon Q ;$$

Q est le nombre de coulombs employés, ou bien I l'intensité

---

(1) L'intensité du courant étant supposée constante pendant le temps t.

en ampères, t la durée de la décomposition en secondes. Il faut préciser les valeurs de P et de ε ; cette dernière grandeur représente l'équivalent électrochimique d'un coulomb.

L'équivalent électrochimique de l'hydrogène est 0,0103 milligrammes : c'est le poids d'hydrogène qu'un coulomb met en liberté. Si on prend cet équivalent pour unité, celui des autres corps simples est le quotient de leur atome A par leur valence n, soit $\dfrac{A}{n}$; ceci revient à dire qu'il y a simultanément mise en liberté de 1 gramme d'hydrogène et de la quantité $\dfrac{A}{n}$ grammes d'un métal ou radical électropositif, d'atome A et de valence n.

L'expression générale du poids d'un ion quelconque libéré est donc :

$$P \text{ gr.} = \varepsilon I t = 0{,}0103 \times \frac{A}{n} \times I t.$$

Ainsi, soient trois voltamètres en série contenant les électrolytes suivants :

	Azotate d'argent.	Sulfate de cuivre.	Chlorure d'antimoine.
Voltamètres....	I	II	III
Électrolytes....	$Ag\,Az\,O^3$	$Cu\,SO^4$	$Sb\,Cl^3$
Métaux........	Ag	Cu	Sb
Atomes.......	108	63,3	120
Valences......	1	2	3
Équivalent élec-trochimique..	$\dfrac{108}{1}$	$\dfrac{63,3}{2}$	$\dfrac{120}{3}$
Poids des métaux déposés......	$0{,}0103 \times \dfrac{108}{1} \times I t$	$0{,}0103 \times \dfrac{63,3}{2} \times I t$	$0{,}0103 \times \dfrac{120}{3} \times I t$

2° Loi de Thomson.

Une deuxième loi, due à sir William Thomson, détermine la force électromotrice minima nécessaire pour opérer l'électrolyse d'un composé quelconque ; il est évident, en effet, que l'on doit fournir aux bornes du voltamètre une différence de potentiels e' supérieure à la force contre-électromotrice E'. *La force électromotrice minima nécessaire à l'électrolyse est proportionnelle à la chaleur de formation du composé.*

On a reconnu que cette loi n'est pas tout à fait exacte : on avait cru pendant longtemps que l'énergie E'I, différence entre la puissance fournie e'I et l'effet Joule RI^2, représentait simplement le travail chimique à accomplir, et pouvait se calculer, par suite, par l'équivalent en watts de la chaleur de formation du poids de matière à décomposer; mais il y a en outre à tenir compte d'une autre dépense de chaleur ou d'énergie au contact des électrodes et de l'électrolyte. La valeur trouvée au moyen de cette loi n'est donc qu'une valeur approchée minima de la force électromotrice.

La chaleur de combinaison indiquée dans les traités de chimie pour un composé, étant Q_1 calories-gramme-degré par atome (A grammes), elle sera égale à $\frac{Q_1}{A}$ pour un gramme de ce corps, et pour l'équivalent électrochimique à :

$$0,0103 \times \frac{A}{n} \times \frac{Q_1}{A} \text{ soit } 0,0103 \times \frac{Q_1}{n}.$$

Or l'équivalent mécanique de la calorie est 425; cela veut dire qu'une calorie-kilogramme-degré est équivalente à :

$$425 \text{ kilogrammètres ou } 425 \times 9,81 \text{ watts;}$$

une calorie-gramme–degré sera donc équivalente à 4,19 watts. La chaleur de combinaison de l'équivalent électrochimique du composé deviendra en watts :

$$4,19 \times 0,0103 \times \frac{Q_1}{n} \text{ watts.}$$

En supposant exacte la loi de Thomson, on a donc :

$$E'I \text{ watts} = 4,19 \times 0,0103 \times \frac{Q_1}{n} \text{ watts.}$$

Il suffit de faire $I = 1$ dans cette formule pour avoir la valeur de la force contre-électromotrice maxima, c'est-à-dire la différence de potentiels minima, nécessaire pour une électrolyse donnée; on trouve ainsi 2,4 volts, par exemple, pour les sulfates et les azotates.

Dans le cas du phénomène de l'électrode soluble, l'énergie dépensée est immédiatement restituée et le minimum de la différence de potentiels nécessaire s'annule; l'expérience montre en effet qu'il suffit d'une très faible différence de potentiels pour donner naissance au courant.

III. — ÉLECTROMÉTALLURGIE

Les traitements électrométallurgiques se divisent en deux classes ; la première est relative à l'*électrométallurgie par voie humide:* les métaux sont traités au sein des dissolutions salines qu'on électrolyse; la deuxième a pour objet l'*électrométallurgie par voie sèche*, avec le concours des actions électrolytiques, ou simplement par production de chaleur; les récepteurs thermiques que nous avons étudiés : soudure électrique, four électrique, appartiennent à cette dernière catégorie.

Électrométallurgie par voie humide.

1° Galvanoplastie. — 2° Dépôts métalliques adhérents.

Les procédés de l'électrométallurgie par voie humide se classent d'après le résultat que l'on cherche à atteindre, en quatre catégories : 1° la formation de *dépôts métalliques non adhérents* ou reproduction des modèles, c'est la *galvanoplastie;* 2° la formation de *dépôts métalliques adhérents* destinés à durcir les objets ou à les rendre inaltérables; 3° le *raffinage des métaux;* 4° le *traitement des minerais.* Les opérations par voie humide demandent à être surveillées de très près, à cause des phénomènes complexes qui entrent en jeu dans l'électrolyse; dans la plupart des cas, l'expérience détermine comme condition de bon fonctionnement, une certaine *densité* du courant, c'est-à-dire le rapport de son intensité à la surface des électrodes.

La galvanoplastie et les dépôts métalliques adhérents utilisent les mêmes électrolytes et n'exigent que des conditions de réussite un peu différentes. Dans les deux cas, on obtient par décomposition d'un sel métallique, des dépôts enlevés à l'anode soluble et transportés dans le sens du courant sur la cathode. La galvanoplastie, découverte par Jacobi, a pour objet la reproduction de modèles, par un dépôt de cuivre effectué dans un *moule* pris sur l'objet à reproduire; ce moule, en plâtre, en cire, en gutta-percha, est rendu conducteur par une couche de plombagine, puis placé à la cathode dans une solution de sulfate de cuivre, l'anode étant formée du cuivre à déposer. La coquille résultante est détachée du moule et il suffit d'y couler un alliage fusible pour la consolider. La galvanoplastie est employée pour la reproduction des œuvres d'art, des cartes et plans : cette dernière industrie porte le nom d'*électrotypie.*

Pour constituer un dépôt adhérent, les objets métalliques sont soigneusement décapés à l'eau acidulée, lessivés dans un bain de soude, puis placés comme ci-dessus dans une cuve électrolytique. On obtient ainsi, suivant les bains employés, le cuivrage, le nickelage, l'argenture ou la dorure de l'objet soumis à l'opération.

3° Raffinage des métaux. — 4° Traitement des minerais.

Le *raffinage des métaux* par voie humide a été essayé avec

grand succès pour le cuivre, le plomb et l'argent. Voici comment on opère pour le cuivre, pour lequel il y a tout intérêt à obtenir le maximum de pureté, étant donnée la haute conductibilité électrique du cuivre pur.

La métallurgie du cuivre consiste en une série de grillages des minerais, suivis chacun d'une fusion, par laquelle sont éliminées les scories et les matières volatiles; la teneur en cuivre va en augmentant avec le nombre des opérations ; le *cuivre brut* ainsi obtenu est coulé en plaques. Enfin ces plaques sont employées comme anodes d'un bain de sulfate de cuivre dont la cathode est formée d'une lame de cuivre déjà affiné. Le métal pur est transporté d'une électrode à l'autre et les impuretés tombent sous forme de boues au fond de la cuve, ou restent en dissolution ; le traitement ultérieur permet d'en retirer les plus petites teneurs en métaux précieux (1).

On conçoit que le même procédé puisse servir à fabriquer directement des *tubes de cuivre* sans soudure en donnant à la cathode un mouvement de rotation : c'est le *procédé Elmore*.

Le *traitement des minerais* de cuivre, l'extraction de l'or, sont encore basés sur le même principe. Le traitement par voie humide sert aussi dans un grand nombre d'autres industries, parmi lesquelles il suffit de citer la fabrication du chlore et de la soude par transformation du sel marin, la fabrication du chlorate de potasse, la préparation du vert de Scheele, du vermillon, l'assainissement des eaux d'égout, la fabrication des extraits de bois de teinture, la purification des alcools, le tannage électrique, l'électrolyse des jus sucrés. Une multitude de dispositifs divers sont employés pour maintenir la séparation des ions et pour lutter contre la détérioration des anodes.

5° Fabrication de l'hydrogène.

L'hydrogène étant un véritable métal, l'*appareil à hydrogène*, imaginé par le commandant *Renard* en 1890, en vue du gonflement des ballons, peut encore être considéré comme un appareil électrométallurgique. C'est un voltamètre de grandes dimensions, dans lequel les électrodes coûteuses en platine exigées par l'eau acidulée, ont été remplacées par des électrodes en fer plongeant dans une lessive de soude.

_____

(1) Le raffinage du cuivre aux usines de Biache-Saint-Waast (Pas-de-Calais) s'effectue au moyen de générateurs fournissant un courant de 8000 ampères sous une différence de potentiels de quelques volts : les conducteurs sont constitués par des barres de cuivre de 18 centimètres de largeur et de 18 millimètres d'épaisseur, afin de rendre négligeable la perte sur la ligne d'ailleurs extrêmement courte.

. Les gaz hydrogène et oxygène sont maintenus séparés par un diaphragme en toile d'amiante offrant une faible résistance. Le voltamètre se compose d'un vase cylindrique en fonte, servant de cathode, fermé par un couvercle qui porte l'anode faite d'un cylindre de tôle perforée.

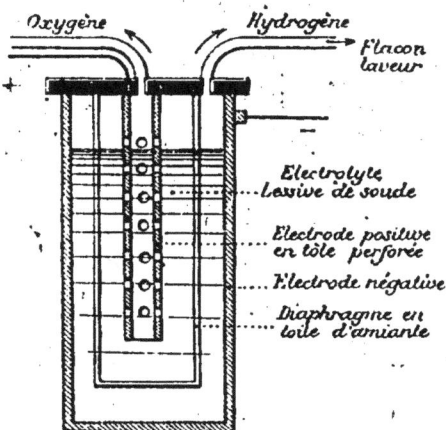

Appareil à hydrogène du commandant Renard.

Les deux gaz se rendent dans deux récipients laveurs communiquant entre eux à la base par une tubulure latérale ; la production en grand de l'hydrogène par ce procédé, permet de l'obtenir au prix de 0 fr. 60 le mètre cube.

Électrométallurgie par voie sèche.

Les procédés de l'électrométallurgie par voie humide sont soumis à des restrictions nombreuses, demandent à être surveillés de très près pour empêcher certaines réactions secondaires de s'accomplir, nécessitent une certaine densité de courant qu'il ne faut pas dépasser, et sont impraticables avec les métaux ayant une grande affinité pour l'oxygène. Les *procédés par voie sèche* consistent à fondre les matières à traiter, à leur donner une conductibilité suffisante et à les électrolyser par des courants intenses entre des électrodes en charbon. Malgré le prix élevé de l'énergie électrique, il est possible que les procédés électrométallurgiques par voie sèche s'étendent au traitement de certains métaux usuels : ils sont en tout cas appliqués avec grand succès à la métallurgie de l'aluminium.

Propriétés générales de l'aluminium.

L'aluminium est le plus répandu des métaux terrestres : ses minérais les plus purs sont :

Le *coryndon* ou alumine cristallisée Al^2O^3 (formule électrolytique $Al^{\frac{2}{3}}O$);

La *bauxite* ou alumine hydratée;

La *cryolithe* ou fluorure double d'aluminium et de sodium (formule électrolytique : $Al^{\frac{2}{3}}Fl . Na Fl$).

Les propriétés remarquables de l'aluminium ont pu le faire appeler le fer de l'avenir. Le tableau de comparaison ci-dessous permet d'apprécier les qualités que présente l'aluminium en regard des propriétés correspondantes d'un échantillon de cuivre et d'un échantillon d'acier de nuance moyenne :

Métaux.	Densité.	Charge de rupture en kilogr. par mm².	Résistivité en microhms-centimètre.	Altérabilité aux agents atmosphériques.	Prix non ouvragé en francs par kilogr.
Acier de nuance moyenne. . .	7,8	60	9	Rouille.	0.30
Aluminium. . .	2,6	20	3	Inaltérable.	5.00
Cuivre.	8,8	25	1,5	Vert de gris.	1.50

A cause de son prix élevé, l'aluminium, encore peu employé à l'état pur, est surtout utilisé à l'état de combinaison. Avec le cuivre, il se forme une véritable combinaison avec dégagement de chaleur qui donne le *bronze d'aluminium*, contenant 10 p. 100 de ce dernier métal et qui jouit, ainsi que le *laiton d'aluminium*, de propriétés remarquables (1).

Le *ferro-aluminium* est une *fonte spéciale* qui sert à introduire une petite quantité d'aluminium dans les composés ferriques ; la tendance actuelle est d'introduire directement l'aluminium, obtenu par voie électrolytique, sans passer par le ferro-aluminium. L'addition au dosage voisin de 0,1 p. 100

(1) A cause de la hausse actuelle que subissent les métaux, les alliages d'aluminium peuvent déjà lutter avec le cuivre, même au point de vue de la fabrication des conducteurs électriques.

de l'aluminium au fer et à ses carbures, jouit de la propriété d'abaisser le degré de fusion de ces corps, de leur donner de la fluidité et de l'homogénéité et de permettre des moulages nets et *sans soufflures ;* il transforme, comme le silicium, la fonte blanche en fonte grise, par précipitation du carbone.

L'ancienne préparation de l'aluminium, due à *Sainte-Claire-Devillé* en 1854, était des plus laborieuses, et le produit obtenu coûtait fort cher; elle a été partout remplacée par les procédés suivants, qui ont permis d'abaisser le prix de ce métal dans des proportions considérables, jusqu'à 5 francs le kilog., prix actuel.

Électrométallurgie de l'aluminium.

1° Procédé Minet et procédé Héroult.

Le *procédé Minet* vise à la production de l'aluminium sans alliage; il consiste à électrolyser un mélange, fondu à 1000 degrés, de cryolithe et de sel marin sous une différence de potentiels de 4 volts ; l'intensité du courant n'est limitée

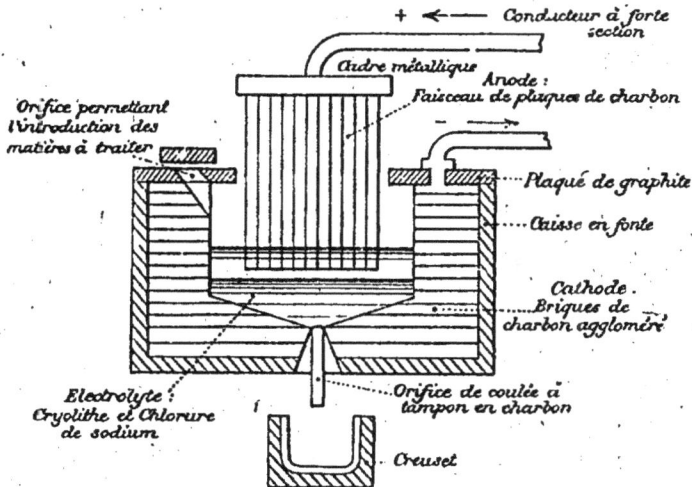

Appareil Minet (Schéma).

que par la conductibilité des électrodes, auxquelles on donne une très forte section. Une cuve en fonte munie d'un trou de coulée et surmontant un creuset, constitue le voltamètre; elle est garnie intérieurement de plaques de charbon formant cathode, tandis que l'anode est formée d'un prisme de charbons plongeant dans le bain : l'aluminium se dépose à l'état liquide sur la cathode et tombe en gouttelettes dans le creuset. La production est continue, il suffit d'entretenir le bain avec de la bauxite.

L'électrolyse ignée est encore employée, dans les mêmes conditions, dans le *procédé Héroult* en vue d'obtenir directement, non plus de l'aluminium, mais un bronze d'aluminium; du cuivre fondu se trouve alors en proportion convenable dans l'électrolyte.

2° Procédé Cowles.

2° Le *procédé Cowles* utilise, outre l'électrolyse, le pouvoir réducteur du charbon sur la bauxite, et cela dans des proportions qu'il est assez difficile de déterminer. Dans un fourneau réfractaire, garni de charbon de bois délayé avec de la chaux, est déposé un mélange de charbon, de bauxite et de cuivre; de

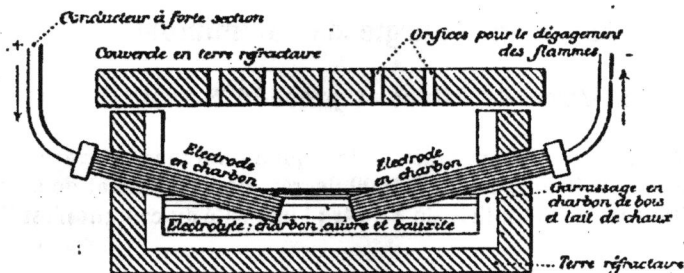

Appareil Cowles.

part et d'autre sont disposées presque horizontalement des électrodes formées d'un faisceau de crayons de charbon, qui sortent à chaque bout du four. On fait passer le courant en écartant progressivement les charbons; l'alliage est recueilli sur place en ayant soin de retirer les électrodes de charbon qui se prendraient dans la masse; la différence de potentiels est de 60 volts, le courant est croissant jusqu'à 5000 ampères et peut en atteindre 10000.

CHAPITRE XII

LUMIÈRE ÉLECTRIQUE

I. — LES SOURCES DE LUMIÈRE ET LA PHOTOMÉTRIE

Les récepteurs thermiques employés à la lumière électrique.

Les récepteurs thermiques les plus employés actuellement sont sans contredit ceux qui servent à l'éclairage. Dans les simples conducteurs se produit un dégagement de chaleur obscure, qui constitue une perte au point de vue industriel et, si cette chaleur devient lumineuse, elle peut être un danger d'incendie nécessaire à conjurer. C'est cette même dégradation d'énergie, qui est utilisée dans les appareils de chauffage électrique : dans les opérations de soudure, dans le four Moissan, les hautes températures sont accompagnées d'une lumière qui ne nuit en rien au rendement; c'est précisément cette lumière, accompagnée de chaleur, qu'utilisent les récepteurs thermiques destinés à l'éclairage.

La lumière électrique est donc le résultat du passage d'un courant à travers un corps mauvais conducteur, porté de ce fait à une haute température, que permettent approximativement de calculer les lois de Joule et de Newton.

Bien que le rendement de toutes les sources radiantes utilisées pour la lumière soit des plus défectueux, la lumière électrique n'en constitue pas moins un immense progrès sur

les autres illuminants, en particulier sur le gaz et sur le
pétrole. Au point de vue de l'*hygiène*, elle ne vicie pas l'air
et le chauffe seize fois moins que le gaz; au point de vue
de l'*éclairement*, elle rappelle la lumière *solaire;* au point de
vue de la *sécurité*, elle écarte tout danger d'incendie; même
au point de vue de l'*économie*, elle se montre encore supérieure, au moins dans les grandes installations.

Ces qualités nombreuses justifient la rapidité avec laquelle
l'usage de la lumière électrique s'est répandu, à partir de
1878, date de son apparition dans l'industrie.

Rendement lumineux d'une source radiante.

La séparation des radiations émises par un corps incandescent se fait, au
moyen du prisme, qui étale le faisceau lumineux total suivant les radiations
simples qui le composent. Le spectre obtenu se compose de trois parties : une
région lumineuse centrale, qui va du rouge au violet, une *région obscure infra-
rouge* calorifique, une autre *région obscure ultra-violette* chimique.

Chaque radiation constitue une sorte d'individualité séparée et correspond à
des mouvements vibratoires de l'éther, transversaux à la direction de propagation ; le phénomène des *interférences* ou *franges obscures et lumineuses* a
permis d'en mesurer la longueur d'onde λ, c'est-à-dire la distance à laquelle
s'est propagé le mouvement vibratoire pendant la durée d'une vibration. Divisant ensuite cette longueur d'onde par la vitesse de la lumière, on a la
durée T d'une vibration et, par suite, la fréquence N, telle que $N = \frac{1}{T}$. Par
exemple, pour une radiation rouge, λ est égal à 0,6 μ (1), la fréquence de ses
vibrations est donc :

$$\frac{300 \times 10^6 \text{ mètres par seconde}}{0,6 \times 10^{-6} \text{ mètres}} = 500 \times 10^{12} \text{ fréquences.}$$

Or, la partie lumineuse du spectre correspond à des vibrations dont la fréquence varie entre 400×10^{12} et 800×10^{12}, les autres radiations nous sont
donc inutiles comme n'affectant pas la rétine. Malheureusement, dans les
sources lumineuses actuelles, on est obligé de produire tout le cortège des
vibrations correspondant à la chaleur obscure, sans sélection possible, avant
d'arriver à celles auxquelles l'œil est sensible, et toutes ces radiations inutiles
représentent ainsi une ruineuse dissipation d'énergie.

On appelle *rendement d'une source radiante*, le rapport de l'énergie utile à
l'énergie totale dépensée. Cette dernière est immédiatement mesurée en watts

---

(1) La longueur μ s'appelle un *micron :* elle est de $\frac{1}{1000}$ millimètre.

dans une source électrique. Quant à la première, elle constitue l'énergie indispensable aux manifestations optiques, elle appartient directement aux radiations lumineuses.

Cette énergie ne peut être appréciée, ni par l'impression lumineuse toute subjective, ni par l'action chimique trop spéciale, et l'on admet pour chacune de ces vibrations, que toute l'énergie de mouvement qu'elles possèdent, quelle que soit sa qualité, se transforme intégralement en énergie thermique sur un corps opaque, le *noir de fumée* (1).

Si cette hypothèse est admise comme exacte, l'exploration de chaque région du spectre, au moyen d'une pile de Melloni, suffit pour évaluer la part d'énergie que possèdent les radiations lumineuses, dans l'énergie totale des radiations émises par la source.

On constate ainsi que le *ver luisant* n'émet que des radiations comprises dans les étroites limites du spectre lumineux, ce qui lui donne un rendement de 100 p. 100; on voit de même que le *soleil* a un rendement de 14 p. 100, la *lampe à arc* de 10 p. 100, la *lampe incandescente* de 2,5 p. 100, le *bec papillon* de 1,2 p. 100, tandis qu'on tombe pour la *flamme d'une bougie* à un rendement de 0,3 p. 100. Mais la supériorité théorique de la lumière électrique est en grande partie perdue, de ce fait que l'énergie électrique est produite, en général, à l'aide de machines qui n'utilisent guère que 10 p. 100 de l'énergie du charbon brûlé sous les chaudières.

Principes de la photométrie.

Éclairement. — Intensité. — Flux lumineux. — Éclat.

La *photométrie* a pour base et pour objet définitif, la comparaison des *éclairements* : l'œil ne peut, en effet, renseigner que sur des éclairements égaux. Sans préjuger en quoi consiste une quantité de lumière, il est possible de la mesurer comme toutes les autres grandeurs physiques, en définissant l'égalité et le rapport $\frac{m}{n}$ de deux quantités de lumière, et en choisissant une unité.

1° Deux plages d'égale surface reçoivent par seconde des quantités de lumière égales, quand l'œil les juge *également éclairées*;

2° Le rapport de deux éclairements ou de quantités de lumière versées par seconde sur deux écrans, peut être obtenu en s'appuyant sur le principe du carré des distances. Soit une source réduite à un point, émettant par seconde une quantité Q de lumière au centre d'une sphère creuse de rayon R; l'unité de surface de cette sphère reçoit une quantité de lumière appelée *éclairement* :

$$e = \frac{Q}{4\pi R^2}.$$

(1) Cette hypothèse, qui pose en principe qu'il n'existe plus aucune énergie sur le prolongement d'un rayon qui a traversé le noir de fumée, vient d'être ébranlée par la découverte des rayons X et la photographie au travers des corps opaques.

Sur la sphère de rayon R', l'unité de surface reçoit :

$$e' = \frac{Q}{4\pi R'^2}.$$

Le rapport de ces deux éclairements est en raison inverse du carré des distances à la source :

$$\frac{e}{e'} = \frac{R'^2}{R^2}.$$

3° Considérons la sphère de rayon 1, l'éclairement de l'unité de surface de cette sphère représente une quantité de lumière versée par seconde, appelée l'*intensité* de la source. L'intensité est donc l'éclairement à l'unité de distance.

Soit I l'éclairement produit sur un écran à l'unité de distance, c'est-à-dire l'intensité de la source lumineuse employée, l'éclairement produit à la distance R sera :

$$e = \frac{I}{R^2}.$$

Soit de même I' l'éclairement produit à l'unité de distance sur un écran identique, c'est-à-dire l'intensité d'une autre source, l'éclairement produit à la distance R' sera :

$$e' = \frac{I'}{R'^2}.$$

Si nous nous arrangeons de façon que $e = e'$, nous aurons :

$$\frac{I}{R^2} = \frac{I'}{R'^2} \quad \text{ou} \quad \frac{I}{I'} = \frac{R^2}{R'^2}.$$

Les intensités de deux sources sont donc entre elles comme le carré de leurs distances à une surface qu'elles éclairent également. C'est le principe des anciens *photomètres* dans le détail desquels nous n'entrerons pas;

4° Si l'on trace un cône ayant pour sommet la source, supposée réduite à un point, on forme un faisceau lumineux analogue à un tube de force dans lequel le *flux lumineux* se conserve comme un flux de force. Si e représente l'éclairement ou quantité de lumière versée sur l'unité de surface d'une section droite S du cône, le flux lumineux est donné par :

$$\Phi = eS.$$

Si la surface sur laquelle tombe le faisceau lumineux est oblique, il suffit de considérer la projection de cette surface sur la section droite du cône, et la valeur du flux est donnée par :

$$\Phi = eS \cos \alpha$$

Soit Ω l'angle solide du cône lumineux, c'est-à-dire la surface qu'il intercepte sur la sphère de rayon 1, dont le centre est à son sommet, l'éclairement e devient l'intensité de la source et l'on a :

$$\Phi = I\Omega \quad \text{d'où} \quad I = \frac{\Phi}{\Omega}.$$

L'intensité peut donc être considérée comme le quotient d'un flux par l'angle solide qui le limite (1) ;

5° La source lumineuse n'est pas réduite à un point, elle possède une certaine surface éclairante ; on appelle *éclat* son intensité lumineuse par unité de surface $\frac{I}{S}$. L'éclat d'un foyer de lumière est en tout comparable à l'éclairement d'une surface, rien ne distinguant à notre point de vue, un objet éclairé d'un objet lumineux par lui-même. La notion d'éclat peut donc se ramener aux définitions précédentes.

Difficultés qu'on rencontre en photométrie.

L'unité d'intensité lumineuse fut d'abord la *bougie de l'Étoile* en France, la *candle* en Angleterre, la *kerzen* en Allemagne ; l'unité d'éclairement fut la *bougie-mètre*, quantité de lumière versée par seconde sur un écran de 1 cm², placé verticalement à un mètre en face de la flamme.

Cette unité manquant de fixité, *Dumas* et *Regnault* firent adopter comme étalon de lumière la *lampe Carcel* qui brûlait 42 grammes d'huile de colza à l'heure dans des conditions déterminées. Cette unité de lumière resta suffisante jusqu'à l'apparition des foyers électriques; on se contentait, pour comparer les diverses sources de lumière, de mesurer leur intensité horizontale qui ne variait pas d'une manière trop sensible avec les diverses directions; les sources étaient alors toutes parfaitement comparables, ayant à peu près chacune même composition spectrale. Deux difficultés se présentèrent pour la photométrie des sources électriques :

1° Les qualités de la lumière électrique sont trop différentes de celles de l'étalon pour lui être comparées avec exactitude. Dans tous les photomètres, les mesures sont ramenées à l'appréciation d'une égalité d'éclairement, seule notion que possède l'œil d'une façon précise. Or, deux sources de couleur différente sont très difficilement comparables, l'œil ne donnant plus de résultats concordants avec les divers observateurs.

Cette difficulté a donné naissance à la *spectrophotométrie*, c'est-à-dire à la comparaison des intensités des radiations simples des sources, comparaison deux à deux des rayons de chaque couleur que possèdent les deux foyers. Ce n'est évidemment pas là, à cause de sa lenteur, une mesure industrielle; mais M. Crova a constaté que l'égalité des éclairements moyens, fournis par deux foyers hétérogènes, correspond à l'égalité des éclairements fournis par des rayons d'une longueur d'onde déterminée qu'une cuve, transparente seulement pour ces rayons, permet d'obtenir pour les deux sources, à l'exclusion de tous les autres (2). Ce procédé très simple permet de comparer, sans hésitation, deux lumières de teintes différentes.

---

(1) L'unité d'angle plan étant le *radian*, l'unité d'angle solide est le *stéradian* (Congrès de Genève, 1896).

(2) Cette radiation spéciale se trouve dans le vert et correspond à une longueur d'onde $\lambda = 0,6\ \mu$ environ.

A mesure qu'elles deviennent de plus en plus incandescentes, les sources de lumière s'approchent de plus en plus du blanc, et tous les rayons qu'émet la source croissent en intensité, en même temps que de nouvelles radiations prennent naissance du côté du violet. On appelle *degré d'incandescence* d'un foyer le quotient de son intensité moyenne ou intensité de ses rayons verts, par l'intensité de ses rayons rouges. On conçoit que les sources les plus avantageuses, celles dont les propriétés relatives à l'œil et aux plaques photographiques se rapprochent le plus de la lumière solaire sont les foyers qui possèdent un haut degré d'incandescence ;

2° Dans les sources lumineuses qui ont précédé les lampes électriques, on se contentait d'évaluer l'intensité suivant la direction horizontale, les flammes donnant à peu près la même intensité dans tous les sens. Pour les lampes à arc comme pour les lampes incandescentes, la répartition devient trop inégale : d'où la nécessité de répéter les mesures dans chaque direction. Cette variation des intensités complique un peu l'évaluation de la quantité totale de lumière émise par la lampe électrique.

Or, après avoir mesuré les intensités dans les diverses directions, si l'on porte suivant ces dernières à partir du centre et à la même échelle, un segment proportionnel à l'intensité lumineuse dans chacune de ces directions, les extrémités de tous ces segments limiteront une certaine surface autour de la source, et le volume défini par cette surface représentera la quantité totale de lumière versée par le foyer. Si, enfin, l'on conçoit une sphère ayant le même volume que celui limité par la surface qui vient d'être définie, le rayon de cette sphère représentera l'*intensité lumineuse moyenne sphérique* du foyer.

Unités relatives à la lumière.

Les deux difficultés dont il vient d'être question : degré d'incandescence variable des sources, et intensité différente suivant les diverses directions, ont forcé à changer les étalons de lumière, à préciser et compléter les définitions déjà données, enfin à imaginer de nouveaux instruments de mesure du flux lumineux.

L'étalon de lumière adopté par le Congrès des Électriciens de 1884 est l'*étalon Violle*. L'unité de lumière blanche est celle qu'émet normalement un centimètre carré de la surface d'un bain de platine fondu à la température de 1775 degrés, correspondant à sa solidification. C'est à la fois l'*unité d'intensité de lumière blanche* et l'*unité d'éclat*, intensité par centimètre carré des sources blanches. L'étalon Violle fournit toutes les radiations lumineuses et dans des proportions fixes : il peut donc servir aussi d'unité pour chaque lumière simple.

Cet étalon étant difficile à réaliser dans les mesures industrielles, le Congrès de 1889 a adopté la *bougie décimale* comme unité usuelle : elle est égale à $\frac{1}{20}$ de l'étalon Violle, soit $\frac{1}{10}$ de Carcel environ ; enfin le Congrès de Genève (1896), admet, au moins à titre provisoire, la lampe *Hefner* à acétate d'amyle, comme représentation industrielle de la bougie décimale.

L'étalon absolu une fois adopté, les grandeurs qui caractérisent un foyer lumineux peuvent être mesurées. Ce sont : ·

1° L'*intensité lumineuse* I, dont l'unité est le *pyr* ou *bougie décimale*, $\frac{1}{20}$ de l'étalon Violle. Cette intensité doit être envisagée suivant les diverses directions ;

2° Le *flux lumineux* Φ, dont l'unité est le *lumen*. Le flux lumineux étant défini par le produit d'une intensité lumineuse par un angle solide $\Phi = I\Omega$, le lumen représente le flux produit par un pyr dans un stéradian. Il en résulte qu'un foyer ponctuel d'intensité égale à 1 pyr produit un flux lumineux total égal à 4π lumens ;

3° L'*éclairement e*, dont l'unité est le *lux*. L'éclairement étant défini par le quotient d'un flux par la surface sur laquelle il tombe normalement $e = \dfrac{\Phi}{S}$, le lux représente un lumen par mètre carré ;

4° L'*éclat ε*, dont l'unité est le *pyr par cm²*, l'éclat pouvant, en effet, se définir comme le quotient de l'intensité lumineuse d'une source, émise normalement par la surface de cette source, $\varepsilon = \dfrac{I}{S}$;

5° L'*illumination*, dont l'unité est le *lumen-seconde*. L'illumination est le produit d'un flux lumineux par la durée de ce flux, ou celui d'un éclairement par la surface éclairée et par le temps qu'a duré le phénomène ; l'éclairage d'une ville s'évalue en lumens-heure (1).

Éclairage d'un espace donné.

Lampes à arc. — Lampes incandescentes.

Il a été facile de définir un éclairement, il est plus difficile de dire en quoi consiste l'éclairage d'une surface ou d'une enceinte. L'éclairement produit en un point sur une surface déterminée, peut se calculer, étant donnés l'emplacement des foyers, leurs intensités lumineuses dans les diverses directions et l'absence de toute paroi réfléchissante ou diffu-

---

(1) Le Congrès de photographie, tenu en 1891 à Bruxelles, avait appelé l'unité d'illumination le *phot* : le temps de pose exigé par une plaque sensible s'évalue en phots ou en lumens-seconde.

sante (1); mais ce qu'on appelle éclairage est une grandeur extrêmement variable avec la *direction*, le genre et le nombre des *foyers*, la *couleur* et la *nature* des *peintures* et *tentures*.

Le problème de l'éclairage d'un local peut donc difficilement recevoir une solution théorique, on est obligé d'avoir recours à l'expérience. A défaut de mesures précises, on apprécie un éclairage en faisant le quotient de la lumière totale émise par les foyers, par la surface à éclairer ou par le volume de l'enceinte ; mais on n'a ainsi, naturellement, qu'une idée assez grossière des différents illuminants.

L'éclairage d'un local est dit *général*, si l'on cherche à éclairer tous les points indistinctement, en *diffusant* le plus possible la lumière; l'éclairage est dit *particulier*, si l'on cherche à éclairer plus spécialement une surface déterminée, telle qu'une table, un établi, en concentrant en ce point le maximum de lumière : ces deux modes d'éclairage peuvent naturellement coexister dans un même local.

Les foyers électriques peuvent être de deux sortes : les lampes à arc et les lampes incandescentes.

Les lampes *à arc* sont réservées pour l'éclairage de *grands espaces découverts :* cours, quais, chantiers..., et pour l'éclairage général de *vastes locaux*.

Les *lampes incandescentes* sont employées pour l'éclairage général de *petits locaux :* appartements, bureaux, corridors, escaliers..., et pour l'éclairage particulier ou *individuel*.

Naturellement l'*égale répartition* de la lumière est plus facilement obtenue au moyen d'un grand nombre de foyers de faible intensité, ce qui semble donner l'avantage aux lampes incandescentes; mais les lampes à arc sont, d'autre part, beaucoup plus *économiques* pour une même quantité de lumière fournie.

---

(1) Voici quelques chiffres à ce sujet : l'éclairement dans une pièce où les rayons du soleil entrent en plein est d'environ 100 lux, celui dû à la lune est de 0,3 lux. Pour lire, le meilleur éclairement est de 10 lux ; on arrive à 20 et 25 lux dans les salles brillamment éclairées, tandis qu'on tombe à 0,5 ou 1 lux seulement, pour l'éclairement de la surface des rues. Quant à l'éclat des divers foyers, la bougie présente un éclat de 0,06 pyrs par cm², un bec de gaz 0,3, une lampe incandescente 30, l'arc voltaïque 480 pyrs par cm². L'éclat du soleil est environ 50 fois celui de l'arc.

II. — L'ARC ÉLECTRIQUE

Propriétés de l'arc électrique.

L'expérience célèbre de Davy, en 1808, est l'origine des *lampes à arc voltaïque*. Deux charbons, terminés en pointes qui se touchent, étant intercalés dans un circuit, on fait passer le courant; le contact des charbons présentant une résistance supérieure au reste du circuit, il y a dégagement de chaleur en ce point, les extrémités des charbons rougissent et se désagrègent. En écartant un peu les charbons, si la force

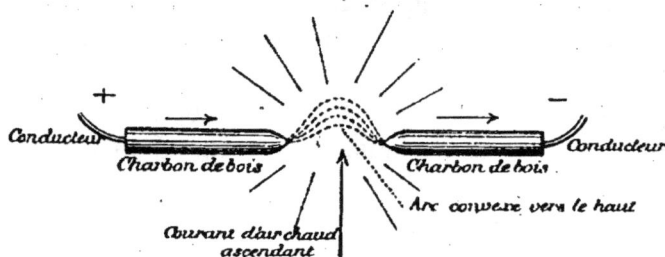

Expérience de Davy.

électromotrice est suffisante, des particules de carbone sont transportées d'un pôle à l'autre et forment entre les deux charbons une *région conductrice*, qui permet au courant de se continuer sous forme d'*arc lumineux*. Cette forme en arc, convexe vers le haut, provenait de l'action du courant d'air chaud ascendant; bien que le phénomène ne se présente plus aujourd'hui sous cette forme dans les lampes modernes, dont les charbons sont généralement verticaux, il a gardé son ancienne appellation et se désigne encore sous le nom d'*arc voltaïque*.

L'arc peut être considéré comme une étincelle électrique, entretenue par la volatilisation du charbon qui rend l'atmosphère conductrice. La présence de ces particules permet de maintenir le courant sous une différence de potentiels théorique de 35 à 45 volts et pratique de 50 volts, alors qu'il faudrait une tension de 25000 volts pour franchir seulement un intervalle de 5 millimètres dans l'air à la température ordinaire. Aussi est-il nécessaire, pour l'allumage, de *mettre les charbons en contact* et de les écarter progressivement pour amener l'arc à la longueur voulue.

Avec les courants continus, dans le vide, il y a réellement transport de matière dans le sens du courant, le charbon positif se creuse et le charbon négatif s'allonge; dans l'air, les particules volatilisées brûlent, si bien que les deux charbons s'usent, mais s'ils sont de même diamètre, *le charbon positif s'use deux fois plus vite que le négatif*. La cavité qui se forme dans le charbon positif est le *cratère*, c'est la partie la plus lumineuse et la plus chaude, sa température correspond à la volatilisation du carbone, soit 3500° ou 3600°.

Avec les courants alternatifs, les deux charbons s'usent à peu près également, mais l'*arc bourdonne ;* ce fait ne se produit pas avec les courants continus où l'arc est fixe et silencieux, à moins que les deux charbons ne soient trop rapprochés, cas où la lumière est *vacillante* et où l'arc produit un *sifflement* particulier.

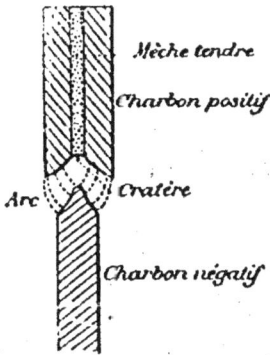

Arc électrique
(courants continus).

La différence de potentiels *e*, nécessaire pour maintenir un foyer à arc de longueur *l* millimètres, est de la forme :

$$e = a + bl \quad \text{où} \quad a = 30 \text{ volts.}$$

Si l'arc est traversé par un courant *i*, la *résistance apparente* est le quotient $\frac{e}{i} = R$.

Au lieu des charbons de bois qu'employait Davy, Foucault a proposé de se servir des charbons de cornue, plus durs et meilleurs conducteurs ; on se sert aujourd'hui de charbons artificiels, fabriqués avec une pâte formée de poussier de charbon de cornue et de noir de fumée, agglutinée avec un *sirop de sucre*. Pour centrer l'arc dans l'axe des crayons, les charbons positifs sont pourvus d'une *mèche* moins dure qui favorise la formation du cratère, lequel est dirigé vers l'endroit où l'on désire le maximum de lumière ; ordinairement, il est dirigé vers le bas, et l'on donne au charbon négatif un diamètre moindre, de façon à intercepter le flux lumineux minimum.

Il existe des lampes à arc de toutes les intensités lumineuses, fonctionnant sous une moyenne de 50 volts et à partir de 2 ampères. Leur intensité lumineuse n'est pas la même dans toutes les directions : avec un courant continu et le charbon positif à la partie supérieure, on obtient dans tous les azimuts la courbe ci-après, où le maximum d'intensité est

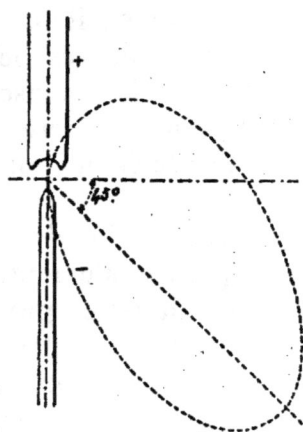

(Courants continus.)   (Courants alternatifs.)

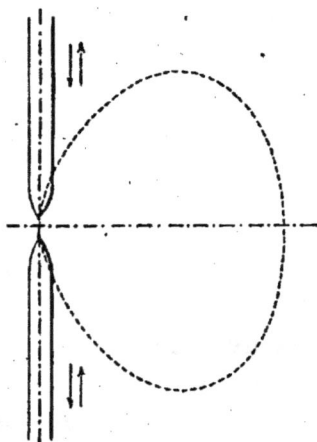

Intensité lumineuse de l'arc.

incliné de 45° sur l'horizon. Avec les courants alternatifs, la courbe des intensités montre une plus égale répartition du flux lumineux ; si les charbons sont bien réglés, cette courbe se reproduit dans tous les azimuts. Dans la plupart des arcs, on peut compter comme moyenne sur une dépense de 0,7 watt pour une intensité lumineuse d'une bougie décimale.

L'intensité lumineuse peut être rendue beaucoup plus uniforme en employant, soit un *réflecteur* qui renvoie la lumière sur une surface blanche telle qu'un plafond, lequel sert alors de diffuseur indirect, soit un globe en *verre dépoli* qui entoure l'arc, et dont toute la surface extérieure paraît alors douée d'un éclat uniforme. Il est vrai qu'une quantité très notable de lumière se trouve absorbée de la sorte, mais cette absorption peut être très affaiblie par l'emploi des *globes holophanes* dont le principe est le même que celui des lentilles à échelons, employées dans les phares, et au moyen desquels les rayons lumineux se trouvent toujours réfractés dans la direction utile. L'emploi de ces diffuseurs atténue ainsi les ombres géométriques sans pénombre, assez disgracieuses, que produit l'arc réduit à un point.

Lampe à arc à globe holophane
(Ville de Paris).

On emploie depuis quelque temps des lampes à arc *en vase clos*, avec des courants continus exigeant environ 80 volts aux bornes. Les gaz inertes contenus à l'intérieur du vase où jaillit l'arc empêchent la combustion rapide des charbons, qui s'usent si peu qu'ils ont à peine besoin d'être renouvelés après une très longue durée de fonctionnement. Le globe opalin qui constitue la capsule se recouvre, dès l'allumage, d'un dépôt pulvérulent impalpable, de couleur jaune, qui absorbe 40 p. 1000 du flux lumineux, ce qui affaiblit le rendement et le rend comparable à celui de l'arc ordinaire entouré d'un globe diffuseur. Les avantages de l'arc en vase clos consistent surtout dans l'économie des charbons et de la main-d'œuvre, et dans la suppression des dangers d'incendie.

La lumière de l'arc, entièrement blanche, possède des radiations tout à fait comparables à celles de la lumière solaire. Une flamme bleuâtre très légère, due à la combustion de l'oxyde de carbone, lui donne sa teinte caractéristique qui rappelle celle du *clair de lune*. Lorsque les crayons renferment quelques hydrocarbures, des jets de flammes rougeâtres, peuvent lui donner un aspect violacé.

Bougies Jablochkoff.

Pour obtenir la fixité de la lumière que produit l'arc, il faut maintenir constant l'écart des deux charbons, d'où la nécessité d'un mécanisme d'allumage et de réglage; dans le but de supprimer ce mécanisme, et à condition d'employer des courants alternatifs, les *bougies Jablochkoff* peuvent être utilisées; il ne faut pas oublier que ces appareils, aujourd'hui bien délaissés, ont constitué la première solution véritablement industrielle de l'éclairage électrique.

Les deux charbons sont disposés côte à côte, de manière à laisser jaillir l'arc entre leurs deux extrémités; ils sont séparés par une matière isolante appelée *colombin*, composée de plâtre et de baryte; le colombin isole les charbons à froid, fond à la partie supérieure et devient conducteur à la température de l'arc. L'allumage est produit par un filament de pâte charbonneuse, qui fait communiquer les deux pointes de charbon; ce filament se consume au moment de l'établissement du courant et se trouve remplacé par l'arc; une bougie s'use au bout de deux heures et une nouvelle est mise automatiquement en circuit. Malheureusement, le fonctionnement en est assez irrégulier, et la volatilisation du colombin provoque des variations de couleur désagréables, qui l'ont fait presque complètement rejeter.

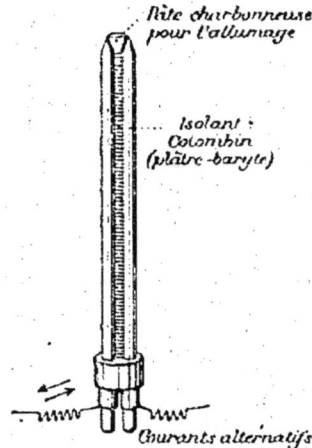

Bougie Jablochkoff (1898).

Principe des régulateurs.

On est donc obligé, pour se servir commodément de l'arc électrique, d'avoir recours à des systèmes qu'on nomme *régulateurs* et dont les dispositions mécaniques varient à l'infini. Un bon régulateur doit satisfaire aux conditions suivantes : les charbons restent en contact quand le circuit est ouvert,

20

s'écartent à la distance voulue dès que le courant passe, se rapprochent ou s'éloignent suivant les variations, et reviennent au contact pour rétablir le courant s'il se trouve, par hasard, interrompu. Ne pouvant passer en revue tous les types employés ou proposés, nous nous bornerons à établir une classification simple, qui nous permettra, sans autre description, de comprendre le fonctionnement de chacun d'eux.

Dans tout régulateur, deux mécanismes sont nécessaires. Le premier, qui est le *mécanisme d'allumage*, est le même dans tous les régulateurs : c'est un électro-aimant placé en série sur le circuit général, et dont l'armature est reliée au charbon supérieur; les charbons étant au contact, le circuit fermé, l'armature est attirée dès que le courant passe et celle-ci soulève le charbon supérieur d'une quantité convenable, l'arc se produit et la lampe est allumée.

Le deuxième mécanisme, dit *mécanisme de réglage*, a pour fonction de maintenir constante la longueur de l'arc, lorsque l'écart augmente par suite de l'usure des charbons. Ce mécanisme, souvent combiné avec le premier, se compose essentiellement d'un moteur opérant le rapprochement des charbons; c'est un *mouvement d'horlogerie*, un *moteur électrique*, la *pesanteur :* dans ce dernier cas, le mécanisme est moins compliqué, mais ne peut fonctionner que dans la position verticale. Ce moteur agit sur les deux charbons, dans le rapport de 2 à 1, si l'arc doit occuper une position fixe dans l'espace; il agit seulement sur le charbon positif si cette condition n'est pas nécessaire. Pour commander le mécanisme de réglage, un électro agit sur une armature qui, suivant qu'elle est ou non attirée, *embraye* ou *désembraye* le moteur rapprochant les charbons.

Le réglage peut se produire : 1° par les *variations d'intensité* de l'arc : ce sont les *régulateurs en série;* 2° par les variations de la *différence de potentiels* entre les deux charbons : ce sont les *régulateurs en dérivation;* 3° par les variations de la *résistance apparente* de l'arc : ce sont les régulateurs improprement appelés *différentiels.*

1° Régulateurs en série.

Dans les régulateurs en série, l'électro régulateur, qui est quelquefois remplacé par un solénoïde agissant sur un noyau mobile, est intercalé dans le circuit principal; si l'arc s'allonge, l'intensité du courant diminue, l'électro abandonne son armature sollicitée par un ressort, et cette armature met alors en liberté le moteur qui rapproche les charbons. Quand l'intensité est normale, le moteur est de nouveau embrayé. Dans le schéma ci-contre, le mécanisme moteur n'est autre que la pesanteur agissant sur le charbon supérieur, l'action est progressive à cause de la forme du noyau de fer attiré par le solénoïde. On ne peut placer plusieurs de ces appareils en série dans le même circuit, car l'intensité étant partout la même, les variations de l'un des régulateurs se feraient sentir sur tous les autres; il faut donc placer en dérivation chaque régulateur en série.

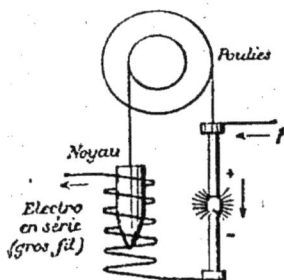

Régulateur en série.

2° Régulateurs en dérivation.

Dans les régulateurs en dérivation, l'électro de réglage est monté en dérivation sur les bornes de la lampe. Le courant se partage alors entre l'arc de résistance R et l'électro de résistance r; la bobine de ce dernier, constituée d'un fil long et fin, possède une résistance r suffisamment grande pour ne distraire qu'une faible partie du courant i; si l'intensité I passe dans l'arc, on aura :

$$\frac{I}{i} = \frac{r}{R}.$$

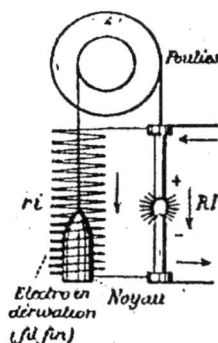

La résistance R varie avec la longueur de l'arc, tandis que r est une constante. Il en résulte que si l'arc s'allonge par usure des charbons, R augmente et i croît. L'attraction magnétique suit la même progression et l'on obtient, r étant très grand, des *actions proportionnelles aux volts;* comme dans un voltmètre, les déviations sont proportionnelles aux différences de potentiels. Ici, c'est quand l'armature est attirée que le moteur de réglage doit être rendu libre : dans la figure schématique ci-dessus, le mécanisme utilise comme moteur le poids du charbon supérieur. La résistance totale du régulateur est :

Régulateur en dérivation.

$$\frac{Rr}{R+r}.$$

r étant constant et R variant très peu, grâce au mécanisme de réglage, les fluctuations de l'un des régulateurs resteront sans action sur les autres appareils en série. Les régulateurs en dérivation peuvent donc être montés aussi bien en série qu'en dérivation.

3° Régulateurs différentiels.

Dans ces régulateurs, l'électro de réglage est formé de deux enroulements, l'un en série à fil gros et court, l'autre en dérivation à fil long et fin; ces deux enroulements ont une armature unique sollicitée par la différence de leurs actions. L'électro en dérivation donne une action proportionnelle à E, celle de l'électro en série est proportionnelle à I; l'action résultante est donc fonction de E et de I. Or I est le courant qui passe dans l'arc, i celui qui passe dans la dérivation, le système est en équilibre et l'arc réglé quand on a l'égalité de ces actions :

$$hi = h'I, \quad \text{d'où} \quad \frac{I}{i} = \frac{h}{h'} = C^{te} \quad \text{ou bien} \quad \frac{r}{R} = C^{te}.$$

Mais comme r est constant, il s'ensuit que R, la résistance apparente de l'arc, est maintenue constante. L'action résultante est donc :

$$\frac{E}{I} = R = C^{te}$$

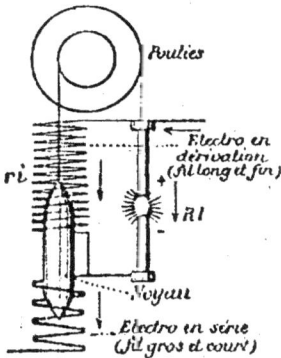

Régulateur différentiel.

d'où le nom de *Régulateurs de résistance* donné à ces appareils.

Ces régulateurs, dont le schéma ci-contre montre le fonctionnement quand le moteur est le poids du noyau commun aux deux solénoïdes, peuvent être montés aussi bien en série qu'en dérivation.

Si les charbons d'une lampe se trouvaient hors de service, dans les régulateurs différentiels, comme dans les régulateurs en dérivation, le courant entier du circuit passerait dans la dérivation et brûlerait le fil; il faut donc disposer une résistance automatique $\frac{Rr}{R+r}$ où R a sa valeur de régime, qui puisse, dans ce cas, remplacer l'arc.

Résistances additionnelles et bobines à réaction.

Dans les régulateurs en dérivation, une *résistance additionnelle* se trouve en série avec chaque lampe; les crayons, en effet, n'ont qu'une résistance réduite quand ils sont en contact, de sorte que le générateur électrique est mis en court-circuit quand l'arc s'allume et quand les charbons reviennent au contact, ce qui produit des chocs au moteur et des perturbations dans les autres lampes : la résistance additionnelle évite ces inconvénients. De plus, avec un générateur à force électromotrice invariable alimentant des régulateurs à potentiel constant, ceux-ci ne peuvent fonctionner à défaut de cette résistance additionnelle, puisque le mécanisme de rappel de l'usure des charbons est basé sur les variations mêmes du potentiel, et que ce mécanisme reste alors sans action.

L'expérience montré que la résistance additionnelle doit absorber entre 10 et 20 volts ; elle peut être évitée en mettant deux ou plusieurs arcs en série, car ces derniers jouent l'un par rapport à l'autre le rôle de résistance additionnelle : par exemple, deux arcs peuvent être montés en série sur une distribution à 110 volts. Avec les courants alternatifs, on emploie comme résistance additionnelle des *bobines à réaction* basées sur la self-induction et qui, comme nous le savons, fonctionnent sans dissipation d'énergie.

III. — LA LAMPE INCANDESCENTE.

Principe de la lampe incandescente. — Formation du filament.

Le dégagement de chaleur $Q_1 = \dfrac{R I^2}{J}$ que détermine le passage d'un courant dans un fil, arrive rapidement à porter ce conducteur, s'il est suffisamment résistant, d'abord au *rouge sombre*, puis au *rouge cerise*, puis au *jaune*, enfin au *blanc bleuâtre éblouissant*. Ce fil fond s'il est métallique, il résiste au contraire s'il est constitué d'une matière très réfractaire, telle que le charbon. En opérant dans le vide, ce filament se détériore très peu en donnant une lumière suffisante. Tel est le principe de la *lampe incandescente* introduite par Édison dans l'industrie, en 1881.

Un filament de charbon supporté par deux conducteurs en platine est renfermé dans une *ampoule* de verre dans laquelle une *pompe à mercure* a fait le vide; tandis que ce vide est poussé jusqu'à 0,1 millimètre de mercure, le filament est porté au rouge, pour chasser les gaz que retient le charbon. Ce filament est une *fibre de bambou* carbonisée et repliée en spirale, un *brin de coton* carbonisé, etc., auxquels on fait subir l'opération du *nourrissage*, qui consiste à les introduire sous une cloche de verre où sont envoyées des vapeurs de *gazoline*. Le courant décompose l'hydrocarbure, avec production d'un dépôt de carbone brillant et dur, qui rend plus uniforme la section des filaments. Certains constructeurs forment même ainsi complètement leur filament par dépôt électrolytique : un fil de platine très fin servant de support

est volatilisé après dépôt de charbon, ce qui donne un conducteur tubulaire; d'autres fois, une pâte à base de *sirop de
sucre* est passée à la filière, puis carbonisée. Avec une construction soignée, tous ces filaments se valent.

Constantes de la lampe. — Intensité lumineuse.

La couleur d'incandescence normale d'une lampe est le
jaune doré; si elle n'est portée qu'au rouge, la lumière fournie
est tout à fait insuffisante; au blanc éblouissant, la lumière
émise est fort belle, mais le
filament se détruit rapidement.
Une lampe dépasse son *éclat
normal*, elle est *trop poussée*,
quand, par *irradiation* dans
l'ampoule, le conducteur en
charbon ne peut plus se distinguer nettement.

Les *constantes* de la lampe
sont certaines données fournies
par le constructeur. Ce sont :
c la différence de potentiels aux
bornes, *i* l'intensité du courant,
r la résistance à chaud du filament, quantités reliées par la
loi d'Ohm : $i = \dfrac{c}{r}$. Ces constantes ne sont vraies qu'au moment
de la mise en service, car *r*
augmente peu à peu par *amincissement* progressif du filament
avec les durées d'éclairage. En
général, le constructeur inscrit
le nombre de bougies décimales que donne la lampe à son
éclat normal, et ce dernier est
obtenu, quand on la soumet à

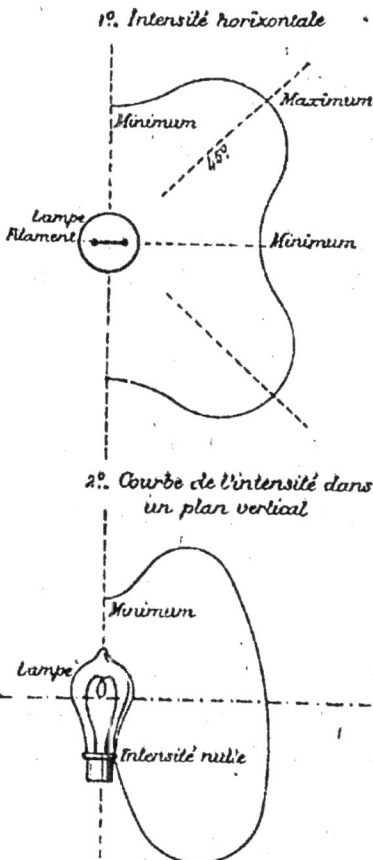

1°. *Intensité horizontale*

Maximum

Minimum

45°

*Lampe
Filament*

Minimum

2°. *Courbe de l'intensité dans
un plan vertical*

Minimum

Lampe

Intensité nulle

Intensité lumineuse d'une lampe
incandescente.

une différence de potentiels, inscrite de même, en volts, sur
l'ampoule.

L'intensité lumineuse des lampes incandescentes varie suivant la durée du service qu'elles ont déjà fourni, elle varie aussi suivant les directions. On adopte comme *intensité de la lampe*, l'intensité moyenne dans un plan horizontal passant par le centre de la lampe, plan dans lequel l'intensité varie peu, et où le maximum est à 45 degrés sur le plan du filament.

Dans les plans verticaux, les courbes obtenues sont plus ou moins déformées, mais ont la même allure générale que celle marquée ci-contre: la lumière nulle correspond au support de la lampe, et l'intensité minima au sommet de l'ampoule.

Diminution graduelle de l'intensité. — Point de cassage.
Lampes usuelles.

L'intensité lumineuse diminue graduellement avec l'*âge* de la lampe, quand celle-ci reste soumise à la même différence de potentiels; cet affaiblissement provient du *noircissement de l'ampoule*, par un dépôt de poussière brune de charbon, aux dépens du filament, et aussi de l'amincissement de ce dernier, ce qui le rend plus résistant; or, comme la différence de potentiels est maintenue constante par hypothèse, ce fait correspond à l'affaiblissement de l'intensité du courant qui traverse la lampe.

La durée des lampes n'est donc pas indéfinie, puisqu'elles s'usent lentement, et l'on peut fixer à 800 ou 1000 heures l'âge maximum d'une lampe tenue à l'écart de tout accident (1).

Le rendement lumineux d'une lampe incandescente est de 1 bougie décimale pour 3,5 watts dépensés. Ce rendement augmente considérablement lorsque les lampes sont poussées; au blanc éblouissant, le rendement est comparable à celui de l'arc, mais le filament ne peut soutenir bien longtemps ce régime. Cependant, vu le prix très faible des lampes incandescentes, comparé au prix relativement élevé de l'énergie électrique (2), on a intérêt à sacrifier un peu la

---

(1) Un filament trop poussé pendant quelques instants peut se briser.
(2) Le prix des lampes incandescentes s'est abaissé au-dessous de 1 franc. Le prix moyen du kilowatt-heure est aussi de 1 franc.

durée, pour améliorer le rendement lumineux, c'est-à-dire à
pousser les lampes. Il y a même un point de la durée de la
lampe où il est nécessaire, pour rester dans les conditions de
fonctionnement économique, de la mettre au rebut ou de la
briser, sans attendre qu'elle soit complètement hors de service. C'est ce point que M. O'Keenan appelle le *point de
cassage* de la lampe.

Il existe des lampes incandescentes de toute intensité lumineuse, et même, malgré leur rendement inférieur, on a proposé de remplacer les lampes à arc par des lampes incandescentes à grande intensité, de 500 à 1000 bougies décimales :
il n'en existe plus guère aujourd'hui. Les lampes les plus
usuelles sont de 10, 16 et 32 *bougies*, dans lesquelles la
dépense d'énergie est de 3,5 watts par bougie. De même, la
différence de potentiels qu'elles exigent peut être quelconque,
à partir de 2 volts, mais on ne dépasse guère 110 volts :
au delà, le filament devient trop long et, par conséquent,
sujet à se briser. Les différences de potentiels adoptées habituellement sont 50, 55, 65, 100 et 110 volts.

Supports de lampes incandescentes.

Le mode de liaison de la lampe avec les conducteurs qui lui amènent le courant, constitue le *support;* il en existe de toute sorte, présentant des dispositifs plus ou moins commodes. Nous pouvons les ramener à trois types, qui sont
les suivants :

1° Le *support à crochets* ou support Swan, à peu près délaissé aujourd'hui,
excepté pour les très petites lampes : les fils de platine qui pincent les deux
extrémités du filament, se terminent hors de l'ampoule par de petits *crochets*
qui viennent saisir deux anneaux terminant les conducteurs, et le contact est
assuré par un ressort spiral;

2° Le *support à vis*, dû à Edison, exige que la lampe soit assujettie dans une
embase en plâtre, contenue dans un cylindre en laiton tourné sous forme de vis.
Les fils y sont noyés et arrivent, l'un à ce cylindre, l'autre à un disque isolé
placé sur le fond; cette disposition se trouve répétée sur la douille, à laquelle
communiquent les deux conducteurs, l'un avec le cylindre extérieur, l'autre
avec le disque intérieur isolé; les contacts sont assurés par le serrage de la vis
qui sert d'embase à la lampe;

3° Enfin le *support à baïonnette*, qui exige aussi que la lampe soit munie
d'une embase isolante, par exemple en vitrite; les fils de platine se terminent
sur le fond de l'embase par deux *disques* de cuivre; d'autre part, les deux conducteurs arrivent dans le fond de la douille, où ils se terminent par deux tiges

constamment poussées vers le haut par deux ressorts à boudin. La lampe baïonnette étant assujettie dans sa douille, ce sont ces ressorts qui assurent le contact.

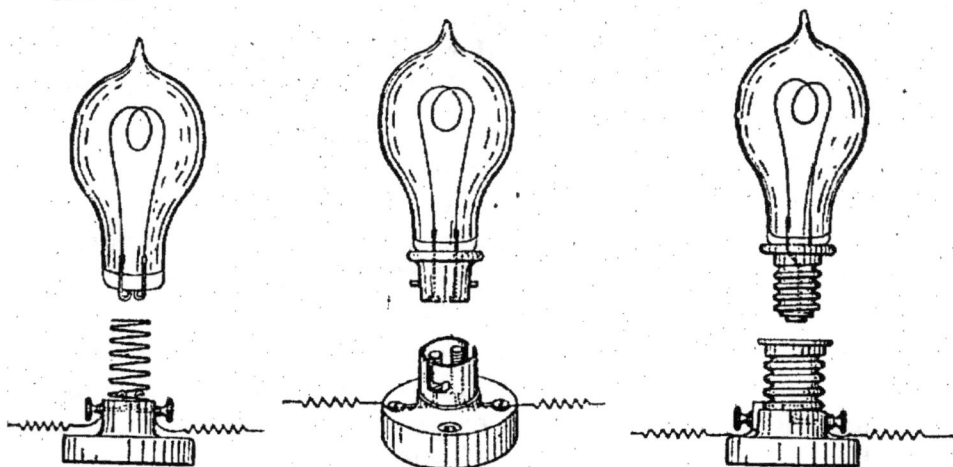

Monture à crochets (Swan).   Monture à baïonnette.   Monture à vis Edison.

Appareillages pour lampes incandescentes.

IV. — LES PROJECTEURS ÉLECTRIQUES.

Le problème des projecteurs. — Les premiers essais.

Quand il importe d'éclairer puissamment un espace situé à une certaine distance de la source lumineuse, il devient nécessaire d'avoir recours à un *projecteur électrique :* c'est un appareil qui permet de concentrer un maximum de lumière sur un espace déterminé. Un *réflecteur*, un *abat-jour*, un *miroir*, placés à l'arrière du foyer lumineux, une *lentille à échelons* de Fresnel disposée à l'avant, constituent les premières solutions bien imparfaites du problème des projections lumineuses.

Un *miroir sphérique*, au foyer principal duquel se trouve placée la source de lumière, ne donne pas non plus un résultat bien satisfaisant ; un appareil réflecteur a l'inconvénient grave de disperser outre mesure le faisceau lumineux à cause de l'*aberration de sphéricité :* on sait, en effet, que les *rayons marginaux* et les *rayons centraux* parallèles à l'axe d'un miroir sphérique n'ont pas même foyer ; un rayon marginal a son foyer plus près du miroir qu'un rayon central. Il en résulte, inversement, que si une source lumineuse réduite à un point est disposée au foyer des rayons marginaux, les rayons réfléchis sur les bords du miroir sont bien parallèles à l'axe, mais les rayons centraux sont divergents.

Pour obtenir un faisceau de rayons rigoureusement parallèles, on est obligé d'avoir recours aux *miroirs paraboliques ;* le paraboloïde est, en effet, la seule surface théoriquement convenable pour réfléchir parallèlement les rayons issus d'un point géométrique. Malheureusement, une difficulté considérable de construction rendait ces miroirs extrêmement coûteux et limitait forcément leur emploi, quand, en 1877, le colonel du génie Mangin imagina un miroir *réfringent* qui donnait la solution rigoureuse et pratique du problème des projecteurs. Ce miroir est formé d'une *lentille concave convexe*

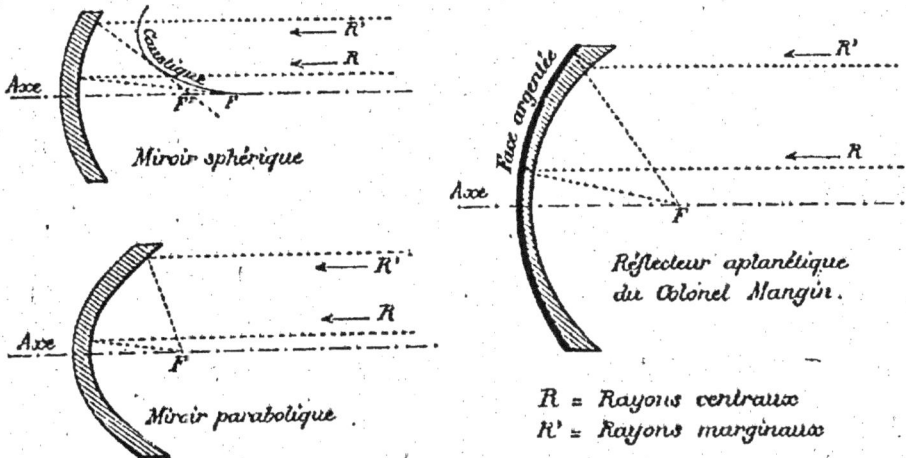

Marche des rayons parallèles à l'axe, et formation des foyers correspondants.

à faces sphériques, de rayons de courbure différents, et dont la face convexe est argentée. Les courbures des deux faces sont calculées de manière que tout rayon parallèle à l'axe, qui se réfracte en passant du milieu *air* dans le milieu *verre*, se réfléchit sur la face argentée et se réfracte de nouveau en passant du milieu *verre* dans le milieu *air*, pour donner fina-

lement un rayon passant par un point fixe, qui est le foyer
principal du système. Inversement, une source lumineuse
placée en ce point donnera naissance à un faisceau de rayons
parallèles à l'axe.

L'invention du colonel Mangin a donné, dans la pratique,
des résultats remarquables. Contrairement à la taille parabolique, la taille sphérique des miroirs s'obtient par des procédés peu coûteux avec une très grande exactitude, car le
rodage de deux surfaces sphériques l'une sur l'autre donne
forcément des surfaces parfaites, même avec un outil imparfait qui se corrige dans le travail même.

Étude de la dispersion (1).

Outre les avantages qui résultent de son bas prix, le miroir Mangin, comparé
aux miroirs paraboliques, conserve encore sa supériorité : les constructeurs
étrangers ont, en effet, éprouvé de nombreux mécomptes dans les essais de
miroirs paraboliques, mécomptes qui sont dus en grande partie, d'après
M. Blondel, à ce que les sources employées sont loin d'être réduites à un point.

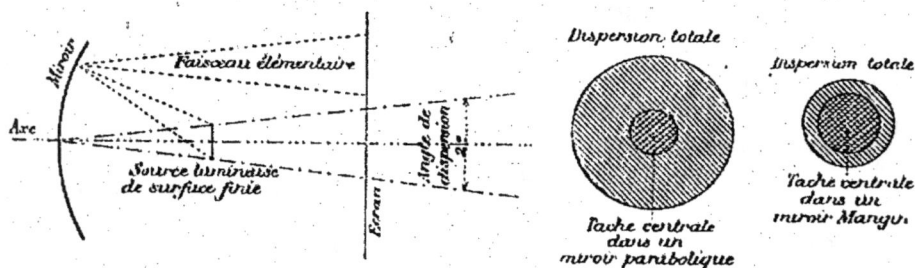

Dispersion due aux dimensions de la source. — Formation de la tache centrale.

En tenant compte des dimensions de la source, il est facile de voir que le
faisceau lumineux d'un projecteur est forcément composé d'une série de petits
faisceaux élémentaires coniques, dont l'angle au sommet dépend des dimensions de la source et peut dépendre aussi du miroir employé. Ces faisceaux se
groupent entre eux, se recouvrent partiellement et finissent par donner au
centre du faisceau une tache lumineuse qui décroît jusque vers les bords. Pratiquement, on aura l'étendue totale de la surface éclairée, au moyen d'un cône
ayant pour sommet le centre du miroir et pour directrice le contour de
l'image de la source lumineuse.

_____

(1) Empruntée en majeure partie à l'ouvrage de M. Bochet : « Emploi des projecteurs électriques à la guerre » (Revue d'Artillerie), Paris, Berger-Levrault, 1896.

L'angle solide au sommet de ce cône lumineux est appelé *angle de dispersion* : il est toujours très faible, deux degrés au plus ; mais il se trouve que dans les appareils Mangin, la plage lumineuse qui en résulte est éclairée d'une façon sensiblement uniforme : la tache lumineuse centrale provenant des recoupements des cônes élémentaires, occupe presque toute la section du cône de dispersion total, ce qui est loin d'avoir lieu dans les projecteurs paraboliques, où cette tache est très réduite. Il en résulte donc un avantage en faveur des appareils Mangin, relativement à la meilleure utilisation de la lumière. Dans le cas où l'angle de dispersion est trop faible, lorsque le projecteur est destiné à éclairer un terrain, il suffit de placer en avant du projecteur une porte formée de lentilles à échelons plano-cylindriques à génératrices verticales, qui étalent le faisceau sur une bande horizontale sans augmenter la dispersion en hauteur.

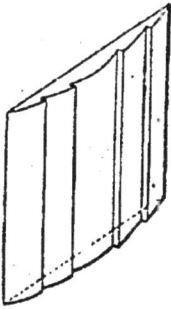

Étalage horizontal du faisceau lumineux.

Puissance des projecteurs.

Si I représente l'intensité moyenne de la source dans la direction du miroir, la quantité de lumière ou *flux lumineux* qui tombe sur ce dernier est :

$$\Phi = I\Omega,$$

Ω étant l'angle solide sous-tendu par le miroir. Si S est sa surface, on a sensiblement :

$$\frac{\Omega}{4\pi} = \frac{S}{4\pi R^2} \quad \text{d'où} \quad \Omega = \frac{S}{R^2},$$

R représentant la distance de la source au miroir ou *distance focale*. Le flux lumineux devient :

$$\Phi = \frac{IS}{R^2},$$

c'est là, à part un coefficient d'absorption égal à 0,9, la quantité de lumière qui sort de l'appareil.

M. Blondel a démontré qu'à partir d'une distance inférieure aux distances d'emploi pratique, le projecteur peut être considéré exactement comme une surface plane incandescente. Prenons l'unité de surface de la zone éclairée à la distance D. L'éclairement n'est pas autre chose que le flux lumineux reçu par cette unité de surface. Il est donc, en supposant l'atmosphère absolument limpide :

$$e = \frac{IS}{R^2} \times \frac{1}{D^2}.$$

Cet éclairement produit enfin sur l'œil de l'observateur, placé à la distance d, un effet proportionnel à :

$$\frac{IS}{R^2} \times \frac{1}{D^2} \times \frac{1}{d^2}.$$

C'est cet effet qu'il faut chercher à rendre maximum, afin que l'on puisse voir l'objet éclairé dans les meilleures conditions. On est ainsi conduit :

1° A augmenter l'intensité lumineuse de la source, I ;

2° A augmenter la surface du projecteur, S ;

3° A diminuer la distance focale, R ;

4° A diminuer la distance du projecteur à l'objet éclairé, D ;

5° A diminuer la distance de l'observateur à l'objet éclairé, d.

Étude des conditions de bonne visibilité.

Ces diverses conditions ne peuvent être satisfaites que dans certaines limites. En premier lieu, comme il s'agit de sources lumineuses qui ne sont pas réduites à un point, les résultats précédents se trouvent entachés d'erreur et la formule ne peut servir de guide qu'à condition d'être contrôlée par l'expérience. On trouve ainsi, en particulier, que ce serait une erreur de croire qu'un miroir à court foyer est supérieur ; il envoie bien un flux lumineux total plus important, mais sa répartition est telle, qu'une faible partie seulement est réellement utilisée. Au point de vue de l'effet optique, il faut donc adopter une longueur suffisante comme distance focale. Il n'est d'ailleurs pas possible de placer la lampe très près du miroir, sans exposer ce dernier à des ruptures.

Les conditions de diminuer les distances du projecteur et de l'observateur à l'objet éclairé sont évidentes, mais elles constituent la plupart du temps des données impossibles à modifier. Un fait important à noter est la gêne que cause, pour la vision, la partie lumineuse du faisceau, que doit traverser le rayon visuel pour atteindre le but. Cette gêne résulte du vif éclairement par le faisceau des poussières et vésicules liquides en suspension dans l'air : ces corps réfléchissent une partie de la lumière, donnent l'impression d'un véritable brouillard devant le but et, par contraste, diminuent notablement l'impression d'éclairement de ce dernier.

Il est facile de voir que le meilleur moyen d'y soustraire l'observateur consiste à le placer complètement en dehors du faisceau, à bonne distance du projecteur lui-même ; à cause de l'angle de recoupement du faisceau et du rayon visuel, la partie du faisceau interposée diminue ; cette partie nuisible sera encore diminuée, si l'objet à reconnaître se trouve éclairé par le bord de la partie la plus lumineuse du faisceau, c'est-à-dire par la tache centrale : nouvel avantage pour les appareils Mangin, dans lesquels cette tache centrale occupe presque en entier la zone éclairée.

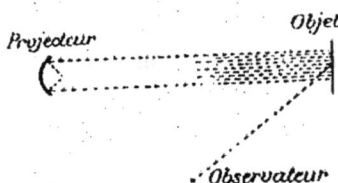

La puissance du projecteur dépend encore de sa surface : il y a donc lieu d'employer d'aussi grands diamètres que possible ; on atteint pratiquement des surfaces de 1 mètre et même $1^m,50$ de diamètre.

Source lumineuse.

Enfin, comme condition dernière, il faut augmenter l'inten-

sité de la source lumineuse, d'où la nécessité d'avoir recours
à une *lampe à arc*. On emploie en général une lampe à arc
à courant continu, dans laquelle on cherche à utiliser le mieux
possible le cratère, qui en est la partie la plus lumineuse. Le
type le plus répandu est la lampe à main, dans laquelle les
déplacements des charbons s'exécutent en agissant sur un
système de vis disposées dans ce but; il existe aussi des
lampes à arc à réglage automatique.

Les crayons sont montés suivant deux dispositifs différents :
dans l'un, les axes des charbons sont légèrement inclinés sur
la verticale et l'arc est réglé de telle manière que le cratère
lumineux du charbon positif soit bien dégagé et tourné vers
le miroir ; on arrive à cette taille spéciale du charbon positif
en l'excentrant légèrement, comme pour l'éloigner de la surface réfléchissante.

Dans l'autre type, les charbons sont horizontaux, le cratère
du positif regardant également le miroir ; mais ce cratère est
masqué en partie par le charbon négatif, auquel on donne un
diamètre aussi faible que possible, pour limiter au minimum
cette occultation.

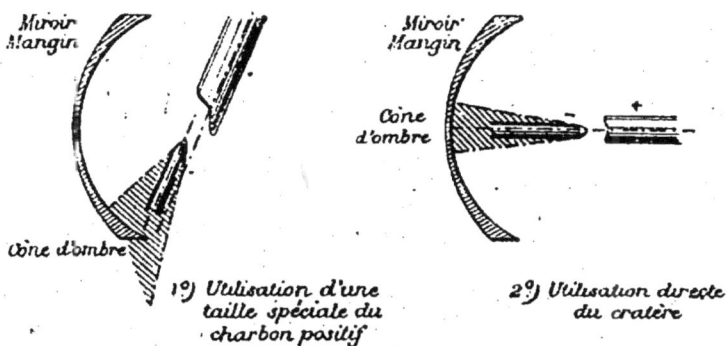

1°) Utilisation d'une taille spéciale du charbon positif

2°) Utilisation directe du cratère

Dispositions de l'arc employé dans les projecteurs.

Comme il est facile de le prévoir au moyen des deux figures
ci-dessus, la lampe inclinée permet d'obtenir de meilleurs
résultats; mais il est assez délicat d'obtenir la taille convenable
des charbons, de sorte qu'en pratique, les résultats moyens
sont équivalents, sinon meilleurs, avec la lampe horizontale
d'un emploi très facile. Dans la lampe à main, on juge de la
taille des crayons et de leur écartement en regardant l'arc à

travers un verre noir suffisamment épais; le charbon positif s'usant deux fois plus vite que le négatif, on a construit en conséquence les pas de vis du mécanisme de réglage pour maintenir l'arc à une position fixe dans l'espace.

Appareils en usage.

En dehors de sa dynamo, destinée à alimenter l'arc électrique, de son moteur et de ses réserves d'eau et de combustible qui lui enlèvent en grande partie sa mobilité, un projecteur actuel se compose d'un miroir Mangin de 0m,90 à 1m,50 de diamètre monté dans un tambour métallique. La lampe vient s'engager dans le tambour de façon que l'arc se trouve au foyer du miroir. Tout le système est porté sur une fourche au moyen de deux tourillons à axe horizontal

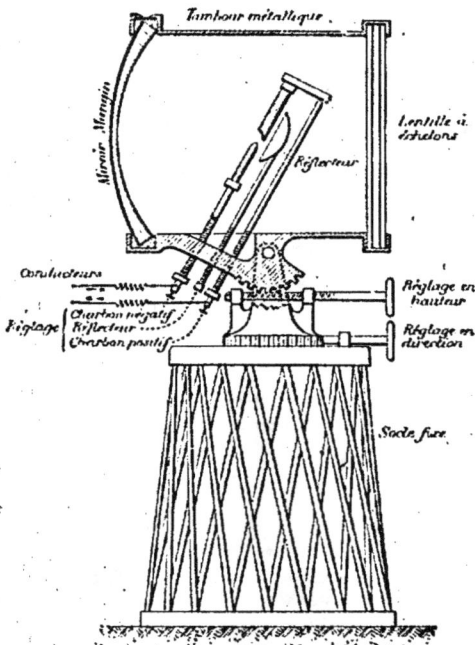

Projecteur électrique.

permettant le pointage en hauteur. La fourche peut, d'autre part, tourner autour d'un axe vertical par rapport au socle ou affût, ce qui donne le pointage en direction. Ces mouvements sont commandés par un mécanisme approprié, soit à la main, soit électriquement. Dans ce cas, la lampe est toujours à réglage automatique et la commande peut se faire à distance, par l'observateur lui-même, au moyen de deux petits moteurs électriques renfermés dans le socle de l'appareil.

Éclairements produits.

On a noté ci-dessous les éclairements en lux, produits par des projecteurs Mangin de $0^m,90$ et de $1^m,50$ à une distance de 3 à 4 kilomètres. C'est la distance moyenne des observations, car il est évident que, malgré la portée considérable des projecteurs, on ne doit pas songer, au moyen de ces appareils, à faire des observations qui ne seraient même pas tentées avec la lumière du jour. La transparence kilométrique de l'atmosphère est de 0,92, coefficient correspondant à la valeur moyenne en France, pour six mois de l'année.

APPAREIL.	DISTANCE.	DIAMÈTRE du faisceau.	TACHE centrale.	COEFFICIENT de transparence.	ÉCLAIREMENT en lux.
Projecteur de 0,90 ; foyer 0,45.............. Courant de 100 ampères.	mètres. 3,000	mètres. 106	mètres. 80	0,78	7,73
Projecteur de 1,50 ; foyer 0,75.............. Courant de 150 ampères.	4,000	122	92	0,72	11,1

Pour donner une idée des résultats fournis par les projecteurs, remarquons que l'éclairement de la pleine lune au zénith correspond à $0^{lux},2$, mais il ne faut pas se dissimuler, malgré tout, que l'observation à la lumière du projecteur exige une grande habitude pour devenir réellement efficace.

CHAPITRE XIII

TÉLÉGRAPHIE

Généralités sur les récepteurs mécaniques.

Les applications mécaniques de l'énergie électrique sont des plus nombreuses et comprennent des appareils extrêmement divers, dans lesquels sont utilisées les puissances les plus faibles et les plus considérables. L'*électro-aimant*, découvert en 1820 par Arago, constitue l'un de ces récepteurs mécaniques, exigeant une faible puissance, par la propriété qu'il possède, sous l'action d'un courant, de produire l'attraction temporaire d'une armature de fer doux. Toute la *télégraphie* est basée sur ce principe de l'électro-aimant et constitue aujourd'hui l'une des branches les plus perfectionnées et les plus répandues des applications de l'électricité. Les *téléphones* et *microphones* sont encore des récepteurs mécaniques, dans lesquels sont mises en jeu des énergies extrêmement faibles, donnant cependant naissance à des actions mécaniques suffisantes pour venir impressionner l'oreille. Par contre, des *électromoteurs* de toute puissance utilisent l'énergie électrique et la transportent à distance : c'est à ces électromoteurs qu'est spécialement réservé le nom de *récepteurs mécaniques*.

D'une façon générale, on entend par télégraphie, l'art de communiquer la pensée à distance, quels que soient les moyens employés. A part l'échange direct des dépêches, à part l'échange de signaux lumineux, qui constitue la *télégraphie*

optique, on peut distinguer deux genres principaux de transmission, applications directes de l'énergie électrique sous
forme mécanique. Ce sont :

1° L'échange de *signaux mécaniques* proprement dits : c'est
la télégraphie électrique (1);

2° L'échange de *signaux sonores :* ce sont la téléphonie et
la microtéléphonie.

I. — MATÉRIEL DE POSTE.

Organes principaux d'un poste télégraphique.

Le problème de la transmission et de la réception électriques des télégrammes est résolu au moyen d'un ensemble
d'appareils qui composent un *poste télégraphique* et sont
susceptibles d'échanger les signes de l'*alphabet Morse*, signes
réalisés par des combinaisons de traits et de points.

Les organes principaux qui se trouvent dans tout poste
télégraphique sont, en prenant comme exemple le système
Morse, le plus répandu :

1° Une *pile* qui n'est autre qu'une batterie de douze *éléments Leclanché* montés en tension;

2° Le *manipulateur*. C'est l'organe qui sert à produire,
dans la ligne, les émissions de courant longues et brèves qui

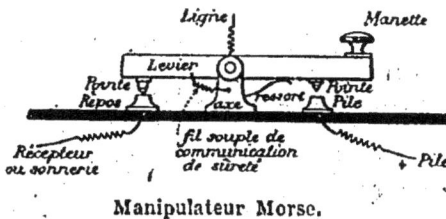

Manipulateur Morse.

constituent les signaux de l'alphabet Morse. Il se compose
d'un levier en laiton, articulé sur un axe métallique en rela-

---

(1) Nous nous occuperons uniquement dans ce chapitre de la télégraphie électrique ordinaire. La *Télégraphie sans fil* sera étudiée plus loin (Voir chapitre XVII).

tion avec la ligne, et pourvu de deux pointes métalliques dont
l'une est au-dessous d'une manette en substance isolante. En
face des deux pointes, se trouvent deux plots appelés : l'un,
plot de repos, sur lequel presse en temps normal, grâce à un
ressort, la pointe correspondante et qui communique soit avec
le récepteur, soit avec la sonnerie; l'autre *plot de pile* ou
enclume, qui communique avec le pôle positif de la pile. Le
tout repose sur une planchette en acajou. Il est facile de voir
qu'à la position de repos, la ligne communique avec la sonnerie ou le récepteur, et que si l'opérateur appuie sur la
manette, il fait passer le courant de la pile dans la ligne;

3° Le *récepteur*. Cet organe est destiné à enregistrer les
signaux transmis à travers la ligne par le poste opposé. Le
courant envoyé par le poste d'émission arrive au poste récepteur dans un *électro-aimant*, et se perd à la terre; cet électro-
aimant devient actif pendant la durée du courant et maintient
attirée une armature fixée à l'extrémité d'un levier, qui oscille

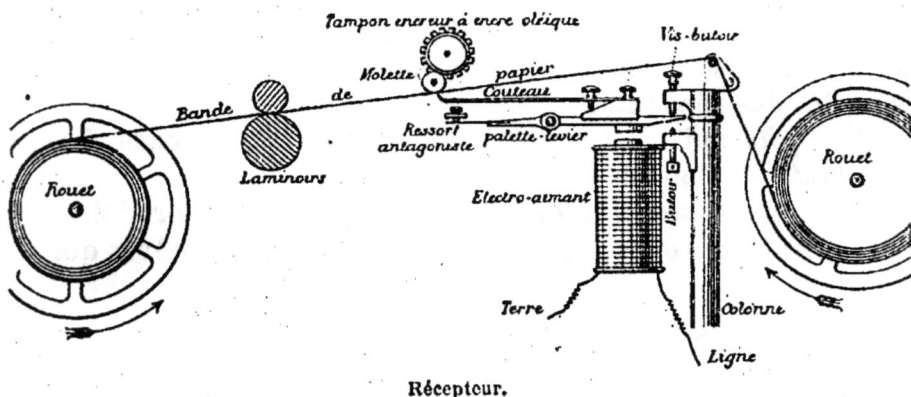

Récepteur.

autour d'un axe et qu'un *ressort antagoniste* peut ramener à
sa position primitive, lorsque le courant cesse. Deux *butoirs*,
portés par une *colonne*, limitent ce mouvement et empêchent
la palette de venir au contact des noyaux de l'électro-aimant,
ce qui favoriserait la production de *magnétisme rémanent*. Le
mouvement de bascule du levier est transmis à un couteau
qui vient appuyer une *bande de papier* sur une *molette* chargée
d'encre oléique par un *tampon encreur*. Cette bande de papier,
entraînée par deux *laminoirs*, mûs par un mouvement d'hor-

SIGNAUX MORSE

I. — Lettres.

a		o	
ä		ö	
b		p	
c		q	
d		r	
e		s	
é		t	
f		u	
g		ü	
h		v	
i		w	
j		x	
k		y	
l		z	
m		ch	
n			

II. — Chiffres.

1		6	
2		7	
3		8	
4		9	
5		0	

Barre de fraction :

III. — Ponctuations et Indications de service.

Point...............	Parenthèse.........
Point et virgule....	Souligné...........
Virgule............	Appel ....
Guillemets.........	Compris ou reçu....
Deux points.......	Erreur.............
Point d'interrogation.	Fin de transmission..
Point d'exclamation..	Attente...........
Apostrophe........	Invit^on à transmettre.
Alinéa............	Réception terminée..
Trait d'union......	Signal de séparation.

TRADUCTION EN LETTRES DES SIGNAUX MORSE

L'ingénieux tracé ci-dessous, dû au Commandant Percin, permet de retrouver très rapidement la lettre qui correspond à un signal de l'alphabet Morse. Voici comment on doit se servir du tableau, pour se familiariser avec l'alphabet :

Pour savoir, par exemple, à quelle lettre correspond une combinaison donnée, on part du sommet, en suivant successivement chacune des lignes jusqu'à l'endroit où elle se bifurque, en prenant toujours la bifurcation de droite lorsque le signe est un *trait*, la bifurcation de gauche lorsque le signe est un *point*, et en s'arrêtant lorsque la combinaison du signal est épuisée. Ainsi, par exemple, le signal ▬ ▬ ▬ nous conduit sur le diagramme à la lettre *d*, le signal ▬ ▬▬ ▬▬ ▬▬ à la lettre *j*, et ainsi de suite. La lecture est ainsi rendue très rapide.

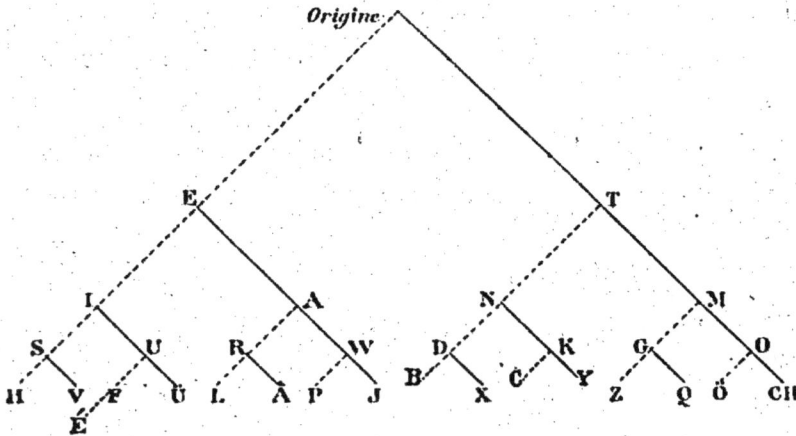

Origine

E — T

I — A — N — M

S — U — R — W — D — K — G — O

H V F Ü L Á P J B X C Y Z Q Ö CH

É

Classement des lettres de l'alphabet

dans l'ordre où elles se représentent le plus souvent :

e	219	t	98	m	46	b	14
r	118	u	82	é	39	x	8
n	108	o	80	v	27	y	6
a	107	l	69	g	17	z	6
s	106	d	52	h	17	j	5
i	105	c	48	f	15	k	1
		p	46	q	15		

logerie, se déroule d'un *rouet* pour s'enrouler sur un autre, après avoir reçu, par pression du couteau sur la molette, l'impression d'un point ou d'un trait, suivant la durée du passage du courant.

Organes accessoires d'un poste télégraphique.

Les organes accessoires d'un poste sont des *commutateurs*, des *parafoudres*, des *galvanomètres*, des *sonneries*, des *rappels par inversion*, des *commutateurs inverseurs*, des *bornes*, des *bobines de résistance*, des *piquets de terre* (1).

1° Commutateurs.

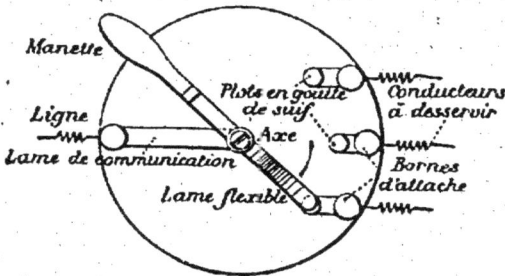

Commutateur rond.

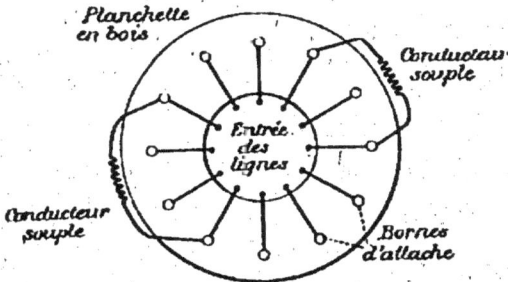

Commutateur bavarois.

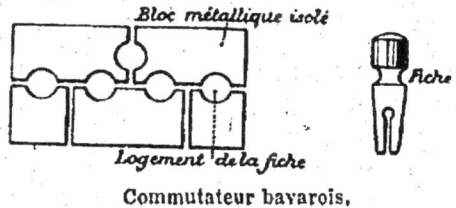

Commutateur à rosace.

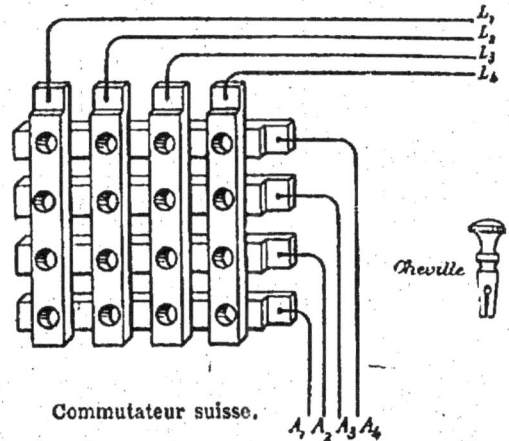

Commutateur suisse.

Les commutateurs sont des appareils permettant de faire passer le courant, amené par un conducteur, successivement dans différentes directions. Les principaux sont : *a*) le commutateur *rond*; *b*) le commutateur *bavarois*; *c*) le commutateur *suisse*; *d*) le commutateur à *rosace*. Dans le *commutateur rond*, une lame flexible mobile autour d'un axe vertical peut faire communiquer cet

---

(1) Ces organes accessoires peuvent servir naturellement dans toutes sortes d'applications de l'électricité. La plupart d'entre eux sont décrits ici une fois pour toutes.

axe avec des plots rangés circulairement et correspondant aux conducteurs à desservir. Dans le *commutateur bavarois*, plus simple, un bloc métallique peut communiquer avec d'autres blocs voisins au moyen de fiches ou de chevilles encastrées dans des logements *ad hoc*. Dans le *commutateur suisse*, une série de barres verticales communique avec un certain nombre de directions, une autre série de barres horizontales communique avec d'autres lignes, les deux séries restant soigneusement isolées les unes des autres : le tout forme une sorte de table à double entrée, dans laquelle une fiche peut réunir deux lames quelconques à leur point de croisement. Dans le *commutateur à rosace*, les lignes pénètrent par le centre dans une planchette circulaire et s'épanouissent vers la circonférence; des conducteurs souples, ou jarretières, peuvent relier entre elles les bornes extrêmes. Le commutateur à rosace est surtout usité pour les lignes téléphoniques.

2° Galvanomètre.

Le galvanoscope, employé généralement en télégraphie, comprend un aimant en forme de V renversé, mobile autour d'un axe horizontal et portant une aiguille indicatrice susceptible de se mouvoir devant un cadran divisé. L'ai-

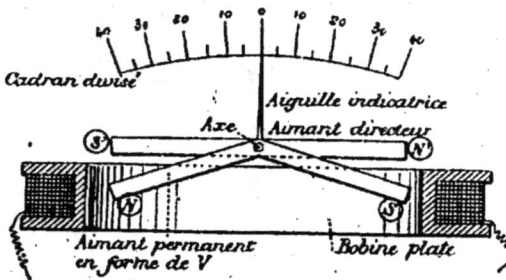

Galvanomètre.

mant est entouré d'une *bobine plate* dans laquelle passe le courant de la ligne. Il résulte du passage de ce courant une certaine polarité de la bobine, polarité à laquelle obéit l'aimant, dont la position au repos est réglée au moyen d'un petit aimant directeur.

3° Sonneries.

Les sonneries employées en télégraphie, sont du genre dit *sonneries trembleuses*. — Une sonnerie trembleuse se compose d'un électro-aimant placé sur la ligne, et dont le circuit se ferme par l'intermédiaire de l'armature de cet électro, au moyen d'un ressort que porte cette dernière et d'une vis butoir mise à la terre. A l'état de repos, le ressort presse sur son contact et le circuit est fermé; lorsqu'un courant est lancé dans la ligne, l'électro devient actif, attire son armature et un petit marteau, placé sur cette dernière, frappe sur un timbre. Mais, par suite de cette attraction, le ressort quitte son contact et le courant est interrompu; l'électro devient inactif et l'armature est ramenée, par l'élasticité du ressort qui la supporte, dans la position primitive; le circuit se

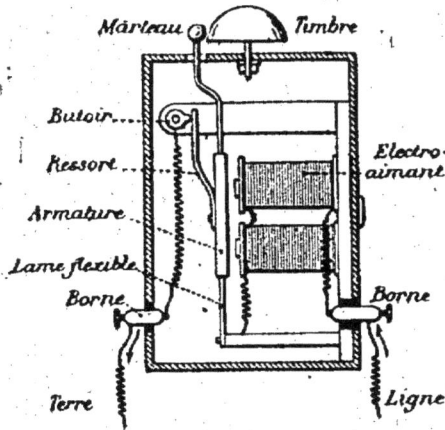

Sonnerie trembleuse.

trouve donc de nouveau fermé, d'où une nouvelle attraction, un nouveau choc sur le timbre et ainsi de suite. Il en résulte une sonnerie continue caractéristique, pendant toute la durée du signal servant d'appel.

4° Paratonnerres.

a) *Paratonnerre Bertsch ou d'entrée de poste.* — Les paratonnerres ont pour but de protéger les appareils contre les effets de la foudre. On fait usage de trois types différents : 1° le *paratonnerre Bertsch* ou *d'entrée de poste;* 2° le *paratonnerre à bobine et à fil préservateur;* 3° le *paratonnerre à stries.*

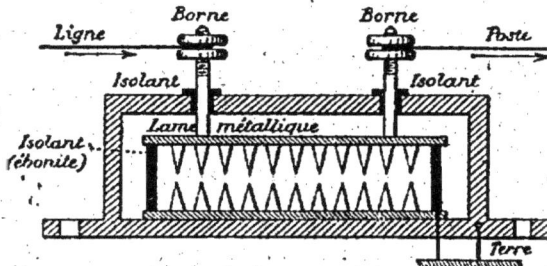

Paratonnerre Bertsch.

Le paratonnerre Bertsch ou d'entrée de poste se compose d'une boîte en fonte, dont l'une des faces latérales est vitrée et qui contient deux plaques métalliques, à pointes disposées en regard les unes des autres. De ces deux plaques, isolées l'une de l'autre par des colonnes en ébonite, l'une, ainsi que la boîte en fonte, est reliée à la terre, l'autre est intercalée dans la ligne par deux bornes métalliques isolées du couvercle de la boîte, de sorte qu'en temps normal, le courant venant de la ligne traverse cette plaque avant d'entrer dans le poste. Si, par suite de l'état de l'atmosphère dans les régions que traverse la ligne, le courant y prenait une tension anormale, les effets en seraient en partie neutralisés, grâce au pouvoir des pointes.

b) *Paratonnerre à bobine et à fil préservateur.* — Sur une tige formée de trois parties métalliques réunies par des cylindres isolants en ébonite, s'enroule en spirale un fil de fer recouvert de soie, dont les extrémités dénudées sont pincées par des vis. Cette tige est serrée dans ses parties métalliques par trois poupées communiquant avec trois bornes, mises respectivement en relation avec l'appareil, avec la ligne, avec la terre, par l'intermédiaire d'un commutateur. Il est facile de voir que, dans la position du commutateur indiquée sur la figure, le courant normal venant de la ligne traversera simplement le fil de fer, avant d'arriver à l'appareil.

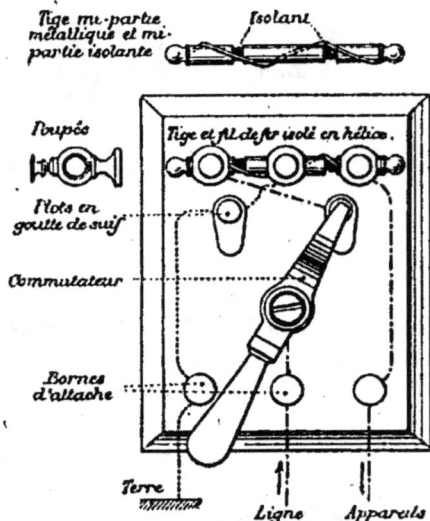

Paratonnerre à bobine et à fil préservateur.

Si un courant atmosphérique à haute tension vient également de la ligne, il brûlera l'enveloppe de soie du fil de fer et passera à la terre par la poupée du centre, sans amener la destruction des appareils du poste. Le fil préservateur peut non seulement être dénudé, mais il peut fondre, et dans ce cas, la ligne est isolée, ce qui constitue un danger; la ligne doit être alors mise directement à la terre dans la seconde position du commutateur.

c) *Paratonnerre à stries.* — Le paratonnerre à stries comporte, comme le paratonnerre Bertsch, deux plaques métalliques dans lesquelles des stries viennent remplacer les pointes. Les deux plaques sont placées en regard, de façon que les stries de l'une soient disposées perpendiculairement aux stries de l'autre. La plaque inférieure, qui est intercalée entre la ligne et l'appareil, porte un prolongement sur lequel est monté, sur un ressort, un contact en laiton; un autre contact en laiton, isolé de la plaque, fait pendant au premier et communique à la terre. La plaque supérieure peut glisser entre deux rainures en ébonite qui l'isolent de la plaque inférieure et porte deux prolongements, l'un plus long que l'autre, correspondant aux contacts inférieurs. Il résulte de cette disposition que la plaque supérieure peut occuper trois positions au-dessus de la plaque fixe :

1° Les prolongements ne sont pas amenés au contact des pièces correspondantes : la plaque supérieure est donc isolée et la plaque inférieure sert sim-

plement à relier la ligne à l'appareil. C'est *la position de réception sans para-*
tonnerre;

2° Le plus grand prolongement est engagé sur son contact, tandis que le
plus petit n'atteint pas encore le sien; il est facile de voir que la plaque supérieure est mise à la terre et permet à la ligne de se décharger sans endom-
mager l'appareil; c'est *la position de réception avec paratonnerre;*

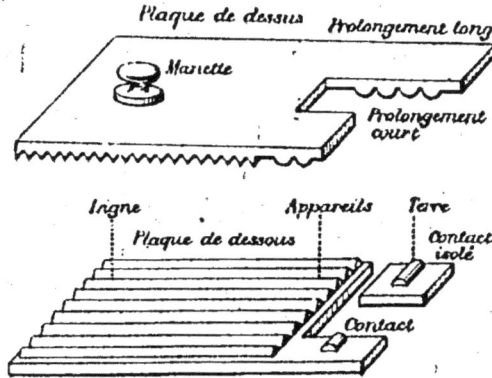

Paratonnerre à stries.

3° La plaque supérieure est engagée à fond, les deux prolongements portent
respectivement sur leurs contacts, et la plaque supérieure communique à la
fois avec la ligne et avec la plaque inférieure. C'est *la position mettant la ligne*
à la terre.

5° Bornes et bobines de résistances.

Les bornes d'attache sont métalliques; le serrage se fait au moyen d'écrous
et de contre-écrous, quelquefois au moyen de ressorts comme dans les bornes
Combette, qui assurent les contacts malgré les trépidations et les transports.

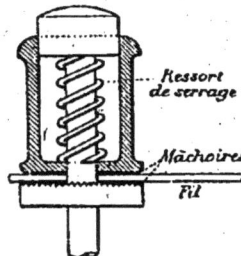

Borne Combette.

Dans certains cas, on peut faire usage de *bobines de résistances* : ce sont des
bobines de fil fin isolé, permettant d'intercaler sur une ligne une résistance
connue et d'égaliser ainsi les lignes montées en dérivation.

6° Relais.

Il peut arriver que, par suite de la longueur de la ligne, le courant envoyé par le poste de départ n'ait pas une intensité suffisante pour faire fonctionner directement l'appareil récepteur du poste d'arrivée. On peut alors se servir d'un relais qui comprend, comme parties essentielles, un électro-aimant et une armature fixée à un levier léger mobile autour d'un

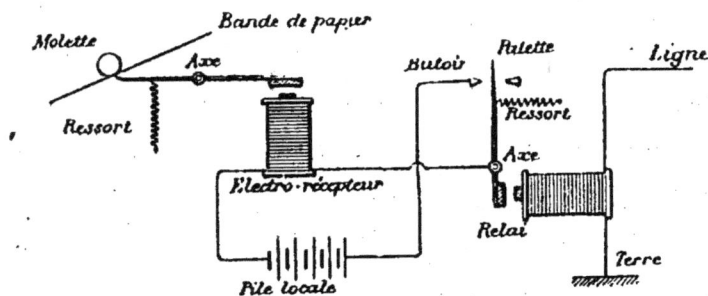

Récepteur fonctionnant par un relais.

pivot. L'extrémité du levier oscille entre deux vis butoirs isolées l'une de l'autre, et son ressort antagoniste tend à écarter la palette de l'électro-aimant. Le mouvement de ce levier peut fermer un circuit local contenant une pile et le récepteur. Les signaux seront simplement reproduits, avec un certain retard il est vrai, dans le nouveau circuit; ce dernier circuit pourra d'ailleurs être remplacé par une ligne nouvelle.

7° Rappel par inversion.

Le rappel par inversion est un *relais polarisé*. C'est un appareil qui permet à la sonnerie d'un poste de ne fonctionner qu'autant que le courant lancé dans la ligne par le poste correspondant a un sens déterminé. On dit que ce courant est *positif*, lorsque l'enclume du manipulateur est reliée au pôle positif de la pile; il est *négatif*, lorsque cette enclume est reliée au pôle négatif. Le rappel par inversion comprend un aimant permanent en fer à cheval et à branches inégales, monté sur une planchette. Une palette en fer doux est fixée à l'extrémité de la branche la plus courte, par l'intermédiaire d'un ressort qui lui permet d'osciller entre deux butoirs, mais qui la tient appliquée au repos contre l'un d'eux. L'extrémité de la palette oscille entre les pôles d'un électro-aimant

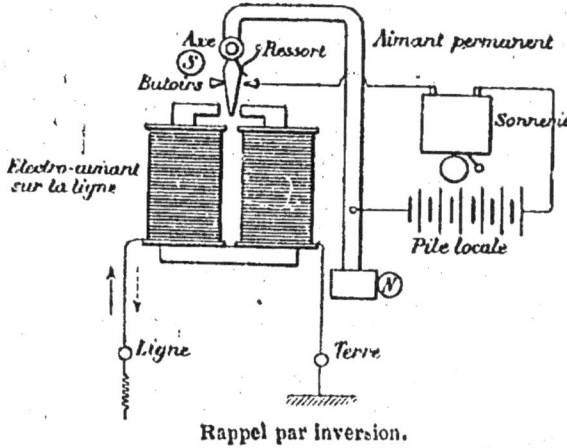

Rappel par inversion.

placé sur la ligne. Il est facile de voir, étant données la polarité de l'aimant permanent et les polarités développées par le courant envoyé comme appel dans la ligne, que la palette fermera ou non un circuit local comprenant une pile et une sonnerie.

8° Commutateur inverseur.

Il résulte de ce qui précède que, si deux sonneries munies de rappels par inversion sont montées à l'extrémité d'une même ligne, il sera possible de faire fonctionner à volonté l'une ou l'autre des sonneries avec un courant venant de la ligne, à la condition que les rappels soient montés pour fonctionner, l'un avec un courant positif, l'autre avec un courant négatif. Pour lancer dans la ligne, soit un courant positif, soit un courant négatif, on fait usage du *commutateur inverseur;* cet appareil se compose d'une planchette en bois sur laquelle sont montés trois contacts et deux axes :

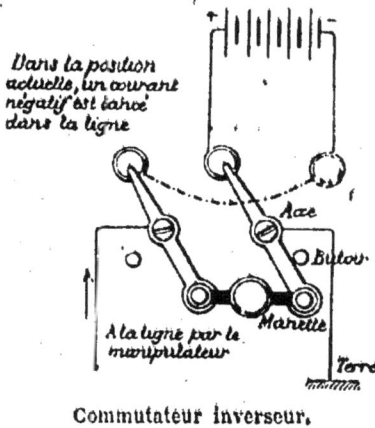

Commutateur inverseur.

autour de ces axes, peuvent pivoter deux touches métalliques reliées par une poignée en ébonite qui permet de les mouvoir ensemble. Il est facile de voir que les connexions indiquées sur la figure permettent d'envoyer sur la ligne, soit un courant positif, soit un courant négatif.

II. — MATÉRIEL DE LIGNE.

Constitution des lignes. — Détails de construction.

La plupart des lignes sont *aériennes*, car les *lignes souter-raines*, très coûteuses et difficilement réparables, ne sont établies que dans des cas spéciaux. Les lignes aériennes sont construites, soit en *fil de fer galvanisé*, soit en *fil de bronze silicieux*, en *fil bimétallique* (lignes téléphoniques), quelquefois en *torons* isolés composés de plusieurs brins de cuivre (*câbles* destinés aux lignes volantes).

Si la ligne est constituée par un câble isolé, elle est parfois posée simplement sur le sol ou placée sur des supports existants, tels que des arbres ou des murs : c'est le cas des lignes volantes. Mais la plupart des lignes, installées d'une façon

Isolateurs.

permanente, sont en câble nu disposé sur des *poteaux* dits *télégraphiques*, par l'intermédiaire d'*isolateurs en porcelaine* en forme de *cloche*.

Épissures, raccords, commutateurs de ligne.

Lorsqu'un câble est rompu ou à bout de rouleau, on le joint par une épis-sure au câble suivant, on recouvre le joint par une première bandelette gou-dronnée, puis par une deuxième en caoutchouc. On raccorde les fils nus soit par un manchon avec interposition de soudure, soit par un enroulement régu-lier des deux extrémités du fil l'une sur l'autre. Le fil conducteur d'une ligne devant être très fortement tendu avant d'être placé sur ses supports, afin d'éviter une trop grande flèche de la *chaînette*, on se sert à cet effet de *moufles* accrochées à des *serre-fils*. Les figures ci-après, qui se comprennent à pre-mière vue, montrent quelques-uns des détails de construction des lignes aériennes.

Dans certains cas, il est nécessaire de couper en un point une ligne existante, pour y établir un appareil nouveau; on coupe alors le fil en ce point,

Détails de construction des lignes aériennes.

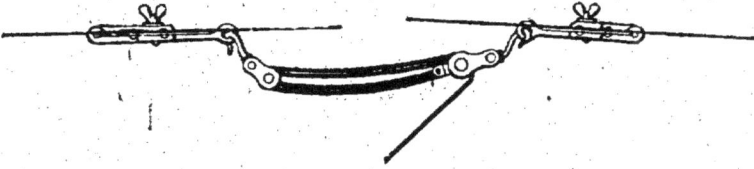

Pose du fil.

Ligature en fil fin.

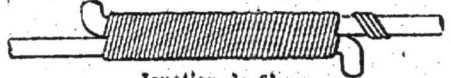

Jonction de fil nu.

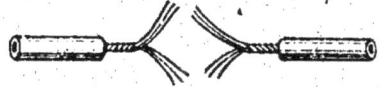

Joint à manchon.

Joint américain.

Joints à épissure.

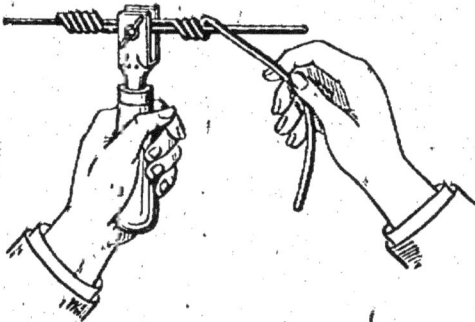

après avoir préalablement saisi les deux points voisins, à l'aide d'un appareil
qu'on appelle *commutateur de ligne.* Deux mâchoires en fer, fixées sur deux
blocs d'ébonite, reliés entre eux par une forte tige de fer, permettent de saisir

les deux extrémités du câble coupé et le maintiennent en place sans en modifier la tension; deux boulons de serrage servent alors à établir la dérivation.

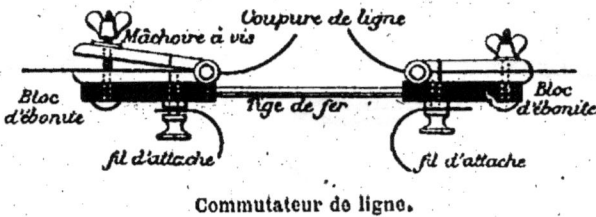

Commutateur de ligne.

On conçoit qu'au moyen de deux commutateurs de ligne, on puisse facilement faire des changements de direction entre deux lignes existantes.

Prises de terre et fils de retour.

Les communications à la terre se font ordinairement au moyen d'un piquet métallique, sorte de tube en fer galvanisé terminé en pointe et muni d'une borne de serrage à laquelle on attache le fil de terre. Ce piquet doit être enfoncé dans un sol humide tel que le fond d'un fossé, le sol d'une prairie, une touffe d'herbe. Si l'on se trouve à proximité d'un cours d'eau, d'une mare, d'un puits, il suffit d'y plonger le piquet de terre ou même une simple couronne de fil; dans le cas d'un terrain suffisamment humide, tout objet métallique plongé dans le sol donne une bonne prise de terre. Mais il peut se faire que le sol soit très sec; dans ce cas, on recherche un endroit abrité dont le sol soit assez perméable, on creuse un trou au moyen d'un perforateur, on y introduit le piquet de terre et on y laisse couler d'une manière continue un mince filet d'eau. Si la couche inférieure est imperméable, la communication est tout à fait insuffisante; on essaye alors, au moyen d'une vrille enfoncée dans les parties vives d'un arbre, d'aller chercher, par la sève des racines, les couches les plus humides du sol; il vaut cependant mieux,

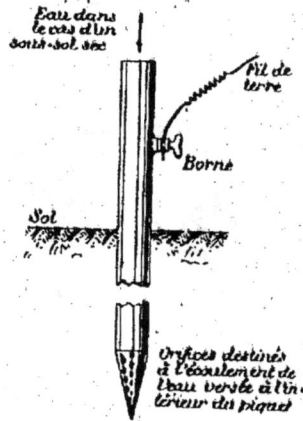

Piquet de terre (fer galvanisé).

pour avoir une communication bien sûre, aller la chercher dans de bonnes conditions, même assez loin du poste, au moyen d'un fil nu, enterré en tranchée. Enfin, si la mise à la terre est trop imparfaite, dans un terrain sablonneux et sec par exemple, on installe un fil de retour qui n'exige plus d'ailleurs aucun isolement. Du reste, comme on le verra en téléphonie, il est des cas où ce fil de retour est absolument indispensable.

Isolement des lignes. — Mesure d'isolement des câbles.

Sans entrer dans le détail de tous les dérangements qui se produisent sur les lignes, il existe une cause fréquente de dérangement, qui tient à leur isolement défectueux. Dans les lignes fixes installées avec soin, le fil en fer galvanisé ou en bronze silicieux est suspendu, dépourvu de tout isolant, sur des cloches en porcelaine portées par des poteaux en bois; cette disposition suffit pour les lignes télégraphiques fonctionnant avec un potentiel de quelques volts seulement, mais des précautions spéciales doivent être prises pour les lignes à haut potentiel.

Pour avoir la résistance totale d'isolement d'une ligne déjà posée, on se contente de mesurer le courant au départ et de le mesurer de nouveau à l'arrivée; on admet que la différence constitue la perte à la terre, d'où l'on déduit la résistance de cette dernière dérivation. Comme moyen préventif, pour ne pas avoir à localiser plus tard les défauts dans des essais demandant toujours un certain temps, on s'assure de la résistance d'isolement avant la pose des lignes. Voici sommairement en quoi consistent les essais des câbles au point de vue de l'isolement (abstraction faite des essais de traction auxquels les câbles doivent toujours être soumis) :

La résistance d'isolement d'un câble est la résistance (en ohms) que l'isolant, enveloppant l'âme conductrice du câble, oppose au passage du courant. Imaginons un circuit comprenant : une pile de force électromotrice totale e et de résistance r, un galvanomètre de résistance G, et une très grande résistance R. Un courant de très faible intensité I prend naissance, et l'application de la loi de Ohm donne :

$$e = I(R + G + r).$$

Si R est très grand par rapport à G et r, on pourra négliger ces dernières résistances devant la valeur de R; si le courant est très faible, la force électromotrice totale se confond avec la force électromotrice aux bornes, et l'on a plus simplement :

$$e = IR.$$

En remplaçant R par une résistance différente R', aussi très grande, on a de même :

$$e = I'R',$$

d'où :

$$\frac{1}{I'} = \frac{R'}{R},$$

ou bien, puisque I et I' sont des intensités proportionnelles aux déviations du galvanomètre,

$$\frac{R'}{R} = \frac{\delta}{\delta'}.$$

Supposons $R = 1$ mégohm, on aura : $R' = \frac{\delta}{\delta'}$ en mégohms. La déviation δ, obtenue avec une pile de 200 volts sur un mégohm, s'appelle la constante du galvanomètre.

L'expérience est conduite de la façon suivante pour un câble recouvert d'un isolant (gutta, etc.). La bobine à essayer est placée dans une cuve à eau à 14° :

des deux extrémités qui dépassent le niveau de l'eau, l'une est laissée libre et l'autre est rattachée au circuit, comprenant la pile et le galvanomètre, lequel se termine par une plaque de cuivre plongeant dans la cuve à eau. Dans ces conditions, la déviation de l'aiguille du galvanomètre ne peut provenir que du courant de très faible intensité qui se produit à travers l'eau et l'isolant ; or, d'après ce qui précède, on sait comment cette déviation se relie à la résistance ; celle-ci ne doit pas être inférieure à 200 mégohms au kilomètre de câble ; elle est ordinairement comprise entre 200 et 2,000 mégohms.

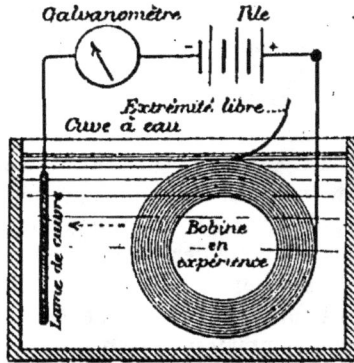

Mesure de la résistance à l'isolement d'un câble.

Quelquefois, pour ne pas mouiller complètement la bobine terminée, on se contente d'appliquer, sur la surface extérieure de l'enroulement, un linge mouillé sur lequel presse, dans des conditions déterminées, une plaque de cuivre courbée en forme de cylindre.

III. — MONTAGE ET INSTALLATION DES POSTES.

Montage des postes.

Un poste télégraphique se compose de la combinaison des organes décrits précédemment (1).

(1) Nous nous bornerons à la description des montages les plus simples, sans nous

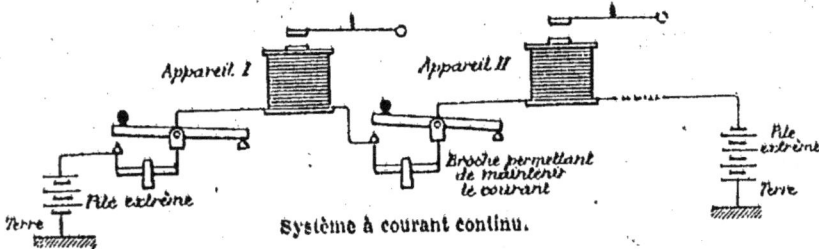

Système à courant continu.

attacher aux divers modes de transmission. Voici, à titre d'exemple, la transmission employée sur les lignes de chemins de fer, transmission dite à *courant continu*.

Le montage des postes varie avec leur importance; le plus simple est à une seule direction, il se compose des appareils portés sur le schéma ci-dessous.

Le courant venant de la ligne traverse le paratonnerre et se rend au commutateur à deux directions. Si la fiche du

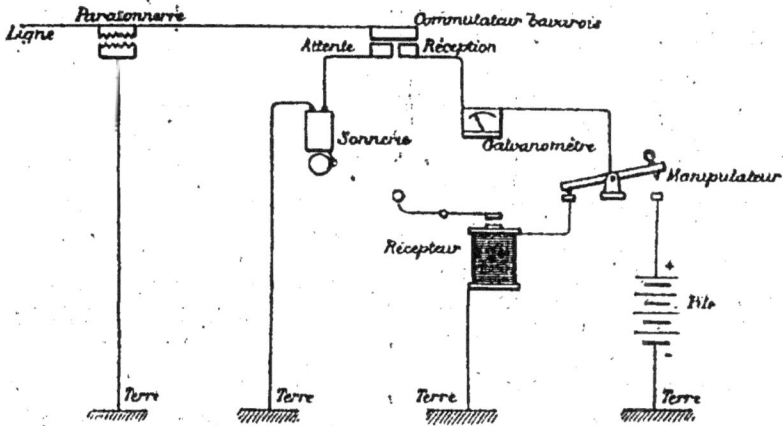

Montage d'un poste simple.

commutateur correspond à la position d'attente, le courant se rend à la terre en passant par la sonnerie. Le télégraphiste place la fiche dans la position de réception; le courant traverse alors le galvanomètre et se rend à la chape du manipulateur; celui-ci étant au repos, le courant traverse le récepteur qui enregistre les signaux, puis se rend à la terre. Au contraire, chaque fois que le manipulateur est abaissé, le courant de la pile est envoyé dans la ligne en suivant un chemin inverse. L'appareil est organisé, en outre, de façon à pouvoir servir au besoin de simple relais : à cet effet, on utilise la colonne des vis-butoirs, qui est creuse et se compose en réalité de deux conducteurs isolés communiquant séparément avec chacune des vis-butoirs.

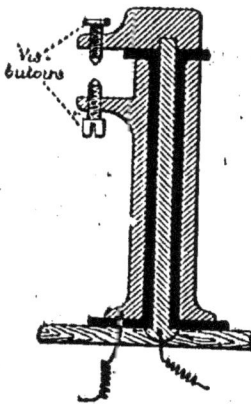

Colonne des vis-butoirs.

Parleur-ronfleur.

Le parleur-ronfleur n'est autre chose qu'un appareil Morse simplifié, dans lequel, en vue de réduire au minimum le poids et le volume, on a supprimé l'enregistrement des signaux qui sont simplement reçus au son. Le parleur se réduit donc à un électro-aimant et à son armature pour la réception, et à un manipulateur pour la transmission. Les communications sont

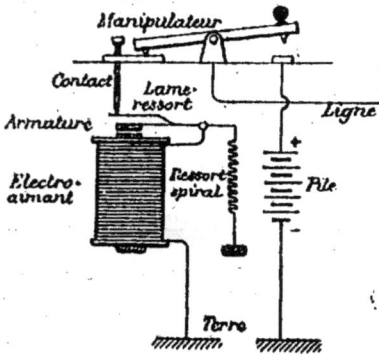

Parleur-ronfleur (*schéma*).

Parleur-ronfleur.

les mêmes que pour les appareils ordinaires, sauf que le plot de repos du manipulateur est relié au récepteur, non plus directement, mais par l'intermédiaire de l'armature, comme dans une sonnerie trembleuse. Lorsque le courant de signal passe, l'armature prend un mouvement analogue au marteau d'une sonnerie. Il en résulte donc une sorte de *ronflement*, qui est renforcé par la sonorité de la boîte et du socle creux de l'électro-aimant.

Installation des postes. — Poste extrême.

Suivant la position qu'il occupe par rapport à la ligne, un poste est un *poste extrême* ou un *poste intermédiaire*. — Si par exemple, deux points A et B sont reliés par une ligne passant par C, les deux postes Ⓐ et Ⓑ seront des postes extrêmes et Ⓒ sera un poste intermédiaire. — L'installation d'un poste extrême ne présente rien de particulier, que ce soit un poste simple (ou à une seule direction), ou un poste multiple, c'est-à-dire un poste destiné à desservir plusieurs directions, en fonctionnant pour chacune d'elles comme poste extrême.

Poste intermédiaire.

1° Double appareil.

Dans le cas d'un poste Ⓒ, intermédiaire entre deux postes extrêmes Ⓐ et Ⓑ, le poste doit être installé de façon à pouvoir correspondre à volonté avec l'un ou l'autre des postes Ⓐ et Ⓑ; il faut aussi que chacun des postes extrêmes puisse correspondre, soit avec le poste intermédiaire, soit avec l'autre poste extrême.

Une première solution consisterait à considérer la ligne comme composée de deux tronçons distincts A C et B C, et à installer en C deux postes extrêmes. Mais dans ce cas, il faudrait doubler les appareils en Ⓒ et, de plus, un poste

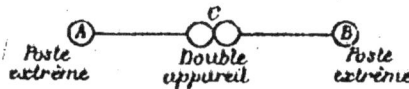

extrême tel que Ⓐ serait obligé, pour correspondre avec Ⓑ, de commencer par demander à Ⓒ la communication directe, que le poste intermédiaire établirait en réunissant les deux tronçons de ligne à l'aide d'une jarretière.

2° Appareil unique en dérivation.

Une deuxième solution consiste à installer en C un appareil unique en dérivation. Il suffit, à cet effet, d'amener un point quelconque de la ligne A B à la chape du manipulateur, en laissant les autres communications, pile, récepteur, terre, comme à l'ordinaire. Dès lors, tout signal émis par l'un des trois postes Ⓐ Ⓑ Ⓒ sera reçu simultanément par les deux autres. L'inconvénient d'une pareille installation est de rendre parfois difficiles les communications entre les postes extrêmes, le poste intermédiaire formant, comme on le voit, une perte à la terre au milieu de la ligne.

3° Appareil unique embroché.

Une troisième solution consiste à couper la ligne au point C, et à joindre les deux fils aux bornes Terre et Ligne de l'appareil; le pôle positif de la pile n'est pas changé; quant au pôle négatif, au lieu de le mettre à la terre, on le fait communiquer avec le tronçon de ligne aboutissant à la borne Terre de l'appareil. Le poste intermédiaire n'a donc pas de « Terre » et la prend aux postes extrêmes. — On voit qu'avec

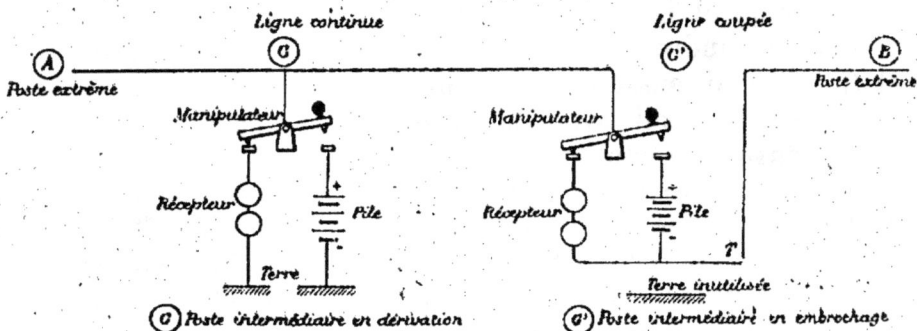

(C) Poste intermédiaire en dérivation (C') Poste intermédiaire en embrochage

cette disposition, tout signal de Ⓐ en Ⓑ, ou inversement, fait fonctionner le récepteur Ⓒ. Si, au contraire, c'est le poste Ⓒ qui transmet, le récepteur est isolé, et, la pile se trouvant embrochée sur la ligne, chaque signal émis par Ⓒ est reçu simultanément par Ⓐ et Ⓑ. En particulier, la simple installation d'un parleur-ronfleur sans pile en C permettra de recevoir sans transmettre.

Postes avec commutateur inverseur et rappel par inversion.

Les deux modes d'installation, en dérivation et en embrochage, présentent l'un et l'autre un même inconvénient : c'est qu'un signal émis par un des postes est reçu à la fois par les deux autres. — Il n'en est pas de même si l'on emploie le rappel par inversion.

Considérons deux postes extrêmes Ⓐ et Ⓑ et un poste intermédiaire en dérivation, ou, d'une manière générale, trois postes Ⓐ Ⓑ Ⓒ, desservis par deux lignes A M B, A M C, ayant une partie commune AM. Il suffira de placer en Ⓑ et Ⓒ des postes à une direction avec rappel par inversion, et en Ⓐ un poste avec commutateur inverseur. — Les connexions

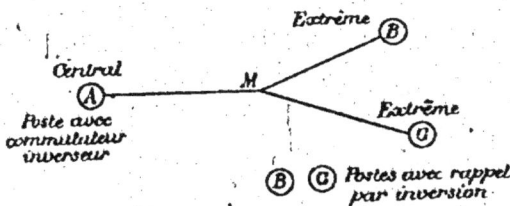

seront faites en Ⓑ et en Ⓒ, de telle sorte que le rappel de Ⓑ, par exemple, fonctionne avec des courants positifs, tandis que celui de Ⓒ fonctionne avec des courants négatifs. On voit que le poste Ⓐ central, par lequel doivent passer toutes les communications, peut appeler à volonté soit Ⓑ, soit Ⓒ, mais que les postes Ⓑ et Ⓒ ne peuvent correspondre directement entre eux.

IV. — PERFECTIONNEMENTS APPORTÉS AU RENDEMENT DES LIGNES.

Classification des divers systèmes.

Sur une ligne importante et très chargée, il y a avantage à augmenter autant qu'on le peut le nombre des mots transmis dans un temps donné par un même fil. Presque tous les perfectionnements que l'on a fait subir aux appareils tels que le *Morse* ou l'ancien *télégraphe à cadran* de *Bréguet* (encore usité aujourd'hui), ont porté sur la rapidité de transmission. Il n'y a guère que les appareils dits *autographiques*, tels que le télégraphe *Caselli*, qui soient au contraire très lents; leur but est de transmettre l'écriture, un plan, un dessin. Ces télégraphes sont restés de simples curiosités scientifiques.

Les appareils dans lesquels on cherche à gagner du temps peuvent être classés en deux catégories. Dans la première, la meilleure utilisation des lignes est obtenue par des combinaisons électriques de courants, qui permettent d'envoyer simultanément plusieurs dépêches sur la ligne : ce sont les systèmes *multiplex*. Dans la seconde, l'amélioration de l'effet utile des lignes est due à l'emploi de combinaisons mécaniques permettant une grande vitesse de transmission. Ce sont les systèmes que l'on pourrait appeler *rapides*.

Les systèmes télégraphiques reposant sur des combinaisons de courants sont appelés :

1° *duplex*, lorsqu'ils permettent l'envoi simultané de deux dépêches en sens opposés; 2° *diplex*, lorsque les deux dépêches sont transmises en même temps et dans le même sens; 3° *quadruplex*, quand deux dépêches passent dans un sens, pendant que deux autres passent en sens opposé.

Système duplex.

Dans le *duplex* différentiel, deux opérateurs correspondent en même temps dans les deux sens et par un même fil. Il faut pour cela que le récepteur de chaque poste communique d'une façon continue avec la ligne, et que le récepteur d'un poste ne soit sensible qu'au manipulateur opposé et pas au sien propre. On réalise cette double condition au moyen d'un *électro-aimant diffé-*

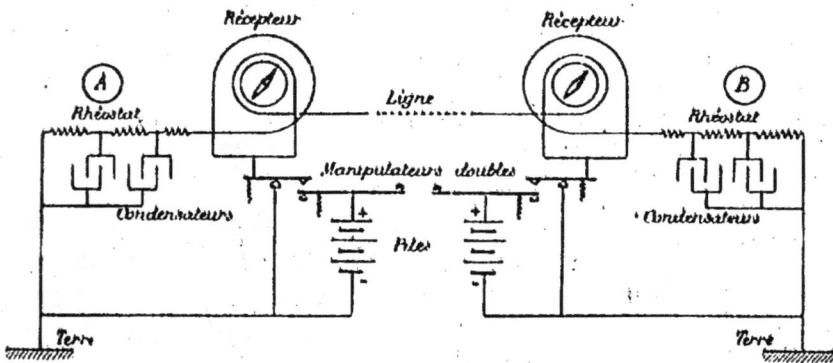

Système duplex.

rentiel et d'un *manipulateur Morse à double levier*. Dans l'électro-aimant différentiel, on enroule en sens inverses, sur le noyau, des nombres égaux de spires réunies au point d'entrée : un courant arrivant par le bout commun, se bifurque en deux dérivations qui tendent à provoquer des aimantations contraires du noyau et finalement ne produisent aucun effet, si les deux dérivations sont de même intensité.

Supposons que l'employé du poste de gauche transmette seul. Le courant de la pile se partage en deux courants dérivés; l'un de ceux-ci retourne au pôle négatif de la pile par un rhéostat, l'autre passe sur la ligne, traverse l'un des circuits de l'électro du poste opposé et se rend à la terre, en passant par le manipulateur au repos de ce dernier poste; il suffit pour que l'électro-aimant du poste reste muet, que les deux dérivations qui y circulent soient de même intensité, ce qu'il est toujours facile d'obtenir : il suffit pour cela de régler convenablement le rhéostat, dont la résistance doit être égale à la résistance de la ligne, plus la résistance du récepteur correspondant. On pourrait vérifier que l'échange de dépêches est toujours possible dans les deux sens, quelles que soient les positions respectives des manipulateurs, une fois les récepteurs équilibrés par les rhéostats.

Système diplex.

Le système *diplex* permet d'envoyer par un seul fil deux dépêches simultanément et dans le même sens. Le principe en est le suivant : le système diplex est fondé sur les variations d'intensité qu'on peut obtenir par l'emploi de deux manipulateurs m, M, envoyant, lorsqu'ils fonctionnent isolément, deux courants d'un certain sens et d'une certaine intensité, et lorsqu'ils fonctionnent en même temps, un troisième courant différent des deux premiers. Les deux récepteurs r, R, doivent être organisés de telle sorte que l'un soit sensible au premier courant, l'autre au second, et tous les deux au troisième. Pour cela, le récepteur r est formé d'un relais à électro-aimant polarisé, ne fonctionnant que pour des courants d'un certain sens et d'une intensité égale ou supérieure à une certaine valeur $+ I$; le récepteur R est formé d'un relais à électro-aimant ordinaire, réglé de façon à n'être actionné que par des courants égaux au moins à $3 I$, et cela dans un sens ou dans l'autre.

Le poste de départ comprend, outre les deux manipulateurs m, M, deux piles dont l'une a deux fois plus d'éléments que l'autre, et les connexions des piles et des manipulateurs sont telles que : 1° Lorsque ces derniers sont au repos, le courant de la petite pile passe seul sur la ligne et donne un courant négatif $- I$ qui n'agit sur aucun des récepteurs; 2° Lorsque m est seul abaissé, il envoie le courant de la petite pile $+ I$, qui actionne le relais polarisé r; 3° Lorsque M est seul abaissé, c'est un courant négatif $- 3 I$ provenant des deux piles qui est envoyé dans la ligne : ce courant actionne seul le récepteur R; 4° Lorsque les deux manipulateurs sont abaissés simultanément, c'est un courant positif $+ 3 I$ provenant des deux piles qui est lancé sur la ligne : ce courant actionne à la fois les deux récepteurs r, R.

En combinant le duplex et le diplex, on conçoit que l'on puisse obtenir un système dit *quadruplex*, avec lequel on peut échanger en même temps quatre dépêches par un même fil, deux dans un sens, deux dans l'autre.

Télégraphe imprimeur de Hughes.

Ce système réduit chaque lettre à un seul signal et diminue la durée de chaque signal; l'amélioration qui en résulte pour la rapidité des transmissions est due à des combinaisons mécaniques très ingénieuses dont voici seulement le principe. Le schéma ci-dessous dispense de la description sommaire de l'appareil de l'un des postes; le poste correspondant est identique. Lorsque l'opérateur de l'un des postes appuie sur la touche du *clavier* où se trouve marquée la lettre D par exemple, le goujon correspondant est soulevé et pénètre dans le petit orifice placé au-dessus de lui, de manière à émerger légèrement à la partie supérieure du plateau. Le chariot vient rencontrer ce goujon et le courant part de la pile pour passer sur la ligne. Au poste correspondant, le courant

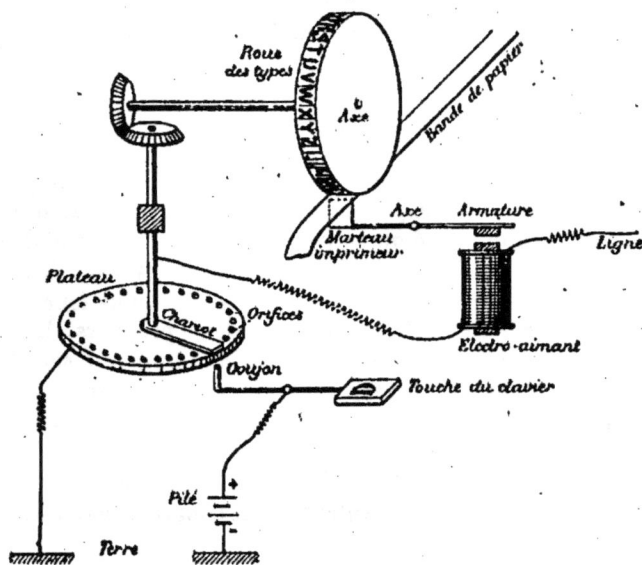

Principe du télégraphe de Hughes.

arrive dans un électro-aimant semblable à celui du premier poste et soulève le marteau imprimeur, qui appuie la bande contre *la roue des types*. Le mouvement de cette roue est commandé par celui du chariot, de façon que la lettre D soit en face du marteau, au moment où le chariot passe devant le goujon de la touche D du clavier. Les mouvements des deux appareils sont synchrones et réglés de manière que leurs chariots passent en même temps devant la même lettre. La difficulté d'obtenir un synchronisme rigoureux, au moyen d'une correction automatique, a malheureusement un peu compliqué cet appareil qui exige un réglage délicat et demande un long apprentissage de la part des employés.

Rapide de Wheatstone.

Wheatstone a apporté un grand perfectionnement au Morse, en substituant la transmission mécanique à la transmission manuelle. Les dépêches sont pré-

parées à l'avance, sur une bande de papier qu'un perforateur perce de trous,
dont la disposition correspond aux signaux à envoyer sur la ligne. Un transmetteur mécanique entraîne cette bande de papier et provoque, au moment du
passage du trou, des émissions rapides de courant, qui sont enregistrées au
poste opposé.

Appareil Estienne.

Dans l'appareil Estienne, les signaux sont groupés conformément à l'alphabet
Morse, mais au lieu d'être horizontaux, ils sont verticaux et résultent uniquement de courants brefs. Le manipulateur est à deux touches, dont l'une envoie
un courant positif auquel correspond un trait. Le récepteur est un électro-
aimant polarisé dans lequel une armature, au zéro en temps normal, est attirée
soit à droite soit à gauche, suivant le sens du courant envoyé. Le mouvement
de balancier de cette armature se transmet à deux plumes distinctes, équili-
brées, qui peuvent inscrire sur une bande de papier l'une un trait, l'autre un
point, suivant la longueur du bec de ces plumes. Cet appareil est fort usité en
Allemagne.

Transmission multiple.

Les systèmes à transmission multiple permettent de transmettre plusieurs
dépêches, dans le même sens et sur le même fil, en profitant des intervalles
laissés entre deux signaux consécutifs d'une même dépêche. En un mot, les
appareils, au lieu d'être intercalés d'une manière permanente dans le circuit

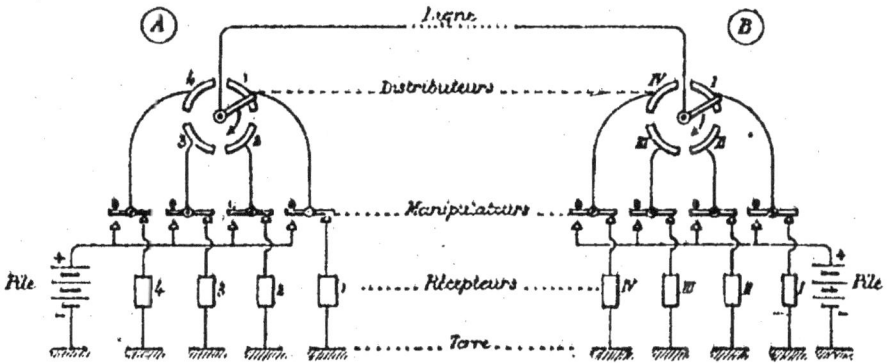

Pour simplifier le dessin, on n'a représenté que 4 appareils au lieu de 6

Principe de la transmission multiple

de ligne, sont mis périodiquement en communication avec celle-ci. Les signaux
constituant les diverses dépêches passent successivement sur la ligne. On admet
qu'un télégraphiste met environ une seconde pour préparer et faire un signal;
or, $\frac{1}{6}$ de seconde suffit, sur la plupart des lignes, pour que le courant transmette ce signal; on peut donc sur une seconde, retirer la ligne pendant $\frac{5}{6}$ de

seconde à un employé, pour la donner successivement à 5 autres. Pour réaliser ce fait, la ligne se termine à chacune de ses extrémités par un frotteur, animé d'un mouvement circulaire rapide sur un disque appelé *distributeur;* les deux frotteurs tournent synchroniquement. Les disques sont divisés en six secteurs isolés, et chacun des secteurs du poste Ⓐ est en relation avec un manipulateur, tandis que le secteur correspondant du poste Ⓑ communique au même instant avec un récepteur. Chacun des six télégraphistes a donc le temps de préparer son signal; il est envoyé sur la ligne, au moment où le chariot passe sur le secteur correspondant et un timbre l'avertit que le signal a été transmis. Le système à transmission multiple *Baudot,* très usité en France, est actuellement l'appareil télégraphique le plus perfectionné; son rendement peut être représenté par 10, si le nombre 1 figure le rendement du système Morse; mais il est très délicat et facilement déréglable.

Télégraphie sous-marine.

1° Influence de la capacité des lignes.

En signalant précédemment l'emploi des réseaux souterrains, nous avons déjà discuté leurs avantages et leurs inconvénients. La principale difficulté qu'on rencontre dans leur exploitation tient à la *capacité des câbles.* Tandis que cette capacité est assez faible dans les réseaux aériens, pour qu'on puisse la négliger, elle est au contraire très considérable dans les lignes souterraines et sous-marines; dans ce cas, le câble peut être comparé à un condensateur très allongé à grande surface, il devient donc nécessaire de compter avec sa capacité. En effet, celle-ci a pour résultat de porter obstacle à la transmission rapide, en prolongeant la durée du régime variable du courant : l'intensité normale n'est atteinte qu'au bout d'un temps parfois assez long. Ainsi, quand on enverra un courant sur le câble transatlantique français, reliant directement Brest à New-York, lequel aura plus de 6,000 kilomètres, on a calculé, par comparaison avec le câble anglais entre l'Irlande et Terre-Neuve, que les premières traces du courant ne se feront sentir à l'arrivée, sur un galvanomètre sensible, que 0,3 seconde après l'envoi du signal; ce ne sera guère qu'après 4 secondes que le régime permanent pourra être considéré comme établi.

2° Travaux de Sir William Thomson.

On doit à Sir William Thomson une étude approfondie de

la propagation des signaux électriques sur les lignes. Les facteurs principaux influant sur le courant i, pendant la période variable, sont : la durée t de l'envoi du signal, la capacité C de la ligne, la résistance R de celle-ci, et la force électromotrice E de la pile. Donc :

$$i = f(t, C, R, E).$$

Appliquons le principe d'homogénéité à la détermination de cette fonction. Le second membre ne peut contenir que des quantités homogènes à une intensité ou des facteurs sans dimensions. La forme :

$$i = \frac{E}{R} \varphi \left(\frac{t}{CR} \right) = I \varphi \left(\frac{t}{CR} \right)$$

obéit à cette condition; I représente l'intensité du courant de régime. D'autre part, Sir William Thomson a montré expérimentalement, que le seul paramètre variable dans l'expression de l'intensité du courant reçu à l'extrémité d'une ligne, est bien $\frac{t}{CR}$.

La forme du courant est donnée par la figure ci-contre, où les ordonnées représentent les intensités, les abscisses représentant les temps comptés à partir de la fermeture du circuit; le courant ne commence qu'après un certain intervalle de temps, puis il croît rapidement et tend vers une limite; l'ordonnée de l'asymptote représente le courant de régime.

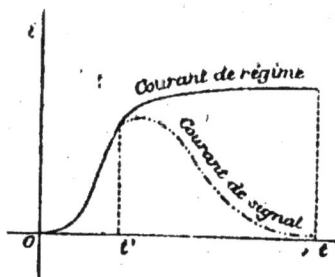

Une onde aussi allongée rend la transmission des signaux extrêmement lente. Un premier moyen de la raccourcir consiste, après un temps t', à retirer brusquement, au poste de départ, la pile du circuit, et à y mettre la ligne à la terre : cela revient à superposer à la force électromotrice E, une force électromotrice — E qui l'annule. Celle-ci produit un courant donné par :

$$- \frac{E}{R} \varphi \left(\frac{t - t'}{CR} \right).$$

qui se compose avec le premier pour donner un courant résultant :

$$i = \frac{E}{R}\left[\varphi\left(\frac{t}{CR}\right) - \varphi\left(\frac{t-t'}{CR}\right) \right].$$

Le diagramme du courant résultant est obtenu en retranchant, des ordonnées de la première courbe, les ordonnées d'une courbe identique, reculée vers la droite d'une longueur t'; on obtient ainsi la courbe descendante figurée en pointillé. Dans ce cas, l'électricité emmagasinée par le câble, s'échappe par les deux extrémités, au lieu de s'écouler tout entière par le poste d'arrivée : il en résulte une onde moins allongée; on conçoit que cette onde serait plus brève encore, en envoyant, aussitôt après chaque courant, un courant réduit de sens inverse, qui hâte la décharge de la ligne. Néanmoins, les signaux doivent être fort lents pour que les diverses ondes ne se confondent pas, mais forment une onde unique, simplement dentelée de rides légères.

3° Le siphon recorder.

D'après ces idées théoriques, Sir William Thomson a remplacé les émissions de courant, toutes dans un même sens, longues et brèves du système Morse, par des émissions positives pour les traits, négatives pour les points, émissions toujours de même durée, dont l'effet est observé sur un galvanomètre sensible (par la méthode stroboscopique, comportant l'équipage Lampe, Échelle et Miroir); peu importe que l'aiguille, par suite de ses mouvements antérieurs, se trouve à gauche ou à droite du zéro, tout mouvement à droite, par exemple, représentera un point, tout mouvement à gauche figurera un trait.

Une disposition des plus ingénieuses, due à Sir William Thomson, permet même l'inscription des signaux : c'est le *Siphon recorder;* dans cet appareil, les mouvements du cadre galvanométrique entraînent un tube de verre extrêmement fin, en forme de siphon, dont une extrémité plonge dans un réservoir d'encre et dont l'autre est très voisine d'une bande de papier, déroulée par un mouvement d'horlogerie. Pour éviter le frottement du siphon sur le papier, l'encre est électrisée par une petite machine spéciale et crachée sur le papier par simple effet de répulsion électrique.

CHAPITRE XIV

MICROTÉLÉPHONIE

I. — MATÉRIEL MICROTÉLÉPHONIQUE.

Généralités sur la transmission des sons à distance.

La télégraphie utilisant les signaux sonores a été réduite fort longtemps aux appareils simples, du genre des *cloches* et des *tuyaux acoustiques*, dont la portée reste toujours relativement faible; elle n'a réellement reçu une solution pratique que depuis peu d'années, lorsque le téléphone a permis de transmettre la parole articulée elle-même; le seul inconvénient qu'on puisse lui reprocher actuellement est de ne pas laisser de traces authentiques des dépêches envoyées.

Si une personne A, séparée d'une autre B par une cloison *abcd*, élève la voix, cette seconde personne entendra la première, car les vibrations de l'air en A se transmettent successivement à la surface *ab*, puis à la surface *cd* par l'intermédiaire du milieu M, et enfin à la couche d'air B. Si les deux surfaces vibrantes sont fort éloignées, on conçoit néanmoins que le même effet puisse se produire quelle que soit la distance, si l'on réussit à faire vibrer d'une façon identique ces deux surfaces. Indépendamment de toute hypothèse,

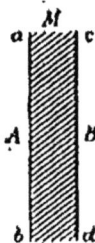

l'emploi de deux appareils identiques appelés *téléphones*, reliés par deux fils conducteurs, permet d'obtenir ce résultat.

Les appareils de transmission des sons, ou de la parole, à distance se distinguent en :

1° Appareils électro-magnétiques ou *téléphones* proprement dits ;

2° Appareils à pile ou *microphones*.

Principe du téléphone.

Le premier téléphone fonctionnant régulièrement a été présenté par Graham Bell, à Boston, en 1876. — L'appareil primitif se compose, en principe, d'une plaque de fer mince encastrée, dont le centre est placé à faible distance d'un fer

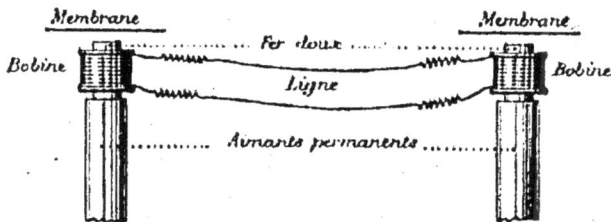

doux aimanté entouré d'une bobine ; le fer doux est en contact avec l'un des pôles d'un aimant permanent. L'appareil ainsi constitué est réversible, il peut servir à la fois de *transmetteur* et de *récepteur :* deux instruments de ce genre reliés par une ligne permettent donc d'établir une correspondance téléphonique.

Essai d'une théorie du téléphone.

La théorie généralement admise du téléphone magnétique est la suivante : Si l'on parle devant la plaque de l'un des appareils, celle-ci est animée de mouvements vibratoires qui reproduisent exactement les sons fondamentaux et harmoniques émis ; ces mouvements modifient la distribution des lignes de force du champ magnétique produit par l'aimant et donnent naissance à des courants induits dans le fil de la bobine. Chaque onde sonore occasionne ainsi dans la bobine une onde de courant induit de même durée et d'intensité correspondante. Le courant ondulatoire ou périodique ainsi produit est reçu dans la bobine du second appareil; là, chaque onde électrique fait varier l'intensité du champ magnétique du récepteur, et par suite l'aimantation de toutes les pièces de fer situées dans le champ.

Or, l'expérience montre que toute variation magnétique d'une pièce de fer est accompagnée de la production d'un son provenant des changements d'orientation des molécules magnétiques; l'air ambiant est mis en vibration par la déformation plus ou moins profonde des pièces de fer soumises aux variations magnétiques. Il en résulte que chaque onde électrique donne ainsi naissance à une onde sonore, et que, finalement, la parole émise devant le transmetteur est reproduite, légèrement affaiblie, au récepteur.

Lorsque le disque de fer est convenablement placé, c'est-à-dire encastré de façon à détruire ses vibrations propres, les mouvements du diaphragme ne font qu'amplifier les ondes recueillies et assurent une transmission meilleure, en faisant entrer en jeu les variations de la force attractive du noyau sur son armature. Or, cette force est proportionnelle au carré de l'intensité des pôles du noyau.

$$f = km^2. \text{ La variation en est : } \Delta f = 2\,km\,\Delta m.$$

Cela montre que la variation est nulle pour $m = o$, c'est-à-dire lorsque le noyau est à l'état neutre et pour $\Delta m = o$. Il résulte de ces deux conditions que le noyau doit être polarisé, mais non saturé, car, dans ce dernier cas, les variations seraient encore nulles.

D'ailleurs, l'expérience indique quelles sont les meilleures proportions à donner aux divers éléments qui composent un téléphone magnétique; la plupart des perfectionnements apportés à cet instrument ont porté sur les points suivants :

1° Augmenter l'intensité du champ magnétique dans lequel sont plongés la plaque et le fil induit;

2° Amplifier les sons transmis, soit par des cornets acoustiques, soit par des caisses de résonance;

3° Disposer le téléphone de manière à transmettre un appel pouvant s'entendre à une distance de quelques mètres;

23

4° Obtenir un réglage facile et un déréglage difficile, en même temps qu'une construction robuste.

Divers types de téléphones. — Téléphone Aubry.

Les types de téléphone magnétique sont des plus variables : le téléphone *Bell* comporte un aimant droit, le type *Siemens* possède un aimant en fer à cheval, le téléphone *Gower* présente la forme d'une montre ainsi que le téléphone *Aubry*; le téléphone *Colson* et le téléphone *Roulez* comportent des systèmes d'aimants plus ou moins contournés; le téléphone *Ader*, le téléphone d'*Arsonval*, ressemblent à un anneau ou à une bague, dans laquelle le pavillon figurerait le chaton. Tous ces appareils donnent pratiquement des résultats identiques.

Voici, à titre d'exemple, la description du téléphone Aubry, en forme de montre :

Cet appareil se compose d'une boîte cylindrique en cuivre nickelé, fermée sur l'une de ses faces par un couvercle en ébonite percé d'un trou en son centre. Une bague en laiton sert à maintenir le couvercle ainsi que la plaque vibrante.

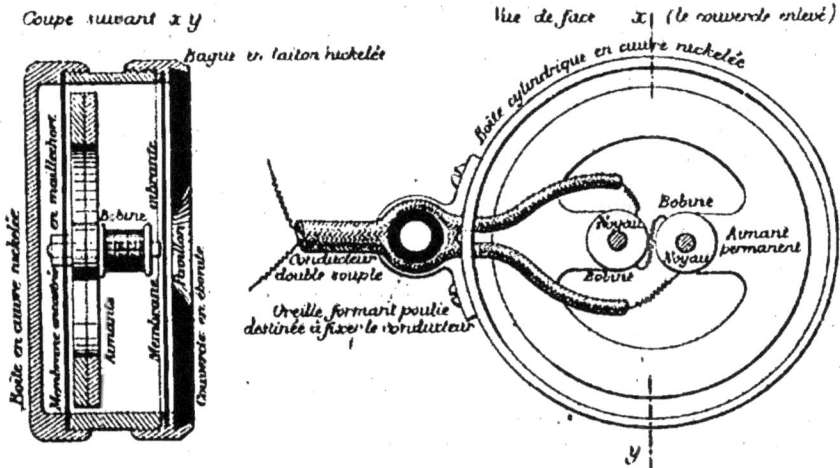

Téléphone Aubry.

Un aimant plat, de forme circulaire, porte deux prolongements polaires sur lesquels sont fixés deux noyaux de fer doux entourés de deux bobines enroulées en tension. Les extrémités libres des bobines sont reliées à deux conducteurs souples qui sortent de la boîte et sont fixés par une vis sur une oreille métallique. Le fond de la boîte ne porte pas l'aimant, lequel repose sur une membrane encastrée en maillechort. Grâce à cette disposition, l'aimant lui-même participe aux mouvements vibratoires et les choses se passent comme si, l'aimant restant fixe, on augmentait l'amplitude des vibrations. L'appareil est robuste et difficilement déréglable.

Principe des microphones.

Lorsque la distance des deux postes est considérable, les courants induits n'ont plus une intensité suffisante pour que la parole soit nettement perçue dans le récepteur. On remplace alors, pour la transmission, le téléphone par un appareil appelé *microphone*, proposé par Hugues en 1878. Il comprend, en principe, une baguette de charbon amincie aux deux bouts et placée dans des alvéoles creusées dans deux blocs ou supports en charbon. Ces deux blocs sont fixés sur une planchette verticale en bois mince, en sapin par exemple. Un circuit est constitué, qui comprend un *microphone transmetteur*, une pile analogue aux piles usitées en télégraphie (du genre Leclanché), et un *écouteur ou téléphone magnétique ordinaire*. Lorsqu'on parle devant le microphone, les ondulations de l'air frappent la planchette et font vibrer les contacts de charbon, en déterminant des modifications corrélatives de résistance. Il en résulte un courant ondulatoire dans le circuit,

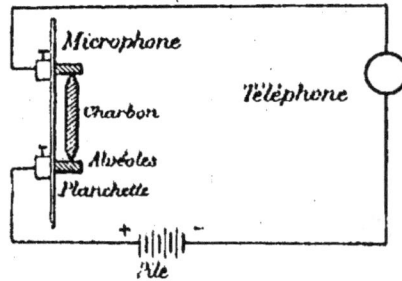

et le téléphone récepteur reproduit les paroles prononcées. En temps normal, le courant de la pile traverse le téléphone, aimante le noyau, mais comme il a une intensité constante, le champ magnétique reste invariable et le téléphone demeure silencieux. Pour la transmission de la parole, il faut que le courant ne soit pas interrompu, mais seulement altéré.

On voit, d'après cela, qu'un poste complet doit comprendre: un microphone pour transmettre et un téléphone pour recevoir. Les postes de cette nature peuvent correspondre à des

distances plus considérables que les postes magnétiques : ils
sont appelés postes *microphoniques*.

Bobine d'induction.

On peut encore accroître la portée des appareils téléphoniques, au moyen de l'artifice de la *bobine d'induction*. Il est,
en effet, facile de voir que l'on atteint assez rapidement la
limite d'éloignement des postes, à partir de laquelle les sons
cessent d'être perceptibles. A mesure que la ligne s'allonge,
sa résistance augmente, tandis que la variation de résistance
que produit l'action des ondes sonores sur les contacts microphoniques reste constante.

Soient e la force électromotrice de la pile, R la résistance
de la ligne, et R' celle des contacts microphoniques, on a,
d'après la loi d'Ohm :

$$i = \frac{e}{R + R'}.$$

Une variation $\Delta R'$ des contacts donne une variation Δi du
courant, et :

$$\Delta i = \frac{\Delta R'}{(R + R')^2} \cdot e.$$

On voit que la *variation du courant est inversement proportionnelle au carré de la résistance totale*, et *diminue très rapidement à mesure que s'accroît la longueur de la ligne.*

La bobine d'induction, due à Édison, vient corriger cet
inconvénient. Cette bobine porte deux enroulements : l'un, en
gros fil, constitue le circuit primaire inducteur, sur lequel on
place le microphone et la pile ; l'autre, en fil fin, est relié à la
ligne, c'est le circuit secondaire induit. On voit que, quelle
que soit la longueur de la ligne, les contacts microphoniques
étant intercalés dans un circuit très peu résistant, les variations de pression des contacts donnent toujours lieu à des
ondes électriques de grande amplitude dans le circuit primaire. La bobine joue le rôle de transformateur et, grâce à
un grand nombre de spires dans le circuit secondaire, la force

électromotrice induite devient assez considérable pour que les courants franchissent des lignes très résistantes.

Microphone Ader.

Parmi les nombreux types de microphones, l'un des plus usités est le *microphone Ader*. L'appareil complet a la forme d'un pupitre et sera décrit plus loin; c'est le couvercle de ce pupitre qui constitue le microphone proprement dit; ce couvercle, légèrement incliné, est composé d'une planchette en

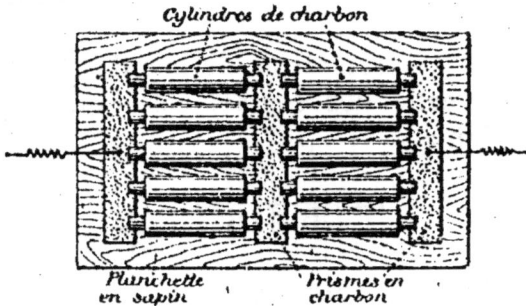

Microphone Ader.

sapin, posée sur cadre de caoutchouc, au-dessus de laquelle on parle; sur sa face inférieure, sont fixés trois prismes de charbon parallèles, percés d'alvéoles servant à maintenir, par des sortes de tourillons, des cylindres de charbon dans lesquels peut passer le courant : les variations que subissent les contacts suffisent pour influencer les récepteurs.

Postes simples. — Poste microtéléphonique Ader.

Les postes simples que nous venons de décrire peuvent (indépendamment de tout accessoire, autre qu'une sonnerie trembleuse servant d'appel, et un parafoudre) être résumés dans les schémas de la page suivante :

Voici, à titre d'exemple, le montage d'un poste microtéléphonique Ader. Le microphone proprement dit, comme nous l'avons vu, se compose d'une planchette mince de bois, supportant un dispositif formé de trois traverses de charbon dans lesquelles pénètrent, au moyen de tourillons, des cylindres de charbon. Les traverses sont interposées dans le circuit de la pile de manière que le courant puisse traverser l'ensemble du microphone. La planchette vibrante forme le dessus d'un pupitre qui contient le commutateur et porte deux téléphones écouteurs. Le commutateur, qui est automatique, est terminé par un crochet auquel on suspend l'écouteur de gauche. Le poids de ce dernier abaisse le crochet et fait basculer un levier, malgré l'action d'un ressort qui tend à le tenir relevé; dans cette position, la ligne communique avec la son-

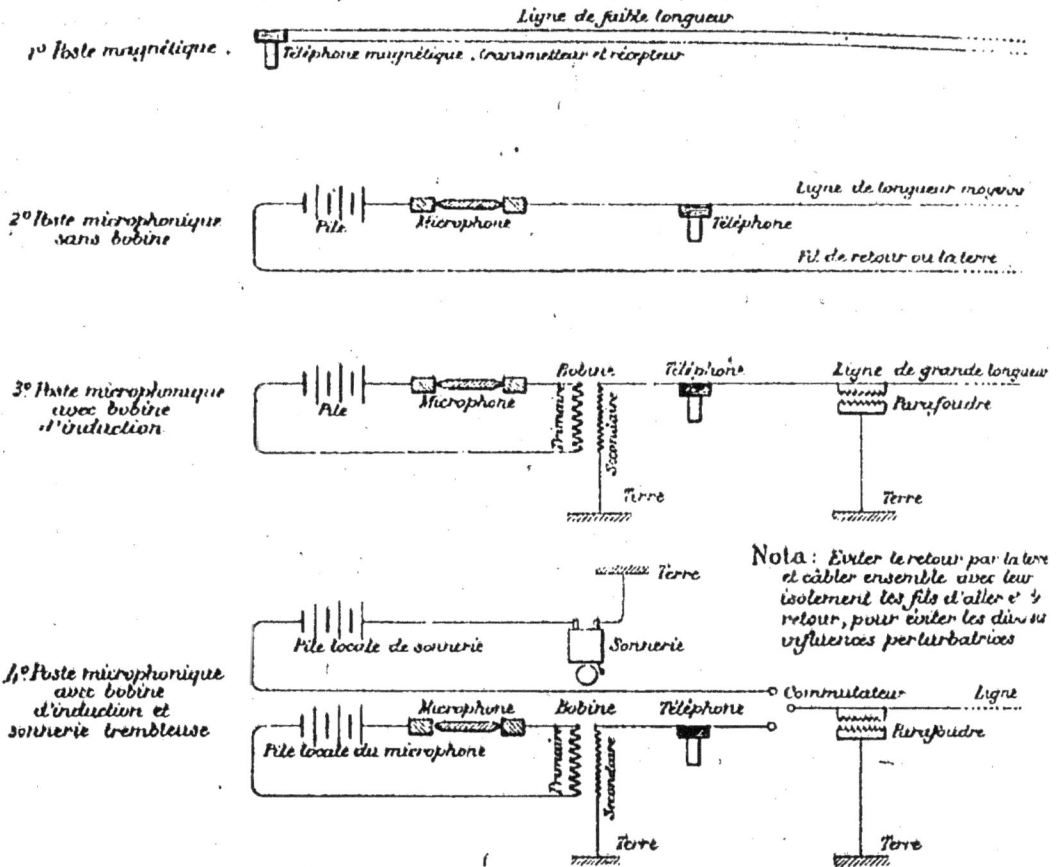

Schémas des postes simples.

nerie. Si au contraire, on décroche le téléphone récepteur, le crochet se relève sous l'action du ressort et la ligne est reliée au circuit secondaire de la bobine d'induction. C'est la *position de réception*, par rapport à la première, appelée *position d'attente*; il est facile de vérifier que dans cette position d'attente, des signaux convenus peuvent être échangés à travers la ligne, au moyen d'une sonnerie et d'un bouton d'appel, par exemple. On profite du mouvement de bascule du levier métallique pour fermer le circuit local contenant le microphone, le circuit primaire de la bobine d'induction et une pile; il suffit, à cet effet, que le levier métallique soit composé de deux parties, isolées électriquement à l'ébonite; l'une de ces parties métalliques, la plus courte sur le dessin, vient s'appliquer contre deux butoirs et donne ainsi la communication électrique nécessaire.

Le mode d'emploi d'un poste microtéléphonique Ader est des plus simples.

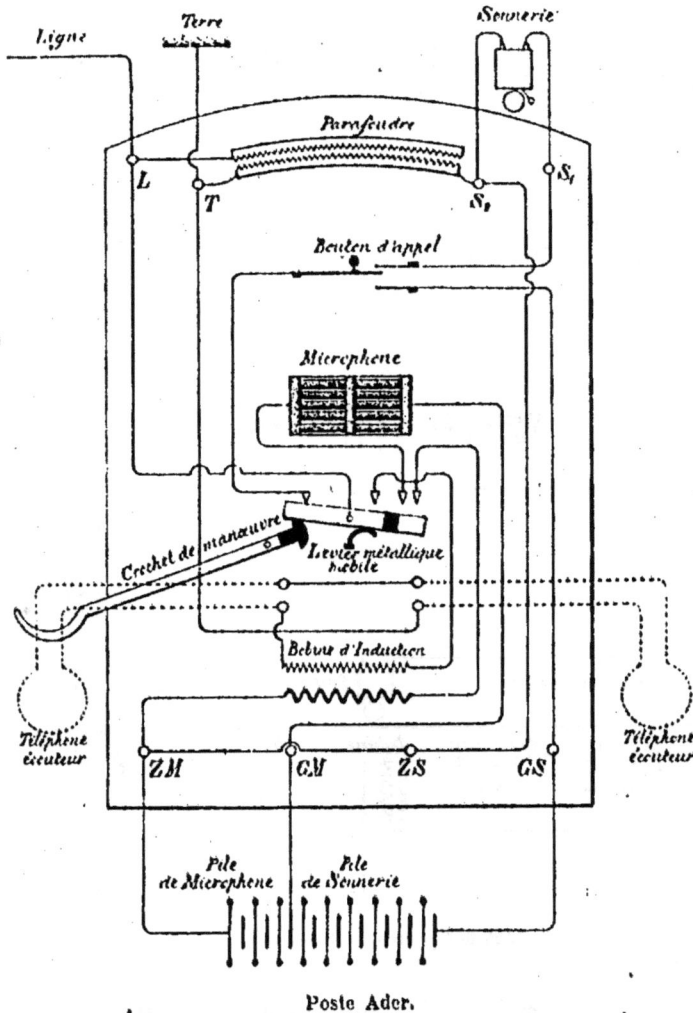

Poste Ader.

Voici, résumées ci-après, les principales règles employées dans la communication :

1° Pour appeler le correspondant, on appuie à plusieurs reprises sur le bouton d'appel et on attend la réponse;

2° Pour répondre aux appels du correspondant, on appuie à plusieurs reprises sur le bouton d'appel, on décroche les écouteurs et on les porte aux oreilles;

3° Pour communiquer, on prononce distinctement le mot « allô » au-dessus du pupitre, et l'on ne commence la conversation que lorsque le correspondant a répondu par le même mot. On s'assure ainsi que le correspondant reçoit la communication tout entière. Pour transmettre, on cause lentement en articulant bien, sans trop élever la voix, les lèvres aussi rapprochées que possible du

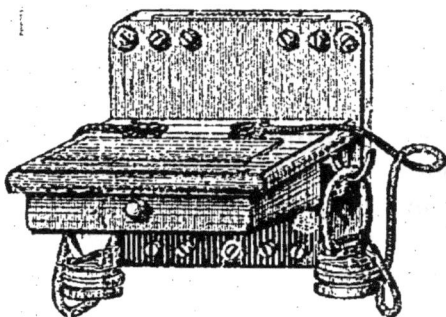

Microphone Ader.

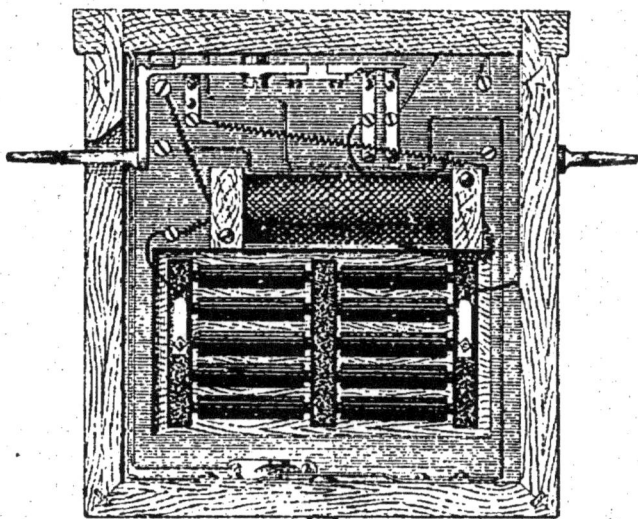

transmetteur. On ne se replace dans la position d'attente qu'après s'être assuré que le correspondant n'a plus rien à transmettre. Ces règles de communication sont générales. Enfin, il est essentiel que dans la position d'attente, les écouteurs soient suspendus à leurs crochets, non seulement pour que la ligne se trouve mise sur sonnerie, mais pour éviter de maintenir fermé le circuit du microphone, ce qui amènerait l'usure prématurée de la pile; les deux piles sont réunies en tension; trois éléments seulement entrent dans le circuit du microphone, tandis que la batterie entière sert pour la sonnerie.

II. — MONTAGE ET ACCESSOIRES DES POSTES.

Classification des postes. — Leurs accessoires.

La nature et le nombre des appareils accessoires dont les différents postes doivent être munis, varient avec le rôle et l'importance de ces postes, lesquels peuvent se distinguer en *postes centraux* et *postes simples*. Les postes centraux sont ceux qui constituent un *nœud de communication*. Ils doivent être munis d'appareils appelés *accessoires de postes* et répondant aux nécessités suivantes :

Grouper plusieurs lignes; appeler et communiquer avec chacune d'elles, ou faire communiquer les lignes entre elles. — Les principaux accessoires de poste sont : les *planchettes d'entrée de poste*, les *annonciateurs*, les *commutateurs Jack Knive* et les *avertisseurs ou appels*, parmi lesquels on distingue : les *appels électriques*, les *appels magnétiques* et les *appels phoniques*.

Planchette d'entrée de poste.

La planchette d'entrée de poste permet de réunir toutes les lignes à l'appareil au moyen d'une simple manette, ou de les mettre à la terre, lorsqu'on veut cesser les communications.

Annonciateurs.

Le *tableau annonciateur* sert à indiquer sur quelle ligne se trouve le correspondant qui a fait un appel au poste central. Il porte autant d'annonciateurs que de lignes; lorsque le nombre des directions desservies n'est que de deux ou trois, on emploie simplement des *sonneries trembleuses*, analogues à celles qui ont été décrites en télégraphie; l'une des sonneries est munie d'un *timbre*, l'autre d'un *grelot*, une autre d'une *cloche*, etc. Mais, dans le cas général, il vaut mieux avoir recours aux annonciateurs proprement dits. Chaque annonciateur correspond à un commutateur qui permet de mettre une ligne en relation, soit avec le poste central, soit avec une autre ligne desservie par ce poste.

Ce dispositif comprend un électro-aimant à deux bobines qui attire, lorsqu'il est traversé par un courant, une palette fixée à l'une des extrémités d'un levier. Ce levier peut basculer autour d'un axe horizontal et se termine par un crochet; dans la position de repos, le crochet reste abaissé par son ressort et maintient un *volet* relevé vers le haut; si un courant vient de la ligne, l'électro devient actif, attire sa palette, le crochet se relève et le volet tombe. Dans ce mouvement, le volet découvre un voyant portant le numéro de la ligne qui a appelé, en même temps que le circuit local d'une pile se trouve fermé sur une sonnerie trembleuse.

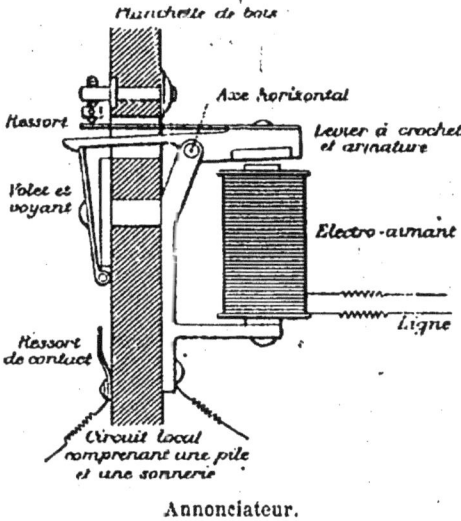

Annonciateur.

L'annonciateur peut fonctionner encore si l'on envoie des courants alternatifs sur la ligne; l'attraction qui se produit dans ce cas, lorsque le courant acquiert son intensité maximum, suffit pour déclencher le volet; si, en outre, la palette porte un petit marteau pouvant agir sur un timbre, la série d'oscillations que subira le levier actionnera la sonnerie.

Commutateur Jack-Knive.

Dans la position d'attente, la ligne doit être reliée à l'électro-aimant de l'annonciateur. Lorsque celui-ci a fonctionné, la ligne doit, au contraire, être reliée à l'appareil récepteur, qui est le même pour toutes les directions à desservir. On emploie à cet effet un commutateur spécial appelé *Jack-Knive*. Le Jack-Knive est simple lorsque la ligne est à simple fil, le fil de retour étant remplacé par la terre qui est commune à l'annonciateur et au récepteur; il est double dans les lignes comportant un fil de retour.

Le commutateur simple a pour rôle de faire passer le fil de ligne unique de l'annonciateur à l'appareil. C'est un bloc en laiton communiquant avec la ligne : il est percé de deux trous pouvant recevoir une fiche en laiton fixée à l'extrémité d'un conducteur souple venant de l'appareil. Un ressort, fixé au moyen d'une vis sur le bloc, appuie sur un contact isolé communiquant avec l'annonciateur. Ce ressort porte aussi un ergot faisant une légère saillie à l'intérieur d'un des trous. Par suite, dans la position d'attente (I), la ligne est reliée par le ressort et son contact à l'annonciateur. Si l'on introduit la fiche

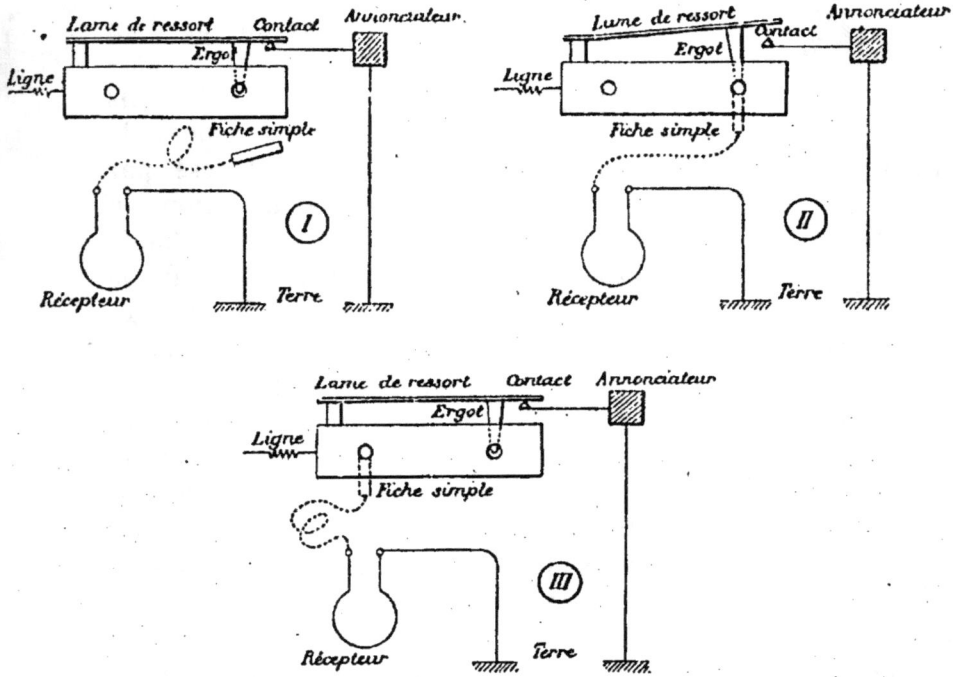

Commutateur Jack-Knive.

dans le trou où dépasse l'ergot (II), on établit la communication de la ligne avec l'appareil et l'on coupe la communication avec l'annonciateur. Si l'on place, au contraire, la fiche dans l'autre orifice (III), on relie encore la ligne à l'appareil, mais la communication reste établie avec l'annonciateur, qui se trouve ainsi placé en dérivation sur la ligne.

Pour les lignes à double fil, le Jack-Knive comporte deux blocs superposés séparés par une lame isolante; le bloc inférieur porte deux orifices correspondants au bloc supérieur, mais de moindre diamètre; cette disposition permet d'y introduire une fiche à deux conducteurs, intérieurs l'un à l'autre et isolés : ce sont les deux fils venant de l'appareil qu'on pourra ainsi mettre en communication avec les deux fils de ligne. Le bloc supérieur porte le système destiné à couper l'annonciateur.

Le Jack-Knive peut être remplacé par le dispositif connu sous le nom de *crochet Sieur*, lequel fonctionne d'une façon tout à fait analogue.

Avertisseurs. — Appels.

Un certain nombre d'accessoires indispensables se trouvent dans tous les postes : ce sont les *avertisseurs* ou *appels*, nécessaires pour que toute communication puisse fonctionner normalement.

D'une manière générale, ces appareils servent à prévenir un poste qu'il va recevoir une communication. Leur nature dépend de la façon dont sont montés le poste appelant et le poste appelé. On les distingue en :

Appels électriques,
Appels magnétiques,
Appels phoniques.

Appels électriques.

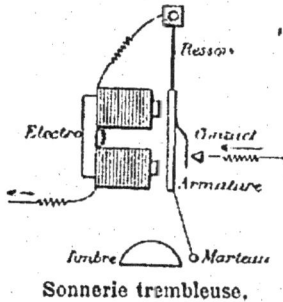

Sonnerie trembleuse.

Un *appel électrique* peut fonctionner entre deux postes dont l'un est muni d'un annonciateur et d'une sonnerie trembleuse, analogue aux sonneries usitées en télégraphie, et l'autre d'une pile suffisante pour les mettre en action.

Appels magnétiques.

Les *appels magnétiques* ou *magnéto calls*, aussi appelés *appels à central,* sont constitués par de petites machines

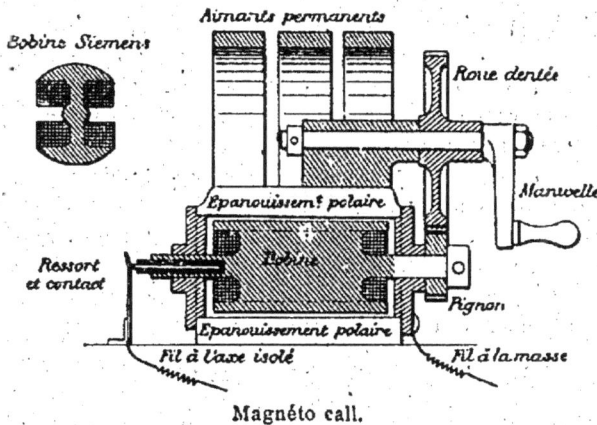

Magnéto call.

magnéto-électriques, suffisantes pour actionner à distance l'annonciateur et la sonnerie d'un poste central. Elles fournissent des courants alternatifs, et nous savons que les courants périodiques suffisent pour faire fonctionner l'annonciateur. Quant à la sonnerie trembleuse, elle est remplacée, quand il s'agit de courants alternatifs, par une sonnerie polarisée.

La *sonnerie polarisée* se compose d'un fer doux armé d'un marteau porté sur un ressort et passant dans l'intérieur d'une bobine ; l'une des extrémités du fer doux est susceptible d'osciller entre les mâchoires d'un aimant permanent. Lorsque des courants alternatifs passent dans le fil de la bobine, il se forme alternativement un pôle nord et un pôle sud à l'extrémité du fer doux ; comme cette extrémité peut osciller entre les mâchoires de l'aimant permanent, elle est alors

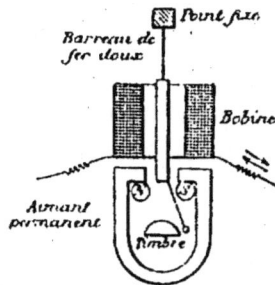

Sonnerie polarisée.

attirée successivement par le pôle sud et le pôle nord de cet aimant ; le marteau frappe donc sur le timbre à chaque alternance du courant.

La petite magnéto qui produit ces courants alternatifs est composée d'un système inducteur formé d'aimants en fer à cheval, juxtaposés et réunis de façon à donner deux épanouissements polaires. Dans le champ magnétique ainsi produit, on fait tourner rapidement, au moyen d'une manivelle à multiplication, un système induit constitué par une bobine Siemens à double T. Le fil, enroulé parallèlement à l'axe, est relié, d'une part à la masse de l'appareil, et d'autre part à l'extrémité de l'axe qui est isolée et appuie d'une façon constante sur un ressort fixé à une borne. Les deux fils de ligne communiquent l'un avec cette borne, l'autre avec la masse de l'appareil.

Appels phoniques.

Les *appels phoniques* produisent un son perceptible à distance. Quelques coups d'ongle sur la membrane du transmetteur produisent un son, assez faible il est vrai, dans la région voisine de l'écouteur du poste opposé. Dans le même but, on a essayé des *cornets à anche* placés sur le transmetteur ; en soufflant dans le cornet, on engendre de fortes vibrations qui, reproduites dans le récepteur, donnent un bruit assez intense pour être entendu dans un appartement.

On obtient un nos plus puissant au moyen de l'*appel Sieur*. Le ronflement caractéristique qu'il produit l'a fait nommer *appel-chien*. Son principe est le suivant : Un aimant en fer à cheval porte des pièces polaires en fer doux sur lesquelles sont enroulées deux bobines ; entre ces bobines est disposée une roue en laiton montée sur un axe parallèle à la ligne des pôles ; cette roue porte sur sa circonférence des entailles remplies par des petites masses de fer doux. Par suite d'un mouvement de rotation rapide de la roue, produit par des engrenages sur lesquels agit une crémaillère munie d'une pédale à ressort, ces masses de fer viennent passer successivement entre les pôles de l'aimant, modifient le champ magnétique et produisent par suite des courants induits. Ces courants induits sont suffisamment intenses pour actionner fortement le récepteur du poste opposé. Un dispositif spécial permet d'interrompre automatiquement le circuit du téléphone local, et de faire communiquer la ligne avec l'appel toutes les fois qu'on se sert de ce dernier.

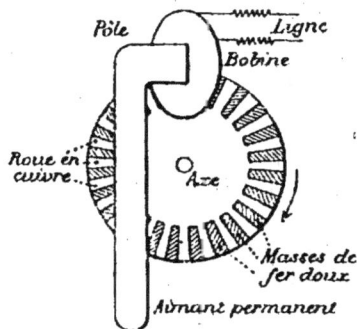

Principe de l'appel Sieur.

Emploi des postes suivant les distances.

Les postes les plus simples sont des postes magnétiques comprenant chacun un *récepteur*, un *transmetteur* et un *appel*. Le même appareil peut être employé pour la réception et pour la transmission : il est muni d'une corne d'appel et permet de correspondre à 6 kilomètres environ. Un appareil de grand modèle peut être employé pour la transmission, et deux autres téléphones de petit modèle peuvent servir d'écouteurs ; un appel tel que l'appel Sieur peut, dans ce cas, compléter le poste, qui, dans le système Aubry, peut correspondre à 12 kilomètres en moyenne. Vu leur faible poids, ces derniers appareils sont essentiellement portatifs ; dans leur construction, on utilise l'aluminium toutes les fois qu'il est possible : certains postes complets pèsent à peine 1500 grammes.

Les postes magnétiques fixes sont susceptibles de correspondre jusqu'à

25 kilomètres environ, mais pour les distances supérieures à 20 kilomètres, il est déjà préférable d'employer des postes microtéléphoniques, munis de bobines d'induction ; de tels postes peuvent transmettre la parole à des distances qui deviennent de jour en jour plus considérables.

Lignes téléphoniques.

Dans les lignes téléphoniques volantes, on se contente généralement d'un fil unique, la terre faisant office de conducteur de retour ; la mise à terre s'effectue à chaque poste comme pour les lignes télégraphiques, en employant le même métal de part et d'autre, pour éviter les forces électromotrices parasites qui pourraient prendre naissance.

Dans les installations fixes, les lignes sont *en fer, en acier,* ou *en bronze siliceux,* isolées par des cloches supportées par des poteaux. Chose curieuse, l'isolement n'est pas indispensable aux distances inférieures à 10 kilomètres. On peut même laisser traîner une ligne métallique sur le sol humide, sans que cette disposition nuise d'une façon sensible à la netteté des communications (1). Parmi tous les fils métalliques qui ont été essayés, le fil *bimétallique,* formé d'une âme en acier entourée d'une enveloppe en cuivre étirée avec elle, présente beaucoup d'avantages, car il possède, à la fois, la propriété conductrice du cuivre et la résistance mécanique de l'acier.

Courants téléphoniques.

Les courants ondulatoires qui suffisent à actionner un téléphone ont une amplitude extrêmement faible ; leur intensité est de l'ordre du *microampère,* tandis que l'intensité des courants télégraphiques s'évalue en *milliampères.* Le téléphone étant sensible aux moindres courants qui se produisent, il en résulte que des courants étrangers très faibles peuvent apporter le trouble dans les communications téléphoniques. Citons par exemple, les *courants telluriques* provenant des actions chimiques s'exerçant au contact des plaques de terre et du sol, les courants d'induction produits par les oscillations des fils aériens ballottés par le vent dans le champ magnétique terrestre, les courants produits par les décharges atmosphériques et les orages magnétiques, les courants dérivés provenant des lignes télégraphiques situées dans le voisinage, surtout dans le cas de prises de terre voisines ; citons enfin, comme une des principales causes des perturbations téléphoniques, l'induction des circuits les uns sur les autres à travers l'air, et cela à des distances extrêmement considérables ; comme nous le verrons, ce sont des expériences de ce genre qui ont amené la découverte de la télégraphie sans fil.

---

(1) Par contre, à cause de la capacité, on arrive rapidement à la limite de la portée de la voix avec les lignes souterraines et sous-marines ; les faibles amplitudes des courants téléphoniques sont bien vite émoussées sur une ligne qui possède une certaine capacité.

Dans ces divers cas, les courants parasites produisent des bruits spéciaux dont l'ensemble très confus a reçu le nom caractéristique de *friture;* ces bruits gênent considérablement la conversation directe. Le seul moyen réellement efficace pour éviter ces diverses influences est de constituer la ligne téléphonique par un fil double, aller et retour ; on entoure les deux fils l'un sur l'autre en hélice allongée s'ils sont isolés, ou bien on les change de place sur les poteaux, de façon que leurs diverses parties soient également influencées par les fils voisins. En prenant des précautions contre l'induction, en utilisant les lignes de faible capacité et de grande conductibilité, et en se servant d'appareils très sensibles, on a pu échanger la parole à plus de 3,000 kilomètres de distance.

III. — TÉLÉGRAPHIE ET TÉLÉPHONIE SIMULTANÉES.

Induction mutuelle de courants voisins.

Chaque fois qu'une ligne téléphonique est installée dans le voisinage d'une ligne télégraphique, il devient nécessaire de faire usage de deux conducteurs (aller et retour), sans quoi les émissions et interruptions des courants qui circulent dans la ligne télégraphique donnent naissance, dans la ligne téléphonique, à des courants d'induction qui reproduisent dans les écouteurs tous les signaux émis : toute conversation est ainsi rendue impossible. Si, au contraire, la ligne téléphonique est à deux fils, les courants induits circulant dans le même sens sur chacun des fils, se détruisent à leur point de jonction qui n'est autre que le circuit des bobines téléphoniques. Cela n'est théoriquement vrai que si les deux fils téléphoniques sont à la même distance du fil inducteur, mais ce fait n'est pas pratiquement réalisable, et les effets, tout en étant atténués, ne disparaissent pas d'une manière absolue.

Il est évident que si l'on cherche à employer, au lieu de deux lignes voisines, une même ligne pour les transmissions télégraphiques et téléphoniques, les mêmes inconvénients reparaîtront à un degré plus considérable encore, empêchant ainsi la reproduction de la parole. Le *système Van Rysselberghe* détruit non seulement les fâcheux effets de l'appareil téléphonique, mais permet encore l'échange d'une conversation et d'un télégramme, simultanément sur un même fil. Il est très employé en Belgique.

Principe du système Van Rysselberghe.

Le principe de ce système repose sur l'observation suivante : Supposons qu'un signal télégraphique soit émis à travers les bobines d'un téléphone ; ce signal télégraphique n'est autre chose qu'un courant qui a la durée du signal : ce courant naît brusquement quand le manipulateur ferme le circuit, atteint très rapidement son intensité de régime, et se termine aussi brusquement qu'il a pris naissance. La plaque du téléphone prend un mouvement de même nature et caractérisé par sa brusquerie ; on obtient une vive attraction au moment de l'émission du signal, puis un retour instantané de la plaque en sens inverse par suite de son élasticité, au moment de la cessation du courant : d'où émission de deux bruits secs successifs.

Supposons que le courant de signal, tout en ayant la même durée, croisse graduellement jusqu'à son maximum d'intensité et décroisse de même. La plaque du téléphone prendra un mouvement de même nature : elle fléchira et reviendra à sa forme primitive, graduellement, sans produire aucun son.

Emploi de l'anti-inducteur.

1° Électro-aimant graduateur.

Pour réaliser cette graduation du courant, interposons entre la ligne et la chape du manipulateur d'un poste, un électro-aimant de 500 ohms muni d'un noyau de fer doux. Le courant émis par le poste opposé devra, avant d'arriver au récepteur du premier poste, dépenser une partie de son énergie à aimanter ce noyau : il en résultera, à cause de la self-induction de la bobine, un certain allongement de la période variable du courant reçu. Nous obtiendrons le même effet par le même moyen, sur le courant de départ, mais l'expérience montre que, dans ce cas, une résistance de 1000 ohms est nécessaire.

2° Condensateur.

Au moyen de ces résistances à self-induction, nous avons

gradué le courant qui arrive et le courant qui part ; si nous faisons l'essai d'un téléphone embroché sur la ligne, nous constatons bien qu'il reste muet au moment de l'apparition du courant, mais il n'en est plus de même au moment où le courant cesse. C'est qu'en effet, pendant que le manipulateur opère son mouvement de bascule vers le plot de repos, il y a un moment où il ne touche ni celui-ci ni l'enclume, et où, par suite, la ligne ne communique ni avec la pile ni avec la terre. Il y a là un changement brusque dans l'état du fil de ligne, changement qui affecte le téléphone. Il faut donc empêcher cet état d'isolement momentané de la ligne et prolonger, en

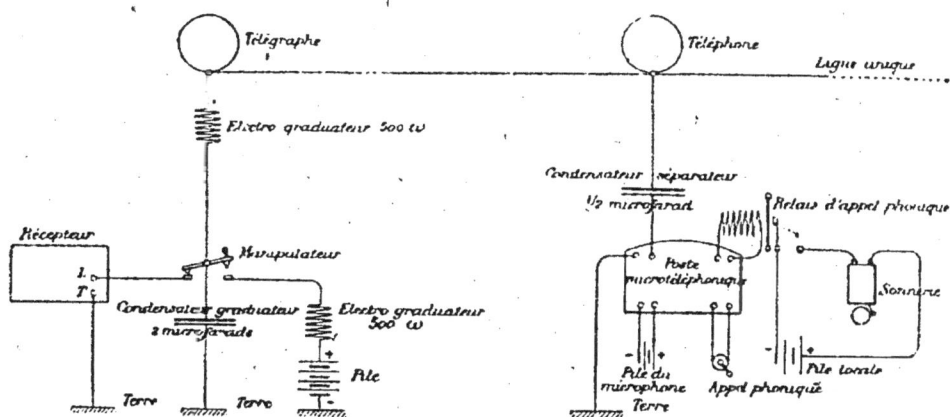

Montage d'un poste à télégraphie et téléphonie simultanées.

quelque sorte, le courant qui vient de cesser et qui a déjà tendance à se continuer dans l'extra-courant de rupture. On y arrive en mettant en dérivation sur la ligne, entre le manipulateur et le *graduateur* de ligne, un *condensateur* d'une capacité de deux microfarads, dont l'une des armatures est à la terre. Ce condensateur se chargera pendant tout le temps que la ligne sera en communication avec la pile et contribuera, de ce fait, à graduer le courant ; lorsque le signal aura cessé, il se déchargera sur la ligne, continuant ainsi jusqu'à une intensité nulle, avec une lenteur relative, le courant qui vient de cesser. L'ensemble des deux électro-aimants graduateurs et du condensateur porte le nom d'*anti-inducteur*.

Emploi du séparateur.

Grâce à l'anti-inducteur intercalé sur une ligne, on voit que les courants télégraphiques seront sans effet sur la membrane du téléphone, dont les vibrations seront trop lentes pour produire les sons les plus graves ; réciproquement, les courants ondulatoires téléphoniques ne pourront agir sur le récepteur télégraphique, parce qu'ils sont de trop faible amplitude et qu'ils se trouveront encore émoussés par la self-induction des électro-aimants graduateurs. Il suffit donc de disposer à côté de l'appareil télégraphique, un récepteur téléphonique en dérivation sur la ligne, pour pouvoir échanger à la fois un message phonique et une dépêche télégraphique. Mais la ligne se trouverait ainsi mise à la terre d'une façon permanente par le téléphone, ce qui nuirait au bon fonctionnement de la ligne télégraphique, les courants actionnant le récepteur étant affaiblis par cette perte à la terre. On interpose alors, entre le téléphone et la ligne, un condensateur d'une capacité égale à un demi-microfarad, qui n'enlève rien à l'intensité des courants télégraphiques et permet le passage par voie d'induction, des courants alternatifs du téléphone. Ce nouveau condensateur s'appelle *séparateur*.

Le schéma ci-contre montre le mode de montage ; il convient d'augmenter la puissance des piles, pour vaincre les résistances additionnelles, ajoutées à la résistance propre de la ligne.

Emploi du relais d'appel phonique.

Le poste téléphonique employé comporte, en réalité, un poste microtéléphonique complet, comprenant en outre un tableau annonciateur et une sonnerie. Or, il ne faut pas songer, pour actionner cette sonnerie et ces annonciateurs, à utiliser le courant d'une pile ou d'une magnéto, les courants de ces appareils pouvant gêner le travail du télégraphiste ; pour s'avertir de téléphone à téléphone on doit donc se contenter de courants assez faibles, d'une intensité comparable aux courants téléphoniques eux-mêmes, sous peine d'actionner en même temps les appareils télégraphiques. On arrive à ce résultat au moyen d'un *relais d'appel phonique*, lequel se compose d'un véritable téléphone magnétique de grandes dimensions, dont les bobines enroulées sur les pôles de l'aimant sont embrochées sur la ligne. Devant la plaque, est maintenu au con-

tact, par l'attraction de l'aimant, un petit marteau pouvant basculer autour
d'un axe. Lorsque les courants ondulatoires servant d'appel passent dans la
ligne, le champ magnétique de l'aimant est légèrement modifié, le marteau-
armature retombe et ferme le circuit d'une pile locale sur une sonnerie. Les
courants d'appel sont produits, soit au moyen d'une petite magnéto, soit au
moyen d'une petite bobine de Ruhmkorff appelée *vibrateur*. Ces appareils sont
choisis de telle sorte que les courants produits soient sans action sur le poste
télégraphique voisin.

CHAPITRE XV

RÉCEPTEURS MÉCANIQUES — ÉLECTROMOTEURS CONTINUS

I. — GÉNÉRALITÉS SUR LES ÉLECTROMOTEURS CONTINUS.

Historique des électromoteurs. — Réversibilité des machines continues.

La découverte de l'électro-aimant, l'attraction à faible distance de l'armature de fer doux, firent songer, dès 1820, à la création des moteurs électriques ; mais le problème de la transformation de l'énergie électrique en énergie mécanique, réalisé dès le début pour la télégraphie et les appareils à signaux de toute espèce, est resté longtemps insoluble pour les moteurs d'une certaine puissance, malgré quarante années d'efforts persévérants ; ces insuccès avaient même fini par faire considérer comme impossible la réalisation d'un moteur électrique de grande puissance et de rendement suffisant.

Citons seulement les expériences de *Jacobi* en 1838, les nombreux essais de *Froment*, de *Bourbouze*, de *du Moncel* vers 1845. Tous les dispositifs imaginés reposaient sur le principe de l'attraction produite à distance par un électro sur son armature ; l'armature étant attirée, on interrompait le circuit, ce qui permettait de ramener sans travail l'armature à sa première position, et ainsi de suite.

Mais l'amplitude du mouvement ainsi obtenu était très faible; il fallait un certain temps pour accumuler l'énergie électrique nécessaire à l'aimantation, et ce travail absorbé, qui croît en valeur et durée quand grandissent les proportions de l'électro, est restitué à la rupture et perdu sous forme d'extra-courant, au moment où se produit une étincelle, qui détériore en outre les organes de l'appareil. Les gros électromoteurs étant souvent moins puissants que les petits, le rendement était toujours dérisoire.

Les chercheurs n'étaient pas dans la bonne voie : *Gramme*, en réalisant enfin sans les connaître, les dispositions de l'*anneau Pacinotti*, dans lequel les actions sont continues et où n'intervient que très faiblement la self-induction, devait trouver du même coup un générateur et un moteur excellents. On constate en effet, et l'expérience fut faite publiquement par Fontaine, pour la première fois en 1873 à l'Exposition de Vienne, qu'une machine Gramme à courants continus, reliée à un générateur d'énergie électrique quelconque, tel qu'une autre machine Gramme, prend un mouvement de rotation qui s'accélère, jusqu'à ce que l'effort moteur devienne égal au couple résistant.

Or, cette machine Gramme, utilisée comme réceptrice, aurait pu servir de génératrice; les machines à courants continus sont donc *réversibles*, c'est-à-dire qu'elles peuvent être aussi bien utilisées pour transformer l'énergie électrique en énergie mécanique, que pour produire l'effet inverse. C'est ce principe de la réversibilité de la machine Gramme, qui a résolu le problème, tant cherché et si important dans ses applications, du transport pratique de l'énergie à distance; nous verrons au fur et à mesure tous les progrès réalisés dans cette voie.

Classification des électromoteurs.

Les récepteurs mécaniques proprement dits, ou *électromoteurs*, peuvent se diviser actuellement en deux classes : 1° les électromoteurs à courants continus; 2° les électromoteurs à courants alternatifs ou *alternomoteurs*; ces derniers peuvent de même se subdiviser en deux catégories, suivant que les courants utilisés sont des courants alternatifs *simples* ou *polyphasés* (1).

Quant aux moteurs à courants continus, qui ont été les premiers et longtemps les seuls employés dans l'industrie, ils peuvent, étant en tous points semblables aux générateurs à courants continus, être divisés, comme ces derniers, en quatre catégories, suivant leur mode d'excitation : 1° *moteurs à aimants permanents* ou à *excitation séparée;* 2° *moteurs en série;* 3° *moteurs en dérivation;* 4° *moteurs Compound.* — On verra plus loin la classification des moteurs à courants alternatifs.

Principe des électromoteurs à courant continu.

Pour se rendre compte du mouvement de l'armature d'un électromoteur à courant continu, il suffit de se rappeler l'équivalence d'une solénoïde et d'un aimant : chaque spire qui compose l'armature devient, sous l'influence du courant, un feuillet magnétique, dont la face gauche ou positive, dont la face droite ou négative, sont indiquées par l'une des deux règles mnémoniques connues : bonhomme d'Ampère et tire-bouchon de Maxwell. Or ce feuillet est susceptible de se déplacer; chacune des spires est enroulée autour de l'armature qu'elle peut entraîner avec elle, le feuillet solidaire de l'anneau prend donc un mouvement tel qu'il embrasse le plus grand flux de force possible par sa face négative.

Prenons, pour fixer les idées, l'anneau Gramme d'une machine magnéto ; cette machine présente, grâce à ses aimants permanents, une polarité fixe N, S, de ses inducteurs ; le flux de force traverse l'armature en se divisant en deux portions, l'une à la partie supérieure, l'autre à la partie inférieure de l'anneau.

Envoyons dans l'induit un courant qui circule dans les spires comme l'indiquent les petites flèches de la figure. Les spires situées dans le quadrant I reçoivent le flux par la face négative ; elles tendent à se mouvoir en sens inverse des aiguilles

(1) Les courants polyphasés seront étudiés plus loin.

d'une montre, de manière à rendre maximum le flux qui les traverse. Les spires situées dans le quadrant II reçoivent le flux par la face positive et tournent dans le même sens, afin de provoquer une diminution de ce flux, c'est-à-dire en somme une augmentation du flux embrassé par la face négative.

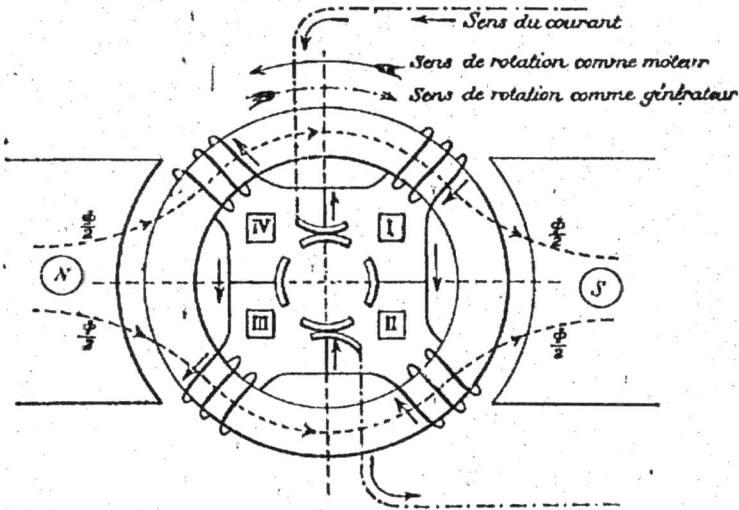

Principe des électromoteurs à courant continu.

En raisonnant de même pour les deux autres quadrants, on voit que l'induit prend un mouvement de rotation, que le jeu des balais fixes et des lames du collecteur mobiles avec les spires, rend continu tant que passe le courant. Ce mouvement de rotation est précisément l'inverse de celui qui est donné à l'armature pour lui faire produire le même courant, quand elle fonctionne comme génératrice : ce fait découle directement de l'application de la loi de Lenz.

La machine tourne donc en sens inverse en *rebroussant ses balais*, si le sens du courant reste le même dans le circuit, et il suffit de les replacer d'une façon convenable, afin que ce fait ne se produise pas. Il sera toujours facile, par les règles précédentes, de distinguer dans chaque cas le mouvement de rotation de l'induit, qu'il s'agisse d'un dynamo en série ou en dérivation, suivant les sens respectifs des enroulements de l'anneau et des inducteurs.

Sens de marche des électromoteurs continus.
Angle de calage des balais. — Renversement de marche.

1° Moteur magnéto ou à excitation indépendante.

Proposons-nous de voir, d'après ce qui précède, quel doit être le sens de marche de chacun des types d'électromoteurs à courants continus et comment doivent être disposés les balais dans chaque cas particulier.

Une machine magnéto ou une dynamo à excitation indépendante employée comme génératrice, ayant ses polarités bien déterminées, fournit toujours un courant, qu'on fasse tourner l'induit dans un sens ou dans l'autre. Puisque

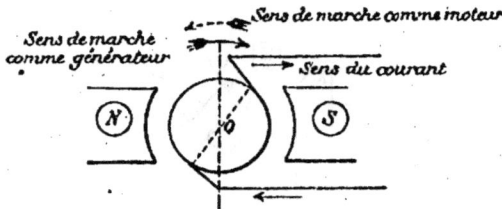

Nota : *Les balais sont calés, en avant du mouvement comme générateur, en arrière du mouvement comme moteur. Ils restent à peu près dans la même position dans le moteur que dans le générateur, seulement ils sont retournés*

Moteur magnéto.

cette machine peut fonctionner dans les deux sens comme génératrice, elle fonctionnera de même, d'après la loi de Lenz, comme moteur, dans les deux sens ; mais, pour un même courant produit ou reçu, le sens de rotation de la génératrice sera inverse de celui de la réceptrice.

Les pôles étant fixes, supposons qu'on envoie dans l'induit un courant de même sens que celui qu'elle donnait comme génératrice. Rien n'étant changé au point de vue électrique dans l'appareil, le diamètre de contact des balais, c'est-à-dire la ligne neutre (ou ligne de flux maximum) devra rester dans la même position ; seulement, comme la rotation est actuellement, dans la réceptrice, contraire à ce qu'elle était dans la génératrice, les balais sont calés *en arrière* du sens de rotation. Toutefois, il faut remarquer que l'aimantation secondaire par réaction d'induit et les courants de Foucault, qui concordaient dans la génératrice pour incliner la ligne neutre, se trouvent être en opposition dans la réceptrice, en sorte que l'angle de calage est bien moindre.

On voit ainsi qu'il serait très simple, sans ce fait du calage des balais, de renverser à volonté le mouvement de rotation du moteur, au moyen d'un commutateur placé sur le trajet du courant qu'on lance dans l'induit. Il faut, en pratique, un *appareil à changement de marche*, tel que celui de la figure ci-dessous, qui puisse à la fois commuter le sens du courant dans l'anneau, renverser le calage des balais et disposer leur inclinaison de sorte que le collec-

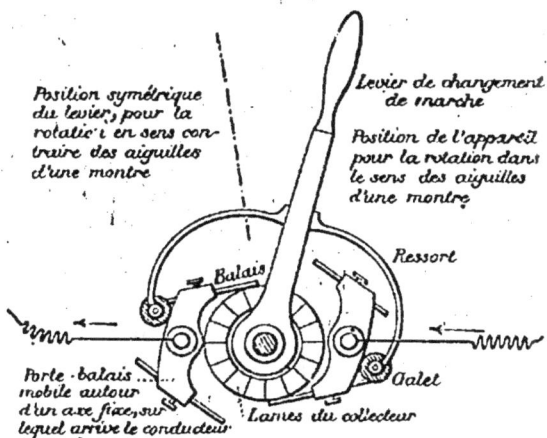

Position symétrique du levier, pour la rotation en sens contraire des aiguilles d'une montre

Levier de changement de marche

Position de l'appareil pour la rotation dans le sens des aiguilles d'une montre

Ressort

Balais

Porte-balais mobile autour d'un axe fixe, sur lequel arrive le conducteur

Galet

Lames du collecteur

Nota: Le changement de marche est obtenu, pour un même sens du courant, en changeant le sens du courant dans l'induit, sans le changer dans les inducteurs

Appareil à changement de marche.

teur ne puisse les *rebrousser*. Cet appareil est applicable à tous les électromoteurs continus.

2° Électromoteur en série.

Dans un moteur en série, le flux change de sens en même temps que le sens du courant. Or, ces machines, en tant que génératrices, ne peuvent s'amorcer que dans un seul sens de rotation, par suite du magnétisme rémanent qui pro-

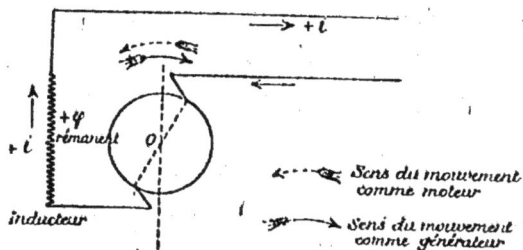

$+i$

$+\varphi$ rémanent

$+i$

O

inducteur

Sens du mouvement comme moteur

Sens du mouvement comme générateur

Nota : Les balais sont calés, en avant du mouvement comme générateur, en arrière comme moteur. Ils restent à peu près à la même position dans le moteur que dans le générateur, seulement ils sont retournés.

Moteur en série.

duit un flux de sens donné $+\varphi$ et un courant de sens également donné $+i$, lequel doit être tel qu'il renforce le champ préexistant des inducteurs.

Il en résulte ce qui suit, pour la réceptrice : 1°) Si l'on envoie dans cette réceptrice le courant $+i$ que donnait la génératrice, d'après la loi de Lenz elle tournera en sens contraire. — 2°) Si l'on envoie un courant $-i$, comme les pôles sont en même temps intervertis, on aura encore la même rotation pour le moteur, c'est-à-dire une rotation de sens toujours contraire au sens unique de rotation de la génératrice.

En un mot, quel que soit le courant lancé dans une réceptrice excitée en série, elle n'a qu'*un sens* possible de rotation, qui est contraire au sens unique qu'elle présente comme génératrice. Quant au calage des balais, il se fait *en arrière du mouvement*, comme dans le cas précédent et pour les mêmes raisons.

3° Électromoteurs en dérivation.

Les dynamos excitées en dérivation ne peuvent fonctionner comme génératrices, que dans un sens de rotation unique, comme les précédentes, celui qui donne un courant $+i$ dans leurs inducteurs, capable de renforcer le flux magnétique rémanent $+\varphi$ de ces mêmes inducteurs.

Donc, tout d'abord, si l'on envoie aux balais un courant qui ne change pas le sens $+i$ dans ces inducteurs, ni le flux $+\varphi$, il y aura dans l'armature de la réceptrice un courant $-I$ contraire à celui de la génératrice. D'après la loi de Lenz, puisque, pour un même flux magnétique, le courant de l'anneau est contraire dans la réceptrice à ce qu'il était dans la génératrice, la rotation aura

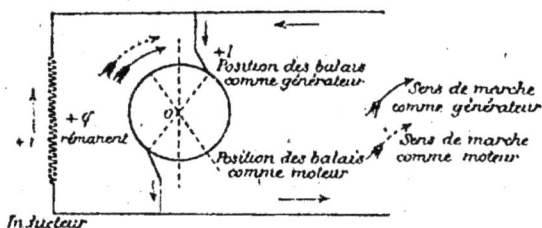

Moteur en dérivation.

lieu dans le même sens pour les deux. Si, d'autre part, on renverse le courant aux balais, les sens du flux et du courant de l'anneau changent en même temps, et le sens de la rotation de la réceptrice persiste.

Ainsi, *quel que soit le courant fourni à un électromoteur en dérivation, il ne peut avoir qu'un sens de rotation, le même que celui qu'il présente comme générateur.*

Pour le calage des balais, il nous suffit de remarquer que lorsque le flux $+\varphi$ des inducteurs est maintenu fixe, le flux secondaire d'induction dû au courant $-I$ est changé de sens, par rapport à celui que présentait la génératrice; par conséquent, l'inclinaison de la ligne neutre du flux résultant sur celle du flux principal se produit à gauche dans la réceptrice, si elle avait lieu à droite dans la génératrice; il en résulte que, dans ce moteur comme dans tous les autres, le calage des balais doit toujours se faire en arrière du mouvement. Pratiquement, du reste, il suffit comme toujours, de disposer les balais de façon qu'ils présentent le minimum d'étincelles à leur point de contact avec le collecteur.

Résumé de la discussion du sens de marche des électromoteurs continus.

Le tableau suivant résume la discussion précédente, si nous appelons *direct* le sens de marche de la machine servant de génératrice, *inverse* le sens contraire :

TYPE de MACHINES EMPLOYÉES.	SENS DE MARCHE	
	COMME GÉNÉRATRICE.	COMME RÉCEPTRICE.
Magnéto ou dynamo à excitation séparée....	Deux sens : *direct* ou *inverse*.	Deux sens : *inverse* ou *direct*.
Dynamo en série........	Sens unique: *direct* à cause du magnétisme rémanent,	Sens unique: *inverse* quel que soit le sens du courant reçu.
Dynamo en dérivation ..	Sens unique: *direct*	Sens unique: *direct*.

II. — THÉORIE DES ÉLECTROMOTEURS CONTINUS.

Équation générale relative à un circuit renfermant un générateur et un récepteur mécanique.

Soit un générateur continu d'énergie électrique, ayant une force électromotrice totale E, une force électromotrice aux bornes e, une résistance intérieure r; soit un récepteur, pour lequel les grandeurs correspondantes sont représentées par les mêmes lettres affectées d'un accent; soit enfin ρ la résistance d'une ligne qui relie les deux appareils, et I l'intensité du courant qui parcourt le circuit total. Nous savons que l'équation générale représentant l'ensemble des travaux qui se manifestent dans le circuit est :

$$\underbrace{E I}_{\substack{\text{Puissance électrique totale}\\\text{fournie par le générateur.}}} \quad = \quad \underbrace{r I^2}_{\substack{\text{Perte de puissance}\\\text{sous forme de chaleur}\\\text{dans le générateur.}}}$$

$$+ \quad \underbrace{\rho I^2}_{\substack{\text{Perte de puissance}\\\text{sous forme de chaleur}\\\text{dans la ligne.}}} \quad + \quad \underbrace{r' I^2}_{\substack{\text{Perte de puissance}\\\text{sous forme de chaleur}\\\text{dans le récepteur.}}} \quad + \quad \underbrace{E' I}_{\substack{\text{Puissance électrique}\\\text{recueillie dans le récepteur}\\\text{sous forme mécanique.}}}$$

$$r + \rho + r' = R, \text{ résistance totale.}$$

L'ensemble des pertes est $R I^2$.

D'autre part, on sait que :

$$E I - r I^2 = e I$$

représente la puissance disponible aux bornes du générateur, et ρI^2 représente la perte en ligne.

Donc :

$$r' I^2 + E' I = e' I$$

est la puissance transportée aux bornes du récepteur : E' représente la force contre-électromotrice du récepteur ; $E' I$ n'est autre chose que le travail effectué par l'électromoteur.

Variations du travail avec l'intensité.

Les résistances sont constantes par construction, ainsi que la force électromotrice totale du générateur par hypothèse ; E' et I constituent donc les seules variables de l'équation :

$$E I = R I^2 + E' I.$$

Supposons que l'on ait, dans une première expérience, calé l'anneau de la réceptrice, de façon à l'empêcher de tourner et, par conséquent, de produire du travail, la force contre-électromotrice E' du récepteur est nulle, il en résulte une valeur I_0 de l'intensité de régime qui satisfait à la loi d'Ohm relative à un circuit inerte. Les pertes de charge sont :

$$E = R I_0 \qquad \text{ou} \qquad I_0 = \frac{E}{R} ;$$

Les travaux sont :

$$EI_0 = RI_0^2 ;$$

le travail électrique se transforme intégralement en chaleur dans l'ensemble du circuit.

Laissons maintenant tourner librement l'anneau de la réceptrice; on constate aussitôt, à l'ampèremètre, que l'intensité diminue à mesure que la rotation s'accélère et qu'elle ne tarde pas à prendre une valeur de régime I, qui satisfait à l'équation générale écrite ci-dessus :

$$EI = RI^2 + E'I.$$

Ce régime est atteint quand le couple moteur devient égal au couple résistant dû aux frottements, etc. Pour que l'intensité baisse, il a dû se manifester quelque part dans le circuit, une force contre-électromotrice E' venant affaiblir le courant : cette force contre-électromotrice est due à la rotation de l'anneau de la réceptrice dans le champ magnétique de ses inducteurs, et l'intensité nouvelle est donnée par :

$$I = \frac{E - E'}{R}.$$

Soit W le travail E'I, effectué par seconde, par la réceptrice; puisque nous avons constaté que ce travail variait avec l'intensité du courant, prenons dans l'équation :

$$EI = RI^2 + W,$$

ces deux grandeurs comme variables. Cette équation représente une parabole; elle est du second degré en I : on peut donc, avec deux valeurs différentes de l'intensité, obtenir un même travail W; il faut toutefois pour cela que les racines de l'équation soient réelles, c'est-à-dire que l'on ait :

$$E^2 - 4RW > 0,$$

d'où :

$$W < \frac{E^2}{4R},$$

ce qui montre que, pour une force électromotrice et une résistance données, le maximum de travail produit est $\dfrac{E^2}{4R}$. La valeur de I correspondante est : $\dfrac{E}{2R}$.

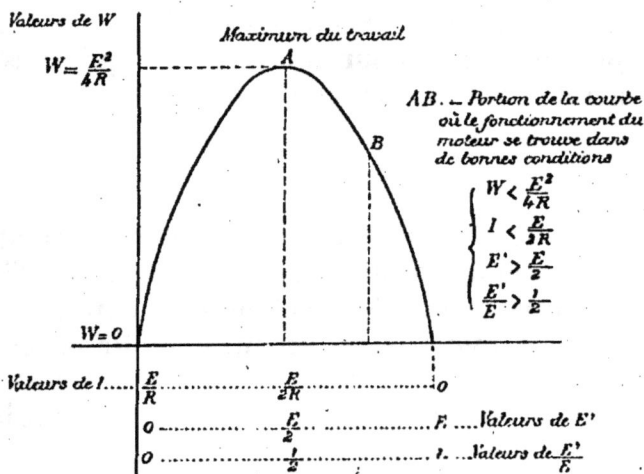

Valeurs de W

$W = \dfrac{E^2}{4R}$

Maximum du travail

A

B

AB. — Portion de la courbe où le fonctionnement du moteur se trouve dans de bonnes conditions

$W < \dfrac{E^2}{4R}$

$I < \dfrac{E}{2R}$

$E' > \dfrac{E}{2}$

$\dfrac{E'}{E} > \dfrac{1}{2}$

$W = 0$

Valeurs de I

$\dfrac{E}{R}$ $\dfrac{E}{2R}$ o

o .... $\dfrac{E}{2}$ .... E ... Valeurs de E'

o .... $\dfrac{1}{2}$ .... 1 ... Valeurs de $\dfrac{E'}{E}$

Fonctionnement d'un électromoteur continu.

On a donc, pour I $= 0$ et pour I $= \dfrac{E}{R}$, W $= 0$; enfin I $= \dfrac{E}{2R}$ pour W $= \dfrac{E^2}{4R}$.

Variations du travail avec la force contre-électromotrice.

Si l'on remplace I par $\dfrac{E - E'}{R}$, on obtient :

$$E E' = E'^2 + R W,$$

équation qui représente encore une parabole, et qui montre que W $= 0$ pour E' $= 0$ et pour E' $= E$, enfin que si W $= \dfrac{E^2}{4R}$ on a E' $= \dfrac{E}{2}$.

Variations du travail avec le rendement.

Quant au rendement électrique, il est, comme toujours, égal au rapport du travail utile au travail total.

La puissance utile est :

$$P_u = E'I ;$$

La puissance totale est :

$$P_t = EI ;$$

Le rapport est :

$$\frac{P_u}{P_t} = \frac{E'}{E} = K_e .$$

Si l'on veut discuter aussi ce rendement, il suffit de prendre le rapport $\frac{E'}{E}$ dans l'expression :

$$EE' = E'^2 + RW,$$

et l'on obtient :

$$\frac{E'}{E} = \left(\frac{E'}{E}\right)^2 + \frac{RW}{E^2},$$

ou bien :

$$K_e = K_e^2 + \frac{R}{E^2} W .$$

Résumé de la discussion. — Conditions du fonctionnement normal d'un électromoteur continu.

Les résultats de cette discussion générale sont indiqués dans le tableau suivant :

TABLEAU DES VARIATIONS CORRESPONDANTES DANS UN ÉLECTROMOTEUR
CONTINU.

EXPÉRIENCES faites SUR LA RÉCEPTRICE.	INTENSITÉ mesurée A L'AMPÈRE-MÈTRE.	FORCE CONTRE-ÉLEC-TROMOTRICE.	TRAVAIL.	REN-DEMENT.
I. L'anneau est calé : la réceptrice ne tourne pas, le travail est nul, le rendement est nul	$I = \dfrac{E}{R}$.	$E' = 0$.	$W = 0$.	$\dfrac{E'}{E} = 0$.
II. On décale l'anneau : il prend une certaine vitesse, qui s'accélère jus-qu'à ce que le couple moteur devienne égal au couple résistant.	I décroît.	E' croît.	W croît.	$\dfrac{E'}{E}$ croît.
III. Conditions de travail maximum.	$I = \dfrac{E}{2\,R}$.	$E' = \dfrac{E}{2}$.	$W = \dfrac{E^2}{4\,R}$.	$\dfrac{E'}{E} = \dfrac{1}{2}$.
IV. On diminue la charge imposée au moteur. La vitesse s'accélère..	I décroît.	E' croît.	W décroît.	$\dfrac{E'}{E}$ croît.
V. On laisse l'anneau tourner libre-ment sans charge ; si l'on ne tient pas compte du frottement, etc., sa vitesse devient telle que la force contre-électromotrice équilibre la force électromotrice ($E' = E$) et que le courant s'annule. Ce sont là évidemment des conditions théo-riques irréalisables. Le rendement est égal à 1, mais le travail est nul.	$I = 0$.	$E' = E$.	$W = 0$.	$\dfrac{E'}{E} = 1$.

Ce tableau montre que le rendement peut prendre toutes
les valeurs entre 0 et 1 ; il en résulte que, pour avoir à la fois
le travail maximum, variant très peu au voisinage de ce
maximum, et améliorer le rendement, il suffira de se placer
dans les conditions de fonctionnement indiquées dans l'expérience IV ci-dessus. La courbe représentative du travail W
en fonction de I, montre qu'il faut laisser tourner l'électromoteur, de façon à se trouver dans la partie comprise entre A
et B ; on aura alors :

$$I < \frac{E}{2R}, \quad W < \frac{E^2}{4R}, \quad E' > \frac{E}{2}, \quad K_e > \frac{1}{2}.$$

Pendant la marche, l'intensité est égale à $\dfrac{E - E'}{R}$, mais au

moment du démarrage elle est $\dfrac{E}{R}$, c'est-à-dire très supérieure à sa valeur normale ; c'est ce qui justifie l'emploi d'un *rhéostat de démarrage*, placé dans le circuit au départ et qui est retiré graduellement, à mesure que s'accélère le mouvement de otation.

Puissance et couple développés. — Comparaison des divers électromoteurs continus.

Soit F l'effort résistant appliqué à la circonférence de l'induit de l'électromoteur, appelé *effort statique* par M. Marcel Deprez ; soit D le diamètre de cet induit ; le travail effectué dans chaque tour, étant égal au produit de la force par le chemin parcouru, est représenté par $\pi D F$; pour N tours d'induit par seconde, ce travail sera $\pi D F N$.

Ce travail est d'autre part égal, pour chaque spire, au produit de l'intensité qui la parcourt, par la variation du flux qui pénètre par sa face négative, produit qui est ici égal à $\frac{I}{2} \times 4 \frac{\Phi}{2}$ dans un tour complet ; ce travail se reproduit nN fois dans une seconde, n étant le nombre total des spires de l'anneau : la puissance développée se trouve donc égale à $InN\Phi$.

Il est facile de reconnaître dans ce travail, l'expression $nN\Phi$, déjà obtenue dans l'équation fondamentale des dynamos continues, où elle représentait la force électromotrice ; elle représente évidemment ici la force contre-électromotrice E', que produit la rotation de l'anneau dans le champ de ses inducteurs ; le travail de l'électromoteur est donc E'I, ce qu'il était facile de prévoir.

Égalant les deux expressions trouvées pour le travail, on obtient :

$$\pi D F N = I n N \Phi, \quad \text{dans laquelle} \quad n N \Phi = E'.$$

Cette équation ne tient pas compte, bien entendu, des actions parasites (frottement, hystérésis, courants de Foucault).

Le couple résistant et la vitesse de rotation sont donnés par :

$$\underbrace{\pi D F}_{\text{Couple résistant}} = \underbrace{I n \Phi}_{\text{couple moteur.}} ; \quad \underbrace{N}_{\substack{\text{Vitesse} \\ \text{de rotation.}}} = \frac{E'}{n\Phi} = \frac{E - RI}{n\Phi},$$

Il y aurait grand avantage, dans l'industrie, à avoir l'*auto-régulation des électromoteurs* : leur vitesse devrait varier aussi peu que possible, avec le couple résistant qu'ils ont à vaincre. Les équations précédentes permettent de comparer à ce sujet les divers moteurs continus et de voir comment se comporte leur vitesse, lorsqu'on fait varier le couple résistant.

Dans un *moteur en série*, Φ est une fonction croissante de I; les deux grandeurs I et Φ croissent donc avec la valeur de l'effort statique. Quant à la vitesse de rotation, elle décroît très vite, jusqu'à l'arrêt du moteur, puisque dans l'expression de N, le numérateur est décroissant, tandis que le dénominateur est croissant; elle croît de même très rapidement et peut atteindre des valeurs dangereuses pour la conservation de l'appareil : quand F vient à baisser brusquement, le numérateur augmente et le dénominateur diminue, de telle sorte que le moteur en série *s'emballe*.

Ce fait ne se produit pas, ou du moins est fortement atténué, dans les *moteurs en dérivation*, dans les *magnétos* et dans les *machines à excitation séparée*. Dans ce cas, Φ est en effet invariable et l'intensité I croît seule proportionnellement à F; la vitesse de rotation N décroît légèrement, puisque I est croissant, et le moteur *se cale* encore sans avoir pu vaincre le couple résistant, si l'intensité atteint sa valeur maximum $\dfrac{E}{R}$, sans qu'il y ait eu démarrage du moteur; mais s'il n'y a pas autorégulation complète, il est clair que ces moteurs fonctionnent dans de meilleures conditions que les moteurs en série.

Cependant, il résulte aussi de l'équation ci-dessus, qui exprime l'égalité du couple moteur et du couple résistant, que dans un moteur en série, I et Φ étant deux grandeurs croissantes en même temps, le couple moteur est plus considérable, toutes choses égales d'ailleurs, que dans un moteur en dérivation, où Φ est sensiblement une constante. Le couple moteur atteint donc une grande valeur au moment du démarrage d'un moteur en série, ce qui fait préférer ce dernier enroulement pour certaines applications spéciales, telles que la traction électrique. Les deux catégories de moteurs ont donc leurs avantages et leurs inconvénients : si la régularité de marche est nécessaire, l'électromoteur doit être excité en dérivation;

si l'application en vue exige le couple maximum au démarrage, l'électromoteur doit être excité en série.

Les machines magnétos et à excitation séparée sont rarement employées comme moteurs; les premières, parce qu'il est difficile de leur donner une grande puissance, les secondes parce que leur installation est trop compliquée. Quant aux moteurs compound, grâce à leur enroulement mixte, leurs avantages et leurs inconvénients reviennent à ceux des moteurs en série et en dérivation : leur régulation est d'ailleurs un peu illusoire, car celle-ci ne se trouve réalisée qu'entre d'étroites limites.

III. — TRANSPORT D'ÉNERGIE PAR COURANTS CONTINUS.

Historique du transport d'énergie à distance par courants continus.

Le problème du transport de l'énergie à distance est implicitement résolu par le fait de la réversibilité des machines électriques; aussi a-t-il été réalisé dès l'apparition des premiers électromoteurs. Mais les premières expériences à ce sujet furent des plus modestes. On semblait avoir oublié la démonstration publique faite par *Fontaine* en 1873, à l'Exposition de Vienne, où il avait été cependant constaté qu'une machine Gramme actionnée par un moteur Lenoir, faisait tourner, à deux kilomètres de distance, une autre machine Gramme qui mettait en mouvement une pompe centrifuge.

Il faut arriver jusqu'en 1879 pour voir un essai de quelque importance : à Sermaize, une puissance de 3 chevaux environ fut transportée à deux kilomètres pour actionner une charrue. Quelques autres expériences isolées ne pouvaient guère rendre industrielle la tentative de l'Exposition de Vienne.

Ce fut seulement en 1882 que *M. Marcel Deprez* entreprit une nombreuse série d'expériences de transport d'énergie à grande distance; ces essais qui eurent beaucoup de retentissement sont, par ordre chronologique :

1° *Miesbach à Munich* (1882), 60 kilomètres;

2º *Paris—Gare du Nord à Paris—Gare du Nord*, avec une ligne passant par Le Bourget (1883), 17 kilomètres;

3º *Vizille à Grenoble* (1883), 14 kilomètres;

4º *Creil à Paris—La Chapelle* (1885), 56 kilomètres.

Ces installations n'avaient qu'un assez faible rendement : M. Marcel Deprez avait cependant posé le principe théorique qui devait servir de guide dans toute installation de transport d'énergie à grande distance, savoir : *l'utilisation des hauts potentiels.* C'est ce principe qui, appliqué de nos jours dans une multitude d'installations de toute sorte, a définitivement résolu le problème.

Rendement d'une installation de transport d'énergie.

On peut représenter schématiquement de la manière suivante, un transport d'énergie à distance : Une source d'énergie quelconque à utiliser (chute d'eau, moteur à vapeur) se trouve au point S; il s'agit de transmettre une partie de cette énergie au point O, où se trouve, par exemple, une machine-outil. La transmission comprendra essentiellement, à part le moteur et la machine-outil : 1º une dynamo, dite *génératrice*, actionnée,

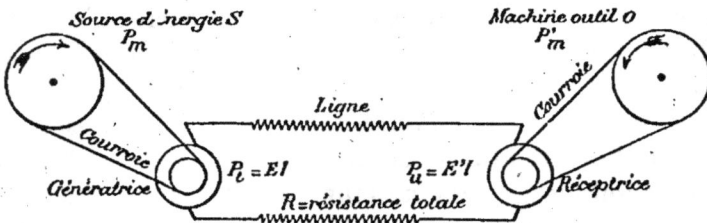

$$K_g = \frac{P_\ell}{P_m} \quad \text{rendement de la génératrice}$$

$$K_e = \frac{P_u}{P_\ell} \quad \text{rendement de la ligne}$$

$$K_r = \frac{P'_m}{P_u} \quad \text{rendement de la réceptrice}$$

$$K = K_g K_e K_r \quad \text{Rendement industriel}$$

Schéma d'un transport d'énergie à distance.

par la source S d'énergie naturelle ou artificielle, au moyen d'une courroie, par exemple; 2º une *ligne* formée de deux conducteurs, partant des pôles de la génératrice et amenant le courant jusqu'au point d'utilisation; 3º un électromoteur ou dynamo *réceptrice*, transformant l'énergie électrique reçue par la ligne, en énergie mécanique.

Pour évaluer le *rendement industriel* d'une installation de transport d'énergie, supposons que la source S communique à l'arbre de la génératrice une puissance mécanique de P_m watts; la génératrice fournit en échange une puissance électrique totale $EI = P_t$. Le rapport sera le *rendement propre de la génératrice*

$$K_g = \frac{P_t}{P_m}.$$

Cette puissance P_t est lancée dans la transmission et la puissance électrique utile P_u rendue par la réceptrice est : $E'I = P_u$. Le rapport $\frac{E'I}{EI} = \frac{P_u}{P_t} = K_e$ représente le *rendement électrique* ou *coefficient de transformation*

$$K_e = \frac{P_u}{P_t}.$$

De nouveau, cette puissance électrique utile donne une certaine puissance motrice P'_m, en watts, recueillie sur l'arbre de la réceptrice, et le rapport $\frac{P'_m}{P_u} = K_r$ est le *rendement propre de la réceptrice*

$$K_r = \frac{P'_m}{P_u}.$$

Si l'on multiplie membre à membre les expressions de ces trois rendements, on a :

$$K_g \, K_e K_r = \frac{P'_m}{P_m}.$$

Or $\frac{P'_m}{P_m}$ représente le *rendement industriel* K de l'installation; on obtient donc sa valeur en faisant le produit des rendements de la génératrice, de la ligne et de la réceptrice.

Loi de M. Marcel Deprez : Le rendement est indépendant de la distance.

L'unique loi du transport de l'énergie a été énoncée pour

la première fois par M. Marcel Deprez : *Le rendement est indépendant de la distance.* Ce principe ne rencontra tout d'abord que des contradicteurs, tant il paraissait paradoxal, et cependant, pour se rendre compte de son exactitude, il suffit de considérer l'expression du rendement, déjà trouvée :

$$K_e = K_e^2 + \frac{R}{E^2} W.$$

On voit que le rendement K_e reste constant, pour un même travail W transporté, quelle que soit la distance, pourvu que $\frac{R}{E^2}$ soit constant, c'est-à-dire à condition que l'on fasse croître la force électromotrice comme la racine carrée de la résistance.

Il est facile de vérifier que, dans ce cas, la perte totale RI^2, sous forme de chaleur, est une constante.

La condition de maintenir invariable le rapport $\frac{E^2}{R}$ peut être obtenue de deux manières : 1° En adoptant une force électromotrice déterminée E, il en résulte pour R une valeur définie : on se trouve, de cette façon, bien vite limité par les conditions économiques de l'installation, car la section des câbles de ligne devient très rapidement onéreuse, pour garder la même intensité I; 2° En faisant croître la force électromotrice, on peut, avec la distance, augmenter la résistance et diminuer l'intensité : c'est là, la vraie solution pour conserver un même rendement; il y a donc avantage dans les transports d'énergie, à *adopter les forces électromotrices élevées.*

IV. — APPLICATIONS MÉCANIQUES.

Classification des installations de transport d'énergie.

Un transport d'énergie peut se faire *à distance fixe*, comme pour les divers récepteurs d'un atelier, ou *à distance variable*, comme pour les électromoteurs des tramways : dans le premier cas, tous les éléments sont calculés d'avance et la ligne simplement installée à demeure; dans le second cas, la réceptrice se meut en *allongeant sa ligne*, à mesure que sa distance au générateur augmente : ce transport d'énergie nécessite des dispositifs spéciaux.

Les applications des électromoteurs sont variées à l'infini, suivant le genre des résistances qu'ont à vaincre les machines. L'énergie électrique, transformée en énergie mécanique, peut être utilisée pour un travail dans le sens à peu près *horizontal*, comme dans la *traction en vitesse* des véhicules, ou dans le sens *vertical*, pour les *pompes*, les *ascenseurs*, les *monte-charges*, soit enfin dans tous les sens possibles, pour les *commandes à distance*, pour les *machines-outils* les plus puissantes ou les plus délicates.

I. — Traction électrique.

1° Généralités.

La traction électrique est actuellement, après l'éclairage, l'application qui consomme la plus grande quantité d'énergie électrique ; elle est appelée, comme d'ailleurs les autres transformations mécaniques de l'énergie électrique, à devenir de plus en plus importante, car elle utilise pendant le jour les générateurs qui, normalement, ne fonctionnent que quelques heures pendant la nuit pour l'éclairage.

Le problème de la traction des véhicules consiste à connaître la force F (en kilogr.) qu'il faut développer pour entraîner une voiture de poids P (tonnes) dans les diverses péripéties de son voyage. On sait que cet effort, qui, dans la marche uniforme en palier droit sur une voie de tramway en bon état, est d'environ 10 kilogr. par tonne, peut, suivant les circonstances (palier, courbe, rampe, mise en vitesse, « coup de collier » au démarrage), devenir sept ou huit fois supérieur à cette valeur normale.

Malgré cette complication d'efforts très variés à appliquer dans la marche des voitures, les moteurs électriques, à l'heure actuelle, ont une assez grande élasticité de fonctionnement pour se prêter à toutes les exigences du service.

La traction électrique se recommande d'ailleurs par des avantages incontestables : elle présente, comme tous les autres modes de traction mécanique, cette double supériorité sur la traction par chevaux, d'une vitesse plus grande et d'une dépense exactement proportionnée à l'énergie mise en œuvre, quelles que soient les puissances maxima et minima requises pour le service. Mais, sur les autres procédés mécaniques, elle l'emporte encore par bien des commodités spéciales : absence d'odeur et de fumée, peu de bruit; elle évite, en outre, les secousses pour le matériel roulant et pour la voie, même aux grandes vitesses, à cause du mouvement rotatif qu'un électromoteur peut communiquer directement aux essieux. Les mouvements de *lacet* et de *galop* (1), si désagréables pour les voyageurs, que produisent dans les locomotives à deux cylindres les efforts dissymétriques des pistons, sont complètement supprimés, ce qui justifie l'essai tenté dans la *locomotive Heilmann* (2). Les moteurs électriques marchent très vite ; ils ne donnent le mouvement de rotation à l'essieu, que par l'intermédiaire d'un train d'engrenages, qui constitue une « démultiplication » ; ce fait leur permet d'attaquer les plus fortes rampes.

Enfin la possibilité de faire les prises d'énergie à une grande usine centrale est encore une excellente condition d'économie, soit que la source d'énergie soit confiée au véhicule lui-même (*traction par accumulateurs*), soit que cette énergie soit empruntée tout le long de la route aux conducteurs qui suivent la voie (*traction par distribution*).

Du reste, les statistiques nous montrent, en Europe seulement, un véritable engouement pour la traction électrique; les États-Unis d'Amérique nous ont d'ailleurs déjà singulièrement dépassés à ce sujet. En un an (1898), le nombre des lignes européennes, dont la première date de 1890, est passé de 200 à 250, avec 3,000 kilomètres de voie; la France possède (janvier 1899) 56 lignes d'un développement de près de 500 kilo-

(1) Le mouvement de galop que l'on constate quelquefois, provient de ce que la voiture est mal suspendue, que les deux essieux sont trop rapprochés et que le porte-à-faux est trop considérable, ou encore que la voie manque de solidité; aux grandes vitesses, la voiture peut prendre une sorte de balancement d'avant en arrière dont l'origine n'est certainement pas due au mode de traction électrique.

(2) L'expérience de traction électrique sur les voies ferrées existantes, tentée avec la locomotive Heilmann, peut en effet se justifier, malgré le grand nombre de transformations successives auxquelles donne lieu son emploi; mais les résultats pratiques sont bien loin d'avoir répondu aux espérances de l'inventeur.

mètres, sans compter les nombreuses installations en construction.

2° Dispositions diverses que nécessite la traction électrique.

Chaque voiture automobile porte son électromoteur, suspendu
en général au-dessous du truc : c'est une machine robuste,
attaquant les essieux par pignon et roue dentée, susceptible de
résister aux à-coups, à facile changement de marche, capable
de supporter une grande intensité de courant, et dont la puissance est subordonnée au poids à remorquer ; son excitation
est en série pour faciliter les démarrages.

Cet électromoteur doit communiquer, dans le système à
distribution, avec la génératrice placée à poste fixe, d'ordinaire au milieu de la distance qui sépare les deux points
extrêmes que la ligne doit desservir. Dans les débuts, les
règlements exigeaient une double ligne hors de la portée du
public; aujourd'hui, à condition de ne pas dépasser 500 volts,
différence de potentiels qui est d'ailleurs nécessaire pour les
portées usuelles, on tolère le retour par les rails (1), ce qui ne
demande plus qu'une seule ligne conductrice isolée : cette
ligne peut être *aérienne, souterraine* ou *au niveau du sol.*

3° Lignes aériennes.

On adopta d'abord un conducteur creux, fendu vers le bas,
dans lequel cheminait un *frotteur à navette* porté par un cadre
qu'un câble tirait à la suite de la voiture. On fait maintenant
usage du *cadre en fer* de Siemens, maintenu pressé par un
ressort contre la partie inférieure du conducteur. On l'appelle
l'archet.

---

(1) L'inconvénient du retour par les rails est que, ceux-ci n'étant pas isolés, il
faut compter sur d'assez fortes dérivations vers les conduites métalliques qui suivent
la voie, tuyaux d'eau ou de gaz; des phénomènes électrolytiques peuvent se produire
qui détériorent rapidement ces conduites. De plus, les communications téléphoniques
voisines sont troublées, si leur prise de terre est proche des rails, par les variations
brusques des courants employés dans la traction électrique; si la ligne téléphonique
est parallèle à la voie, des courants d'induction prennent naissance sur tout le parcours, qui viennent affecter les récepteurs téléphoniques; le moyen d'y remédier est
de construire la ligne téléphonique au moyen d'un câble à double fil, dans lequel les
effets d'induction se contrarient.

Presque toujours, comme prise aérienne, on aperçoit au-dessus des voitures, le *trolley*, sorte de poulie à gorge profonde en cuivre doux, susceptible de prendre deux mouvements autour d'un axe horizontal et d'un axe vertical à l'extrémité d'une longue perche ; un ressort maintient la fri-

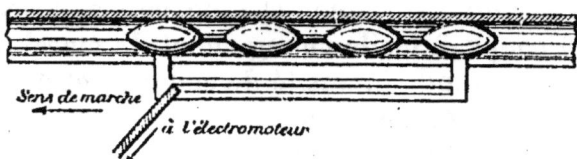

Prise de courant aérienne par olives et conducteur creux.

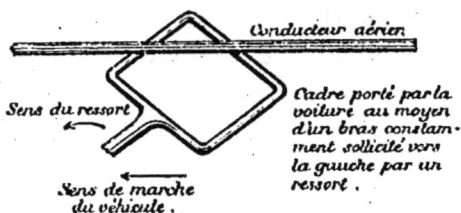

Prise de courant Siemens.

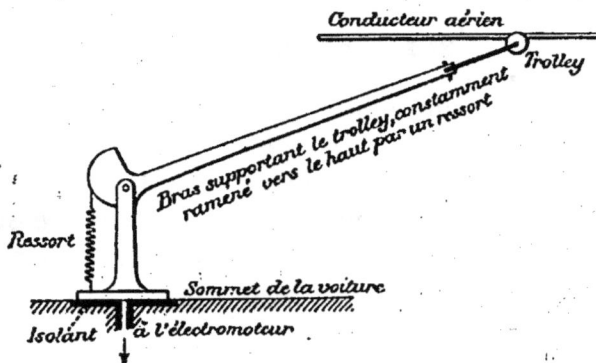

Prise de courant par trolley.

tion du trolley contre la partie inférieure du fil conducteur. Cette perche, toujours inclinée vers l'arrière de la voiture, en suit le mouvement, ce qui, aux bifurcations, rend très sûrs les changements de ligne. Le courant se rend du trolley au moteur, en passant par un rhéostat et un commutateur d'in-

duit que manie le *wattmann*, puis communique par le truc
avec les roues et les rails.

Le seul reproche qu'on puisse faire à ces lignes aériennes
en cuivre nu, suspendues dans l'axe de la voie, au moyen de
fils d'acier et de poteaux, est de nuire à l'esthétique et de
pouvoir occasionner des accidents, par la chute de conducteurs maintenus à des potentiels élevés. Or, l'expérience a
montré que l'œil s'habitue parfaitement à un réseau aérien de
conducteurs, et qu'une canalisation à 500 volts reste inoffen-
sive ; ce n'est donc que dans des cas assez rares qu'il y aura
lieu de renoncer aux conducteurs aériens, toujours si commodes, pour prendre, comme l'a fait d'une façon absolue la
ville de Paris, soit des conducteurs souterrains, soit des conducteurs au niveau du sol, soit enfin le système de traction
par accumulateurs.

4° Lignes souterraines. — 5° Lignes au niveau du sol.

Dans le cas d'une ligne souterraine, voici une disposition
souvent adoptée : une fente permet à une tige reliée au moteur
de prendre constamment appui par un galet métallique sur un
rail conducteur, isolé dans un caniveau hémisphérique, lequel,
pour supprimer l'obstruction par la boue, la pluie, etc., est en communication avec un canal infé-
rieur servant au nettoyage.

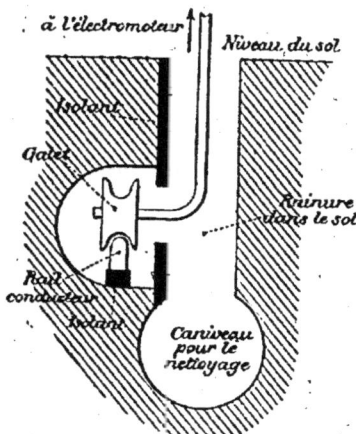

Lignes souterraines.

Les lignes au niveau du sol sont
encore peu employées : un conducteur central en acier, installé
entre les rails sur des tasseaux
en bois paraffiné, peut communiquer le courant à des frotteurs
portés par la voiture. D'autres fois,
un conducteur central formé de
tronçons, ne laisse apparaître que
des sortes de *pavés métalliques*,
situés à distance les uns des autres et sur lesquels vient s'appuyer successivement la prise de courant de l'électromoteur,
en général avec adhérence magnétique ; ces pavés métalliques

ne sont mis en communication avec la ligne que lors du passage des voitures, par le jeu d'un commutateur spécial. Enfin, dans un système récent, un conducteur central souterrain communique en permanence avec une série de godets à mercure placés sous chaque pavé métallique ; l'attraction magnétique, produite par un électro-aimant disposé sous la voiture, sur un clou en fer placé verticalement et en partie immergé dans le mercure, ferme le circuit par son contact avec le dessous du pavé, ce qui permet le passage du courant.

6° Traction par accumulateurs.

Les tramways à accumulateurs ont l'avantage de laisser à chaque véhicule son indépendance absolue ; ce système de traction l'emporterait sur tous les autres si les accumulateurs étaient plus légers, plus robustes, et s'ils avaient un meilleur rendement. Le remède aux inconvénients des accumulateurs est peut-être dans le principe de la *récupération* : l'énergie consommée dans les montées serait en partie récupérée pendant les descentes, au moyen d'électromoteurs en dérivation, dont le sens est toujours le même, quand ils fonctionnent comme récepteurs ou quand ils fonctionnent comme générateurs (1).

II. — Ascenseurs. — Monte-charges.

Ce principe de la récupération est plus spécialement applicable dans les *ascenseurs* et *monte-charges* électriques ; dans ces appareils, un électromoteur en dérivation, à *freinage électrique* instantané (2) donne au moyen d'une commande hélicoïdale, le mouvement à un treuil qui entraîne le monte-charges suspendu par un câble métallique. Le plateau est guidé par des cadres à rainure contre des montants verticaux disposés sur les parois du puits d'ascension.

---

(1) Citons encore l'application toute nouvelle des accumulateurs aux voitures électriques indépendantes.

(2) Ce *freinage* électrique est obtenu très simplement en laissant fonctionner le moteur comme générateur sur une résistance inerte ou sur des accumulateurs, par le même principe que la récupération. L'arrêt absolu, pour un moteur de dimensions suffisantes, est obtenu en supprimant tout courant dans l'induit, et en faisant passer le courant maximum dans les inducteurs ; la partie en fer de l'anneau se trouve bloquée dans le champ magnétique comme par un véritable frein, ou ne continue à se mouvoir qu'avec une lenteur relative.

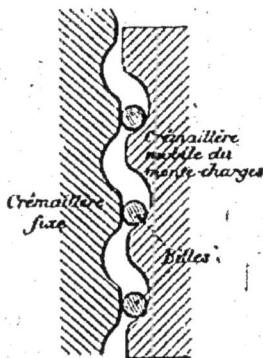

Parachute à billes.

Les appareils de sécurité sont nombreux : citons par exemple le *parachute à billes*, dont le fonctionnement est facile à concevoir. Dans une descente lente du cadre, les billes ont le temps d'accomplir leur course sinueuse ; mais, dans une chute brusque, en cas de rupture du câble, elles sont en retard sur la crémaillère mobile et se coincent immédiatement entre les saillies fixes et mobiles : elles produisent un arrêt qui n'est limité que par leur écrasement général. La cage est du reste équilibrée par un contrepoids qui équivaut au poids de cette cage plus la moitié de sa charge probable.

III. — Machines-outils diverses dans les ateliers.

Les transmissions électriques dans les ateliers deviennent de jour en jour plus nombreuses et il n'est guère possible de citer toutes les applications de l'énergie électrique, sous forme mécanique, aux machines-outils et autres appareils. Ces applications utilisent surtout le mouvement de rotation des électro-moteurs, l'attraction d'une armature par un électro-aimant, la propriété de l'adhérence magnétique, etc.

Outre l'éclairage électrique fourni à bon compte, une distribution électrique dans un atelier supprime, au point de vue mécanique, les arbres de transmission, si encombrants, et le fouillis d'engrenages, de poulies et de courroies, au rendement si imparfait. Le montage d'une transmission électrique est rapidement effectué : il permet d'aller, avec l'électromoteur et ses fils, au-devant même du travail à exécuter ; il donne la facilité d'agrandir, comme on veut et dans n'importe quel sens, un atelier déjà installé. Les transmissions électriques rendent indépendantes les unes des autres les diverses machines-outils ; les plus faibles et les plus puissantes peuvent fonctionner simultanément ou séparément, en proportionnant toujours l'énergie consommée au travail réellement accompli.

Il résulte d'ailleurs du bon rendement des électromoteurs et des canalisations électriques bien construites, de la diminution des frais généraux d'installation et de la proportionnalité de la dépense au travail, une réelle supériorité économique des distributions électriques d'énergie sur les autres modes de distribution.

Quant aux machines mues électriquement, citons au hasard les *ponts roulants, grues, cabestans,* les *ventilateurs,* les *pompes rotatives,* et tous les outils possibles : *tours, machines à coudre, perceuses à flexibles, raboteuses, aléseuses, limeuses, meules, cisailles et scies diverses, presses à imprimer.*

Il reste à voir maintenant comment le problème du transport d'énergie à distance a été résolu d'une façon plus générale encore avec les courants alternatifs polyphasés.

CHAPITRE XVI

ALTERNOMOTEURS ET COURANTS POLYPHASÉS

I. — COURANTS ALTERNATIFS SIMPLES.

Les anciens alternateurs.

Les récepteurs thermiques purent utiliser dès le début les courants alternatifs; il n'en fut pas de même des récepteurs chimiques, dont le sens déterminé ne pouvait se concilier avec l'inversion incessante du courant. On considérait également ces courants alternatifs comme inutilisables, pour la transformation de l'énergie électrique en énergie mécanique. Hopkinson put démontrer le contraire, en 1885; mais la solution proposée demandait de telles précautions pour le fonctionnement des réceptrices, que l'application mécanique des courants alternatifs restait encore bien délicate.

Les anciens *alternomoteurs* se divisent en deux classes : les *moteurs synchrones* et les *moteurs périodiques*. Comme ces anciennes machines ne constituent pas la véritable solution du transport d'énergie par courants alternatifs, malgré de réels perfectionnements, il suffit d'en connaître le principe :

1° Moteurs synchrones.

Le problème de la transmission d'énergie au moyen des courants alternatifs est possible : pour s'en convaincre, il suffit de considérer un galvanomètre ordinaire dans lequel sont envoyés des courants alternatifs. L'aiguille aimantée

26

reçoit des impulsions aussi énergiques dans un sens que dans l'autre et reste immobile. Mais si la fréquence des courants est d'abord assez faible, pour qu'une première impulsion ait le temps de chasser l'aiguille de sa position et de la mettre en croix avec le courant, l'aiguille aimantée, par suite de son inertie, dépasse cette position d'équilibre. Si à ce moment précis, le courant a changé de sens, il donne à l'aiguille une impulsion qui ne fait qu'augmenter la vitesse que possède cette dernière; enfin, si la troisième impulsion est retardée jusqu'à ce que l'aiguille ait repassé la position neutre, sa vitesse s'accroît de nouveau, et ainsi de suite. Cette forme élémentaire du problème montre d'abord que la transmission est possible, et ensuite que le sens de rotation de la réceptrice est indéterminé : il dépend de la position de l'aiguille par rapport au point neutre, au moment où l'impulsion est envoyée. Les impulsions doivent se suivre d'ailleurs, de manière à augmenter la vitesse de rotation, quel que soit son sens, sans quoi une impulsion en sens inverse peut suffire pour arrêter l'aiguille.

Figure: Théorie du moteur synchrone.

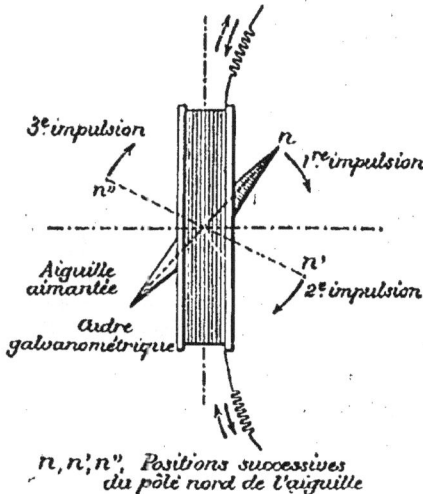

n, n', n". Positions successives du pôle nord de l'aiguille

C'est là, réduite à sa plus simple expression, la théorie du *moteur synchrone* due à Hopkinson, en 1883; ce n'est qu'un alternateur analogue à la machine à courants alternatifs qui lui sert de génératrice. Il est mis en marche à vide comme un moteur à gaz, puis, quand il a atteint le synchronisme avec l'alternateur qui sert de génératrice, on lui applique peu à peu la charge qu'il peut supporter; il faut une machine à courants continus pour exciter les inducteurs, qui conservent toujours la même polarité, tandis que le courant est renversé dans les bobines, lorsqu'elles ont dépassé le pôle qui les attire. L'inconvénient le plus grave du moteur synchrone, est que la moindre variation de charge fait varier sa vitesse : il peut y avoir *décrochage* et le moteur s'arrête. On ne peut donc admettre que de très faibles oscillations autour de la vitesse de régime, ce qui limite l'emploi de ces moteurs au cas où le couple résistant reste à peu près invariable.

2° Moteurs périodiques.

Les *moteurs périodiques* ne sont autre chose que des électromoteurs continus ordinaires à collecteurs, excités en série; l'expérience a été faite pour la première fois à Paris en 1884, aux magasins du Printemps. Le courant s'inversant à la fois dans l'inducteur et dans l'induit, le couple moteur conserve toujours le même sens : la réceptrice se met donc à tourner en produisant un certain travail, quand on envoie à ses bornes des courants alternatifs.

Dans ce cas, la vitesse du moteur est indépendante de la fréquence du courant et la charge peut varier dans d'assez larges limites sans produire l'arrêt, mais la self-induction est considérable, ce qui augmente le retard de phase, de sorte que le travail transmis avec une force électromotrice donnée est très faible. On sait, en effet, que le travail des courants alternatifs est donné par :

$$W = EI \cos \varphi,$$

où
$$I = \frac{E}{\sqrt{R^2 + m^2 L^2}} \quad \text{et } tg \, \varphi = \frac{m L}{R} \quad \left(m = \frac{2\pi}{T} \right).$$

Dans le but de diminuer φ, on a cherché à augmenter T, la durée de la période, et à combattre la self-induction par l'emploi des condensateurs; malheureusement, le condensateur industriel n'est pas trouvé, et si φ reste tant soit peu considérable, la valeur du travail transmis, qui est proportionnelle à $\cos \varphi$, devient presque nulle.

Il y a d'autres inconvénients graves : le champ variant très rapidement, il y a de fortes pertes par hystérésis dans les cycles d'aimantation et de désaimantation successifs; d'autre part, des forces électromotrices considérables sont induites dans les bobines mises en court-circuit par les balais, ce qui produit de vives étincelles, au moment où ceux-ci quittent chaque lame du collecteur : ce fait est l'indice d'une nouvelle perte d'énergie, et le collecteur se dégrade rapidement.

Malgré les dispositifs plus ou moins ingénieux proposés pour remédier à ces divers inconvénients, les courants alternatifs ne peuvent guère être utilisés, d'une façon industrielle, avec les moteurs synchrones et avec les moteurs périodiques, excepté dans des cas tout à fait spéciaux.

Avantages des courants alternatifs pour les transports d'énergie à grande distance.

Les anciens alternomoteurs, dits *monophasés* (1), par comparaison avec ceux qui restent à étudier, étaient en somme assez imparfaits, pour que les courants alternatifs fussent laissés à l'abandon : ceux-ci ne pouvaient, en effet, ni charger les accumulateurs, ni alimenter les récepteurs chimiques, et restaient plus que médiocres dans les transports d'énergie. Mais aujourd'hui, grâce aux *courants alternatifs polyphasés*, il existe des *convertisseurs* si simples des courants alternatifs en courants continus, il est possible de donner naissance à des

_____

(1) C'est d'ailleurs là une expression vicieuse : dire d'un seul courant qu'il est *monophasé*, c'est à peu près dire d'un seul homme qu'il marche au pas, ou d'une seule ligne droite qu'elle est parallèle, sans ajouter avec qui il marche au pas ou avec quelle autre droite elle est parallèle.

champs tournants, qui produisent des moteurs si puissants et si commodes, que toute infériorité a disparu : ces convertisseurs fournissent actuellement la véritable solution industrielle du transport d'énergie à grande distance.

Il a déjà été question, d'une façon générale, de l'avantage que présentent les grandes forces électromotrices dans les distributions. Or, il est très facile de donner des potentiels élevés aux courants alternatifs, soit directement (1), soit par des transformateurs, ce qui les rend éminemment propres aux transmissions à grande distance. Leur faible intensité sous les hautes tensions ne donne lieu qu'à un effet Joule peu considérable dans les fils de ligne, dont on peut augmenter ainsi la résistance, c'est-à-dire pratiquement la longueur : l'énergie électrique peut donc être transportée économiquement par les courants alternatifs, à des distances que ne permettaient pas de prévoir les courants continus; en effet, l'intensité de ceux-ci doit être telle, que la meilleure part de leur énergie se dégrade fatalement sur la ligne sous forme de chaleur.

Un exemple, parmi bien d'autres, met bien en évidence cet avantage des transformations faciles, que peuvent subir les courants alternatifs. Entre Lauffen et Heilbronn fonctionne depuis 1892 très régulièrement l'installation suivante : un alternateur mû par une turbine à Lauffen, fournit des courants de 4000 ampères et 50 volts qui sont immédiatement, à l'aide d'un transformateur, changés en courants de 40 ampères et 5000 volts : ils peuvent être lancés ainsi dans trois fils nus de 6^{mm} de diamètre ne pesant que six tonnes, jusqu'à Heilbronn, à 11 kilomètres de distance. Là, cette énergie est transformée de nouveau en sens inverse, pour être utilisée de toute manière, même sous forme de courants continus, après avoir subi une perte RI^2 presque négligeable, grâce à la faible intensité des courants. La même puissance à transporter sous la forme de 4000 ampères et 50 volts, avec une même perte RI^2, aurait exigé une section de fil 10000 fois plus grande, un diamètre de 6 décimètres, un poids de cuivre de 6000 tonnes. Une pareille dépense constituait évidemment un obstacle insurmontable, qui aurait rendu absolument irréalisable ce même transport d'énergie, au moyen des courants continus.

---

(1) Les potentiels élevés peuvent être obtenus très simplement dans les alternateurs, par la multiplicité des flux coupés dans un même temps; il n'existe pas de collecteurs à lames, par suite, on n'a pas à se préoccuper de l'isolement de ces lames entre elles, et les étincelles ne sont pas à craindre aux contacts glissants.

II. — COURANTS POLYPHASÉS.

Nature des courants polyphasés.

Les courants alternatifs ordinaires étudiés jusqu'ici, peuvent se représenter, en fonction du temps, par des courbes correspondant à leur force électromotrice et à leur intensité, courbes dont l'allure est sinusoïdale et qu'on assimile à de véritables *sinusoïdes;* leur intensité est en retard sur la force électromotrice qui leur donne naissance, d'une certaine *phase*, ce qui les a quelquefois fait appeler courants monophasés; il est préférable de leur appliquer la dénomination de *courants alternatifs simples*. Ces courants prennent naissance dans le circuit fermé unique qui leur est offert; c'est à eux que s'appliquent les considérations qui précèdent.

Prenons maintenant plusieurs circuits séparés, trois par exemple pour fixer les idées, et lançons dans chacun de ces circuits, des courants alternatifs de même période et de même intensité maximum. Si les sinusoïdes qui représentent ces trois courants sont en retard les unes sur les autres, sont *décalées* régulièrement de $\frac{1}{3}$ de période, on dit que cette association de trois courants alternatifs forme un *système de courants triphasés*.

D'une façon générale, lorsque 2, 3, 4 .... p circuits sont parcourus simultanément par 2, 3, 4 .... p courants alternatifs de même période T, mais différant régulièrement de phase de l'un à l'autre de $\frac{1}{2}$, $\frac{1}{3}$, $\frac{1}{4}$ .... $\frac{1}{p}$ de période, on a ce qu'on appelle des *courants polyphasés*.

Il n'y a lieu de considérer dans chaque système, que les courants qui donnent ainsi des valeurs différentes de l'intensité, à chaque instant : deux courants dont la différence de phase est de $\frac{1}{2}$ période sont constamment identiques, à part le signe, ils sont en opposition; quatre courants dont la diffé-

rence de phase est de $\frac{1}{4}$ de période se réduisent de même à
deux, les deux autres étant en opposition avec les premiers :
ce sont précisément ces deux courants restants qui formeront
le *système diphasé.*

Courants diphasés et triphasés.

Les systèmes polyphasés les plus ordinaires sont les cou-
rants *diphasés*, dont les intensités diffèrent de $\frac{1}{4}$ de période, et
les courants *triphasés* dont les intensités diffèrent de $\frac{1}{3}$ de
période. Nous pouvons représenter par les courbes ci-contre,
la correspondance des intensités de tels courants.

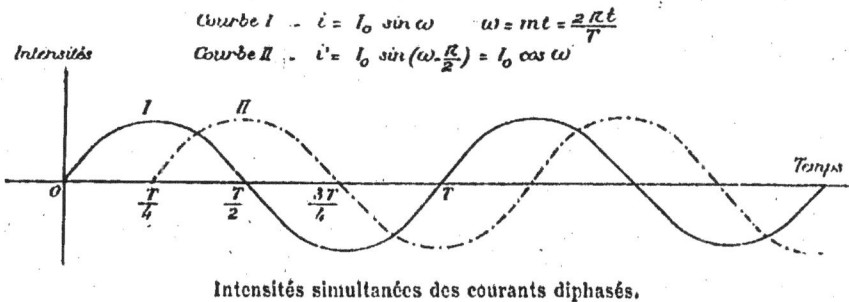

Courbe I - $i = I_0 \sin \omega$ $\omega = mt = \frac{2\pi t}{T}$
Courbe II - $i' = I_0 \sin(\omega - \frac{\pi}{2}) = I_0 \cos \omega$

Intensités simultanées des courants diphasés.

Pour les courants *diphasés*, si l'un des courants est représenté par :

$$i = I_0 \sin \omega \text{ (courbe I)},$$

l'autre sera représenté au même instant par :

$$i' = I_0 \sin\left(\omega - \frac{\pi}{2}\right) = I_0 \cos \omega \text{ (courbe II)}.$$

En effet :

$$\omega = mt = \frac{2\pi t}{T};$$

la phase φ doit correspondre à $\frac{1}{4}$ de période, ou $\frac{T}{4}$, ce sera donc :

$$\frac{2\pi \frac{T}{4}}{T} = \frac{\pi}{2}.$$

Courbe I . $i = I_0 \sin \omega$.
Courbe II . $i' = I_0 \sin \left(\omega - \frac{2\pi}{3}\right)$.
Courbe III .. $i'' = I_0 \sin \left(\omega - \frac{4\pi}{3}\right)$.

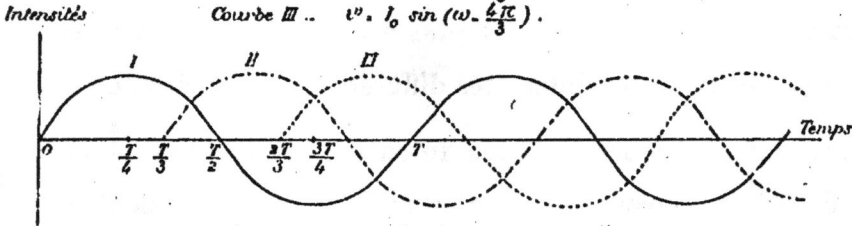

Intensités simultanées des courants triphasés.

De même pour les courants *triphasés*, le mode de représentation qui précède nous donne :

$$i = I_0 \sin \omega \text{ (courbe I), 1}^{\text{er}} \text{ courant;}$$

$$i' = I_0 \sin \left(\omega - \frac{2\pi}{3}\right) \text{ (courbe II), 2}^{\text{e}} \text{ courant;}$$

$$i'' = I_0 \sin \left(\omega - \frac{4\pi}{3}\right) \text{ (courbe III), 3}^{\text{e}} \text{ courant.}$$

On emploie les courants di et triphasés, à l'exclusion des courants polyphasés d'ordre supérieur, parce que, au fur et à mesure de l'augmentation du nombre de phases, le nombre des courants différents augmente aussi : on arriverait ainsi à compliquer outre mesure la transmission, même en adoptant un fil de retour unique pour tous les circuits. Ce fil de retour existe réellement pour les courants diphasés, car, d'après la définition des courants polyphasés, ces courants devraient être au nombre de quatre; il est facile de voir que ce fil de retour peut être supprimé avec les courants triphasés, ainsi qu'avec les courants polyphasés d'ordre supérieur. Un simple développement des sinus, d'après leur formule trigonométrique, permet en effet de le démontrer. Si l'on prend un fil de retour unique, ce fil est parcouru par la somme des trois courants $i + i' + i''$ au même instant. Or, l'on a :

$$i = I_0 \sin \omega ;$$

$$i' = I_0 \left[\sin \omega \cos \frac{2\pi}{3} - \cos \omega \sin \frac{2\pi}{3} \right];$$

$$i'' = I_0 \left[\sin \omega \cos \frac{4\pi}{3} - \cos \omega \sin \frac{4\pi}{3} \right].$$

Mais :

$$\sin \frac{2\pi}{3} = \frac{\sqrt{3}}{2}, \quad \cos \frac{2\pi}{3} = -\frac{1}{2};$$

$$\sin \frac{4\pi}{3} = -\frac{\sqrt{3}}{2}, \quad \cos \frac{4\pi}{3} = -\frac{1}{2}.$$

Après réduction, on a :

$$i + i' + i'' = 0.$$

Cette somme étant constamment nulle, on peut ainsi supprimer le fil de retour et se contenter de trois conducteurs, chacun d'eux servant à chaque instant de retour aux deux autres.

Cette propriété remarquable peut se démontrer facilement, par l'expérience, en allumant sur des courants triphasés une

Lampe incandescente à 3 filaments

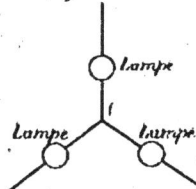

Montage des lampes incandescentes

1°) en étoile

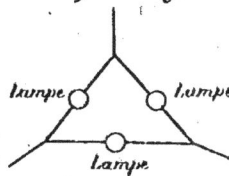

2°) en triangle

Courants triphasés.

lampe à incandescence à trois *filaments*. Au lieu d'une lampe à trois filaments, il suffit d'ailleurs, dans les applications directes des courants triphasés à l'éclairage, de grouper les lampes réceptrices trois par trois, comme l'indiquent les figures ci-contre, soit en *étoile*, soit en *triangle*.

Production des courants polyphasés.

1° Courants diphasés.

Marcel Deprez avait eu l'idée des courants polyphasés en 1881, et le professeur italien *Ferraris* les a réalisés le premier, en 1888, suivi bientôt par *Tesla* et *Bradley*, puis *Dobrowolski*; enfin par *Leblanc* et *Hutin*. Il est très facile de créer ces courants dans les alternateurs ordinaires. Prenons, par exemple, les courants de Ferraris, décalés de $\frac{1}{4}$ de période, ou courants diphasés : il suffit de monter les parties mobiles de deux machines alternatives identiques sur le même arbre, et de les caler de telle manière que les courants présentent entre eux la différence de phase voulue, soit $\frac{1}{4}$ de période. Il existe alors quatre bagues au collecteur, deux bagues pour chaque induit séparé, et, par conséquent, quatre conducteurs qui partent de cette double machine; ce nombre de fils peut être réduit à trois, dont l'un, celui qui sert de retour commun, doit être à plus forte section que les deux premiers.

Tesla a simplifié cette disposition primitive, en faisant produire les deux courants par une machine unique, dont le prin-

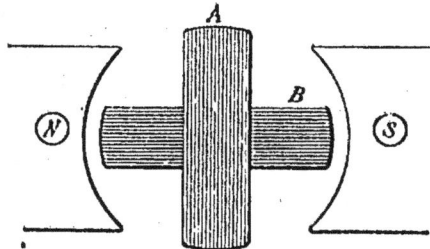

Principe de l'alternateur diphasé de Tesla.

cipe est le suivant. Imaginons un champ inducteur formé par deux pôles N et S, et dans ce champ faisons tourner un induit

comprenant deux bobines A et B, disposées à angle droit. Il
est facile de voir que les circuits de ces deux bobines sont, au
même instant, parcourus par des courants ayant une différence
de phase de $\frac{1}{4}$ de période, puisque le courant est nul dans une
des bobines quand il est maximum dans l'autre : ces deux courants sont recueillis au moyen de quatre bagues fixées sur
l'axe. On peut naturellement employer, comme induit, un
anneau Gramme, sectionné en quatre parties reliées deux à
deux.

La ligne diphasée exige quatre conducteurs d'égale section,
ou trois au moins, dont l'un, le fil de retour, possède un plus
fort diamètre. Il est clair que si l'on pouvait transporter jusqu'au point d'utilisation un courant alternatif ordinaire, puis
en ce point, le diviser en deux courants, dont l'un présenterait,
par rapport à l'autre, la différence de phase cherchée, de $\frac{1}{4}$ de
période, la ligne se réduirait à deux fils, ce qui amènerait une
notable économie de cuivre.

Un semblable dispositif a été réalisé approximativement par
Tesla : un courant alternatif ordinaire se bifurque, avant d'arriver, en deux dérivations qui passent séparément dans les
appareils d'utilisation. L'une de ces dérivations est constituée

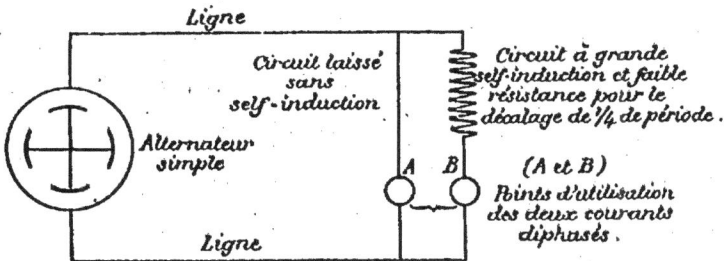

Dispositif de Tesla.

par le même conducteur que la ligne elle-même; on fait
varier le coefficient de self-induction et la résistance de l'autre
portion de circuit, de manière que le courant alternatif qui la
parcourt présente, par rapport à la première dérivation, un
retard de phase se rapprochant de $\frac{1}{4}$ de période. Or, on sait

que tg $\varphi = \dfrac{m\mathrm{L}}{\mathrm{R}}$; il est évident que φ n'est jamais égal à 90°, la solution n'est donc qu'approchée. Leblanc et Hutin ont montré qu'elle pourrait être rigoureuse en introduisant un condensateur; malheureusement, la construction d'un condensateur de capacité déterminée n'est pas encore industrielle.

2° Courants triphasés.

Les moyens d'obtenir les courants triphasés et, d'une façon générale, les courants polyphasés, ne diffèrent pas en principe de ceux qui viennent d'être décrits. Soit à produire, par exemple, un système de courants triphasés : considérons, dans une machine Gramme ou Siemens, l'intervalle de deux électro-aimants inducteurs consécutifs, ce qu'on appelle le *pas* de l'inducteur; supposons que sur le tour du support d'induit il existe trois enroulements distincts, les bobines de chaque enroulement étant séparées par un pas, et les bobines de deux enroulements voisins étant distantes de $\frac{1}{3}$ de pas. Quand toutes les bobines du premier enroulement passent devant le flux NS, quand la force électromotrice y prend naissance, il se trouve que les bobines du second enroulement sont en retard de $\frac{1}{3}$ de période pour cette même naissance de la force électromotrice, et celles du troisième enroulement, en retard de $\frac{2}{3}$ de période.

Aux trois couples de bagues du collecteur, on pourra donc recueillir, sur les balais, ces trois systèmes de courants, décalés l'un par rapport à l'autre, de $\frac{1}{3}$ de période.

Or, il a été démontré que la somme des intensités des courants triphasés est constamment nulle et cette propriété a été utilisée pour réduire à trois, au lieu de quatre, les fils de ligne; on supprime le fil de retour et l'on réunit l'une à l'autre les trois extrémités des fils, dans le *montage en étoile* ou dans le *montage en triangle* des récepteurs. Il est donc possible de réunir de la même manière dans la machine, les trois premiers bouts de fil entre eux, sans que cette jonction produise aucune perturbation dans cette *triple marée montante et descendante*, qui ne débite rien à ce point de connexion; d'autre part, on peut fixer les trois autres bouts aux trois bagues, sur lesquelles s'appuient les trois balais relatifs aux trois courants produits.

Une machine à courants continus, une machine Gramme ordinaire, peuvent facilement donner des courants triphasés :

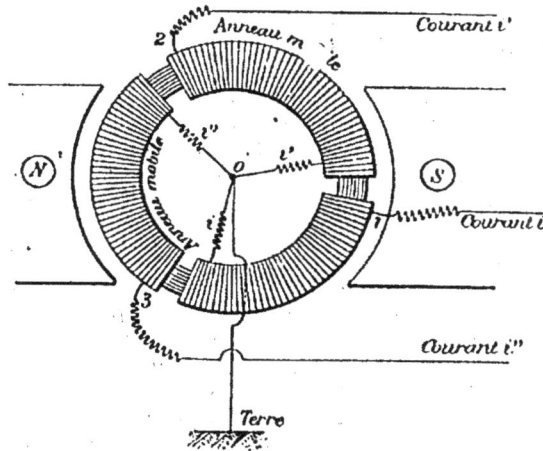

Schéma d'un alternateur triphasé.

il suffit, par trois fils partant de trois bagues fixées sur l'axe, de faire trois prises sur trois entresections équidistantes de l'induit, c'est-à-dire situées à 120° l'une de l'autre : cela équivaut à faire un montage en triangle des bobines génératrices. L'emploi de l'anneau Gramme fournit, du reste, la solution générale qui permet d'obtenir à volonté les courants polyphasés d'ordre supérieur.

III. — MOTEURS A CHAMP TOURNANT.

Principe des champs tournants.

Les courants polyphasés, et plus spécialement les courants diphasés et triphasés, servent à transporter l'énergie méca-

nique aux grandes distances, en donnant naissance aux points
d'utilisation, à des champs magnétiques tournants, dont la
rotation peut entraîner celle d'un axe moteur. Pour démontrer
d'une façon plus simple, le principe des moteurs à champ
tournant, prenons les courants diphasés de Ferraris, décalés
de $\frac{1}{4}$ de période, et reportons-nous à la figure suivante 1°.

Soit un premier cadre rectangulaire, placé horizontalement
par exemple, de hauteur l, dont la base a une surface S et sur
lequel est enroulé un circuit de n spires, parcourues par un
courant alternatif de période T. Ce courant pourra, comme
nous le savons, se représenter, au temps t, par :

$$i = I_0 \sin \omega,$$

expression dans laquelle

$$\omega = mt = 2\pi \frac{t}{T}.$$

Au même instant t, le flux de force produit par ce courant
sera :

$$\Phi = \frac{4\pi n i}{\dfrac{l}{\mu S}},$$

μ étant égal à 1 pour l'air, et comme $i = I_0 \sin \omega$, on aura :

$$\Phi = \frac{4\pi n I_0}{\dfrac{l}{\mu S}} \sin \omega = \Phi_0 \sin \omega, \quad \text{en posant } \Phi_0 = \frac{4\pi n I_0}{\dfrac{l}{\mu S}}.$$

On peut porter cette valeur de Φ, à partir du centre du
cadre, sur une droite perpendiculaire à son plan et dans le
sens du flux de force : cette longueur représente la valeur du
flux dû à ce cadre, à l'instant t.

Imaginons un nouveau cadre, de mêmes dimensions, ayant
même centre, mais disposé à angle droit sur le premier; ce
cadre est parcouru par un courant alternatif de même
période T, mais présentant avec le premier une différence de

phase égale à $\frac{\pi}{2}$. Au même instant t, ce second courant est représenté par :

$$i' = I_0 \sin\left(\omega - \frac{\pi}{2}\right) = I_0 \cos \omega.$$

Le flux de force produit par ce courant est égal à :

$$\Phi' = \frac{4\pi n i'}{\dfrac{l}{\mu S}} = \frac{4\pi n I_0}{\dfrac{l}{\mu S}} \cos \omega = \Phi_0 \cos \omega.$$

On peut encore porter cette valeur de Φ' à partir du centre, et sur une droite perpendiculaire au plan du deuxième cadre, cette droite représente la valeur du flux dû à ce cadre, à l'instant t.

Ces deux flux se composent pour donner un *flux résultant* Φ_0 *de valeur constante*, et, comme sa direction fait un angle ω avec une direction fixe, il en résulte que ce flux tourne autour du centre O, perpendiculairement à l'intersection des deux cadres. *Le champ créé a donc une valeur constante et sa direction fait un tour complet en une période*. C'est un *champ tournant*.

Plaçons maintenant au point O une *masse métallique*, libre de se mouvoir autour de l'axe d'intersection des plans des deux cadres ; cette masse devient le siège de courants induits, dits courants de Foucault, dus au déplacement du champ magnétique, et comme ces courants, d'après la loi de Lenz, tendent à s'opposer au mouvement relatif qui les produit, les réactions sont telles, que la masse métallique se meut dans le même sens que le champ, comme entraînée par une sorte de frottement invisible.

La figure 1°), toute théorique, montre que tout se passe comme si l'on faisait tourner à grand renfort de puissance mécanique, un gros aimant permanent dont les pôles N et S seraient situés de part et d'autre du centre O : c'est cette disposition que met en évidence la figure 2°).

En réalité, le champ tournant par courants diphasés est toujours produit par plus de deux bobines, quatre par

1°. Schéma d'un champ tournant produit par 2 courants décalés de 90°. Le champ est produit par deux bobines à angle droit.– La figure est toute théorique. Le champ tournant est produit en réalité par l'un des moyens ci-après (2°, 3° et 4°.)

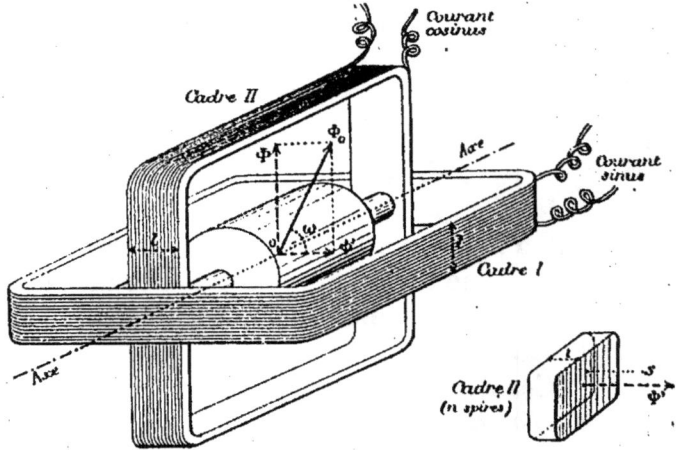

Courant cosinus

Cadre II

Axe

Courant sinus

Cadre I

Axe

Cadre II
(n spires)

Nota: *Chaque cadre a une section S ; il est bobiné de n spires sur une longueur l .*

3° Le champ est produit par des bobines à angle droit .

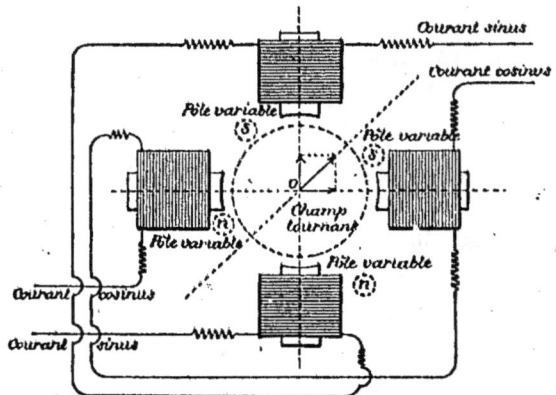

Courant sinus

Courant cosinus

Pôle variable

Pôle variable

Pôle variable

Champ tournant

Pôle variable

Courant cosinus

Courant sinus

Nota: *Il va sans dire que pratiquement, les électros communiquent par une culasse à l'extérieur, comme dans une machine tétrapolaire .*

Production des champs tournants au moyen des courants diphasés

2. Schéma d'un champ tournant produit par 2 courants décalés de 90°. Le champ est produit par deux bobines à angle droit. La figure est toute théorique. Le champ tournant est produit en réalité par l'un des moyens ci-après (2°, 3° et 4°.)

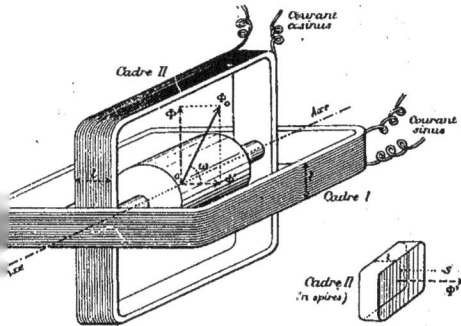

Courant cosinus

Cadre II

Axe

Courant sinus

Cadre I

Cadre II (n spires)

Nota : Chaque cadre a une section S ; il est bobiné de n spires sur une longueur l .

2°. La figure montre que le champ tournant pourrait être produit par la rotation mécanique de l'aimant permanent (N)(S)

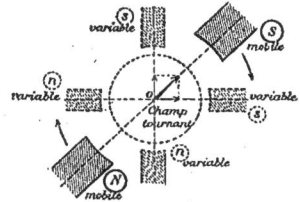

variable — mobile (S)

variable — Champ tournant — variable

mobile — variable

Nota : Au lieu de la rotation d'un aimant, on emploie pour la production d'un champ tournant, l'un des deux procédés ci-après 3° et 4°, au moyen de 4 bobines à angle droit ou de 4 bobines enroulées sur le même noyau de fer .

3° Le champ est produit par des bobines à angle droit .

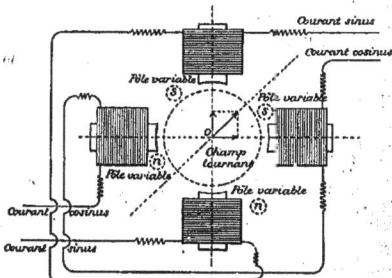

Courant sinus

Courant cosinus

Pôle variable (S)

Pôle variable

Champ tournant

Pôle variable (n)

Pôle variable

Courant cosinus

Courant sinus

Nota : Il va sans dire que pratiquement, les électros communiquent par une culasse à l'extérieur, comme dans une machine tétrapolaire .

4° Le champ est produit par des bobines enroulées sur un anneau

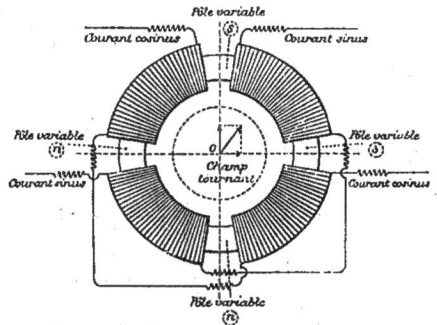

Pôle variable

Courant cosinus (S) Courant sinus

Pôle variable (n) — Champ tournant — Pôle variable (S)

Courant sinus — Courant cosinus

Pôle variable (n)

exemple, pour mieux utiliser le flux produit. Ces quatre bobines peuvent être disposées à angle droit, comme l'indique la figure 3°) ; les lignes de force se ferment par la périphérie, dans une carcasse métallique qui sert de culasse commune aux quatre électros (absolument comme dans une machine tétrapolaire, mais ici les pôles sont variables); elles peuvent aussi être enroulées sur un même anneau, comme dans la figure 4°) ; les pôles variables se manifestent alors aux entre-sections qui forment des points conséquents.

Production des champs tournants au moyen des courants triphasés.

1° Montage en étoile.

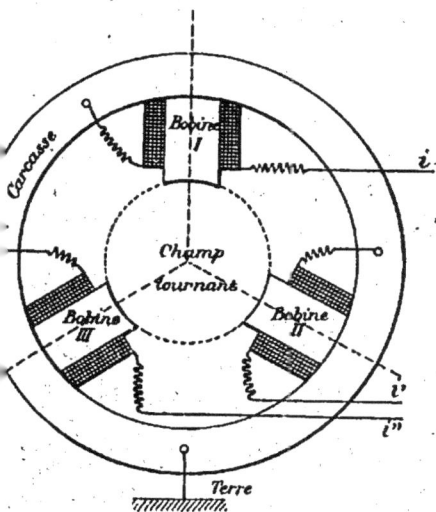

2° Montage en triangle

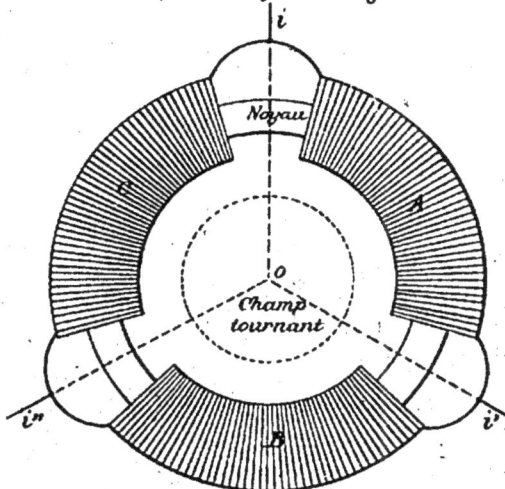

Schéma du montage en étoile ci-dessus.

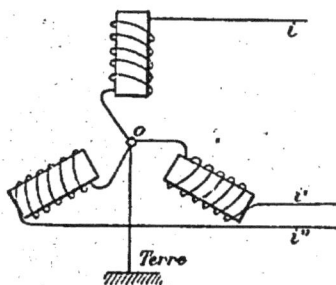

Schéma du montage en triangle ci-dessus

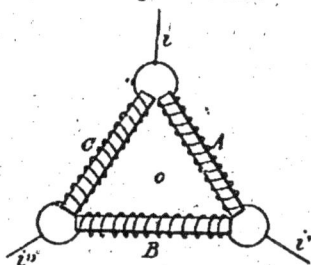

Tout ce qui vient d'être dit relativement aux courants diphasés qui servent à produire les champs tournants, s'applique immédiatement aux courants triphasés d'ordre supérieur. Si, en particulier, il s'agit de courants triphasés, on peut produire des champs tournants, au moyen de l'un des deux montages de bobines, *en étoile* ou *en triangle*, comme l'indiquent les figures schématiques qui précèdent :

Moteurs à champ tournant.

1° Principe.

Ces champs tournants entraînent avec un couple moteur considérable et un démarrage spontané, tout cylindre de métal, mobile autour de l'axe auquel le flux de force est constamment perpendiculaire. Le système induit est une masse métallique quelconque, un enroulement fermé sur lui-même, ou une série de barres de cuivre placées suivant les génératrices d'un cylindre, disposition connue sous le nom de *cage d'écureuil.*

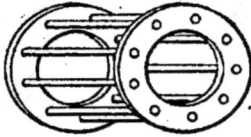

Induit à cage d'écureuil,

Le moteur ainsi obtenu est de marche silencieuse et ses organes sont aussi simples que possible, puisqu'ils ne comportent ni collecteur, ni balais, ni contact glissant et que leur entretien se réduit au remplissage périodique des godets graisseurs des deux paliers qui supportent son axe. Les moteurs de faible puissance répondent à peu près à la description qui précède; pour des puissances plus considérables, on utilise des moteurs multipolaires : la présence de pôles nombreux permet de donner à l'induit un plus grand diamètre et, par suite, de réduire la vitesse angulaire du moteur.

2° Mode de fonctionnement.

Le mode de fonctionnement de ces moteurs doit évidemment tenir compte de la vitesse relative du système inducteur et du système induit. Reprenons, pour l'étudier de plus près, le cas simple des deux cadres inducteurs théoriques, parcourus

par deux courants diphasés de période T. Le champ tournant
qui prend naissance a aussi T pour période, et le nombre de
tours par seconde que fait sa direction est, par suite, $n = \frac{1}{T}$;
c'est ce champ qui produit des courants alternatifs dans la
masse de l'induit.

En supposant l'induit immobile, calé dans une position
quelconque, de façon à l'empêcher de tourner, le nombre de
périodes par seconde du courant alternatif induit serait égal
à n. Mais le système induit tourne lui-même à une certaine
vitesse n', vitesse de rotation qui ne peut atteindre celle du
flux tournant n, attendu que le flux ne varierait plus à travers
les spires induites, ce qui annulerait toute induction. L'induit
ne peut donc pas tourner synchroniquement avec le champ.

La vitesse relative du flux inducteur, par rapport à l'induit,
est donc :

$$N = n - n'.$$

Dans les moteurs existants, cette vitesse relative est faible,
environ 0,03 de n, à pleine charge : c'est le *glissement*.

Discutons cette expression. Supposons $N = 0$: on peut
l'obtenir au moyen de $n = 0$, et $n' = 0$; le champ est fixe et
l'induit fixe : il n'y a pas de déplacement produit, pas de courants induits, pas de travail, le moteur est complètement
inerte. On peut encore l'obtenir par $n = n'$; il n'y a pas de
déplacement relatif de l'induit par rapport au champ, pas de
courants induits, pas de travail, le moteur tourne assez vite
pour annuler tous les courants qui prendraient naissance.
C'est un cas théorique, impossible à réaliser, à cause des frottements inévitables dans toute machine.

Supposons $N > 0$, cela veut dire que n est plus grand que
n' ; il existe alors un certain glissement de l'induit : ce dernier
se trouve en retard sur le champ, d'un nombre de tours par
seconde égal à $n - n'$; le nombre de périodes ou fréquence
des courants induits est N. La machine fonctionne comme
réceptrice et le travail effectué est $\pi D F n'$, si F représente
l'effort résistant tangentiel à la circonférence de l'induit de
diamètre D. La fréquence N des courants induits peut varier
de 0 à n ; or, on vient de voir que pour $N = 0$ le travail est
nul ; pour $N = n$, il faut $n' = 0$, c'est-à-dire que le travail est

encore nul : ce travail passe donc par un maximum, dans l'intervalle entre $N = 0$ et $N = n$.

Supposons $N < 0$, cela veut dire que n' est plus grand que n et l'induit se trouve en avance sur le champ; l'appareil exige qu'on lui fournisse du travail, en échange duquel se produisent des courants alternatifs dans l'induit. Ces courants s'opposent alors au mouvement, tandis qu'ils le favorisaient dans le cas précédent; N est la fréquence de ces courants alternatifs, qui pourraient être recueillis à l'extérieur, au moyen d'un collecteur quelconque : la machine fonctionne comme une génératrice.

Ces éléments de discussion suffisent pour montrer que la plus grande analogie existe entre les moteurs à champ tournant et les moteurs à courants continus : les fréquences, dues au mouvement relatif du champ tournant par rapport à l'induit, jouent le même rôle que les forces électromotrice et contre-électromotrice dans les moteurs à courants continus.

Proposons-nous de calculer la valeur du couple agissant sur le système induit, dans un moteur à champ tournant. Considérons le cas le plus simple, où l'induit est formé de deux cadres ou circuits fermés, disposés à angle droit l'un par rapport à l'autre. Au point de vue de l'induction, tout se passe comme si, l'induit étant immobile, le flux dû au champ tournant avait une vitesse de rotation égale à N. Le flux de force à travers l'un des cadres est alors représenté par :

$$\Phi = \Phi_0 \cos \omega.$$

Φ_0 étant la valeur constante du champ tournant et ω l'angle formé par la direction de ce champ, à l'instant t, et la normale au cadre. Cet angle représente aussi la vitesse angulaire du champ par rapport à l'induit, et l'on a :

$$\frac{\omega}{2\pi} = \frac{t}{T},$$

T étant la période correspondante à la vitesse relative N, on a :

$$T = \frac{1}{N}.$$

Posons, en même temps, $m = \dfrac{2\pi}{T} = 2\pi N$.

La force électromotrice qui prend naissance dans le cadre, a pour expression :

$$e = -\frac{d\Phi}{dt} = -\left(-\Phi_0 \sin \omega \frac{d\omega}{dt}\right).$$

Or, $\dfrac{d\omega}{dt} = \dfrac{2\pi}{T} = m$, par suite : $e = m\Phi_0 \sin \omega$.

Le courant résultant qui circule dans le cadre a pour intensité :

$$i = I_0 \sin(\omega - \varphi).$$

Dans cette expression, I_0 représente l'intensité maximum, φ la différence de phase avec la force électromotrice, et l'on sait que I_0 et φ sont donnés par :

$$I_0 = \frac{E_0}{\sqrt{R^2 + m^2 L^2}} \qquad \text{où } E_0 = m\Phi_0,$$

$$\text{et tang } \varphi = \frac{mL}{R}.$$

Or, le couple tendant à faire tourner le cadre est égal au produit de l'intensité du courant par le flux de force qui traverse ce cadre. Ce couple a donc pour valeur :

$$I_0 \Phi_0 \cos \omega \sin(\omega - \varphi).$$

C'est un *couple périodique*.

Considérons maintenant le second cadre. Pour obtenir la valeur du couple qui agit sur lui, il suffit, dans l'expression précédente, de changer ω en $\omega + \dfrac{\pi}{2}$; le couple total tendant à faire tourner le système entier sera égal à la somme des couples partiels. On aura donc, pour valeur de ce couple résultant :

$$I_0 \Phi_0 [\cos \omega \sin(\omega - \varphi) - \sin \omega \cos(\omega - \varphi)] = -I_0 \Phi_0 \sin \varphi.$$

Ce couple est donc *constant :* sa valeur absolue dépend de m, c'est-à-dire de la vitesse relative angulaire du champ, et elle peut s'écrire :

$$\frac{m^2 \Phi_0^2 L}{R^2 + m^2 L^2}.$$

Sous cette forme, on voit que le couple est maximum pour m maximum, c'est-à-dire au démarrage. Comme d'autre part, l'induit a pour vitesse limite celle du champ tournant, on se rend compte qu'un tel moteur jouit à la fois des avantages des moteurs à courants continus, en série et en dérivation.

n' étant la vitesse de rotation de l'induit, le travail produit par le moteur, est :

$$n' \times \frac{m^2 \Phi_0^2 L}{R^2 + m^2 L^2}.$$

En remplaçant n' et m par leurs valeurs en fonction de N et n, l'expression précédente devient :

$$(n - N) \times \frac{4\pi^2 N \Phi_0^2 L}{R^2 + 4\pi^2 N^2 L^2};$$

n étant constant pour un même système inducteur, on obtiendra la valeur de N correspondante à un travail maximum, en prenant la dérivée de la quantité ci-dessus, par rapport à N.

3° Conditions relatives à un travail constant.

D'autre part, on peut chercher à réaliser un travail sensiblement constant, quelle que soit la vitesse du moteur, en donnant des valeurs convenables à la résistance et à la self-induction du circuit induit. Comme il est peu pratique d'agir sur la self-induction, on fera varier, de préférence, la résistance R, en intercalant un rhéostat dans le circuit. Le travail sera sensiblement constant, si l'on règle la résistance de manière que le rapport $\frac{R}{2\pi N}$ reste constant et égal au coefficient de self-induction du circuit induit, quel que soit N, c'est-à-dire quelle que soit la vitesse. Toutefois, on se dispense souvent d'employer cette disposition, car elle introduit un collecteur; or, le grand avantage des moteurs à champ tournant réside dans ce fait, que le circuit induit utilise des courants fermés sur eux-mêmes, comme les courants de Foucault, et, par conséquent, n'exige pas de collecteur.

4° Rendement d'un moteur à champ tournant.

Quant au rendement du moteur, il est simplement égal au rapport des deux vitesses n' de l'induit, N du champ : en effet, le couple est πDF, comme on l'a vu, de sorte que la puissance fournie au moteur est πDFN et que sa puissance utile est $\pi DFn'$; le rendement est donc égal au rapport des deux vitesses $\dfrac{n'}{N}$; la différence entre la puissance totale et la puissance utile se retrouve, comme toujours, dans l'induit, sous forme de chaleur.

Convertisseurs de courants alternatifs en courants continus.

Les moteurs à champ tournant et les courants polyphasés ont été appliqués avec succès aux petites comme aux grandes distances; en outre, dès que les distances deviennent un peu grandes, ils présentent de très grands avantages sur les courants continus. Il ne restait plus aux courants alternatifs que de pouvoir être facilement convertis en courants continus, particulièrement en vue d'applications spéciales : charge des accumulateurs, récepteurs chimiques, etc. La solution de ce difficile problème a été donnée par *Hutin* et *Leblanc;* ces deux ingénieurs se sont proposé : 1° de produire, à la station génératrice, des courants de basse tension et continus qui, avant d'arriver à la ligne, seraient transformés en courants alternatifs à haute tension, afin de réduire le plus possible la perte par l'effet Joule; 2° de produire une transformation inverse à l'arrivée, pour ramener ces courants alternatifs à l'état de courants continus, lesquels se prêtent à tous les usages.

Voici seulement le principe du convertisseur Hutin et Leblanc. Supposons qu'il s'agisse de courants continus et de courants alternatifs triphasés. Sur un anneau Gramme A fixe, se trouvent trois enroulements distincts à 120° l'un de l'autre : si les trois bobines sont traversées par trois courants triphasés, il se produit un champ tournant au centre de l'anneau. Plaçons concentriquement à cet anneau A un deuxième anneau Gramme B, à enroulement continu, muni de son collecteur; si cet anneau est fixé comme le premier, quand on lancera les courants triphasés, tout se passera comme si l'on faisait mouvoir l'inducteur A avec la vitesse du champ. Il en résultera dans l'anneau B des courants alternatifs ordinaires, de même période que les courants triphasés, courants qui pourront être recueillis par les balais fixes; *d'où une première transformation de courants triphasés en courants alternatifs.*

Supposons maintenant que les balais soient placés suivant la ligne neutre du champ tournant et y restent constamment pendant la rotation de ce champ, ce qui revient à donner à ces balais le mouvement même du champ : les courants induits qui seront recueillis seront des courants continus, à cause du mouvement relatif du champ et de l'induit, mouvement relatif qui est le même que dans une machine continue; *d'où une deuxième transformation des courants triphasés en courants continus,* transformation de la plus haute importance.

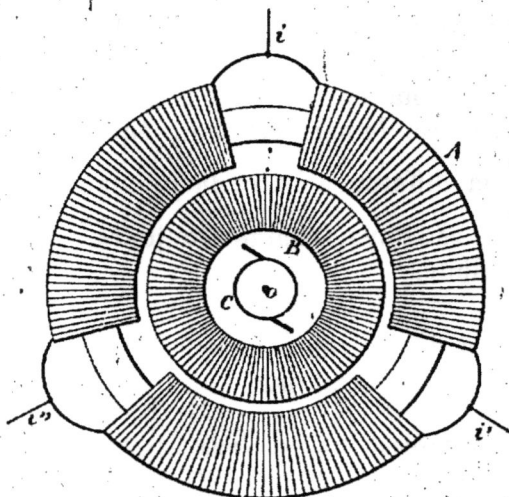

Disposition théorique du convertisseur.

Rien n'empêcherait du reste d'obtenir, dans l'anneau B, d'autres courants alternatifs diphasés, triphasés ou polyphasés d'ordre supérieur, en sectionnant l'anneau B d'après la méthode générale, et en faisant des prises de courant aux entresections, au moyen de bagues calées sur l'axe. Quant au mouvement des balais, quand il a lieu, ce mouvement n'absorbe qu'une puissance très faible : elle est fournie par un petit servo-moteur à courants alternatifs, synchrone, alimenté par une dérivation de l'un des courants triphasés.

Inversement, si l'on fournit à l'appareil des courants continus à l'anneau B, en produisant la rotation des balais, on obtient un champ tournant qui donne des courants triphasés dans l'anneau A. Dans cette double conversion, tout en changeant la nature des courants, on peut évidemment transformer les deux facteurs de l'énergie : l'intensité et la force électromotrice.

Au lieu de faire fonctionner l'appareil comme *transformateur,* on conçoit que l'on puisse s'en servir comme *générateur* pour toute espèce de courants, en donnant mécaniquement un mouvement à l'un des anneaux; réciproquement, on peut le faire fonctionner comme *moteur,* en laissant un des anneaux obéir aux réactions qui se produisent en envoyant les courants dans l'autre. Le convertisseur Hutin et Leblanc satisfait donc, au moins théoriquement, à tous les services : générateur, moteur, transformateur, pour courants continus, alternatifs et polyphasés. Malheureusement, sa réalisation industrielle offre encore parfois quelques difficultés.

Expériences de Lauffen-Francfort (1891).

Les courants alternatifs polyphasés et les moteurs à champ tournant ont reçu une application grandiose dans l'expérience faite, en 1891, entre Lauffen et l'exposition de Francfort, où un transport d'énergie considérable a pu être effectué par courants triphasés à 180 kilomètres de distance et avec un rendement de 75 p. 100. Voici, à titre d'exemple de transport d'énergie à grande distance, la description de cette installation :

α) Station génératrice.

Une chute d'eau, à Lauffen, actionnait par une turbine un alternateur triphasé Brown, avec son excitatrice à courant continu. La disposition de l'induit était telle, qu'il y avait production de trois courants alternatifs décalés de 120° l'un par rapport à l'autre. La tension de chacun d'eux était de 50 volts seulement et l'intensité du courant était de 1400 ampères, ce qui correspondait à

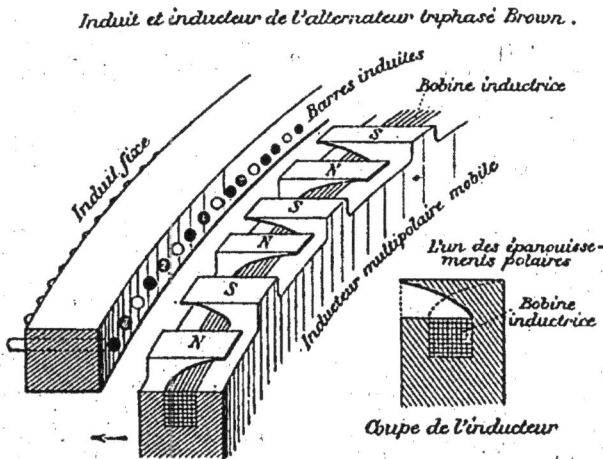

Induit et inducteur de l'alternateur triphasé Brown.

Barres induites
Bobine inductrice
Induit fixe
Inducteur multipolaire mobile
L'un des épanouissements polaires
Bobine inductrice
Coupe de l'inducteur

Nota : L'inducteur a été représenté hors de la couronne de l'induit
On le fait coulisser dans le sens de la flèche pour occuper
sa position de marche. Les connexions des barres de l'induit
ne sont pas dessinées. Les trois enroulements distincts
sont représentés ainsi ⊙ ⊙ ⊙

Génératrice théorique employée dans les expériences de Francfort.

une puissance totale d'environ 200 kilowatts. Pour ne point faire usage de balais collecteurs, ce qui eût été une difficulté avec d'aussi fortes intensités de courants, l'induit était fixe et le système inducteur mobile. Le diamètre des conducteurs de l'induit était considérable, environ 30mm; ces conducteurs étaient constitués par des barres massives de cuivre, isolées au moyen d'une enveloppe d'amiante et encastrées dans le fer de l'induit à très petite distance de la circonférence intérieure. L'expérience a montré que les courants de Foucault, qui prendraient une valeur énorme dans des barres d'aussi forte section, disposées à la manière ordinaire, sont, ici, évités presque complètement; ce mode de construction rend d'ailleurs l'induit incombustible et indéformable, et réduit au minimum la reluctance de l'entrefer. Les trois enroulements distincts de l'induit possédant six bouts libres, trois de ces extrémités étaient reliées entre elles et mises à la terre et les trois autres extrémités communiquaient avec les trois fils de ligne. Le système inducteur se composait de pôles alternés, obtenus à l'aide d'une seule bobine, au moyen de la disposition très simple indiquée par la figure ci-dessus, ce qui réduisait au minimum la dépense d'excitation par courant continu. Le rendement de cette génératrice était de 96 p. 100.

β) Ligne.

Les courants produits, 50 volts et 1400 ampères, étaient transformés immédiatement, à Lauffen, en courants de 14000 volts et 5 ampères dans des transformateurs triples entièrement plongés dans l'huile, puis lancés dans la ligne, à trois fils de bronze silicieux de 4mm de diamètre. Ces fils à haute tension étaient posés sur isolateurs à cloche en porcelaine, à multiples couches d'huile, afin d'éviter les déperditions. A leur arrivée à Francfort, les courants triphasés étaient de nouveau transformés en courants de 50 volts et 1400 ampères, dans des transformateurs triples analogues à ceux employés au départ.

γ) Station réceptrice.

La réceptrice était un moteur Dobrowolski à champ tournant, comprenant un système inducteur formé de trois circuits disposés comme les circuits induits

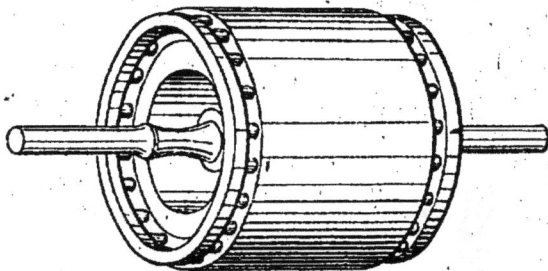

Induit de la réceptrice de Lauffen-Francfort.

de la génératrice. Ces trois circuits étaient reliés par une de leurs extrémités aux trois conducteurs de la ligne, et les extrémités opposées étaient mises à la terre. Le système induit tournait à l'intérieur de ce système inducteur : un

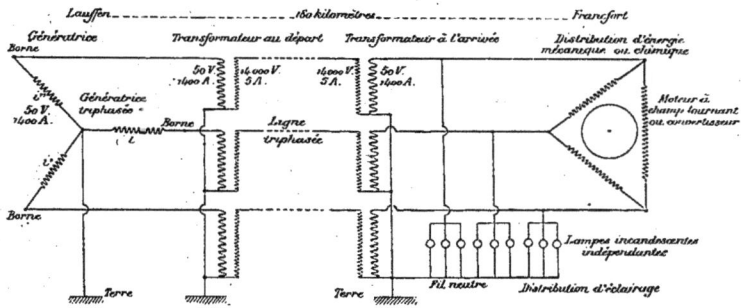

Schéma du transport d'énergie (Expérience de Lauffen-Francfort).

cylindre composé de disques de tôle mince, isolés électriquement, était percé à sa périphérie de trous parallèles à l'axe, dans lesquels venaient se loger des barres de cuivre également isolées et dont les extrémités, de chaque côté du cylindre, se soudaient sur deux cercles de cuivre et constituaient un enroulement en dérivation, disposition connue sous le nom de *cage d'écureuil*; les disques de fer servaient à renforcer les flux de force, tout en s'opposant aux courants de Foucault. Le champ tournant faisait naître, dans les barres de l'induit, des courants assez intenses pour que le démarrage fût instantané, même sous charge; des mesures précises ont permis de constater que lorsque la turbine fournissait 200 chevaux à la génératrice de Lauffen, le moteur de Francfort accusait une puissance de 150 chevaux, ce qui donnait un rendement de 75 p. 100 (1).

Le Métropolitain de Paris (1900).

L'installation du Métropolitain de Paris nous permet actuellement de citer un exemple très pratique d'un transport d'énergie par courants triphasés, de leur transformation industrielle en courants continus et de leur utilisation sous cette dernière forme pour l'exploitation d'une voie ferrée.

A moins d'adopter des dispositions qui ne sont pas encore courantes au point de vue pratique, la traction électrique exige du courant continu ; la tension de 600 volts ayant depuis longtemps fait ses preuves sur les réseaux de faible étendue (tramways), cette différence de potentiels fut choisie pour les électro-moteurs des voitures automobiles du Métropolitain. D'autre part, les conditions économiques d'installation nécessitaient la création d'une station centrale à Bercy, c'est-à-dire à l'une des extrémités du réseau ; étant donné la grande quantité d'énergie à transporter à moyenne distance (10 kilomètres), les courants alternatifs s'imposaient : on fut ainsi conduit à adopter, pour la station centrale, des courants triphasés à 5000 volts et 25 périodes par seconde. Ces courants étaient destinés à être transformés en courants continus à 600 volts, dans des sous-stations, à l'endroit même de leur utilisation.

Des machines à vapeur verticales, système Corliss du Creusot, actionnent, par commande directe à la station centrale, six alternateurs triphasés d'une puissance individuelle de 1500 kilowatts, dans lesquels l'inducteur, comprenant 42 pôles, tourne à l'intérieur de l'induit fixe, d'un diamètre de près de 6 mètres, à la vitesse de 70 tours par minute. Le courant d'excitation de ces machines

(1) Cette expérience célèbre a démontré, d'une façon absolue, que la transmission de l'énergie par courants alternatifs est désormais un fait accompli. Si les courants continus constituent une solution excellente pour les distributions restreintes, il est indiscutable que les courants alternatifs seuls conviennent aux grandes distances, grâce aux potentiels élevés que de faciles transformations peuvent leur donner.

Les essais ont été poussés jusqu'à 30000 et même 50000 volts, en prenant des précautions toutes spéciales pour l'isolement. Toutefois l'expérience montre qu'il n'y a pas lieu d'atteindre des potentiels aussi élevés : les conducteurs font entendre un sifflement particulier, ils deviennent lumineux dans l'obscurité et la déperdition par l'air devient considérable. Les transports d'énergie à 20000 volts semblent fonctionner dans des conditions tout à fait normales.

est fourni par des transformateurs rotatifs recevant le courant sous 600 volts (tension aux barres principales du tableau d'utilisation) et donnant du courant continu sous 130 volts. Ces alternateurs peuvent, soit fonctionner en parallèle sur les barres générales du tableau des feeders à courants triphasés, soit alimenter chacun par des feeders spéciaux, les groupes transformateurs qui lui correspondent dans une des sous-stations.

Chacune des sous-stations, celle installée sous la place de l'Étoile, par exemple, reçoit les courants triphasés à 5000 volts au moyen de feeders, et abaisse leur tension dans des transformateurs, pour les lancer dans une commutatrice les transformant en courants continus à 600 volts. C'est sous cette forme que l'énergie électrique est définitivement utilisée pour la traction, par l'intermédiaire d'un contact glissant sur un conducteur isolé et retour par les rails comme dans les tramways. Chaque sous-station présente, en outre, un groupe de 280 accumulateurs robustes et de survolteurs, formant batterie-volant, destinée à régulariser à la fois le débit des commutatrices et la tension aux barres, quelle que soit la consommation d'énergie faite sur la partie du réseau desservie par la sous-station.

CHAPITRE XVII

TRAVAUX RÉCENTS SUR L'ÉLECTRICITÉ

I. — THÉORIE DE MAXWELL.

Considérations générales.

Jusqu'ici, nous nous sommes toujours efforcé de concevoir les divers phénomènes, comme le résultat d'une forme nouvelle de l'Énergie, sans faire d'ailleurs aucune hypothèse générale ni sur sa nature intime, ni sur le mécanisme de sa propagation. Cependant, après avoir sommairement passé en revue la plupart des applications de l'électromagnétisme, l'esprit curieux se retourne naturellement vers le mystère de la cause première, et se montrerait singulièrement plus satisfait, si une théorie pouvait lui faire embrasser d'un seul coup, l'ensemble de tous les phénomènes étudiés.

Cette théorie existe, du moins dans ses traits généraux : l'idée en revient à *Faraday*, les développements théoriques en sont dus à *Maxwell*. D'après cette théorie, dont nous nous contenterons de donner plus loin un aperçu, les phénomènes électriques, magnétiques, calorifiques et lumineux, sont le résultat d'*ondulations*, d'amplitude et de fréquence variables et variées, se transmettant à distance, dans tout l'univers, avec une grande vitesse de propagation, par l'intermédiaire de l'*éther*, milieu infiniment subtil qui échappe à tous nos sens, dont nous ne pouvons percevoir la présence que par l'imagination et qui serait ainsi le véhicule de toute énergie.

On sait depuis longtemps que la *lumière* est due à un mouvement vibratoire périodique de l'éther : d'après la théorie électromagnétique de la lumière, de Maxwell, ce mouvement vibratoire périodique ne serait autre qu'un mouvement électrique, qui ne différerait de celui que nous appelons communément électricité, que par la fréquence des vibrations. En fait, il existe *a priori* des analogies frappantes entre l'*électricité* et la *lumière;* certaines expériences très simples mettent en évidence ces analogies et les rapports qui semblent exister entre les deux ordres de phénomènes.

Ainsi, par exemple, un foyer lumineux incandescent échauffe par rayonnement une plaque métallique; de même un électro-aimant puissant, parcouru par des courants alternatifs, échauffe la même plaque métallique, par production de courants de Foucault; si cette plaque métallique est remplacée par une plaque de verre, elle ne s'échauffe plus ni dans l'une ni dans l'autre de ces expériences. Le verre, *mauvais conducteur*, qui est *transparent* pour les ondes lumineuses, l'est donc aussi pour les ondes électriques, les *bons conducteurs* seraient *opaques :* nous verrons en effet plus loin que ces résultats, conformes à la théorie, peuvent être facilement prévus.

Mais, avant d'entrer dans le détail des expériences qui confirment de jour en jour le rôle prépondérant des diélectriques, à peine soupçonné naguère, et les hypothèses de Maxwell, il semble nécessaire de résumer les points principaux de cette théorie.

Travaux de Faraday et de Maxwell. — Identité des vibrations électromagnétiques et des vibrations lumineuses.

Pour pouvoir assimiler la propagation d'un ébranlement lumineux, dans un corps isolant, à celle d'une perturbation électrique, il faut tout d'abord renoncer à admettre que les corps bons conducteurs seuls sont le siège des phénomènes électriques. Or, Faraday avait déjà montré l'influence de la *nature* de la lame isolante d'un condensateur sur la charge de ce condensateur : il avait donc prévu l'importance des *diélectriques;* mais Maxwell devait préciser davantage le véritable rôle de ceux-ci.

On sait que le rapport de l'unité électrostatique à l'unité électromagnétique représente une vitesse, et que la valeur numérique de cette vitesse est précisément 300000 kilomètres par seconde, c'est-à-dire la *vitesse de la lumière*.

Maxwell pensa que ce résultat remarquable n'était pas dû à un simple effet du hasard, mais indiquait, au contraire, une complète analogie entre les *phénomènes électriques* et les *phénomènes lumineux*. Aussi, il n'hésita pas à chercher l'explication des premiers, dans l'assimilation à un mouvement vibratoire périodique, se propageant dans l'éther comme les vibrations lumineuses.

En faisant certaines hypothèses sur les effets du champ électrostatique et du champ magnétique, il put arriver à poser les équations du mouvement de propagation d'une perturbation électrique. Il reconnut ainsi que les équations étaient identiques à celles qui représentent, d'une manière générale, la transmission par ondes d'un mouvement vibratoire dans un milieu élastique. De plus, en introduisant dans ses équations l'hypothèse, d'ailleurs plausible, de la transversalité des vibrations, il obtint pour expression de la *vitesse de propagation*, précisément le rapport des unités électrostatique et électromagnétique, c'est-à-dire la *vitesse de la lumière*.

En présence de ce résultat, Maxwell conclut non pas seulement à l'*analogie*, mais à l'*identité* des vibrations électromagnétiques et des vibrations lumineuses.

Courants de déplacement dans les diélectiques et courants de conduction dans les conducteurs.

Nous ne pouvons entreprendre ici l'exposé complet des hypothèses fondamentales de Maxwell, ni la discussion mathématique qui le conduit à l'établissement des équations du mouvement de propagation. Il nous suffira d'indiquer comment Maxwell conçoit les effets d'un champ électrostatique maintenu dans un diélectrique et les effets produits par la variation d'un champ magnétique.

Considérons, par exemple, le *champ électrostatique* créé dans le diélectrique compris entre les deux armatures d'un condensateur. Maxwell suppose que tout se passe comme si la formation de ce champ avait pour effet de développer dans le milieu isolant une infinité de tensions, analogues à celles qui pourraient être produites sur une multitude de petits ressorts.

Il en résulterait alors une sorte de *déplacement électrique* qui serait, d'ailleurs, bien vite limité par l'élasticité du milieu. Quand on réunit les deux armatures du condensateur aux deux pôles d'une source d'électricité, le courant de faible durée, qui se manifeste dans le conducteur intermédiaire, au lieu de s'arrêter aux deux armatures, se fermerait ainsi complètement à travers la lame isolante, sous la forme d'un courant d'allure particulière, auquel Maxwell donne le nom de *courant de déplacement*.

Un courant de déplacement ne peut se manifester par un dégagement de chaleur, comme un courant ordinaire qui naît dans un conducteur (*courant de conduction*), parce que les diélectriques opposent une résistance, dite *résistance élastique*, d'une nature entièrement différente de celle des corps conducteurs. Lorsque la tension, progressivement croissante, du diélectrique est arrivée à sa limite, le courant de déplacement cesse. Mais l'énergie dépensée n'est pas perdue : elle se trouve emmagasinée dans le milieu, et peut être restituée à un moment donné. Un corps conducteur, au contraire, produit une sorte de *résistance visqueuse*, analogue à celle qu'éprouverait un objet déplacé à l'intérieur d'un liquide : le mouvement continue tant que la force motrice agit, et toute l'énergie cinétique est, au fur et à mesure, transformée en chaleur. Par analogie, on conçoit que les conducteurs s'échauffent au passage du courant, et nous en déduisons également l'explication des expériences que nous avons citées, au commencement de ce chapitre. Le verre exposé aux ondes électriques, comme aux ondes lumineuses, leur oppose une résistance élastique, et la force vive restituée permet la propagation du mouvement ondulatoire à travers le milieu. La plaque métallique, au contraire, oppose une résistance visqueuse qui transforme la force vive en chaleur : elle doit donc absorber les ondes électromagnétiques et les ondes lumineuses.

Maxwell attribue aux courants de déplacement les propriétés magnétiques, dynamiques et inductives des courants de conduction ordinaires; et, d'après ce qui précède, on voit immédiatement que ces propriétés sont les seules qui permettent actuellement de déceler l'existence des courants de déplacement. Toutefois, il est aisé de se rendre compte que de tels courants ne peuvent pas toujours être mis en évidence. S'ils sont continus, c'est-à-dire constamment de même sens, leur durée est nécessairement très courte, puisque tout se passe comme si les ressorts du diélectrique étaient sollicités par une force de direction constante : dans ce cas, la limite du déplacement est bientôt atteinte. Au contraire, en poursuivant toujours la comparaison de Maxwell, si les mêmes ressorts sont soumis à une action rapidement alternative, le mouvement résultant deviendra sensible : par analogie, on conçoit donc que les courants de déplacement à alternances très rapides puissent se manifester, en particulier, par leurs effets d'induction.

La deuxième hypothèse principale de la théorie est relative à la *variation d'un champ magnétique*. A cette variation, correspondrait toujours une certaine force électromotrice d'induction, laquelle donnerait lieu à un courant de déplacement dans le diélectrique, comme elle donne lieu à un courant de conduction, s'il existe un conducteur au point où se produit la variation du champ magnétique.

Telles sont les bases essentielles de la théorie de Maxwell ; sa vérification se trouve liée à la production des courants alternatifs à très haute fréquence que nous étudierons plus loin. Auparavant, nous nous proposons de citer certaines expériences qui, au premier abord, ne semblent pas avoir de rapports bien étroits avec la théorie dont il vient d'être question : cependant, ces expériences mettent bien en évidence le rôle actif des diélectriques.

II. — RAYONS CATHODIQUES ET RAYONS X.

Lorsque les deux extrémités du circuit secondaire d'une bobine de Ruhmkorff en activité communiquent avec les deux électrodes de platine qui pénètrent dans un tube de verre où l'on a fait le vide, il se produit des phénomènes lumineux, connus depuis longtemps sous le nom de *lueurs des tubes de Geissler*. Si la pression dans l'*œuf électrique* a été réduite à un demi-millimètre de mercure environ, l'intérieur de l'ampoule s'illumine très vivement, les deux électrodes ne présentant pas le même aspect : une sorte de flux lumineux part de l'électrode positive ou *anode*, se dirigeant vers l'électrode négative ou *cathode*, et remplissant l'intervalle de stratifications lumineuses ; la cathode est entourée d'une auréole violette suivie d'une zone plus sombre.

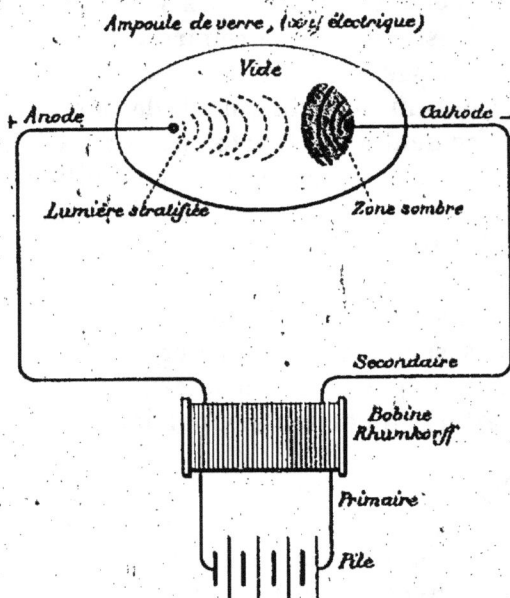

Ampoule de verre, (vide électrique)
Vide
+ Anode   *Cathode —*
Lumière stratifiée   *Zone sombre*
Secondaire
Bobine Rhumkorff
Primaire
Pile

Particularités que présente le tube de Crookes.
État radiant. — Radiomètre de Crookes.

Si l'on continue à faire le vide, jusqu'à réduire la pression à quelques millièmes de millimètre de mercure ou moins encore, les stratifications dispa-

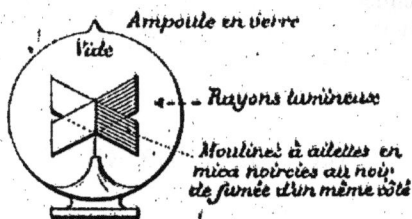

Ampoule en verre
Vide
Rayons lumineux
Moulinet à ailettes en mica noircies au noir de fumée d'un même côté

Même effet produit par une décharge électrique pourvu qu'il y ait dissymétrie dans les faces des ailettes, l'une des faces isolante, l'autre conductrice.

Radiomètre de Crookes.

raissent, la lueur violette envahit le tube, l'espace sombre croît à partir de la cathode et peu à peu une partie de la paroi s'éclaire d'une belle fluorescence verte : tel est l'aspect que présentent les *tubes de Crookes*.

Pour ce physicien, l'espace sombre entourant la cathode représentait la course libre moyenne des molécules du gaz rémanent, projetées par la cathode normalement à sa surface. Elles cheminaient sans entraves, jusqu'au choc avec leurs pareilles, d'où résultait la première couche lumineuse ; le vide presque absolu réalisé dans ces tubes constituait un état spécial de la matière extrêmement raréfiée, l'*état radiant*. Ces idées de Crookes le conduisirent, en 1876, à la construction d'un petit instrument bien connu, appelé *radiomètre*. C'est un moulinet à ailettes en mica, noircies au noir de fumée sur l'une de leurs faces, susceptible de tourner autour d'un axe, à l'intérieur d'une ampoule où l'on a fait le vide ; sous l'effet des rayons lumineux, sous l'action d'une décharge électrique (pourvu qu'il y ait dissymétrie dans la conductibilité relative des faces des ailettes), le moulinet prend un mouvement de rotation plus ou moins rapide. Crookes pensait réaliser dans cette expérience la production du mouvement par l'énergie lumineuse, supprimant ainsi une anomalie étrange de la nature.

Fluorescence du tube de Crookes. — Principaux corps luminescents.

Mais le tube de Crookes présentait des propriétés plus curieuses encore. A mesure que le vide devenait plus parfait, nous avons vu que toute lueur disparaissait et que l'espace sombre cathodique finissait par occuper tout le tube ; c'est alors qu'apparaissait la phosphorescence verte de la paroi directement opposée à la cathode. D'après Crookes, c'est toujours la matière radiante constituée par les molécules du gaz extrêmement raréfié, qui, électrisée négativement à la cathode, se meut sans rencontrer aucun obstacle, jusqu'à la paroi de verre, qu'elle illumine très vivement par cette sorte de *bombardement moléculaire*. Les corps qui deviennent lumineux dans ces conditions sont le *verre d'urane* qui devient foncé, le *verre d'Angleterre* qui s'illumine en bleu, le *verre d'Allemagne* en vert pomme, les *diamants* en vert et les *rubis* en rouge incandescent.

Rayons cathodiques de Crookes (1879). — Tubes et rayons de Lénard (1893).

Ce flux invisible issu de la cathode normalement à sa surface, et sur lequel la position de l'anode n'a aucune influence, porte le nom de *rayons catho-*

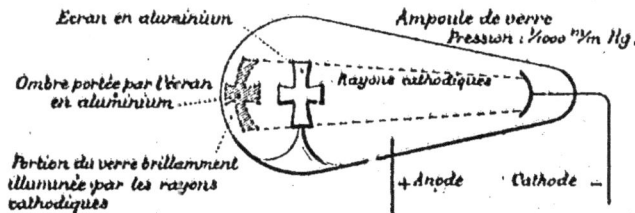

Rayons cathodiques de Crookes.

diques ; ces rayons se meuvent en ligne droite à l'intérieur du tube, comme le montre l'ombre projetée sur la portion fluorescente par un petit écran en aluminium placé sur leur trajet. Qu'ils soient des rayons lumineux ou quelque chose d'analogue, qu'ils soient de la matière en mouvement, *ils sont électrisés négativement, et sont déviés par l'action des aimants.*

Ces rayons cathodiques découverts par Crookes, en 1879, Lénard les fit sortir du tube, en 1893, en remplaçant une partie de la paroi bombardée de

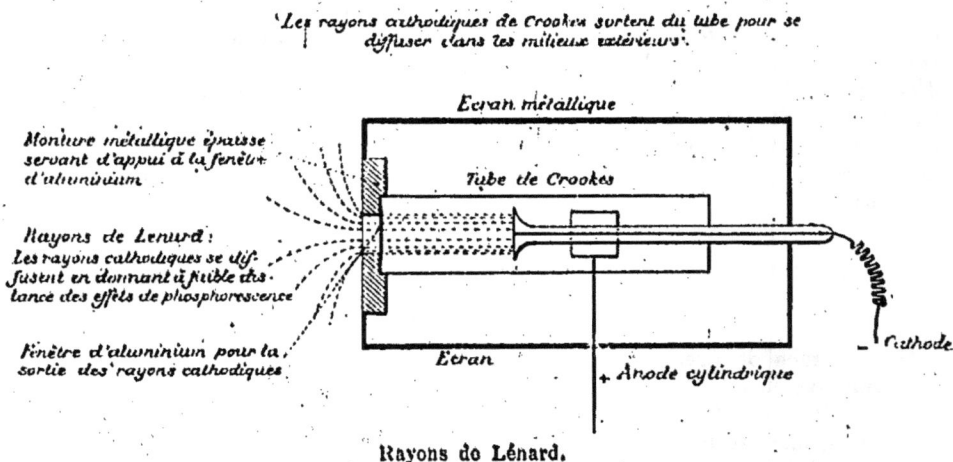

Les rayons cathodiques de Crookes sortent du tube pour se diffuser dans les milieux extérieurs.

Ecran métallique

Monture métallique épaisse servant d'appui à la fenêtre d'aluminium

Tube de Crookes

Rayons de Lénard : Les rayons cathodiques se diffusent en donnant à faible distance des effets de phosphorescence

Fenêtre d'aluminium pour la sortie des rayons cathodiques

Ecran

Anode cylindrique

Cathode

Rayons de Lénard.

ce tube par une *lame d'aluminium* extrêmement mince. Toutefois, l'atmosphère constitue pour eux un milieu trouble, et les rayons se diffusent. Il ne s'agit donc plus là d'une simple émission de matière électrisée et le champ des hypothèses est ouvert.

Rayons X de Rœntgen (1896).

Ces rayons cathodiques sont les précurseurs des rayons X, dont nous allons dire maintenant quelques mots.

En 1896, le professeur Rœntgen observait qu'un support enduit de *platino-cyanure de baryum,* s'illuminait jusqu'à deux mètres de distance d'un tube de Crookes, et que le phénomène se produisait encore, lorsqu'on enveloppait complètement ce tube de papier noir ou de carton ; il eut l'idée de remplacer l'écran phosphorescent par une plaque photographique et celle-ci fut impressionnée ; une lame de bois épaisse, des plaques d'ébonite, n'empêchaient pas l'action de se produire ; au contraire, un morceau de métal interposé n'était pas traversé et, au développement, on en trouvait la silhouette, l'ombre pour mieux dire, imprimée sur la glace sensible. En étudiant ainsi la perméabilité des diverses matières, Rœntgen trouvait que les parties molles du corps humain se laissaient traverser beaucoup plus vite que les os ; il obtenait une photographie d'une main vivante, où le squelette se détachait assez vigoureusement sur des taches plus légères données par la chair. Il montrait alors que le phénomène n'était pas produit par les rayons cathodiques eux-mêmes, qu'on n'avait pas affaire à la lumière ultra-violette, mais bien à des radiations nou-

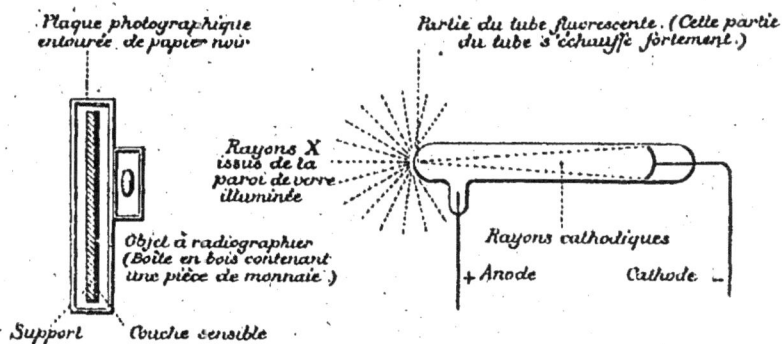

Plaque photographique entourée de papier noir

Partie du tube fluorescente. (Cette partie du tube s'échauffe fortement.)

Rayons X issus de la paroi de verre illuminée

Objet à radiographier (Boîte en bois contenant une pièce de monnaie.)

Rayons cathodiques

+ Anode   Cathode —

Support   Couche sensible

Rayons X (radiographie).

velles, *aux rayons* X. Sous le nom de *photographie de l'invisible*, cette découverte passionna le public, par ses côtés mystérieux, au moment de sa vulgarisation. A part la question de transparence et d'opacité relatives, qui n'ont causé d'étonnement que parce qu'elles bouleversaient les idées généralement admises (elles avaient cependant des équivalents dans d'autres phénomènes naturels), la découverte de Rœntgen semble avoir des corrélations intimes avec le phénomène des ondulations électriques, qui sont elles-mêmes comparables aux vibrations calorifiques et lumineuses.

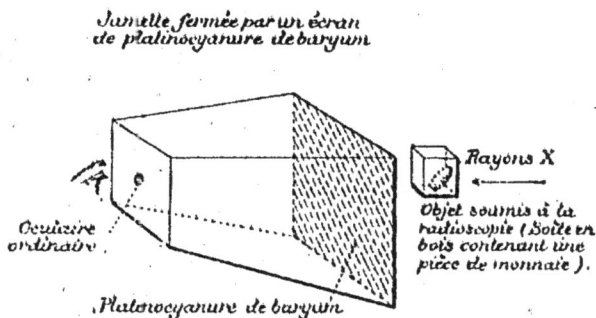

Jumelle fermée par un écran de platinocyanure de baryum

Oculaire ordinaire

Platinocyanure de baryum

Rayons X

Objet soumis à la radioscopie (Boîte en bois contenant une pièce de monnaie).

Rayons X (radioscopie).

Les applications des rayons X sont de plus en plus nombreuses : la photographie au travers des corps opaques constitue aujourd'hui la *radiographie* ; l'observation simple, au moyen de l'écran au platinocyanure de baryum, constitue la *radioscopie*, laquelle a déjà rendu d'importants services au point de vue médical.

Propriétés principales des rayons X.

Les rayons X se propagent dans *tous les milieux en ligne droite*, mais avec plus ou moins d'*absorption*, avec la *même vitesse* et *sans diffraction ;* ils *ne se réfléchissent pas* régulièrement et *ne se réfractent pas, ne sont pas polarisés* et ne subissent aucun phénomène d'*interférences ;* ils sont *insensibles aux aimants* et *aux champs électriques*, mais abaissent rapidement le *potentiel* des corps électrisés. Les rayons X émanent des portions du tube qui, frappées par les rayons cathodiques, présentent la fluorescence verte. De là, ils divergent dans toutes les directions en ligne droite : ils n'existent pas dans l'intérieur du tube, où ne se trouvent que des rayons cathodiques, lesquels s'arrêtent à la paroi ; c'est cette paroi fluorescente qui joue le rôle de transformateur d'énergie et donne naissance aux rayons X. Quant à la nature de ces rayons, elle est toujours aussi mystérieuse. Après sa découverte, Rœntgen crut avoir trouvé la *lumière longitudinale*, à laquelle on a toujours beaucoup pensé, la lumière ordinaire étant, en effet, un phénomène ondulatoire à vibrations transversales ; mais d'autres expérimentateurs se prononcent plutôt pour l'existence de rayons ultra-violets dont les ondulations seraient de l'ordre du dix-millionième de millimètre, les ondulations électriques étant de l'ordre du mètre.

Perfectionnements apportés dans l'emploi de la bobine de Ruhmkorff. — Interrupteur électrolytique de Wehnelt.

Toutes les expériences que nous avons précédemment décrites et celles qui seront étudiées plus loin, dues à *Tesla, Hertz, Marconi,* etc., comportent l'emploi d'une bobine d'induction dite *bobine de Ruhmkorff.* Nous en avons donné la description, mais il est utile de signaler ici, en vue des expériences citées dans le présent chapitre, un perfectionnement récent apporté à cette bobine par l'introduction d'un nouvel interrupteur désigné sous le nom d'*interrupteur électrolytique.*

Les recherches de *Davy* et de *Planté* ont montré que lorsqu'un courant traverse un électrolyte, sous une différence de potentiels très élevée, au moyen de deux électrodes, l'une à grande surface (électrode négative), l'autre peu étendue (électrode positive), il se produit à l'extrémité de celle-ci une gaine gazeuse dont la résistance est considérable et provoque, par suite, un dégagement de chaleur intense. C'est sur ce fait qu'est basé le procédé de soudure hydro-électrique de Lagrange et Hoho, déjà étudié précédemment.

Mais, en même temps qu'une forte élévation de température, il se produit à l'extrémité de cette électrode négative un phénomène lumineux intermittent, que l'on peut considérer comme dû à un courant lui-même intermittent (1). Si l'on intercale le primaire d'une bobine d'induction dans le circuit, cette bobine

---

(1) Il s'agit ici d'un courant *intermittent* et non d'un courant *oscillatoire* ou *alternatif.*

fonctionne exactement comme si elle était munie de l'interrupteur ordinaire.
On doit donc en conclure que l'intensité du courant passe avec une certaine
fréquence de la valeur zéro à une valeur maximum.

Toutefois, quand on utilise la plus petite électrode comme *cathode*, les étincelles obtenues aux extrémités du circuit secondaire sont faibles et irrégulières ;
il en est tout autrement quand on transforme en *anode* cette électrode à faible
surface. Un véritable trait de feu continu, comparable à un arc, jaillit avec un
bruit strident entre les extrémités du circuit secondaire. Avec une différence
de potentiels convenable, 70 volts, aux bornes du primaire, on a pu obtenir
des arcs de plus de 0ᵐ,45 de longueur, et dans lesquels le nombre des interruptions, d'après le son rendu et l'examen au miroir tournant, était d'au
moins 1500 par seconde.

La figure schématique ci-contre représente l'appareil : pour fonctionner
comme interrupteur, il est simplement intercalé en série sur le primaire de la
bobine, l'électrode à petite surface communiquant avec le pôle positif d'une
batterie de piles ou d'accumulateurs. L'expérience montre que la rupture du
courant est assez brusque, pour qu'il soit inutile d'employer un condensateur,
comme on le faisait avec les anciens interrupteurs.

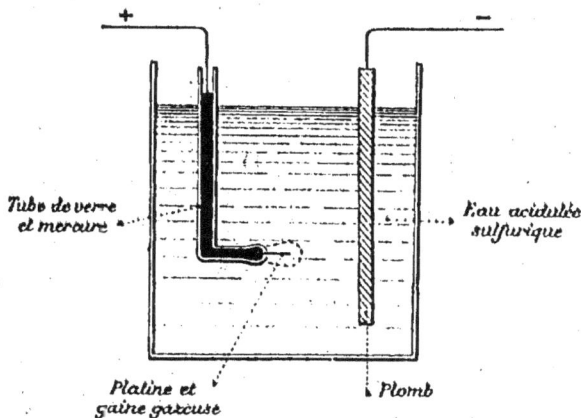

Interrupteur électrolytique.

La cuve électrolytique renferme de l'eau acidulée ; la cathode est formée par
une plaque de plomb. Pour constituer l'anode, on soude un fil très fin de platine à l'extrémité d'un tube de verre recourbé vers la cathode et rempli de
mercure, de telle sorte que le fil de platine ne fasse saillie en dehors du tube
que sur une longueur de quelques millimètres. Cette pointe de platine étant
portée à l'incandescence par le passage du courant, il y a aussitôt caléfaction,
une gaine de vapeur se forme qui isole l'électrode du liquide et interrompt le
courant. La vapeur se condense au milieu de l'électrolyte froid, le courant se
rétablit et ainsi de suite. La pointe de platine est en outre le siège d'un dégagement d'hydrogène et d'oxygène formant un mélange détonant : ce dégagement
est dû à la dissociation de l'eau par le platine porté au blanc.

L'interrupteur Wehnelt a donné jusqu'ici d'excellents résultats, et son emploi semble devoir se généraliser dans toutes les expériences qui utilisent la bobine de Ruhmkorff.

III. — EXPÉRIENCES DE TESLA.

Production des courants à haute fréquence et potentiel élevé.

Tesla a employé, pour obtenir des courants à potentiel élevé et à haute fréquence, un alternateur à grand nombre de pôles, tournant très rapidement (1). Un transformateur élevait le potentiel dans un circuit secondaire, dont les deux bornes communiquaient avec un condensateur et avec deux

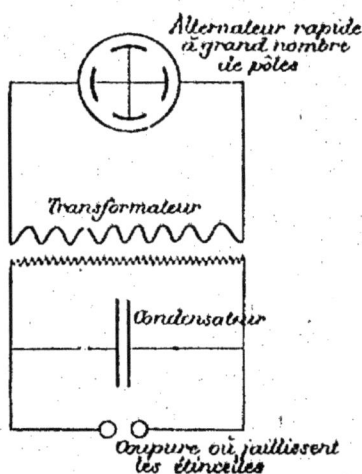

Production de la décharge oscillante.

boules, séparées par un intervalle de quelques millimètres. Lorsque le transformateur établit entre les deux armatures du condensateur une différence de potentiels suffisante, une étincelle jaillit entre les boules, et, la décharge du condensateur étant oscillante (2), un courant alternatif à haute fréquence s'établit dans le circuit simple comprenant le condensateur et la coupure, sans affecter le secondaire du transformateur, dérivé sur ce dernier circuit.

C'est ce courant à haute fréquence qui sert de courant inducteur dans un deuxième transformateur. La force électromotrice induite, étant proportionnelle à la vitesse de variation du flux, il est à prévoir que le circuit secondaire de ce deuxième transformateur sera le

(1) L'alternateur Tesla avait 384 pôles et tournait à une vitesse de 2000 à 3000 tours par minute. Cette machine aurait pu produire directement un courant ayant une fréquence de 10000 à 15000 alternances par seconde.
(2) On verra plus loin l'explication de ce phénomène.

siège de forces électromotrices extrêmement élevées ; elles sont même si élevées, que l'on est obligé de plonger complètement ce transformateur dans l'huile. Tesla a pu obtenir ainsi jusqu'à 500000 volts et 400000 alternances par seconde.

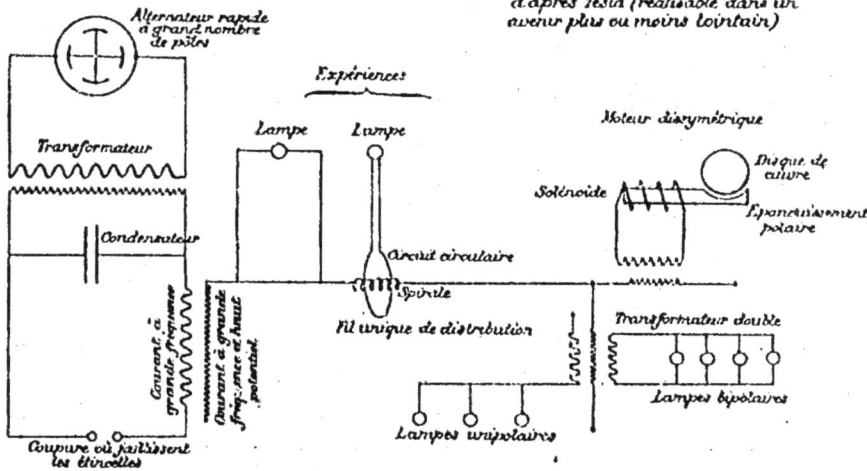

Expériences de Tesla.

Des courants de cette nature présentent des effets remarquables ; tout se passe comme si ces courants se refermaient par l'air, si bien qu'ils sont transmissibles *par un seul fil.* Leurs effets d'induction sont considérables ; trois expériences classiques peuvent le démontrer, elles sont représentées sur la figure : 1°) Une lampe s'allume si elle est disposée en dérivation sur deux points voisins du fil ; 2°) Elle s'allume encore, si, le fil étant enroulé en spirale, elle fait partie d'un simple circuit circulaire qui entoure cette spirale, ce circuit circulaire pouvant même être composé du corps de l'opérateur ; 3°) Un moteur, composé d'un disque de cuivre, se met à tourner devant l'épanouissement polaire d'un solénoïde parcouru par le courant à haute fréquence. Enfin, des effets de phosphorescence, d'incandescence de corps solides, d'illumination de gaz raréfiés, complètent ces brillantes expériences.

En particulier, on peut produire de la lumière, en utilisant une ampoule contenant en son centre une petite sphère de charbon reliée au fil unique de distribution : la lumière émise est considérablement accrue, si l'on munit la lampe d'un abat-jour métallique, qui forme condensateur avec la sphère de charbon. Dans cette dernière expérience, d'après M. Tesla, « l'incandescence de l'électrode en charbon est un mal nécessaire, et ce qu'il faut réellement obtenir, c'est la vive incandescence du gaz qui entoure cette électrode ». Les hautes fréquences, qui donnent lieu à une sorte de *bombardement moléculaire* à l'intérieur de l'ampoule, sont très favorables à ce point de vue et leur emploi permettra sans doute, dans l'avenir, d'obtenir une lumière plus économique et plus intense qu'avec les lampes incandescentes actuelles (1).

Les courants de Tesla présentent encore une autre propriété : celle de pouvoir être supportés sans inconvénient par le corps humain. M. d'Arsonval, qui a répété les expériences de Tesla, a pu, en effet, allumer jusqu'à 7 lampes de 125 volts et 0,5 ampère, en faisant passer le courant à travers son corps : la fréquence était de 6 à 700000 alternances par seconde.

Action physiologique des courants électriques.

La singulière innocuité des courants de Tesla pour le corps humain nous conduit à dire quelques mots de l'action physiologique des courants électriques.

Au début de l'emploi des courants alternatifs, de graves accidents ont jeté un certain discrédit sur ces derniers, et l'on a eu quelque peine à revenir de cette mauvaise impression première, lorsque les applications industrielles de l'électricité se sont multipliées. Dans bien des cas, ce danger est réel ; il est toujours bon d'ailleurs de prendre quelques précautions pour manier les conducteurs électriques, ne serait-ce que pour s'épargner des secousses assez désagréables.

D'une façon générale, les courants alternatifs à fréquence moyenne sont plus dangereux que les courants continus, étant donné sans doute leurs nombreux changements de sens (2) et aussi leur potentiel plus élevé.

_____

(1) Ce serait la « lumière froide ».
(2) Il faut cependant remarquer que les courants alternatifs à très haute fréquence cessent d'être dangereux.

L'action des courants paraît être de deux sortes sur l'organisme : on peut obtenir le *déchirement des tissus* et l'*électrolyse des liquides* qu'ils contiennent ; dans ce cas, si l'effet a été suffisamment étendu, c'est la mort définitive avec corruption rapide : tel était le résultat que l'on pensait toujours obtenir dans l'*électrocution*, rendue légale aux États-Unis.

Mais il peut se faire aussi que le courant agisse comme un simple *stupéfiant* et que son action se limite aux centres nerveux : le cœur s'arrête ; toutefois, le patient peut être rappelé à la vie, comme l'a montré M. d'Arsonval, en pratiquant sur lui la respiration artificielle (traction rythmée de la langue, etc.) ; faute de ces soins, la mort se produit par simple asphyxie.

Le corps humain ayant une très grande résistance, le courant ne peut devenir notable que pour une assez grande force électromotrice ; c'est pourquoi l'on admet que jusqu'à 500 volts, les courants ne sont pas dangereux. Mais pour les hautes tensions, et en particulier pour les courants alternatifs ordinaires, il est indispensable de mettre hors d'atteinte tous les organes dont le contact pourrait amener un accident : par exemple, dans les alternateurs, les prises de courant seront placées dans une cage en verre ; les hautes tensions seront, au moyen de transformateurs, localisées dans la ligne, et l'on prendra toutes les précautions nécessaires pour que celle-ci ne puisse se briser et tomber sur le sol (1).

Enfin, si l'on est amené à toucher un organe quelconque d'un alternateur en activité, il sera prudent de ne le faire qu'avec la main gantée de caoutchouc, les pieds reposant sur un isolant quelconque ; l'autre main sera tenue dans la poche, pour ne pas produire par mégarde un court circuit traversant les bras et la région du cœur.

Cependant, lorsqu'il s'agit de courants alternatifs, le nombre de fréquences semble jouer un rôle primordial : au delà d'un certain nombre d'alternances par seconde, les courants alter-

---

(1) Pour conjurer le danger provenant d'une rupture accidentelle des conducteurs, des filets sont fréquemment disposés au-dessus des passages où la circulation est la plus active, de manière à recevoir les extrémités des fils et empêcher tout contact avec la terre.

natifs cessent d'être dangereux. Il ne faudrait pas croire toutefois que l'innocuité des courants alternatifs à haute fréquence puisse s'expliquer en disant que les courants ne pénètrent pas à l'intérieur du corps humain, mais s'écoulent au contraire, à sa surface. La profondeur à laquelle pénètre un courant alternatif dans un conducteur est, il est vrai, proportionnelle à la racine carrée de la période, mais elle est aussi proportionnelle à la résistivité du conducteur. Or, quand il s'agit du corps humain, ce dernier coefficient semble très élevé (1).

D'autre part, les expériences de M. d'Arsonval ont montré l'action physiologique des courants à haute fréquence, en particulier sur les fonctions nutritives, ce qui prouve bien que ces courants ne restent pas simplement localisés à la surface du corps humain.

« La raison, dit M. d'Arsonval, qui fait que de semblables courants n'impressionnent pas les terminaisons nerveuses, tient précisément à leur fréquence. » Chacun de nos organes étant, pour ainsi dire, accordé pour une gamme particulière de vibrations, on conçoit que nous ne puissions percevoir directement certaines vibrations, soit parce qu'elles sont trop rapides, soit parce qu'elles sont trop lentes pour tel ou tel organe. C'est là ce qui se produit pour le nerf acoustique et le nerf optique, où le grand nombre de vibrations d'un son très aigu, l'extrême rapidité des vibrations de la lumière ultra-violette, rendent ce son et cette lumière imperceptibles à l'oreille et à l'œil : on sait, en effet, que ce dernier n'est sensible qu'aux ondulations dont la fréquence est comprise entre 497 et 728 billions par seconde.

---

(1) On ne peut, d'ailleurs, assimiler le corps humain à un conducteur métallique homogène. Dans ce dernier cas, la profondeur p à laquelle l'intensité est réduite à $\frac{1}{n}$ de sa valeur est donnée par la formule :

$$p = \frac{1}{2\pi} \sqrt{\frac{T}{\mu c}} \log. n,$$

où T est la durée de la période, μ la perméabilité magnétique, et c la conductibilité spécifique.

IV. — LES OSCILLATIONS HERTZIENNES.

Nous avons vu précédemment que M. Tesla produit des courants alternatifs à haute fréquence, grâce à l'emploi d'un condensateur. Ce sont aussi les décharges oscillantes de ce dernier appareil qui sont utilisées dans les expériences de *Hertz* : nous nous proposons donc d'étudier ci-après, avec quelques détails, le phénomène de la décharge d'un condensateur.

Décharge oscillante d'un condensateur.
Formule de Thomson. — Expériences de Feddersen.

1° Calcul de la loi de décharge d'un condensateur.

On sait calculer la loi de la décharge d'un condensateur, dans un conducteur de résistance R, ayant un coefficient de self-induction L.

Soit q la charge du condensateur à l'instant t ; C représentant la capacité du condensateur, la différence de potentiels entre les armatures sera $\frac{q}{C}$ au même instant. Cette différence de potentiels mesure la force électromotrice donnant naissance à un courant d'intensité i dans le conducteur, dont la capacité est supposée négligeable vis-à-vis de celle du condensateur.

On a donc l'équation suivante :

$$\frac{q}{C} - L\frac{di}{dt} = Ri \quad \text{ou} \quad \frac{q}{C} = Ri + L\frac{di}{dt}.$$

Mais, pendant le temps dt, il s'écoule à travers le conducteur, une quantité d'électricité mesurée par la variation dq de la charge. Par suite,

$$i = -\frac{dq}{dt} \quad \text{et} \quad \frac{di}{dt} = -\frac{d^2q}{dt^2}.$$

L'équation précédente devient donc :

$$L\frac{d^2q}{dt^2} + R\frac{dq}{dt} + \frac{q}{C} = 0.$$

On pose $q = e^{xt}$ pour résoudre cette équation, qui devient ainsi :

$$e^{xt}\left(Lx^2 + Rx + \frac{1}{C}\right) = 0.$$

Sous cette forme, nous voyons que l'équation est satisfaite, si x est l'une des racines α, β, de l'équation

$$L x^2 + R x + \frac{1}{C} = 0.$$

La solution générale est donc :

$$q = A e^{\alpha t} + B e^{\beta t}.$$

Prenons comme origine du temps, le moment où l'intensité $i = 0$ dans le conducteur, la charge initiale étant Q_0 au même instant. Les deux coefficients A et B se trouvent déterminés dans cette égalité par les relations suivantes, établies en y faisant $t = 0$, puis la dérivant et posant $\frac{dq}{dt} = i = 0$:

$$\begin{vmatrix} Q_0 = A + B \\ 0 = A\alpha + B\beta, \end{vmatrix}$$

qui donnent :

$$A = -\frac{Q_0 B}{\alpha - \beta} \quad \text{et} \quad B = \frac{Q_0 \alpha}{\alpha - \beta}.$$

Les racines α et β peuvent être *réelles* ou *imaginaires*. Elles sont réelles quand la condition $\frac{R^2}{4 L^2} - \frac{1}{LC} > 0$ est satisfaite, imaginaires quand on a l'inégalité contraire.

2° Décharge continue.

Si l'on a $\frac{R^2}{4 L^2} - \frac{1}{LC} > 0$, les racines sont réelles et sont toutes deux négatives, leur produit étant positif et leur somme négative. Il est donc facile de voir que la charge q décroît constamment; $\frac{dq}{dt}$ est toujours négatif et s'annule théoriquement pour $t = \infty$. Quant au courant qui parcourt le conducteur, il est toujours de même sens et positif, mais il passe par un maximum qui a lieu pour $\frac{di}{dt} = 0$, c'est-à-dire, comme il est facile de le vérifier, en dérivant deux fois la valeur de q et substituant les valeurs de A et de B :

d'où :

$$\alpha e^{\alpha t} - \beta e^{\beta t} = 0,$$

$$e^{(\alpha - \beta) t} = \frac{\beta}{\alpha}.$$

Le temps t, au bout duquel le courant de décharge est maximum, est donc, en prenant les logarithmes :

$$t = \frac{1}{\alpha - \beta} \times \log \frac{\beta}{\alpha}.$$

Il serait facile d'en déduire la valeur correspondante du courant.

Ainsi, lorsque les racines α et β sont réelles, c'est-à-dire lorsque $\frac{R^2}{4L^2} - \frac{1}{LC} > 0$, *la décharge du condensateur est continue.* L'intensité du courant de décharge est représentée dans la figure ci-dessous, par la courbe en traits et points.

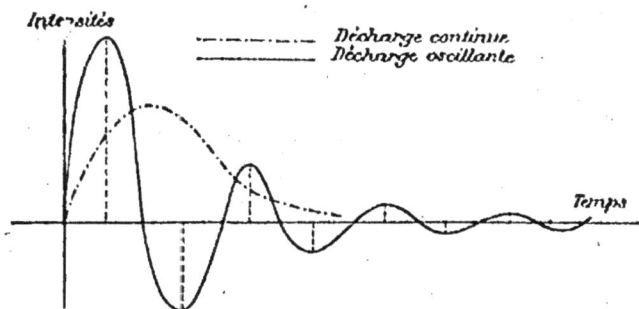

Modes de décharge différents d'un condensateur.

3° Décharge oscillante.

Si l'on a $\frac{R^2}{4L^2} - \frac{1}{LC} < 0$, les racines α et β sont imaginaires.

Nous pouvons poser :

$$\frac{R}{2L} = a \quad \text{et} \quad \sqrt{\frac{1}{LC} - \frac{R^2}{4L^2}} = \frac{1}{\tau}.$$

Il vient alors (1) :

$$\alpha = -a + \frac{i}{\tau} \quad \text{et} \quad \beta = -a - \frac{i}{\tau}, \quad \text{où} \quad i = \sqrt{-1}.$$

Par suite :

$$q = e^{-at}\left(A e^{i\frac{t}{\tau}} + B e^{-i\frac{t}{\tau}}\right).$$

En appliquant la formule d'Euler et en remplaçant A et B par leurs valeurs, on obtient finalement :

$$q = Q_0 e^{-at}\left(\cos\frac{t}{\tau} + a\tau \sin\frac{t}{\tau}\right)$$

et

$$i = \frac{dq}{dt} = Q_0 e^{-at}\left(a^2\tau + \frac{1}{\tau}\right)\sin\frac{t}{\tau}.$$

---

(1) Nous employons ici la notation habituelle i, pour désigner $\sqrt{-1}$; plus loin, i représente aussi l'intensité du courant de décharge ; mais avec un peu d'attention, il ne peut se produire aucune confusion dans les formules.

Le courant de décharge est donc alternatif ; on dit que *la décharge du condensateur est oscillante.*

La durée T, d'une période complète, est :

$$T = 2 \pi \tau = \dfrac{2 \pi}{\sqrt{\dfrac{1}{LC} - \dfrac{R^2}{4 L^2}}} \; .$$

Pour $t = 0$, $t = \pi \tau$, $t = 2 \pi \tau$, $t = 3 \pi \tau$, l'intensité du courant est nulle.

Pour $t = \dfrac{\pi \tau}{2}$, $t = \dfrac{3 \pi \tau}{2}$, la valeur absolue de l'intensité est maxima, mais les maxima successifs vont en décroissant et l'on dit que *la décharge est amortie.* Le coefficient d'amortissement est $a = \dfrac{R}{2L}$ (1).

La courbe en traits pleins de la figure précédente représente l'intensité du courant dans le cas de la décharge oscillante (2).

Si l'on considère l'inégalité $\dfrac{R^2}{4 L^2} - \dfrac{1}{LC} < 0$, on voit qu'il y a deux moyens commodes pour la réaliser avec un même condensateur : on peut diminuer la résistance R ou augmenter la self-induction L du conducteur. Habituellement, on prend une résistance suffisamment faible pour qu'on puisse négliger le terme $\dfrac{R^2}{4 L^2}$ vis-à-vis de $\dfrac{1}{LC}$. Dans ce cas, la durée T de la période d'oscillation est :

$$T = 2 \pi \sqrt{LC}.$$

C'est la *formule de Thomson.*

4° Expériences de Feddersen.

Cette formule a été vérifiée expérimentalement par *Feddersen*. Ce physicien observait, à l'aide d'un miroir tournant, l'étincelle provenant de la décharge d'une bouteille de Leyde. Il projetait l'image de cette étincelle sur une plaque sensible et parvenait ainsi à en photographier les diverses phases.

En employant d'abord de grandes résistances, Feddersen obtint des décharges continues ; en diminuant de plus en plus la résistance du circuit, il put obtenir une décharge oscillante et étudier la variation de la période avec la capacité du

---

(1) Le coefficient d'amortissement $a = \dfrac{R}{2L}$ est une constante caractéristique du circuit de décharge ; c'est la moitié de l'inverse de la grandeur $\dfrac{L}{R}$ à laquelle nous avons donné le nom de *constante de temps* du circuit.

(2) Le phénomène peut, d'après M. Joubert, être comparé au mouvement d'un liquide dans des vases communiquants ; suivant la viscosité du liquide, le niveau reprend sa position d'équilibre, ou bien d'une manière lente et sans la dépasser, ou à la suite d'une série d'oscillations, qui ne prennent fin que lorsque toute l'énergie a été absorbée par le frottement.

condensateur et la self-induction du circuit. Il vérifia ainsi, d'une manière satisfaisante, la proportionnalité à $\sqrt{C}$; mais il n'en fut pas tout à fait de même pour $\sqrt{L}$, car, dans les expériences de Feddersen, le conducteur, parfois très long, formait avec les objets environnants un véritable condensateur, dont la capacité n'était plus négligeable vis-à-vis de celle du condensateur principal. On ne se trouvait donc pas rigoureusement dans les conditions théoriques admises précédemment.

Expériences de Hertz. — Production des oscillations à courte période.

En exposant plus haut les idées de Maxwell, nous avons vu que les *courants de déplacement*, à cause de la *résistance élastique* qu'ils ont à surmonter, ne peuvent être mis en évidence que sous l'action d'alternances très rapides. La confirmation expérimentale de la théorie de Maxwell se trouve donc liée à la production de vibrations à période extrêmement courte. A ce point de vue, les oscillations de Feddersen sont insuffisantes, car leur période n'est que de l'ordre du $\dfrac{1}{10000}$ de seconde. Hertz, au contraire, a réussi à produire des oscillations dont la fréquence est de 5×10^7 par seconde ; il est de même parvenu, dans certaines expériences, à réaliser des vibrations dix fois plus rapides, c'est-à-dire de l'ordre de 10^8 par seconde.

Excitateur de Hertz.

Son appareil, appelé *excitateur*, se compose de deux conducteurs, ordinairement deux sphères, dont la capacité est relativement grande : ces deux conducteurs sont mis en communication avec les deux pôles d'une bobine de Ruhmkorff, laquelle établit ainsi une différence de potentiels entre les deux moitiés de l'excitateur. Au lieu de réunir les deux conducteurs extrêmes par un long fil continu, comme dans les expériences de Feddersen, Hertz interrompt le conducteur intermédiaire dont la longueur est relativement faible, en laissant en son milieu un petit intervalle qui joue le rôle de *micromètre à étincelles ;* lorsque la différence de potentiels est suffisante entre les bornes du micromètre, une étincelle éclate et fraye le chemin à la décharge oscillante, qui commence immédiatement entre les deux parties de l'excitateur. Quand cette première décharge s'est effectuée, le fonctionnement de la bobine ramène sur les sphères les charges électriques primitives et, au travers de l'étincelle qui en résulte, recommence comme précédemment une nouvelle décharge oscillante. Finalement, pendant toute la durée du fonctionnement de la bobine de Ruhmkorff, on obtient ainsi une série d'oscillations, séparées par des intervalles plus ou moins rapprochés, suivant la période d'interruption du courant primaire de la bobine.

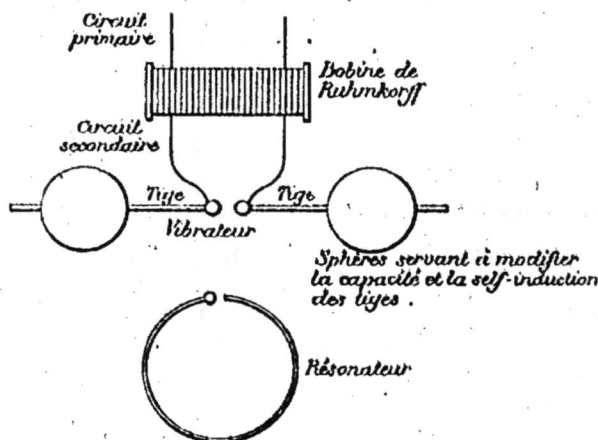

Excitateur et Résonateur de Hertz.

On peut se représenter le rôle de l'étincelle du micromètre par la comparaison suivante (1). Pour faire osciller un pendule ordinaire, il faut l'écarter de la verticale, avec la main par exemple, puis *l'abandonner brusquement* en un certain point de sa course ascendante. Si on le laissait redescendre, en l'accompagnant pendant quelque temps, ce pendule arriverait sans vitesse à sa position d'équilibre et ne la dépasserait pas. Pour déterminer l'oscillation, il faut donc que la *durée de déclenchement* soit très courte par rapport à celle d'une oscillation.

Un phénomène analogue se passe dans le fonctionnement

(1) *La théorie de Maxwell et les oscillations hertziennes,* par M. H. Poincaré.

d'un excitateur, que l'on peut assimiler à une sorte de *pendule électrique.* Ici, la bobine d'induction, en communiquant les charges initiales aux deux moitiés de l'excitateur, joue le rôle de la main qui écarte le pendule de sa position d'équilibre ; l'écart se trouve maintenu, en outre, par la résistance du micromètre, laquelle disparaît seulement au moment où la différence de potentiels est suffisante pour faire éclater l'étincelle. Or, comme l'a montré l'expérience, le temps nécessaire à l'établissement de l'étincelle est extrêmement court, par rapport à la période des oscillations qui peuvent se produire ; il en résulte que le *déclenchement électrique* ainsi obtenu permet au pendule électrique de revenir vers sa position d'équilibre en exécutant une série d'oscillations extrêmement rapides.

Il a été reconnu, dans diverses expériences, que les meilleures conditions d'établissement de l'étincelle excitatrice étaient réalisées quand, à distance convenable, celle-ci éclatait *entre deux boules* et non entre deux pointes ou entre une boule et une pointe. Les surfaces des boules doivent être bien polies, et comme, dans l'air, ces surfaces s'oxydent rapidement, *MM. Sarazin et de la Rive* ont proposé de faire éclater l'étincelle *dans l'huile.* De plus, en remplaçant l'air par cet isolant, on parvient à maintenir une plus grande différence de potentiels entre les deux parties de l'excitateur, avant la production de l'étincelle. Le pendule électrique pouvant être écarté davantage de sa position d'équilibre, l'amplitude des oscillations est augmentée et le phénomène beaucoup plus sensible.

Excitateur de Righi.

C'est dans cet ordre d'idées que *M. Righi* a construit son excitateur, qui est susceptible de donner un nombre d'oscillations de 12.10^9 par seconde. L'appareil se compose essentiellement de deux sphères en cuivre, plongées en partie dans l'huile où éclate l'étincelle. Pour le charger, on se sert d'une machine électrostatique, dont les deux pôles sont reliés à deux petites sphères C et D, placées à une distance relativement faible des sphères principales A et B. Au moment du fonctionnement de l'excitateur, trois étincelles éclatent entre les sphères ; mais *l'étincelle centrale est la seule importante, au point de vue des oscillations ;* les autres servent uniquement à maintenir, entre les sphères A et B, la différence de potentiels convenable.

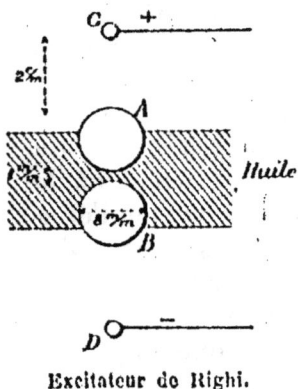

Excitateur de Righi.

Les conditions d'expérience les plus favorables pour le fonctionnement de l'excitateur de Righi étaient obtenues avec des sphères A et B de 8^{mm} de diamètre : l'étincelle centrale avait 1^{mm} de longueur et les étincelles latérales environ 2 centimètres.

Excitateur de Bose.

M. Bose est parvenu à réaliser des oscillations encore plus rapides. Son excitateur rappelle une forme déjà employée auparavant par *M. Lodge.* Deux sphères métalliques sont reliées aux bornes d'une bobine d'induction. Une troisième sphère isolée est placée entre les deux premières. Les deux étincelles éclatent dans l'air ; mais, pour éviter l'altération des surfaces, laquelle nuirait au phénomène d'oscillation, M. Bose remplace les sphères en cuivre par de petites sphères *en platine.* De plus, la bobine d'induction fonctionne au moyen d'un *interrupteur à main.* Le circuit primaire est ainsi fermé, seulement pendant le temps strictement nécessaire : on évite de la sorte la production continue de nombreuses étincelles, qui usent rapidement les électrodes de l'excitateur.

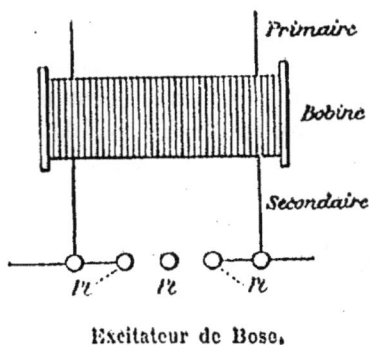

Excitateur de Bose.

L'amplitude des oscillations que donne cet excitateur est très faible ; mais ce fait ne présente aucun inconvénient, l'appareil susceptible de les déceler étant extrêmement sensible. Quant à la fréquence, elle peut atteindre 5.10^{10} vibrations par seconde.

Moyens d'observation des oscillations électriques.

1° Résonateurs.

Pour mettre en évidence les effets produits par ces vibrations extrêmement rapides, dans le milieu environnant, on se sert d'appareils appelés *résonateurs*.

On peut utiliser comme résonateur un excitateur quelconque dans lequel on a supprimé la bobine d'induction, puisque le pendule électrique que l'on veut ainsi mettre en mouvement doit être écarté de sa position d'équilibre par l'action même du champ excitateur. Hertz a employé, dans ses expériences, un circuit composé d'une spire de fil métallique présentant une interruption ; l'anneau coupé ainsi obtenu se terminait à ses extrémités par deux petites sphères, entre lesquelles pouvait jaillir une étincelle.

Cette étincelle a un tout autre rôle que dans le cas de l'excitateur. Dans ce dernier appareil, elle produit le déclenchement du pendule électrique. Ici, au contraire, le pendule est mis en mouvement par le champ excitateur ; mais les oscillations qui en résultent dans le résonateur ne peuvent être perçues que par l'étincelle électrique, qui éclate lorsque la différence de potentiels est suffisante entre les deux petites sphères qui terminent l'anneau.

Au lieu d'employer ce type de résonateur, connu sous le nom de *résonateur fermé*, Hertz a aussi utilisé le *résonateur ouvert*, constitué par un simple conducteur rectiligne interrompu en son milieu : les extrémités en regard des deux moitiés de l'appareil sont terminées par des pointes.

Ces deux types de résonateurs ne seraient pas suffisamment sensibles pour déceler les effets de vibrations extrêmement rapides, mais aussi de faible amplitude, telles que celles qui sont fournies par l'excitateur de Righi. C'est pourquoi ce physicien a adopté une forme d'appareil entièrement différente : il constitue essentiellement son résonateur par une mince couche d'argent déposée par électrolyse sur une plaque de verre. Cette couche métallique de forme rectangulaire est découpée transversalement par un trait de diamant. L'étincelle éclate dans le petit intervalle de quelques millièmes de millimètre ainsi ménagé et il est nécessaire de l'observer à l'aide d'un microscope. On conçoit immédiatement que cette étincelle puisse jaillir pour des différences de potentiels relativement faibles et, par conséquent, sous l'effet d'oscillations d'amplitude très réduite. D'autre part, l'expérience a montré que, pour une même différence de potentiels entre les électrodes d'un résonateur, l'étincelle se produisait plus facilement *à la surface d'un corps isolant*, tel que le verre, qu'à l'air libre. Ce résultat expérimental justifie donc bien la disposition employée par M. Righi.

2° Radioconducteurs.

Les vibrations à courte période ou *oscillations hertziennes* sont susceptibles de produire d'autres effets que ceux d'induction, que nous venons d'étudier sur les résonateurs ouverts ou fermés. Si l'on expose à leur action certaines *limailles métalliques*, celles-ci acquièrent de nouvelles propriétés. On conçoit donc que l'on puisse fonder sur ce fait expérimental, découvert en 1890 par *M. Branly*, un nouveau moyen d'observation des oscillations électriques.

Imaginons un tube de verre à section très étroite, rempli de limaille de fer, placé entre deux électrodes métalliques en platine (1). Cette limaille présente une résistance considérable au passage du courant électrique, fourni par une pile, par exemple. Mais si l'on soumet l'appareil à l'action des oscillations hertziennes, la résistance de la masse de limaille tombe brusquement de plusieurs mégohms à quelques ohms. Le courant fourni par la pile, d'une intensité presque nulle en temps ordinaire, se trouvera donc considérablement renforcé et pourra être utilisé à produire une action quelconque : déviation d'un galvanomètre, fonctionnement d'un électro-aimant, rendant ainsi très nettement perceptible la modification éprouvée par la limaille sous l'influence des oscillations.

(1) La nature du métal paraît être d'une certaine importance. Les métaux légèrement oxydables possèdent une grande résistance à l'état naturel et n'ont plus qu'une résistance presque nulle sous l'action des ondes hertziennes. On peut employer de préférence le fer, le cuivre, le nickel, le chrome, l'aluminium.

D'autre part, il est possible de ramener la conductibilité de la limaille à sa valeur primitive ; il suffit, pour cela, de donner un choc brusque sur la surface du tube de verre : ce choc peut d'ailleurs être produit automatiquement sur le tube, par un marteau de sonnerie trembleuse, actionné par une partie du courant même de la pile servant au fonctionnement de l'appareil. A chaque série d'oscillations de l'excitateur correspondra donc une succession de courants dans un appareil enregistreur quelconque. Tel est le principe, d'une application très importante, que nous étudierons plus loin sous le nom de *télégraphie sans fil.*

La théorie du fonctionnement des tubes à limaille ne paraît pas encore complètement élucidée. D'après M. Branly, il se produirait, sous l'action des vibrations électriques, une certaine *modification de l'éther* environnant les particules de limaille ; c'est ce fait que rappellerait le nom de *radioconducteur*, donné par M. Branly au tube à limaille. M. Lodge, au contraire, explique le changement de conductibilité sous l'action des oscillations hertziennes, par la formation de *contacts* entre les grains de limaille ; une secousse ou un choc auraient pour effet de supprimer ces contacts conducteurs et de rendre à la masse sa résistance primitive. Pour cette raison, M. Lodge a proposé le nom de *cohéreur* pour désigner l'appareil.

Il semble donc jusqu'ici, d'après *M. Poincaré*, qu'on doive se contenter de dire que *les oscillations hertziennes agissent comme si elles rendaient plus intime le contact des diverses particules de limaille.* Cependant, quelques expériences récentes, faites par *M. Arons* d'une part, par *M. Thomas Tommasina* d'autre part, mettent en évidence certains changements matériels dans la constitution de la masse de limaille exposée aux radiations hertziennes. On est parvenu à déterminer la formation de véritables petits ponts de limaille, entre les électrodes du cohéreur, et à rendre sensible le phénomène de petites décharges disruptives qui s'opèrent entre les particules métalliques. Le résultat de ces expériences est donc en faveur de l'hypothèse de M. Lodge.

Récepteur de M. Bose.

Les limailles métalliques ne sont pas seules sensibles aux radiations hertziennes ; on observe un phénomène analogue en employant des petits morceaux de métal amenés au contact. Aussi, pour déceler les oscillations à faible amplitude produites par son excitateur, M. Bose a-t-il construit, sur le même principe que le radioconducteur de M. Branly, un appareil des plus sensibles.

Il se compose d'un grand nombre d'hélices en fil d'acier, disposées sur une seule couche et à la suite les unes des autres, dans une rainure étroite creusée dans un bloc d'ébonite. Les spirales se touchent respectivement en un point et tous les contacts sont situés sur une même ligne ; les spirales sont comprises entre deux pièces de bronze formant les électrodes de l'appareil : l'une de ces pièces est fixe, l'autre est mobile et permet de faire varier le serrage, par suite la pression qui s'exerce aux divers points de contact. La résistance offerte par les contacts est susceptible de diminuer considérablement sous l'influence de l'excitateur, et le résultat obtenu est identique à celui que donne le *tube à limaille* métallique.

V. — UTILISATION DES ONDES HERTZIENNES. TÉLÉGRAPHIE SANS FIL.

Les premiers essais de télégraphie sans fil.

La question de la transmission des signaux à travers l'espace, sans l'interposition de fils conducteurs, est très séduisante à tout point de vue, plus spécialement encore au point de vue militaire : elle serait résolue d'une façon complète par la *télégraphie optique*, si la communication ne dépendait pas, d'une manière absolue, de l'état de l'atmosphère. *Marconi* en Italie, *Preece* en Angleterre, ont prouvé que cette transmission est possible au moyen des phénomènes purement électriques et électromagnétiques.

Les premières recherches datent de 1870 : durant le siège de Paris, Bourbouze cherchait à établir, en utilisant la Seine comme conducteur, des communications entre la capitale assiégée et la province. Les effets furent plus satisfaisants avec l'eau de mer : des signaux purent être échangés entre un navire et la côte, de larges électrodes servant d'entrée et de sortie au courant.

Mais, dans ces premières expériences, on cherchait toujours à utiliser un conducteur quelconque, d'une manière plus ou moins détournée. Lorsque les idées modernes sur l'électricité commencèrent à se faire jour, lorsqu'on s'habitua à ne plus considérer le conducteur comme le siège des phénomènes électriques, mais bien le diélectrique environnant, on en vint à une deuxième série d'essais, lesquels ont donné déjà d'excellents résultats.

On sait que l'énergie électrique peut se manifester sous deux états que nous avons considérés précédemment ; lorsqu'elle se trouve emmagasinée à l'état *potentiel* dans les molécules diélectriques telles que l'air, le verre ou la gutta-percha, les molécules sont tendues et se trouvent à l'extérieur des corps conducteurs qui sont leur raison d'être ; elles possèdent une *charge* et établissent dans le voisinage un *champ électrique*. Lorsque cette énergie est *actuelle* ou à l'*état cinétique* dans un circuit, on exprime ce fait en disant qu'il se produit un *courant*. On la trouve en réalité sous ces deux états (cinétique et potentiel) lorsqu'un courant est maintenu dans un conducteur ; le milieu environnant est alors dans un état de tension qui forme le *champ magnétique*. Dans le premier cas, les charges peuvent varier et exciter des *ondes électriques* le long des lignes de force électrique ; dans le second cas, le courant peut augmenter et changer régulièrement de direction en formant des *ondes électromagnétiques*. Les ondes électriques (ou hertziennes) ont été utilisées par *Marconi* ; *Preece* a utilisé les ondes électromagnétiques.

Principe de la transmission des ondes électromagnétiques (Système Preece).

En 1884, les télégrammes envoyés à travers les fils isolés, placés dans des tubes de fer enterrés dans les rues de Londres, ont pu être lus sur des circuits téléphoniques posés sur des poteaux fixés aux toits des maisons, à 24 mètres de distance. En 1885, on a reconnu que des circuits télégraphiques ordinaires produisaient des troubles à 600 mètres de distance ; enfin, que des conversations téléphoniques distinctes avaient pu être transmises *à travers un quartier*, sur des distances de 1600 à 2000 mètres. L'expérience a montré que ces effets étaient dus directement à des ondes électromagnétiques, sans que la conduction par la terre jouât aucun rôle ; autrefois, au contraire, on expliquait volontiers ces phénomènes particuliers par la considération des courants telluriques, dont on ne peut d'ailleurs nier l'existence, puisqu'ils ont pu servir à actionner des téléphones ; mais, dans le cas actuel, le conducteur terrestre ne jouait réellement aucun rôle.

La première utilisation de ces ondes électromagnétiques date de 1892 : on put établir des messages distincts *à travers le canal de Bristol*, sur une distance de 5 kilomètres. Enfin, en 1895, le câble entre *Oban* et l'île de *Mull*, en Écosse, s'étant rompu, comme on ne disposait d'aucun navire pour le réparer, la communication fut rétablie en utilisant, à 8 kilomètres de distance, des fils parallèles sur chaque rive, et en transmettant des signaux à travers l'espace à l'aide d'ondes électromagnétiques. Des courants électriques intenses, alternatifs ou ondulés, sont transmis dans le premier circuit, de manière à former des signaux, des lettres et des mots en caractères Morse. Ces variations de courant se transmettent sous la forme d'ondes électromagnétiques à travers le milieu ; si le circuit secondaire est placé de façon à être balayé par ces ondes, l'énergie de celles-ci se transforme en courant secondaire dans le second circuit. Les courants secondaires ainsi obtenus, réglés au moyen de l'interrupteur du primaire, à 260 alternances par seconde, ce qui donne une note agréable à l'oreille et facile à lire au son, peuvent agir sur un téléphone et reproduire ainsi les signaux, avec une intensité naturellement très réduite à grande distance, mais cependant parfaitement perceptible.

Ce système est excellent, mais il exige une assez grande longueur de fil sur les deux rives qui doivent communiquer : il est impossible à appliquer sur un bateau, sur un phare, sur une île de petite dimension ; il serait, dans la plupart des cas, inutilisable par les armées en campagne, à cause de cette sujétion du parallélisme sur une assez grande longueur, des deux fils primaire et secondaire.

Transmission par ondes électriques (Système Marconi).

Le système que *M. Marconi* a proposé en 1896 utilise les ondes électriques ou hertziennes que nous avons étudiées précédemment. L'appareil *transmetteur* comprend comme élément essentiel un *excitateur*, capable de produire des oscillations à très courte période ; le *récepteur* utilise un *radioconducteur* (ou *cohéreur*) qui est très sensible aux ondulations hertziennes.

Sans nous arrêter aux premières dispositions, ni aux améliorations successives dues à M. Marconi, nous nous contenterons de résumer ici les expériences de mars-juin 1899 (1).

1° Description de l'excitateur.

M. Marconi emploie actuellement un excitateur type Hertz, formé de deux petites sphères de cuivre de 3 centimètres de

(1) Pour le détail de ces expériences, nous renvoyons aux articles de M. le capitaine du génie Ferrié, publiés dans la *Revue du génie*, 1899.

diamètre environ (1), lesquelles sont placées aux extrémités de deux tiges en cuivre terminées, d'autre part, au moyen de poignées isolantes. L'appareil est monté sur la bobine même qui sert à charger l'oscillateur, et un dispositif très simple permet de faire varier la distance entre les deux sphères, distance de 2 à 3 centimètres environ.

2° Description du cohéreur.

Le cohéreur est formé d'un tube de 6 centimètres de longueur et de 4 millimètres de diamètre intérieur, qui renferme une faible quantité de limaille, formée d'un alliage de *nickel* et d'*argent* avec des traces de *mercure*. Cette limaille est maintenue entre deux électrodes d'argent ayant exactement comme

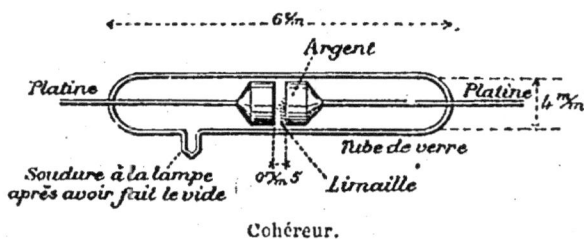

Cohéreur.

diamètre le calibre intérieur du tube. Les extrémités en regard de ces deux électrodes sont distantes de $0^{mm},5$ seulement et les autres extrémités se prolongent par des fils de platine soudés aux parois du tube isolant. Comme l'exposition prolongée de la limaille à l'air serait mauvaise au point de vue de la sensibilité du cohéreur, on a soin de faire le vide à 1 millimètre de pression à l'intérieur de l'appareil.

3° Montage des organes. — Fonctionnement.

I. — TRANSMETTEUR.

Le transmetteur se compose de la bobine d'induction soi-

---

(1) Il est à remarquer que M. Marconi utilise l'air comme isolant, comme le fait M. Bose dans son excitateur à sphère de platine. L'excitateur de Righi aurait donné, parait-il, au cours des premières expériences de télégraphie sans fil, de mauvais résultats par suite de la décomposition de l'huile de vaseline, au sein de laquelle éclate l'étincelle électrique dans ce dernier appareil.

gneusement isolée, dont le circuit primaire renferme la source d'énergie électrique constituée par une pile ou une batterie d'accumulateurs ; ce circuit est ouvert ou fermé au moyen d'un manipulateur Morse.

Chacune des extrémités du secondaire de la bobine est reliée à l'une des moitiés de l'excitateur décrit plus haut. Mais, en même temps, ces extrémités sont en communication, l'une avec la Terre, et l'autre avec un conducteur vertical de grande hauteur que l'on nomme l'*antenne*.

II. — ANTENNE.

Nous connaissons déjà le fonctionnement de l'excitateur sous l'influence des charges successives, que lui communiquent les courants secondaires de la bobine ; mais il est nécessaire de dire quelques mots du rôle particulier de l'antenne.

On sait que l'amplitude des oscillations et, par conséquent, l'énergie mise en jeu dans le phénomène vibratoire, diminue au fur et à mesure que la distance augmente. On doit donc éprouver une première difficulté à concentrer dans une direction donnée une énergie réellement sensible ; d'autre part, avec les longueurs d'onde, encore relativement grandes, des vibrations électriques, les phénomènes de diffraction prennent une certaine importance, quand on emploie les miroirs de dimensions ordinaires utilisés en optique (1). Pour ces deux raisons, il est nécessaire d'avoir recours à un procédé tout différent, pour *diriger* la propagation des ondes émises par l'excitateur.

Bien que le rôle de l'antenne ne soit pas complètement élucidé, il semble que ce conducteur vertical a pour objet de concentrer le long de sa surface les radiations émises par l'excitateur, de diriger vers sa pointe la presque totalité de l'énergie mise en jeu. Au delà de cette pointe, l'énergie s'échapperait, en restant, pour ainsi dire, *polarisée* parallèle-

---

(1) Nous étudierons plus loin la propagation de l'électricité et les expériences comparatives des phénomènes électriques et des phénomènes lumineux. La longueur d'onde d'une radiation électrique étant, par exemple, de 6^{mm}, un miroir, pour jouer vis-à-vis de cette radiation le même rôle qu'un miroir de 1 millimètre carré par rapport aux radiations lumineuses, devrait avoir un myriamètre carré !

ment à un plan normal à l'axe de symétrie de la perturbation initiale.

Une expérience de M. *Zeeman* a mis en évidence un phénomène optique analogue, et l'on a constaté, d'autre part, dans des mesures directes, que la portée des signaux télégraphiques était plus considérable dans un plan normal à l'antenne que suivant toute autre direction. Il semble, de ce fait, qu'on puisse employer une antenne horizontale et normale à la direction de propagation; cependant, cette dernière disposition ne paraît pas avoir donné de bons résultats dans les expériences de M. Marconi, qui considère comme indispensable la verticalité de l'antenne.

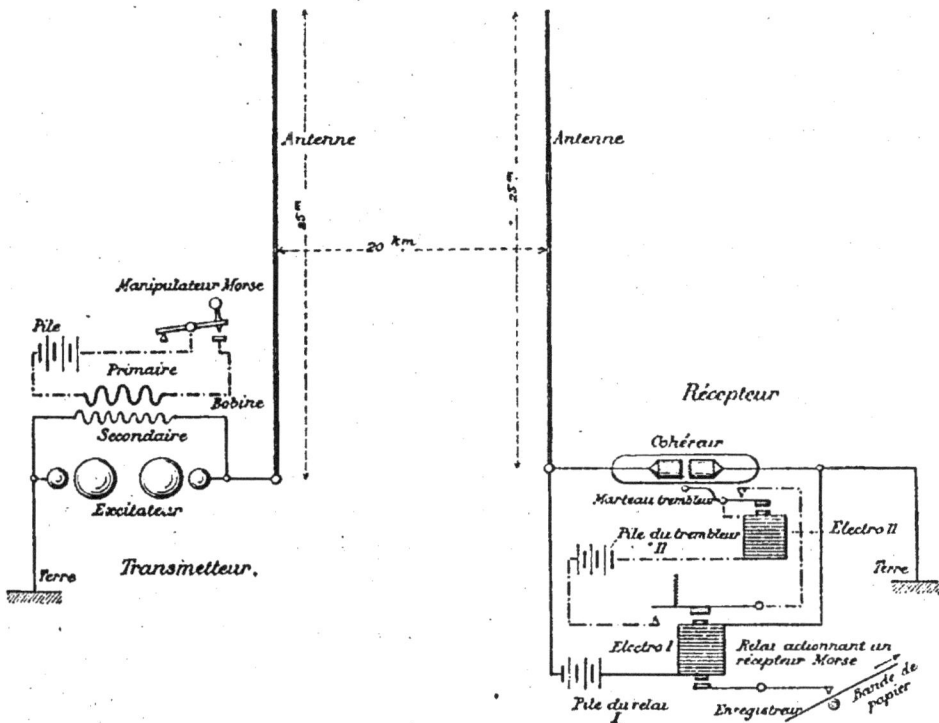

Schéma du montage de deux postes pour télégraphie sans fil (système Marconi).

III. — RÉCEPTEUR.

Le récepteur est formé du cohéreur déjà décrit. L'une des extrémités de cet appareil est mise en communication avec

un conducteur vertical ou *antenne*, analogue à celui du transmetteur. L'autre électrode du cohéreur est reliée à la Terre.
D'autre part, le cohéreur fait partie d'un circuit comprenant
une pile et un relais. En fonctionnant, ce relais ferme deux
circuits, l'un correspondant au marteau trembleur, qui doit
agir sur le tube à limaille, l'autre à un appareil enregistreur
Morse. Le récepteur de chaque poste est enfermé dans une
boîte en fer, qui joue, pour les ondes émises par le transmetteur du même poste, le rôle d'*écran électrique*.

IV. — FONCTIONNEMENT.

Il est facile de se rendre compte du fonctionnement du poste
récepteur. Les ondes émanant de l'antenne du poste transmetteur, en rencontrant l'antenne réceptrice, créent une perturbation à l'extrémité de celle-ci ; cette perturbation donne
lieu le long de cette antenne réceptrice à des oscillations électriques qui actionnent le cohéreur. Le circuit contenant le
relais est alors fermé et ferme lui-même les circuits locaux du
récepteur Morse et du trembleur. Mais le fonctionnement de
ce dernier ramène aussitôt le cohéreur à son état primitif et la
palette du Morse revient au repos.

Pour de nouvelles ondulations transmises, les phénomènes
précédents se reproduisent : de sorte que, si le poste transmetteur envoie une longue série d'ondes, on obtient l'inscription d'une longue série de points. S'il s'agit, au contraire,
d'une courte série d'ondes, on reçoit un nombre plus restreint
de points. Pratiquement, une disposition très simple permet
de transformer ces séries de points en traits d'inégale longueur ; par suite, la transmission et la réception se font comme
dans la télégraphie ordinaire.

V. — RÉSULTATS OBTENUS.

Des expériences faites sous la direction de M. Marconi ont
eu lieu entre les stations de *South-Foreland*, près Douvres, et
Wimereux, près Boulogne, à une distance de *46 kilomètres*.
Malgré l'état de l'atmosphère, très variable au cours de ces
expériences, la communication a toujours donné de bons
résultats, avec des antennes d'environ 37 mètres de hauteur,

soutenues par des mâts et soigneusement isolées. La présence d'obstacles matériels relativement peu élevés, tels qu'un massif montagneux de 100 mètres de hauteur, ne paraît pas gêner les communications, lorsque celles-ci s'établissent à une distance moyenne, 20 kilomètres pour fixer les idées.

Ces expériences ont montré tous les avantages de la télégraphie sans fil. Celle-ci pourra permettre en particulier aux navires de communiquer entre eux et avec la côte, et cela par tous les temps ; on conçoit immédiatement l'importance capitale d'un tel procédé et sa supériorité incontestable sur les procédés actuels de transmission, tels que les sémaphores, les signaux sonores, etc.

Au point de vue des applications à la guerre, la télégraphie sans fil semble présenter, au premier abord, tous les avantages combinés de la télégraphie électrique usuelle et de la télégraphie optique, bien que la communication soit plus lente que par la télégraphie électrique ordinaire. Elle laisse une trace des dépêches transmises et supprime l'établissement, parfois long et difficile, d'une ligne télégraphique. Enfin, on peut envoyer, à l'aide d'un seul poste transmetteur, des dépêches dans toutes les directions. Mais ce dernier avantage ne serait pas toujours en faveur des opérations militaires de chaque parti, qui a tout intérêt à conserver pour lui seul le secret de ses correspondances. Pour remédier à ce réel inconvénient, il faudrait pouvoir réaliser facilement la *syntonisation* (1) du poste transmetteur avec le poste qui a qualité pour recevoir la dépêche transmise. Malheureusement, bien que M. Marconi ait utilisé, dans ce but, une disposition qui lui a donné quelques bons résultats, le problème à résoudre est loin d'avoir reçu, jusqu'à ce jour, une solution entièrement satisfaisante.

Quoi qu'il en soit, la télégraphie sans fil est susceptible de recevoir déjà, dans son état actuel, d'importantes applications. En outre, son principe peut conduire à modifier, dans certains cas, le fonctionnement de la télégraphie électrique par fils. D'après *M. Broca* (2), on pourrait utiliser la propriété

_____

(1) On verra plus loin en quoi consiste le phénomène de la *résonance*.
(2) *La télégraphie sans fil*, par M. Broca. Paris, Gauthier-Villars, 1899.

que possèdent les fils métalliques, de concentrer le long de leur surface les ondes électriques et de les propager presque sans affaiblissement, pour supprimer les relais sur les lignes très longues : on pourrait employer, au lieu de courants ordinaires, des ondulations électriques qui, en se propageant le long du fil avec la vitesse de la lumière, iraient impressionner un cohéreur ou même un simple résonateur accordé avec l'excitateur du poste de transmission.

Expériences récentes.

Depuis les expériences de M. Marconi, d'autres communications par télégraphie sans fil ont été réalisées, notamment en Italie et en Angleterre. Des signaux ont été transmis à la distance de 100 kilomètres, par *M. Pasqualini*, en Italie, et tout récemment, en Angleterre, on a pu communiquer à la distance de 140 kilomètres environ.

D'après *M. Guarini Foresio*, cette distance ne tarderait pas à être très sensiblement augmentée, grâce à l'appareil *répétiteur* dont il préconise l'emploi. Ce répétiteur agirait d'abord comme récepteur des faibles ondulations qui lui parviennent ; il fonctionnerait ensuite comme transmetteur en émettant des radiations de même durée et d'intensité plus grande que les premières. L'appareil complet ne serait donc autre chose qu'un *relais* pour la télégraphie sans fil. Dans ces conditions, on conçoit qu'il n'y aurait, théoriquement, aucune limite à la distance de communication, puisqu'il suffirait d'installer un nombre convenable de répétiteurs entre les deux stations extrêmes à desservir.

M. Guarini est allé plus loin encore dans la voie des perfectionnements. Il prétend avoir réalisé un dispositif qui permet de transmettre à grande distance et sans fil l'énergie électrique. Les radiations seraient transmises de la station de départ à la station d'arrivée, sous forme d'un faisceau de section constante.

Bien que toutes ces propositions n'aient pas encore reçu la sanction d'expériences entièrement concluantes, nous avons tenu à les signaler pour montrer que, pour les oscillations hertziennes, le champ reste ouvert aux applications les plus extraordinaires.

VI. — GÉNÉRALITÉS SUR LA PROPAGATION DE L'ÉLECTRICITÉ.

Mesure de la vitesse de propagation.

Dès 1850, *MM. Fizeau* et *Gounelle* cherchèrent à mesurer la vitesse de propagation d'une perturbation électrique dans un fil et à vérifier ainsi les calculs de Kirchhoff, qui avait démontré, en suivant l'ancienne théorie, que la vitesse de propagation devait être égale à 300000 kilomètres par seconde dans un conducteur parfait, c'est-à-dire ne présentant aucune résistance ohmique. Mais les résultats de ces expériences furent loin de donner le nombre ci-dessus : MM. Fizeau et Gounelle mesurèrent 100000 kilomètres pour la vitesse dans le fer, et 180000 kilomètres pour la vitesse dans le cuivre. Cela tenait au phénomène de la *diffusion du courant*, phénomène en vertu duquel une onde électrique, produite par une perturbation à longue période, *s'étale* au fur et à mesure qu'elle s'éloigne de la source, et cela, grâce à la résistance ohmique, analogue au frottement, qu'elle doit surmonter.

Pour obtenir une vitesse de propagation égale à celle de la lumière, il est donc nécessaire de supprimer la diffusion du courant, ce que l'on réalise précisément en employant les oscillations électriques à période très courte, les oscillations hertziennes. La self-induction joue alors un rôle prépondérant et tout se passe comme si la résistance ohmique du conducteur était absolument négligeable. On doit alors se trouver dans les conditions théoriques du calcul de Kirchhoff : les expériences récentes de *M. Blondlot* ont, en effet, donné comme moyenne une vitesse de 298000 kilomètres par seconde (1).

Mesure des longueurs d'onde.

Mais les perturbations électriques à courte période ne se propagent pas nécessairement par l'intermédiaire d'un fil conducteur, elles se propagent aussi directement dans l'air, comme nous l'ont montré les expériences de Hertz, et nous savons comment sont décelées, à l'aide d'un résonateur, les perturbations produites dans l'espace. Pour mesurer la longueur d'onde du mouvement vibratoire électrique, on peut employer un procédé qui utilise le phénomène bien connu des *ondes stationnaires*.

Faisons tomber normalement sur un miroir métallique plan

---

(1) Pour le détail de toutes ces expériences sur la vitesse de propagation de l'électricité, consulter les traités spéciaux et, en particulier, l'ouvrage de M. Poincaré : *La théorie de Maxwell et les oscillations hertziennes.*

une onde électrique émanant de l'excitateur de Hertz, et pro-
menons un résonateur entre l'excitateur et le miroir. Nous
observons une succession de *nœuds* et de *ventres*, c'est-à-dire
des points où le résonateur est insensible, et d'autres où l'étincelle est maxima dans ce dernier appareil. Ce phénomène

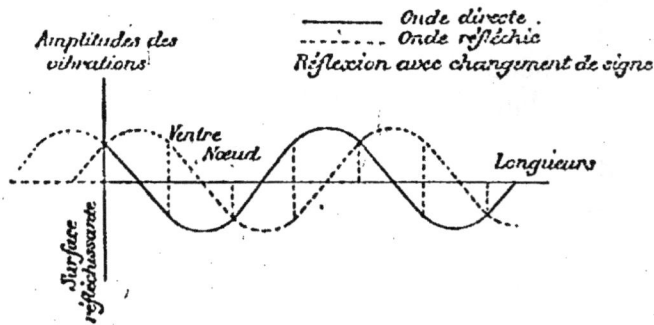

Interférence de l'onde directe avec l'onde réfléchie.

s'explique facilement par l'*interférence* de l'onde directe avec
l'onde réfléchie, interférence qui donne lieu, comme en acoustique, aux *ondes stationnaires*. Pratiquement, il est possible
de mesurer la distance entre deux nœuds ou deux ventres
consécutifs et d'en déduire la longueur d'onde du mouvement
vibratoire qui produit l'onde directe.

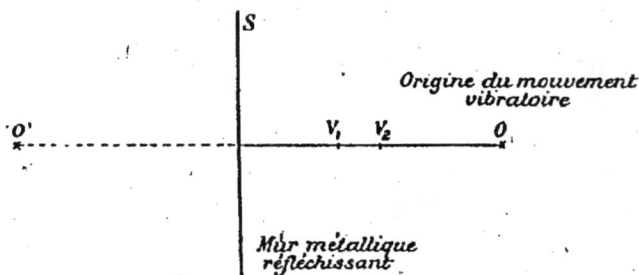

Production des ondes stationnaires.

Rappelons, en effet, que si S représente la surface réfléchissante et O l'origine du mouvement vibratoire, d'où est
issue l'onde directe, l'onde réfléchie paraît provenir du point
O', symétrique de O par rapport à S; si V_1 et V_2 sont deux

ventres consécutifs, si λ est la longueur d'onde du mouvement vibratoire, on doit avoir :

et

$$O'V_1 - OV_1 = n\lambda$$

$$O'V_2 - OV_2 = (n + 1)\lambda,$$

d'où par soustraction

et enfin

$$O'V_2 - O'V_1 + OV_1 - OV_2 = \lambda,$$

$$2V_1V_2 = \lambda.$$

La longueur d'onde λ est donc égale au double de la distance entre deux ventres ou deux nœuds consécutifs, distance mesurée à l'aide du résonateur.

On peut également faire interférer l'onde directe et l'onde réfléchie qui se propagent le long d'un fil conducteur, et en déduire la longueur d'onde du mouvement vibratoire correspondant. Or l'expérience a montré que la longueur d'onde dans l'air était la même que le long d'un fil conducteur : c'est là une *confirmation de la théorie de Maxwell* et la condamnation des anciennes hypothèses, où l'on admettait que la propagation des effets d'induction était instantanée.

Résonance multiple.

La mesure de la longueur d'onde λ a conduit à l'observation d'un phénomène particulier, des plus importants, auquel MM. Sarazin et de la Rive ont donné le nom de *résonance multiple*.

On sait en quoi consiste le phénomène de la résonance acoustique. Si l'on place dans le voisinage d'un diapason en activité un autre diapason ayant même période de vibration que le premier, ce second diapason se met à vibrer : on dit qu'il constitue un résonateur. Mais, dès que les périodes de vibrations sont légèrement différentes, le second diapason devient presque insensible aux excitations du premier.

On peut assimiler le fonctionnement de l'excitateur et du résonateur de Hertz à celui de deux diapasons acoustiques : le résonateur électrique entre en vibration quand on le place dans le champ dû à l'excitateur électrique ; mais, ici, l'égalité des périodes ne joue pas le même rôle, car un résonateur électrique de période donnée est encore très sensiblement influencé par un excitateur ayant une période notablement différente.

Si donc on promène, dans le champ produit par un excitateur, un résonateur quelconque, on constate que la distance de deux nœuds, qui devrait mesurer la demi-longueur d'onde du mouvement vibratoire de l'excitateur, reste constante quand on change l'excitateur, en conservant le même résonateur ; cette distance varie, au contraire, quand on change le résonateur en conservant le même excitateur.

Pour expliquer ce phénomène, MM. Sarazin et de la Rive, en se fondant sur des analogies acoustiques et optiques, ont supposé que la vibration de l'excitateur était complexe et formée d'une infinité de vibrations simples. Le résonateur analyserait cette vibration composée et fonctionnerait uniquement sous l'influence de la vibration simple ayant la période propre de l'appareil. Dans ces conditions, on doit s'attendre à mesurer la longueur d'onde de la vibration propre du résonateur.

Cette explication, satisfaisante au premier abord, ne correspond pas à la réalité des faits ; la véritable explication paraît être la suivante : les vibrations émises par un excitateur s'amortissent très rapidement, beaucoup plus vite que celles qui émanent du résonateur, comme l'ont montré les expériences de *M. Bjerknes*. Dès lors, si le résonateur est ébranlé une première fois, au passage de l'onde directe, on peut supposer que cet appareil est encore en vibration au moment où il est atteint par l'onde réfléchie. Il reçoit ainsi, en quelque sorte, une seconde impulsion, qui se compose avec la première : les effets de ces impulsions s'ajoutent ou se retranchent, suivant le cas, pour donner des ventres et des nœuds.

Si les impulsions dues à l'onde directe et à l'onde réfléchie sont de même sens, et si, entre ces deux impulsions, il s'est produit un nombre entier d'oscillations du résonateur, les effets composants s'ajoutent et donnent lieu à un ventre. Les impulsions étant toujours de même sens, si le temps qui les sépare correspond à un nombre impair de demi-oscillations du résonateur, les effets dus à ces impulsions se retranchent et l'on observe un nœud. Or, pendant le temps qui s'écoule entre deux impulsions successives comprenant une demi-oscillation du résonateur, le mouvement vibratoire se déplace d'une demi-longueur d'onde du résonateur. *Cette demi-longueur d'onde mesure donc la distance de deux nœuds.* Cette seconde explication a été vérifiée par plusieurs expériences, dues à MM. *Strindberg*, en Suède, et *Décombe*, en France.

VII. — SYNTHÈSE DE LA LUMIÈRE.

Généralités sur les perturbations de l'éther.

On commence à entrevoir de nos jours que la *science des ondulations*, autrefois cantonnée dans l'acoustique et l'optique, tend de plus en plus à absorber toute la physique. De nombreuses expériences, exécutées dans les diverses branches des sciences naturelles, ont amené à concevoir l'univers comme rempli par un milieu continu, élastique, homogène, *l'éther*, qui transmet sans perte la *chaleur*, la *lumière*, l'*électricité* et les autres formes de l'énergie, d'un point de l'espace à l'autre : le caractère, le mécanisme de ce milieu nous sont totalement inconnus, mais son existence est réelle. « L'éther, dit sir William Thomson, est la raison d'être du verbe *onduler*. Nous devons nous contenter de savoir qu'il transmet les énergies sous forme d'ondes définies, avec une vitesse connue, qu'il est parfait par nature, mais qu'il reste aussi indéchiffrable que la *pesanteur*, la *vie* ou la *pensée*. »

Tout trouble de l'éther prend son origine dans un trouble de la matière (mouvement, transformation, etc.) : une perturbation ou ondulation se produit alors dans l'éther et se propage en ligne droite à travers l'espace. Toute machine humaine ou mécanique, capable de répondre à ces ondulations, en indique l'existence : ainsi l'œil donne la sensation de *lumière ;* la *peau*, la *pile de Melloni* décèlent la *chaleur ;* le *galvanomètre* montre la présence d'une *perturbation électrique ;* le *magnétomètre* indique les troubles produits dans le champ terrestre.

Expériences sur les ondes électriques.

Nous savons que Maxwell, dans sa théorie électromagnétique de la lumière, conclut non pas seulement à l'*analogie*, mais à l'*identité* des vibrations électromagnétiques et des vibrations lumineuses : la lumière est un phénomène électromagnétique et l'électricité, en se propageant dans l'espace, doit suivre les lois de l'optique.

Un phénomène, encore insuffisamment expliqué, découvert par *Zeemann*, a montré tout d'abord, par l'action singulière des lignes de force magnétiques sur les ondes lumineuses, une corrélation étroite entre les deux ordres de vibrations électromagnétiques et lumineuses : la lumière émise par une source placée dans un champ magnétique puissant est profondément modifiée, subit des phénomènes de polarisation, les raies de son spectre sont, dans certains cas, doublées et même triplées, etc.

Non seulement ces vibrations ont une action respective les unes sur les autres, ce qui montre, jusqu'à un certain point, la *parité de leur nature*, mais l'analogie se poursuit beaucoup plus loin, dans une série d'expériences célèbres, qui ont leur origine dans les oscillations hertziennes.

Un cylindre parabolique de métal permet d'obtenir des radiations électriques parallèles en plaçant un excitateur de petites dimensions suivant la ligne focale de ce cylindre. La radiation électrique qui prend naissance se propage avec une vitesse de *300000 kilomètres par seconde*, donne lieu à l'expérience des *miroirs conjugués*, permet de vérifier que l'*angle d'incidence* est égal à l'*angle de réflexion*, se trouve *réfractée* par un prisme en asphalte, est soumise aux lois de l'*interférence*, peut enfin être éteinte par un réseau plan de fils de cuivre tendu parallèlement à la direction des vibrations, tout comme agit une tourmaline sur un rayon lumineux polarisé.

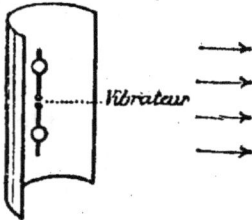

Cylindre parabolique de métal

Vibrateur

Synthèse de la lumière.

Tous ces phénomènes sont semblables à ceux que présente

la lumière ; seul, le phénomène de la *dispersion* prend une importance beaucoup plus considérable que dans les phénomènes lumineux. Ce fait tient, d'ailleurs, à l'unique différence qui existe entre les ondes électromagnétiques et les ondes lumineuses : tandis que la longueur d'onde relative à la lumière orangée est de 0,6 µ. seulement, la plus petite longueur d'onde qu'a pu produire l'excitateur de Bose est encore de 3 millimètres.

Dans le spectre représentant la totalité des vibrations de l'éther, bien des espaces restent encore inexplorés, les oscillations correspondantes ne possédant pas encore d'instrument susceptible de les déceler, mais la figure ci-dessous, due à *M. Guillaume,* montre que ces espaces, qui se resserrent graduellement, ne sont pas d'une étendue telle qu'il ne soit permis d'espérer qu'ils ne tombent un jour dans le domaine de l'observation.

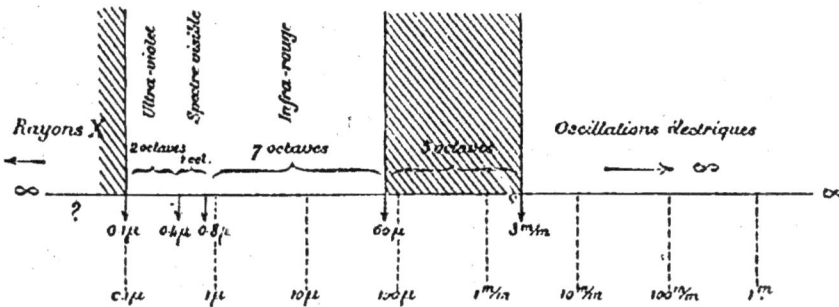

Nota : *Les octaves occupent des espaces égaux, les parties inexplorées sont ombrées*

Diagramme du spectre total des vibrations de l'éther
(en logarithmes des longueurs d'ondes — d'après M. Guillaume).

A part les *rayons X,* encore insuffisamment repérés dans ce spectre et placés provisoirement dans les longueurs d'onde infiniment petites situées au delà de l'ultra-violet, les radiations observées commencent par les deux octaves du *spectre ultra-violet* (de 0,1 µ. à 0,4 µ.) et se continuent par l'octave du *spectre lumineux* (de 0,4 µ. à 0,8 µ.), enfin par les sept octaves de l'*infra-rouge* (de 0,8 µ. à 60 µ.). Vient ensuite un espace inexploré d'une étendue de 5 octaves, dont les longueurs d'onde vont de 60 µ. jusqu'à 3000 µ. ou 3 millimètres. Là commencent les *oscillations électriques*, au 15ᵉ octave de l'échelle adoptée débutant à l'ultra-violet, pour s'étendre jusqu'à l'infini, les longueurs d'ondes électriques pouvant pratiquement atteindre toutes les grandeurs depuis 3 millimètres.

Ce diagramme montre d'une manière très suggestive, qu'il est très probable que si, par des procédés électriques, on atteignait les très hautes fréquences, c'est-à-dire les très faibles longueurs d'onde des mouvements vibratoires lumineux, on ferait réellement la *synthèse de la lumière* et l'on obtiendrait la *lumière sans chaleur* qu'émet déjà le *ver luisant* : les ondes électriques seraient alors *directement perçues comme des couleurs.*

ERRATA

NOTA. — Il a semblé inutile de signaler ici certaines fautes qui ne nuisent pas à l'intelligence du texte et des figures.

	Au lieu de :	Lire :
CHAP. Iᵉʳ. Page 116, 2ᵉ formule...	$= \dfrac{GS}{G+S}$	$R = \dfrac{GS}{G+S}$
— VII. Page 161, 26ᵉ et 27ᵉ lignes	être obtenue par	provenir de
Page 161, 28ᵉ ligne....	être obtenue	être observée
— VIII. Page 181, 1ʳᵉ ligne	abcp	abcd
Page 201, 13ᵉ ligne....	$e = rI$	$\varepsilon = rI$
— XIV. Page 366, 5ᵉ ligne.....	nos	son
Page 367, 12ᵉ ligne....	siliceux	silicieux
Page 368, 4ᵉ ligne en remontant.........	l'appareil téléphonique	l'appareil télégraphique
— XVI. Page 412, 10ᵉ ligne....	en triangle	en étoile
Page 416, 3ᵉ ligne.....	courants triphasés	courants polyphasés
— XVII. Page 446, 13ᵉ ligne	$A = -\dfrac{Q_0 B}{\alpha - \beta}$	$A = \dfrac{Q_0 \beta}{\alpha - \beta}$
Page 447, dernière ligne.	$i = \dfrac{dq}{dt} = $ etc.	$i = -\dfrac{dq}{dt} = $ etc.

TABLE DES MATIÈRES

CHAPITRE XV.

Récepteurs mécaniques. Electromoteurs continus.

CHAPITRE XVI.

Alternomoteurs et courants polyphasés.

Paris. — Imprimerie R. Chapelot et Cᵉ, 2, rue Christine.

www.ingramcontent.com/pod-product-compliance
Lightning Source LLC
Chambersburg PA
CBHW031607210326
41599CB00021B/3092